Wolfram Peiser

Die Fernsehgeneration

Studien zur Kommunikationswissenschaft

Band 17

Wolfram Peiser

Die Fernsehgeneration

Eine empirische Untersuchung ihrer Mediennutzung und Medienbewertung

Westdeutscher Verlag

Die Deutsche Bibliothek – CIP-Einheitsaufnahme

Peiser, Wolfram:
Die Fernsehgeneration: eine empirische Untersuchung ihrer Mediennutzung und Medienbewertung / Wolfram Peiser. – Opladen: Westdt. Verl., 1996
(Studien zur Kommunikationswissenschaft; Bd. 17)
ISBN 3-531-12830-2

NE: GT

Der Westdeutsche Verlag ist ein Unternehmen der Bertelsmann Fachinformation.

Umschlaggestaltung: Christine Huth, Wiesbaden
Druck und buchbinderische Verarbeitung: Rosch-Buch, Hallstadt
Gedruckt auf säurefreiem Papier
Printed in Germany

ISBN 3-531-12830-2

Inhalt

1 „Fernsehgeneration" — mehr als nur ein Schlagwort?

Immerhin jeweils ein Drittel der Jugendlichen selbst und der Erwachsenen charakterisierten 1984 die Jugend der frühen 80er Jahre als „Fernsehgeneration" (vgl. Zinnecker 1985, S. 81 f.).[1] Auch in Kombination mit anderen Begriffen aus dem Bereich der Video-Medien wird häufig von „Generation" gesprochen: „Spock Generation" (Davis 1980), „Computergeneration" (Glatzer und Hartmann 1993), „keyboard generation" (Edelstein 1989). Oder es heißt allgemeiner „videophile generation" (Fajen 1984), „Video-Generation" (Allerbeck und Hoag 1985) oder „visual generation" (Lehtonen 1988). Demgegenüber tauchen die Medien Buch, Zeitung und Radio in solchen Wortbildungen nicht auf. Allenfalls ist noch von der „Multi-Medien-Generation" (bzw. sinngemäß) die Rede (vgl. Bonfadelli et al. 1986; Dorsch 1983; Luger 1985); ganz ähnlich werden die heutigen Kinder als „Medienkinder" bzw. die heutige Kindheit und Jugend als „Medienkindheit" oder „Medienjugend" gekennzeichnet (vgl. Charlton und Neumann-Braun 1992; Luger 1985).

Bei der sogenannten „Fernsehgeneration", also denjenigen Menschen, die mit dem Fernsehen aufgewachsen sind, wird oftmals ein anderes Mediennutzungsverhalten vermutet, vor allem eine stärkere Neigung zum Fernsehen und eine geringere Affinität zu den Druckmedien. Auch andere langfristige Wirkungen des Fernsehens werden in diesem Zusammenhang diskutiert. Aber weichen diejenigen, die als „Fernsehgeneration" bezeichnet werden, denn tatsächlich in ihrem Fernsehverhalten und ihrem sonstigen medienbezogenen Verhalten ab? Ist der Begriff „Fernsehgeneration" mehr als nur ein Schlagwort? Die vorliegende Untersuchung soll zur Klärung dieser Frage beitragen.

---

1 In der Vorerhebung zur Shell-Jugendstudie wurden 1984 261 Jugendliche und 239 Erwachsene gebeten, der heutigen „jungen Generation" die Schlagworte zuzuordnen, die am besten auf sie zutreffen. Es wurde eine Liste mit zehn Begriffen vorgelegt, von denen bis zu drei ausgewählt werden konnten. „Fernsehgeneration" wurde sowohl bei den Jugendlichen als auch bei den Erwachsenen am dritthäufigsten gewählt (von 36 % bzw. 34 %). Bei den Jugendlichen rangierten davor die Schlagworte „Verunsicherte Generation" (50 %) und „No-Future-Generation" (43 %), bei den Erwachsenen „Verwöhnte Generation" (48 %) und „Protestgeneration" (41 %) (vgl. Zinnecker 1985, S. 81 f.).

1.1 Wer oder was ist die sogenannte Fernsehgeneration?

1.1.1 Die Begriffe Generation und Kohorte

Der Begriff „Generation“ wird in der kommunikationswissenschaftlichen Literatur in mindestens zwei verschiedenen Bedeutungen verwendet. Zwei davon sind hier wesentlich:[2] Zum einen wird die Bezeichnung „Generation“ im Sinne von Altersgruppe gebraucht. Es wird beispielsweise von der derzeitigen Jugend als einer „Generation“ gesprochen. „Generation“ bezeichnet aber auch eine Kohorte bzw. Gruppe von Kohorten (mit bestimmten Eigenschaften).

Der Begriff „Kohorte“ wird hierbei als eine Kurzform für Geburtskohorte verwendet (vgl. Glenn 1977), bezieht sich also auf den Geburtszeitpunkt von Personen. Eine Kohorte in dem Sinne ist eine Gruppe von Personen, die im gleichen Zeitraum geboren wurden. Meistens werden Kohorten willkürlich abgegrenzt und als jeweils eine feste Zahl aufeinanderfolgender Geburtsjahrgänge definiert (etwa 10-Jahres-Kohorten), in der Regel innerhalb der Grenzen eines Landes (vgl. Glenn 1977; Maddox und Campbell 1985). Eine solche Kohorte ist eine Gruppe von Personen, die ungefähr zur gleichen Zeit geboren wurden, die zusammen aufwachsen und alt werden, die ähnliche Umweltzustände und Entwicklungen im gleichen Alter erleben und die somit prägende Erfahrungen gemeinsam haben (vgl. Glenn 1977; Maddox und Campbell 1985; Ryder 1965).

Wenn sich diese gemeinsamen Erlebnisse auf ein größeres historisches Ereignis beziehen, werden diejenigen, die diese Erfahrung während ihrer Kindheit — oder während ihrer Jugend oder als junge Erwachsene — gemacht haben, oftmals zusammenfassend als „Generation“ bezeichnet. Generation in diesem Sinne ist eine Gruppe von Geburtskohorten, die sich durch ein gemeinsames inhaltliches Merkmal von den vorangegangenen und/oder nachfolgenden Kohorten unterscheiden (vgl. zur Diskussion um die Frage der Abgrenzung von Generationen Berger 1960, 1984; Marshall 1983; Rosow 1978).[3] Typische Beispiele für diese Begriffsverwendung sind die Ausdrücke „Vietnam-Generation“ und „Generation der 68er“. Hinter dieser Verwendung der Konzepte Kohorte und Generation steht die Auffassung, daß Personen, die zu unterschied-

---

2 Vgl. umfassender Kertzer (1983) zu den verschiedenen Bedeutungen des Generationsbegriffs.

3 Der Generationsbegriff, so wie er hier Verwendung findet, ist damit noch weit vom klassischen soziologischen Konzept der Generation, wie etwa bei Mannheim (1928), entfernt.

lichen Zeiten geboren und aufgewachsen sind, verschiedenartige Erfahrungen gemacht haben und daher unterschiedlich geprägt sind. Es wird angenommen, daß sich Kohorten bzw. Generationen daher dauerhaft in ihren Verhaltensweisen, aber auch Werten und Einstellungen unterscheiden können. Gehen Unterschiede im Verhalten auf die Zugehörigkeit zu verschiedenen Kohorten bzw. Generationen zurück, so spricht man von einem Kohorteneffekt bzw. Generationseffekt (vgl. genauer Kapitel 3.1).

Oft erschließt sich erst aus dem Kontext, welche von beiden Bedeutungen — Generation als Altersgruppe oder als Kohorte — gemeint ist. Daß diese beiden Bedeutungen in deskriptiven Aussagen, die sich auf einen bestimmten Zeitpunkt (meistens auf die Gegenwart) beziehen, vielfach vermischt werden, hat eine naheliegende Ursache: Empirisch fallen dann, wenn auf einen einzigen Zeitpunkt Bezug genommen wird, die Dimensionen Altersgruppe und Geburtskohorte zusammen.

In dieser Arbeit wird grundsätzlich der Begriff „Kohorte“ (im Sinne von Geburtskohorte mit willkürlicher zeitlicher Abgrenzung) verwendet. Der Begriff „Generation“ wird dagegen wegen seiner Mehrdeutigkeit weitgehend vermieden (vgl. auch Kertzer 1983). Andere Autoren verwenden auch oder ausschließlich die Bezeichnung „Generation“, aber als Synonym für den Kohortenbegriff. Denn meistens wird ja auch unter „Generation“ zunächst nur eine Gruppe von Geburtsjahrgängen verstanden, deren darüber hinausreichende Eigenschaften sich erst aus einer näheren Bestimmung ergeben. Eine dritte Position ist die, beide Begriffe zu verwenden: „Kohorte“ im hier gemeinten operationalen Sinn mit willkürlicher Abgrenzung, „Generation“ dagegen als Kohorte — bzw. Gruppe von Kohorten — mit bestimmten gemeinsamen Eigenschaften über den ähnlichen Geburtszeitpunkt hinaus (vgl. Marshall 1983).

Die Begriffe „Generation“ und „Kohorte“ sind in dieser Arbeit aber häufig synonym zu verstehen, weil der Generationsbegriff in der Literatur vielfach nicht theoriebezogen, sondern im Sinne des Kohortenbegriffs verwendet wird. Um dennoch Mehrdeutigkeiten so weit wie möglich vorzubeugen, wird in den eigenen Ausführungen bevorzugt der Begriff „Kohorte“ gebraucht. Die Bezeichnung „Generation“ wird meistens übernommen, wenn aus der Literatur referiert oder zitiert wird; außerdem wird sie hier als Bestandteil des nur in dieser Zusammensetzung gebräuchlichen Begriffs „Fernsehgeneration“ verwendet. Als Teil des Konzeptes „Fernsehgeneration“ ist „Generation“ auch tatsächlich ein theoretischer Begriff, der eine Gruppe von Kohorten bezeichnet, die über die ähnliche Geburtszeit hinaus eine weitere charakteristische Eigenschaft verbindet.

1.1.2 Zur Abgrenzung der Fernsehgeneration

Wie ist nun die Fernsehgeneration überhaupt zu definieren und zeitlich abzugrenzen, wie wurde sie bisher abgegrenzt? Zunächst werden hierzu die verschiedenen Vorschläge aus der Literatur vorgestellt. Hierbei sind nur solche Arbeiten berücksichtigt, in denen die Kohortendimension in erkennbarer Weise angesprochen ist. Das gilt ebenfalls für den Überblick über die Charakterisierung der Fernsehgeneration in der Literatur in Kapitel 1.1.3. Diese am Kontext orientierte Selektion war deshalb notwendig, weil in den nicht-empirischen Arbeiten meistens der mehrdeutige Begriff der Generation und nicht der Kohortenbegriff verwendet wird.

Das Kriterium läßt sich an zwei Fällen klarer machen: Einerseits wurden unter diesem Gesichtspunkt Beiträge nicht berücksichtigt, in denen etwa von der Mediennutzung der heutigen Jugendlichen als einer „Generation" die Rede ist, ohne daß aber auf irgendwelche Kohortenmerkmale Bezug genommen wird. Dabei wurde davon ausgegangen, daß die Bezeichnung „Fernsehgeneration" (oder gelegentlich auch „erste Fernsehgeneration") — wenn sie ohne nähere Erläuterung auftaucht oder wenn sie explizit für die derzeitige Jugend verwendet wird — eine Kurzform für „Generation (oder Altersgruppe), die mit dem Fernsehen groß geworden ist" bildet und damit den Kohortenbezug bereits herstellt. Diese Definition der Fernsehgeneration stellt auch so etwas wie den Minimalkonsens in der Literatur dar, sofern dort überhaupt der Begriff „Fernsehgeneration" näher bestimmt wird. Andererseits wurden solche Arbeiten herangezogen, in denen keiner der Begriffe Kohorte und Generation auftaucht, sondern in denen nur bestimmte Altersgruppen thematisiert werden, sofern dabei jedoch erkennbar Bezug auf das Aufwachsen mit dem Fernsehen genommen wird.

Da der erwähnte Minimalkonsens, die Gleichsetzung der Fernsehgeneration mit denjenigen, die mit dem Fernsehen aufgewachsen sind, eine Nominaldefinition darstellt, sind hier vor allem solche Abgrenzungen von Interesse, die darüber hinausgehen. Diese Erweiterung geschieht im einfachsten Fall durch qualitative Zusätze. So verstehen Eurich und Würzberg (1983) unter Fernsehgenerationen „Kinder und Jugendliche, die mit dem Bildschirm als selbstverständlichem und unhinterfragtem Alltagsmöbel aufgewachsen sind" (Eurich und Würzberg 1983, S. 70). Solche Erläuterungen führen hier nicht sehr viel weiter. Hoffmanns (1991) Umschreibung der Fernsehgeneration als „Altersgruppen, die mit dem Bildschirm als erstem Medium großgeworden sind, bevor sie das Lesen lernten" (Hoffmann 1991, S. 46) kommt demgegenüber einer zeitlichen Abgrenzung und damit einer operationalen Definition bereits näher. Bei Stone (1987) deutet sich an, daß man verschiedener Auffassung über die Abgrenzung der Fernsehgeneration sein kann, daß es aber so etwas wie eine „natürliche" oder nächstliegende Definition gibt. Stone bezeichnet nämlich die vollständig mit dem Fernsehen Aufgewachsenen als die erste wirkliche Fernsehgeneration: „the first real television generation — people who had television since their infancy" (Stone 1987, S. 121).

Einige Autoren grenzen die Fernsehgeneration dagegen präziser und auch mehr oder weniger explizit in zeitlicher Hinsicht ab. Nach Auffassung von Winn (1979), deren Aussagen zur Fernsehgeneration sich auf die Verhältnisse in den USA beziehen, erlaubt es die schnelle Ausbreitung des Fernsehens, die Fernsehgeneration recht genau abzugrenzen (vgl. Winn 1979, S. 132 ff.). Aus Winns Ausführungen ergibt sich, daß sie die Fernsehgeneration als nur nach einer Seite hin abgegrenzte Gruppe von Geburtsjahrgängen — sozusagen oben offen — versteht und daß diese Grenze in den USA ungefähr bei dem Geburtsjahr 1950 anzusetzen sei. An einer Stelle (S. 138) bezeichnet sie die Angehörigen des Jahrgangs 1947 als erste Vertreter der Fernsehgeneration. Ein konkretes Abgrenzungskriterium jedoch findet sich bei Winn nicht.

Der Vorschlag von Meyrowitz (1985) zur Abgrenzung der Fernsehgeneration lautet, daß die erste Kohorte der Fernsehgeneration Erfahrung mit dem Fernsehen (definiert als die Verfügbarkeit eines Fernsehgerätes bei mehr als der Hälfte) vor dem Eintritt in die Schule gemacht haben müsse. Daraus ergibt sich (für die USA) der Beginn der Fernsehgeneration beim Geburtsjahrgang 1949. Meyrowitz weist aber auch auf alternative, gleichermaßen vertretbare Abgrenzungen hin (vgl. Meyrowitz 1985, S. 137). Von anderen Autoren — auch wenn sie sich nicht ausdrücklich mit der Frage der Abgrenzung befassen — werden (für die USA) ähnliche Daten genannt: um 1952 geboren (vgl. Bogart 1989, S. 137) bzw. nach 1950 geboren (vgl. Davis und Davis 1985, S. 42).

In den USA breitete sich das Fernsehen früher (und schneller) aus als in Deutschland. Die entsprechende Grenze für die Fernsehgeneration wäre also in Deutschland später zu ziehen. Bei Kiefer (1982) findet sich hierzu eine implizite Abgrenzung. Kiefer bezieht sich auf diejenigen, die 1980 jünger als 30 Jahre waren, als die Generation, die mit dem Fernsehen groß wurde (vgl. Kiefer 1982, S. 12). Danach wären also die Jahrgänge ab 1951 zur Fernsehgeneration zu rechnen.

Im Zusammenhang mit ihren Kohortenanalysen bestimmt Kiefer (1987) die Fernsehgeneration als die Jahrgänge, die nach 1954 — dem Jahr, in dem das gemeinsame Fernsehprogramm der ARD begann — geboren wurden: „Für die hier verfolgte Fragestellung relevant ist, daß erst die nach 1954 geborenen Jahrgänge das Kriterium erfüllen, mit dem Fernsehen großgeworden zu sein. Die zwischen 1945 und 1954 Geborenen haben mit dem Medium als Kinder oder Halbwüchsige Kontakt bekommen, also in einer noch frühen Sozialisationsphase. Bei den Jahrgängen 1935 bis 1944 trat das Medium Fernsehen in das Leben dieser Generation, als sie größere Kinder, Jugendliche oder sehr junge Erwachsene waren. Alle früheren Jahrgänge haben als Erwachsene das Fernsehen kennengelernt“ (Kiefer 1987, S. 94). Hier wird bereits deutlich, daß es Übergänge gibt. Diese zeitliche Bestimmung erscheint jedoch zu wenig an der tatsächlichen Verbreitung des Fernsehens in der Bevölkerung orientiert. Von daher wäre die Grenze einige Jahre nach 1954 zu ziehen.

Dies tut beispielsweise Neumann (1986), indem er die Bezeichnung Fernsehgeneration für die Jugendlichen der Jahrgänge 1966 bis 1972 verwendet. Sein Kriterium dafür ist folgendes: „Es wird davon ausgegangen, daß so gut wie alle noch vor ihrer Einschulung ferngesehen haben“ (Neumann 1986, S. 237). Implizit werden hier also die Geburtsjahrgänge *ab* 1966 als Fernsehgeneration bestimmt. Ganz ähnlich weisen Bonfadelli et al. (1986, S. 29) darauf hin, daß die unter 20jährigen (1984) vollständig mit dem Fernsehen aufgewachsen seien.

Wie die Fernsehgeneration abzugrenzen sei, dazu gibt es in der Literatur also offenbar keine einhellige Auffassung. Dies gilt zwar weniger für eine eher qualitative Abgrenzung (Fernsehen seit der Kindheit, vor der Einschulung), aber jedenfalls dann, wenn es um eine operationale Definition, vor allem um die Bestimmung der entsprechenden Geburtsjahrgänge geht. Dabei kommen auch Unterschiede zwischen den Ländern in der Verbreitung des Fernsehens zum Tragen. In den USA ist die zeitliche Abgrenzung insofern einfacher, als dort das Fernsehen schneller diffundierte.

Vor allem um eine einheitliche Verwendbarkeit des Begriffes für die Bedingungen verschiedener Länder zu gewährleisten, erscheint es sinnvoll, die Fernsehgeneration hier zunächst nur unscharf und nicht konkret in zeitlicher Hinsicht zu bestimmen: Unter der Fernsehgeneration soll die Gesamtheit der — weitgehend — mit dem Fernsehen aufgewachsenen Geburtskohorten verstanden werden. Die Fernsehgeneration wäre also auf der Zeitachse nur nach einer Seite hin abzugrenzen (nach Maßgabe des Geburtsjahres).

Der Begriff „Fernsehgeneration“ wird hier ausdrücklich nur im Singular verwendet. Gelegentlich ist in der Literatur von „Fernsehgeneration*en*“ oder von der „*ersten* Fernsehgeneration“ die Rede. Dieser Sprachgebrauch ist abzulehnen; insbesondere widerspricht er der Vorstellung von einer Generation als distinkter Bevölkerungsgruppe. In der Terminologie dieser Untersuchung würde man statt dessen von den verschiedenen Kohorten der Fernsehgeneration bzw. von der ersten Kohorte der Fernsehgeneration sprechen.

1.1.3 Mutmaßliche Eigenschaften der Fernsehgeneration

Im ersten Teil der Untersuchung soll nur die Diskussion um die Fernsehgeneration vorgestellt werden. Theoretische Grundlagen und einschlägige empirische Arbeiten werden an dieser Stelle noch nicht systematisch berücksichtigt. In diesem Abschnitt des ersten Teils wird zusammenfassend dargestellt, welche Eigenschaften der Fernsehgeneration (primär in Deutschland und in den USA) zugeschrieben werden. Im Endeffekt geht es dabei zugleich um bestimmte langfristige Wirkungen des Mediums Fernsehen. Auf Einwände gegenüber solchen Zuschreibungen wird danach in Kapitel 1.2 eingegangen.

Bei den Äußerungen über die Eigenschaften der Fernsehgeneration handelt es sich größtenteils um Vermutungen (manchmal werden nur Möglichkeiten angedeutet), teilweise um Behauptungen, teilweise um Fragen und teilweise um die Wiedergabe von Mutmaßungen oder Behauptungen anderer, oft nicht genau bezeichneter Personen oder Personenkreise. Gelegentlich werden bestimmte Eigenschaften, Symptome oder Verhaltensweisen eher implizit mit dem Aufwachsen mit dem Fernsehen in Verbindung gebracht. Angesichts dieser Zurückhaltung mit klaren Aussagen erscheint es hier wenig sinnvoll, im einzelnen etwa zwischen kaum begründeten Vermutungen und bloßen Behauptungen zu differenzieren. In manchen Fällen ist die Fernsehgeneration (oder das Aufwachsen mit dem Fernsehen) gar nicht explizit erwähnt; falls die Äußerungen jedoch in diesem Zusammenhang stehen, sind sie hier mit berücksichtigt. Inhaltlich lassen sich zwei größere Kategorien unterscheiden: Wirkungen auf das Rezipientenverhalten (Fernsehen, Lesen) und Wirkungen im außermedialen Bereich.

An dieser Stelle sollen noch Hinweise zur Verwendung einiger Begriffe gegeben werden. Alle Verhaltensweisen, Meinungen, Einstellungen und sonstigen Dispositionen des Menschen in seiner Rolle als Rezipient von Massenmedien werden hier zusammenfassend als „Rezipientenverhalten" bezeichnet. Dieser Begriff schließt also neben dem medienbezogenen Verhalten im eigentlichen, engeren Sinne des Verhaltensbegriffs auch medienbezogene Einstellungen, medienbezogene Urteile usw. ein.[4] Es werden damit die Bereiche der Medien-

4 Der Verhaltensbegriff wird häufiger in dieser umfassenden Weise verwendet: „Freizeitverhalten", „Konsumentenverhalten" und „Wählerverhalten" sind Beispiele dafür. Im Sinne des hier verwendeten Begriffs „Rezipientenverhalten" wird gelegentlich von „Medienver-

nutzung und der Medienbewertung gemeinsam bezeichnet. „Mediennutzung“ ist dabei der Oberbegriff für verschiedene Aspekte des Nutzungsverhaltens (Nutzung an einem bestimmten Tag, Dauer der Nutzung usw.), mit „Medienbewertung“ werden Urteile über die Medien, Einstellungen zu den Medien und die Bindung an die Medien zusammenfassend bezeichnet. „Fernsehverhalten“ wird analog als unspezifischer Sammelbegriff für die Fernsehnutzung und die Fernsehbewertung verwendet. Entsprechend bezieht sich „Leseverhalten“ auf die Nutzung und Bewertung von Druckmedien. Wenn eine bestimmte generelle Disposition gegenüber einem Medium ausgedrückt werden soll, werden die Begriffe „Neigung“ (bzw. „neigen“) und „Affinität“ gleichbedeutend verwendet; auch dabei wird jeweils nicht zwischen Nutzung und Bewertung differenziert.

Von einigen Autoren werden ganz allgemein Unterschiede zwischen der Fernsehgeneration, also den mit dem Fernsehen aufgewachsenen Kohorten, und den älteren Kohorten im Bereich des Rezipientenverhaltens für möglich gehalten bzw. vermutet (vgl. Eurich 1988, S. 98; Kiefer 1982, S. 12; Lehtonen 1988, S. 108; McLeod und O'Keefe 1972; Naeher 1982; Rolff und Zimmermann 1990). Auch im Hinblick auf das Fernsehverhalten der Fernsehgeneration werden solche Unterschiede thematisiert (vgl. Meyersohn 1961, S. 263 f.; Neumann 1986; Neumann-Bechstein 1982, S. 167). Wirkungen des Aufwachsens mit dem Fernsehen werden sogar auf so spezielle Aspekte wie die Gewöhnung an fernsehspezifische Präsentationsformen (Schnittfolgen, Pausen) bezogen (vgl. Sturm, Altstötter-Gleich, Groebel und Grewe-Partsch 1991, S. 186).

Oftmals besteht jedoch die Vorstellung, daß die Fernsehgeneration in ihrem Fernsehverhalten in einer ganz bestimmten *Richtung* abweicht. Es wird offenbar eher davon ausgegangen, daß die Fernsehgeneration stärker zum Fernsehen neige, eine höhere Affinität zum Fernsehen habe (vgl. Brepohl 1983, S. 261 f.; Cobb-Walgren 1990, S. 341; Comstock, Chaffee, Katzman, McCombs und Roberts 1978, S. 88; Koszyk 1986, S. 79; Schulze 1986, S. 83 und S. 85; Tonnemacher 1975a, S. 214). In ähnlicher Weise wird auch vermutet, die Fernsehgeneration habe generell eine stärkere Neigung zu elektronischen Medien, AV-Medien bzw. Video-Medien (vgl. Dorsch 1984, S. 140; Eurich 1988, S. 98; Fajen 1984; Naeher 1982).

Relativ häufig wird erwartet oder doch zumindest für möglich gehalten, daß das Aufwachsen mit dem Fernsehen negative Auswirkungen auf das Leseverhal-

---

halten“ gesprochen; diese Bezeichnung erscheint jedoch zumindest in manchen Zusammenhängen als mißverständlich.

ten, auf die Nutzung von Druckmedien, auf die Wort- bzw. Schriftkultur habe (vgl. Beentjes und van der Voort 1989, S. 61; Brepohl 1983, S. 240 f. und S. 263; Franke 1991, S. 34 f.; Hoffmann 1991, S. 45 f.; Hurrelmann 1987, S. 2511; Mast 1985, S. 151 ff.; Naeher 1982, S. 164; Rolff und Zimmermann 1990).

Solche Beeinträchtigungen des Leseverhaltens bei der Fernsehgeneration werden zum einen für das Medium Buch bzw. für Literatur thematisiert (vgl. Denk 1989, S. 204; Eurich 1988, S. 141; Nojiri, Tamura und Hatanaka 1994, S. 229 f.; Saxer, Langenbucher und Fritz 1989, S. 60; Weigner 1989, S. 195). Vor allem aber werden entsprechende negative Effekte für die Tageszeitung diskutiert (vgl. Brody 1990, S. 112; Dorsch 1984, S. 140; Ernst 1988; Jeffres 1986, S. 129; Lavine und Wackman 1988, S. 267; Noelle-Neumann 1988; Shaw 1989; ähnlich außerdem auch Eurich 1985, S. 112 f.; Pürer und Raabe 1994, S. 239 f.; Tonnemacher 1975a, S. 214). Die Vermutung, die jüngeren Kohorten hätten deswegen eine unterdurchschnittliche Zeitungsnutzung, weil sie mit dem Fernsehen groß geworden seien, hat besonders in der amerikanischen Zeitungsforschung eine Rolle gespielt (vgl. Bogart 1989, S. 138; Cobb-Walgren 1990; Jeffres 1986, S. 129 ff.; Newspaper Advertising Bureau 1978; Robinson und Jeffres 1981; Stone 1987, S. 121).

Der Fernsehgeneration wird nicht nur häufig eine insgesamt geringere Nutzung der Druckmedien zugeschrieben, sondern es werden ihr auch ganz bestimmte — am Fernsehen orientierte — Präferenzen im Hinblick auf die *Gestaltung* dieser Druckmedien nachgesagt (vgl. Schnibben 1994, S. 29). Ein Schlagwort in diesem Zusammenhang ist „gedrucktes Fernsehen“.

Wenn das Leseverhalten der Fernsehgeneration bzw. ihre Nutzung der Medien Buch und Zeitung thematisiert wird, tritt oftmals zu der Erwartung negativer Einflüsse des Fernsehens explizit die Vermutung hinzu, die Fernsehgeneration sei in höherem Maße am Medium Fernsehen orientiert, und zwar eben zu Lasten der Druckmedien. Aber auch dann, wenn von der Haltung der Fernsehgeneration zum Fernsehen selbst in diesem Zusammenhang nicht ausdrücklich die Rede ist, wird diese stärkere Fernsehneigung doch meistens impliziert.

In anderen Beiträgen, die das Verhalten der Fernsehgeneration thematisieren, wird vermutet oder behauptet, das Aufwachsen mit dem Fernsehen habe Wirkungen auf Persönlichkeit, Denkweisen, Sprache, Wahrnehmung, Werte oder Einstellungen. Hier geht es also um Einflüsse auf die Sphäre außerhalb der Mediennutzung. Daß solche Verbindungen hergestellt werden, überrascht nicht, wenn man bedenkt, daß die Einführung des Fernsehens — wie auch der anderen

Medien — allgemein zu den sozialisationsrelevanten historischen Veränderungen der menschlichen Umwelt gezählt wird (so etwa bei Kohli 1982).

So überlegt Lazarsfeld, was es wohl für die Entwicklung (Persönlichkeitsentwicklung) eines Kindes ausmache, vorwiegend mit Gedrucktem oder aber mit Bildschirmmedien — also dem Fernsehen — aufzuwachsen (vgl. Lazarsfeld 1963, S. 416). McLuhan und Fiore (1967, S. 126) nennen bereits ausdrücklich eine besondere Ernsthaftigkeit als Charaktermerkmal der Kinder, die zur Fernsehgeneration gehören. Weitere Kennzeichen: Die mit dem Fernsehen aufgewachsenen Kinder könnten weniger Vorstellungskraft besitzen und geistig weniger rege (weniger aufgeweckt) sein (vgl. Greenfield und Beagles-Roos 1988, S. 88).

Bei der Fernsehgeneration werden außerdem geringere verbale Fähigkeiten beobachtet bzw. vermutet: eine Tendenz vom logischen und verbalen Denken hin zum nonverbalen Denken, eine abgehackte, der nonverbalen Kommunikation angenäherte Sprechweise, eine schwächer ausgeprägte Fähigkeit, sich zu artikulieren und vor allem komplexe Sachverhalte auszudrücken (vgl. Eurich und Würzberg 1983, S. 70; Winn 1979, S. 138 ff. und S. 142 ff.; siehe auch Greenfield und Beagles-Roos 1988, S. 88). McLuhan zufolge verändert das Aufwachsen mit dem Fernsehen auch die Wahrnehmung; die erste Fernsehgeneration verliere die Gewohnheit, perspektivisch zu sehen (vgl. McLuhan 1964, S. 288).

Die Fernsehgeneration habe — als Folge des Aufwachsens mit dem Fernsehen — andere Vorstellungen, ein anderes Weltbild, andere Denkweisen, Werthaltungen und Einstellungen (vgl. Bower 1973, S. 37; Davis und Davis 1985, S. 42; Kojima 1986; Meyrowitz 1985; Schuster 1995, S. 62 f. und S. 231, Anmerkung 37). Die Liste der Symptome, die bei der Fernsehgeneration ausgemacht und dem Aufwachsen mit dem Fernsehen zugeschrieben werden, reicht bis hin zu ihrem Drogenkonsum (vgl. Winn 1979, S. 145 ff.).

Auch bei den Äußerungen zum Verhalten und zu den Eigenschaften der Fernsehgeneration im außermedialen Bereich handelt es sich oft nur um wenig oder gar nicht begründete Vermutungen oder um Behauptungen. Dagegen stützen sich beispielsweise Winn (1979) und Meyrowitz (1985) immerhin explizit auf zeitliche Koinzidenzen. Greenfield und Beagles-Roos (1988) übertragen einige Ergebnisse ihrer Rezeptionsstudie auf die Kohortenebene — allerdings auch eher spekulativ. Kojima (1986) führt eine japanische Untersuchung an, derzufolge sich die mit dem Fernsehen aufgewachsenen Generationen (geboren nach 1960) von ihren Vorgängern im Hinblick auf ihre Denkweisen, Werte und Einstellungen unterscheiden.

1.2 Das Thema Fernsehgeneration als Herausforderung an die Kommunikationswissenschaft

Die Thematisierung der Fernsehgeneration setzte Anfang der 60er Jahre ein, in Deutschland, wo sich im Vergleich zu den USA das Fernsehen etwa zehn Jahre später verbreitete, praktisch erst Anfang der 80er Jahre. Legt man die hier zusammengetragenen Fundstellen zugrunde, so scheint die Thematisierung des Phänomens Fernsehgeneration in der einschlägigen Literatur in der zweiten Hälfte der 80er Jahre bisher am intensivsten gewesen zu sein. Inhaltlich liegt — vor allem in jüngerer Zeit — der Schwerpunkt der Diskussion möglicher Folgen des Aufwachsens mit dem Fernsehen im Bereich der Mediennutzung, und zwar weniger bei der Nutzung des Fernsehens selbst als vielmehr bei der Nutzung von Druckmedien, besonders der Tageszeitung.

Ob man in diesem Zusammenhang jedoch überhaupt von einer Diskussion sprechen kann, erscheint zweifelhaft. Denn in der Regel bleibt es bei einzelnen, vergleichsweise kurzen Aussagen. Eine Ausnahme bilden die Ausführungen von Winn (1979), die sich in einem ganzen Kapitel ihres zuerst 1977 in den USA erschienenen fernsehkritischen Buches mit der Fernsehgeneration befaßt (vgl. Winn 1979, S. 132 ff.). Auffällig ist außerdem, daß zwischen den einzelnen Beiträgen so gut wie keine Beziehungen existieren: Kaum ein Beitrag beruft sich — jedenfalls nicht explizit — auf einen anderen oder nimmt zu ihm Stellung. Auch diese weitgehend fehlende Integration kann als Indiz für den Stand der Forschung gewertet werden. Zudem handelt es sich in vielen Fällen nicht um wissenschaftliche Arbeiten. Einige empirische Untersuchungen mit mehr oder weniger stark ausgeprägtem Bezug zum Thema Fernsehgeneration liegen zwar vor, doch bei keiner von ihnen steht die Fernsehgeneration im Mittelpunkt.[5] Alles in allem ergibt sich daraus folgende Diagnose: Die Kommunikationswissenschaft hat sich des Themas Fernsehgeneration bislang kaum systematisch angenommen. Die vorliegende Arbeit ist — auch das ein Indiz — offenbar die erste, die sich ausschließlich mit diesem Gegenstand befaßt.

Bei den Aussagen zum Phänomen Fernsehgeneration werden meistens Zusammenhänge auf hoch aggregierter Ebene hergestellt. Diese Beziehungen erscheinen häufig weit hergeholt. Sie werden oftmals nur mit der zeitlichen Nähe von Ereignissen oder mit der Parallelität von Entwicklungen im Zeitver-

5 Diese Studien (vgl. Basil 1990; Bower 1973, 1985; Danowski 1981; Danowski und Ruchinskas 1980, 1983; Glenn 1994; Infratest Medienforschung 1980; Jennings und Niemi 1975; Kiefer 1987, 1988, 1992; Meyer 1985; Robinson 1980; R. Schulz 1990; Stevenson 1994) werden in Teil 3 der Arbeit ausführlich behandelt.

lauf begründet — wenn überhaupt. Inhaltlich sind die Aussagen in den meisten Fällen kaum oder nur unzureichend fundiert. Empirische Belege fehlen in diesen Äußerungen zur Fernsehgeneration weitgehend.

Kritische Stimmen und Einwände gibt es jedoch bislang nur wenige. So wird die Begründung negativer Wirkungen des Fernsehens mit dem Aufwachsen mit dem Fernsehen von Maletzke, der sich dabei offenbar auf Winn (1979) bezieht, als „dürftig" kritisiert (vgl. Maletzke 1988, S. 25). Aus Maletzkes Ausführungen ergibt sich als Kritikpunkt vor allem folgendes: Es würden hier kausale Aussagen über Wirkungen des Fernsehens auf sehr hohem Aggregationsniveau gemacht; die Zahl alternativer Erklärungen sei sehr hoch; mithin seien die Aussagen kaum empirisch prüfbar (vgl. Maletzke 1988, S. 25 und S. 87). Bogart (1989, S. 137) beispielsweise nennt eine Vielzahl von Eigenschaften, welche die Generation kennzeichnen, die in den USA als erste vollständig mit dem Fernsehen aufgewachsen ist.

Eine andere Form der Kritik bezieht sich auf das Vorliegen gegenteiliger empirischer Evidenz: In der jüngeren Bevölkerung werde weniger ferngesehen als in der älteren, also seien eher die Älteren als Fernsehgeneration zu bezeichnen (vgl. Dorsch 1983, S. 58; Luger 1985, S. 68 und S. 70). Und die Zeitungsnutzung werde aus folgenden Gründen nicht durch das Aufwachsen mit dem Fernsehen beeinträchtigt: Die Fernsehnutzung der Fernsehgeneration liege unter dem Durchschnitt; die Fernsehgeneration sei nicht stärker vom Fernsehen abhängig als ältere Erwachsene; die Zeitungsnutzung sei unabhängig von der Fernsehnutzung; die Nutzung der Fernsehnachrichten korreliere — auch bei den Jüngeren — positiv mit der Lektüre der Zeitung (vgl. Bogart 1989, S. 137 f.; Newspaper Advertising Bureau 1978, S. 17 ff.; Stone 1987, S. 121). Ein ähnlicher Einwand wird auch gegenüber der verbreiteten Befürchtung, das Aufwachsen mit dem Fernsehen beeinträchtige die Nutzung von Büchern, vorgebracht: Nein, dies sei nicht der Fall, denn die Büchernutzung liege bei den Jüngeren höher als bei den Älteren (vgl. Zimmer 1994). Teilweise stützt sich solche Kritik an den häufig geäußerten Vermutungen über die Mediennutzung der Fernsehgeneration sogar auf die Ergebnisse von Kohortenanalysen (vgl. Infratest Medienforschung 1980; Kiefer 1987). Aber selbst diese Ergebnisse können — wie in Teil 3 der Arbeit gezeigt wird — nicht unbedingt als sicher gelten.

Von besonderer Bedeutung für die Berechtigung dieser Kritik ist die Frage, ob und inwieweit die derzeit beobachtbaren Unterschiede in der Fernsehnutzung zwischen den Altersgruppen altersbedingt sind (also etwa durch die für das jeweilige Alter typischen Lebensumstände bestimmt sind) oder auf Unterschiede zwischen den Geburtskohorten zurückgehen. Beide Auffassungen sind in der Literatur vertreten, teilweise implizit bleibend, meistens ohne Bezugnahme auf die jeweils andere Position. Altersbezogen argumentieren beispielsweise Bower (1973, 1985), Brandt (1989, S. 96) und Langenbucher (1986b, S. 57), mit Kohortendifferenzen dagegen etwa Kiefer (1987, 1988, 1989, 1992), Köhler (1989) und Opaschowski (1992, S. 13 ff.).

Inwiefern für die Nutzung von einzelnen Medien oder für spezifische Nutzungsweisen das Alter (und damit zusammenhängende Prozesse) oder aber die Zugehörigkeit zu einer bestimmten Kohorte maßgeblich ist, diese Überlegung ist zwar nicht neu (vgl. Schramm und White 1949, S. 156), sie wird jedoch in der Kommunikationswissenschaft gerade in jüngerer Zeit häufiger angestellt (vgl. Barwise und Ehrenberg 1988, S. 158; Brepohl 1983, S. 241; Brody 1990, S. 112; Kiefer 1982, S. 65 und S. 129 f.; Koszyk 1986, S. 77 ff.).

Nicht nur das Phänomen Fernsehgeneration hat nämlich für die Kommunikationswissenschaft Bedeutung, sondern auch die Dimension, auf der dieses Phänomen lokalisiert ist. Ob sich die Kohorten voneinander in ihrem Mediennutzungsverhalten unterscheiden, ist von grundsätzlichem Interesse und weist über die Frage der Ursächlichkeit des Aufwachsens mit dem Fernsehen weit hinaus. Im Zuge der Abfolge der Kohorten kann sich — falls deutliche Unterschiede zwischen den Kohorten bestehen — die Mediennutzung der Gesellschaft langsam aber stetig verändern (vgl. Naeher 1982, S. 247). Die Kohortenperspektive erscheint insofern für die Kommunikationswissenschaft ähnlich bedeutsam wie die Sozialisationsperspektive (vgl. dazu Bonfadelli 1981; McLeod und O'Keefe 1972).[6] Tatsächlich gibt es grundlegende Zusammenhänge zwischen beiden Perspektiven (vgl. dazu Kapitel 2.1).

In der bisherigen auf zukünftige Entwicklungen gerichteten kommunikationswissenschaftlichen Forschung wurden der Wertewandel und Entwicklungen im Mediennutzungsverhalten und in den Einstellungen gegenüber den Medien tendenziell vernachlässigt (vgl. Maletzke 1987). Die Identifikation von Kohortenspezifika im Mediennutzungsverhalten kann nun zu begründeten Vorhersagen bestimmter Veränderungen in der Nutzung einzelner Medien führen (vgl. auch Scherer und Hagen 1992, S. 39 f.) — zukunftsbezogene Aussagen, für die sonst kaum eine brauchbare Basis vorhanden ist. So verwundert es nicht, daß die Kohortendimension auch für Medienunternehmen als bedeutsam gilt (vgl. etwa

---

6 In diesem Sinne diskutiert Eurich (1985, S. 16) die möglichen Folgen des Aufwachsens mit dem Computer. Er fordert eine generationenbezogene Sichtweise bei der Analyse und Abschätzung langfristiger Folgen der gesellschaftlichen Entwicklungen im Bereich der Informations- und Computertechnik.

Lavine und Wackman 1988, S. 268). Amerikanische TV-Networks orientieren sich offenbar auch an Kohorten als Zielgruppen, und zwar hier wegen der besonderen Größe der geburtenstarken Jahrgänge der Nachkriegszeit (vgl. Lavine und Wackman 1988, S. 266). Ähnliches wird für amerikanische Radiosender berichtet (vgl. Pringle, Starr und McCavitt 1991, S. 337 f.).

1.3 Zielsetzung und Vorgehensweise der Untersuchung

Auf der allgemeinsten Ebene wird davon ausgegangen, daß die zur Fernsehgeneration zählenden Menschen „anders“ seien (und zwar über die Eigenschaft, mit dem Fernsehen aufgewachsen zu sein, hinaus). Es wird auch vermutet, daß diese Generation dem Fernsehen besonders zugeneigt — oder aber abgeneigt — sei; hierzu gibt es widersprüchliche Hypothesen. Und es werden bestimmte andere Wirkungen des Aufwachsens mit dem Fernsehen vermutet, vor allem auf die Nutzung der Druckmedien, aber auch auf Charakter, Wahrnehmung, Vorstellungen und Werthaltungen.

Unterscheidet sich die Fernsehgeneration aber tatsächlich in der vermuteten Weise von den anderen Geburtskohorten? Gibt es also Belege für die immer wieder unterstellte Andersartigkeit der Fernsehgeneration? Weicht die Fernsehgeneration zumindest in ihrem Rezipientenverhalten so von den den anderen Kohorten ab, wie es angenommen wird? Oder allgemeiner: Ist Mediennutzung überhaupt kohortenspezifisch? Und läßt sich klären, welche der widersprüchlichen Hypothesen über das Fernsehverhalten der Fernsehgeneration zutrifft?

Solche Fragen erscheinen naheliegend. Dennoch wurde die Forderung nach konkreter empirischer Forschung bislang eher selten erhoben.[7] Obwohl die Fernsehgeneration vergleichsweise häufig thematisiert wird und obgleich Fragen dieser Art als bedeutsam angesehen werden, gibt es hierzu kaum empirische Forschung und praktisch keine gesicherten Erkenntnisse. Die Eigenschaften der sogenannten Fernsehgeneration (vgl. Kapitel 1.1.3) werden in fast allen Fällen lediglich vermutet. Die Aussagen haben fast ausschließlich den Charakter von Mutmaßungen und Plausibilitätsüberlegungen, sie haben in aller Regel weder eine theoretische Basis noch sind sie durch empirische Untersuchungen fundiert. Die vorliegende Untersuchung soll dazu beitragen, das offenkundige Forschungsdefizit auszugleichen.

---

7 McLeod und O'Keefe haben als offenbar erste Kommunikationswissenschaftler vorgeschlagen, die Auswirkungen des Aufwachsens mit dem Fernsehen zu untersuchen, und zwar mittels Kohortenanalysen (vgl. McLeod und O'Keefe 1972, S. 159).

Es wird hier versucht, eine These bzw. Annahme zu prüfen, die bisher immer nur in Ansätzen und nicht sehr präzise — oft auch nicht explizit — formuliert wurde. Vereinfacht ausgedrückt, lautet sie: Die Fernsehgeneration unterscheidet sich von den älteren Kohorten nicht nur darin, daß sie zum größten Teil oder vollständig mit dem Fernsehen aufgewachsen ist, sondern *infolgedessen* auch in ihrer Mediennutzung, in Werten, Einstellungen, Denkweisen und sonstigem Verhalten — und zwar in jeweils ganz bestimmter Richtung. Es wird also von empirisch feststellbaren Abweichungen der Fernsehgeneration ausgegangen, und diese werden in der Regel allein auf das Aufwachsen mit dem Fernsehen zurückgeführt. Berücksichtigt man die Möglichkeit weiterer Ursachen für die betrachteten Abweichungen der Fernsehgeneration, so kann man die zu prüfende These dahingehend interpretieren, daß das Aufwachsen mit dem Fernsehen als dominanter Einfluß angesehen wird. Wenn ein solcher Einfluß existiert, müßten entsprechende Unterschiede zwischen der Fernsehgeneration und den älteren Kohorten festzustellen sein.

Der Fernsehgeneration werden zu viele verschiedene Verhaltensweisen zugeschrieben, als daß sie hier alle einzeln untersucht werden könnten. Viele dieser implizierten langfristigen Wirkungen des Fernsehens können auch kaum direkt untersucht werden. Es liegt daher nahe, sich einerseits auf diejenigen Abweichungen der Fernsehgeneration zu konzentrieren, die am häufigsten vermutet werden. Andererseits erscheint es sinnvoll, solche Verhaltensbereiche in den Blick zu nehmen, in denen sich eine etwaige Andersartigkeit der Fernsehgeneration eher zeigen bzw. in denen sie stark sein müßte. Aufgrund dieser Überlegungen wäre zuerst zu untersuchen, ob die als Fernsehgeneration zu bezeichnenden Geburtskohorten in ihrem *Rezipientenverhalten* von früheren Kohorten deutlich und in der jeweils vermuteten Weise abweichen. Im Umgang mit dem Fernsehen und mit konkurrierenden Medien müßten sich Spezifika der Fernsehgeneration am ehesten zeigen.

Zu diesem Zweck erscheint es sinnvoll, in etwas weiterer Perspektive auch zu fragen: Gibt es überhaupt Unterschiede zwischen den Kohorten in der Nutzung und Bewertung der verschiedenen Medien, und welcher Art sind diese Unterschiede? Diese Erweiterung der Fragestellung hat nicht nur wegen der Problematik, die Fernsehgeneration eindeutig abzugrenzen, Vorteile. Auf diese Weise kann auch näher untersucht werden, welche Faktoren für die Ausprägung von Kohortendifferenzen wahrscheinlich maßgeblich sind.

Der Ansatz dieser Untersuchung hat also den Charakter einer Prüfung *notwendiger* Bedingungen dafür, daß das Aufwachsen mit dem Fernsehen den vermuteten starken (dominanten) langfristigen Einfluß auf die Mediennutzung der verschiedenen Kohorten (und möglicherweise darüber hinaus) ausübt. Damit werden auch notwendige Bedingungen für die Berechtigung des Begriffs Fernsehgeneration in seinen vorherrschenden Konnotationen (vgl. Kapitel 1.1.3) geprüft. Zur Kennzeichnung des Ansatzes kann auch auf Maletzkes in Kapitel 1.2 erwähnte Kritik zurückgegriffen werden. Maletzke (1988) sieht selbst den Nachweis beispielsweise geringeren Wissens bei Vielsehern als nicht hinreichend an, einen Kausaleinfluß des Fernsehens zu belegen. Demgegenüber soll hier bereits eine Stufe vorher eingesetzt werden: Haben die jüngeren Kohorten — möglicherweise weil sie mit dem Fernsehen aufgewachsen sind — denn überhaupt eine besondere Disposition zum Fernsehen?

Die Arbeit bewegt sich insgesamt sowohl auf dem Gebiet der Mediennutzungsforschung als auch im Bereich der Medienwirkungsforschung. Merkmale, die der Fernsehgeneration — im Gegensatz zu früheren Kohorten — zugeschrieben werden, können ja als vermutete starke Wirkungen des Mediums Fernsehen (des Aufwachsens mit dem Fernsehen) aufgefaßt werden, auch wenn es sich dabei um Merkmale des Mediennutzungsverhaltens handelt. Diese Perspektive wird denn auch von fast allen Autoren eingenommen, die sich bisher zum Thema Fernsehgeneration geäußert haben: Das Phänomen Fernsehgeneration wird vorwiegend unter Wirkungsaspekten diskutiert.

Die Untersuchung geht in folgenden Schritten vor: Zunächst werden (in Teil 2) Ansätze zur Erklärung von Kohortendifferenzen im Rezipientenverhalten behandelt. Hier geht es zum einen um theoretische Grundlagen kohortenspezifischen Rezipientenverhaltens generell, vor allem um die Generationentheorie und sozialisationstheoretische Ansätze (mit den Schwerpunkten Freizeit- und Mediensozialisation). Zum anderen soll speziell der Stand der Diskussion über das Fernsehverhalten der Fernsehgeneration dargestellt werden. Hauptsächlich geht es dabei um die Frage, ob und warum die mit dem Fernsehen aufgewachsenen Menschen diesem Medium gegenüber möglicherweise eher zurückhaltend sind.

Im darauffolgenden Teil 3 der Arbeit geht es um die bisherigen empirischen Untersuchungen zu Unterschieden zwischen den Kohorten in ihrer Nutzung und Bewertung der Medien. Zu diesem Zweck muß einleitend in einem Exkurs der Kohortenansatz in seinen Grundzügen skizziert werden. Im Anschluß daran werden die empirischen Arbeiten und ihre Ergebnisse dargestellt und kritisch bewertet.

Die eigene empirische Untersuchung ist Gegenstand des vierten Teils. Zunächst werden die herangezogenen Sekundärdaten beschrieben; außerdem wird die Vorgehensweise bei den Kohortenanalysen dieser Daten dargestellt. Detaillierte und weiterführende Erläuterungen sind in Methodenanhängen untergebracht, auf die dabei jeweils verwiesen wird. An die übergeordneten Methodenbeschreibungen schließt sich die Darstellung der einzelnen Analysen und ihrer Ergebnisse an. Ein Fazit bildet dann den Abschluß der Arbeit.

2 Ansatzpunkte zur Erklärung kohortenspezifischen Rezipientenverhaltens

Bevor empirische Befunde zur Frage nach Unterschieden zwischen Kohorten in ihrer Mediennutzung und Medienbewertung betrachtet werden, soll grundsätzlich untersucht werden, ob es überhaupt eine theoretische Basis für die Existenz solcher Unterschiede gibt.[8] Das ist Gegenstand dieses zweiten Teils der Arbeit. In einem ersten Schritt werden allgemeinere Ansätze zur Erklärung von Kohortendifferenzen im Rezipientenverhalten behandelt. Anschließend geht es um Überlegungen, die sich speziell auf die Fernsehgeneration und besonders die Frage, welche Position sie gegenüber dem Fernsehen einnimmt, beziehen.

2.1 Allgemeine Erklärungsansätze

2.1.1 Generationentheorie und Sozialisation

In der Generationentheorie wird davon ausgegangen, daß Einstellungen, Werthaltungen und Persönlichkeit weitgehend in jungen Jahren während einer Phase hoher Sensibilität für Außeneinflüsse geprägt werden, so daß es im Zuge von Veränderungen der Umwelt und damit der prägenden Eindrücke zur Herausbildung von Generationen mit gleichartigen Erfahrungen kommt (vgl. Rintala 1979, S. 14 ff.). Mannheim (1928), auf den sich fast alle heutigen Vertreter des generationentheoretischen Ansatzes beziehen, spricht von einer „Prädominanz

---

8 Eine separate Übersicht über empirische Ergebnisse bietet sich hier vor allem aus zwei Gründen an: In der Literatur besteht eine weitgehende Trennung zwischen inhaltlichen Aussagen über die Fernsehgeneration und einschlägiger empirischer Forschung. Das hat vor allem damit zu tun, daß das Phänomen Fernsehgeneration einerseits eher am Rande anderer Themen diskutiert wird und daß es auf der anderen Seite so gut wie keine empirischen Untersuchungen speziell dazu gibt, sondern fast ausschließlich Studien, die nur mehr oder weniger starke Berührungspunkte mit diesem Gegenstand haben. Der zweite Grund für die gesonderte Darstellung der empirischen Befunde besteht darin, daß die betreffenden Untersuchungen vielfach problematisch sind und daher ihre Darstellung stark mit der Diskussion methodischer Fragen belastet ist.

der ersten Eindrücke“ (Mannheim 1928, S. 181) und meint dabei aus soziologischer Sicht vor allem die in der *Jugendzeit* empfangenen Eindrücke.[9] Die Phase erhöhter Empfindsamkeit für Außeneinflüsse beginnt Mannheim zufolge mit 17 Jahren. Spätere Autoren grenzen diese Prägephase (formative years) nach oben hin ungefähr bei Mitte 20 ab, so daß sich Altersbereiche von 18–26 (Lambert 1972), 17–25 (Rintala 1979) oder 10–25 Jahren (H. A. Becker 1989) ergeben. Es handelt sich also grob gesprochen um die Phase der Jugend und Adoleszenz.

Von einer Prägung der Wertorientierungen in dieser Phase geht beispielsweise Inglehart (1971, 1977, 1990) aus. Diese in der sozialwissenschaftlichen Literatur so prominente „klassische“ Prägephase Jugend/Adoleszenz gilt möglicherweise aber vor allem für die Entwicklung von Werten, Weltanschauungen und politischen Haltungen. Eine eindeutige Abgrenzung einer Generation ergibt sich auch nur dann, wenn die relevanten Umwelteinflüsse sich auf einen bestimmten, relativ engen Zeitraum konzentrieren (wie etwa bei einem Krieg oder einer Wirtschaftskrise). Bei stetigen Umweltveränderungen treten demgegenüber allenfalls graduelle Unterschiede zwischen den Kohorten auf. Dieser Fall wird wahrscheinlich deshalb im Zusammenhang mit Generationen kaum thematisiert, weil hierbei keine eindeutige Abgrenzung von Generationen (als Gruppen von Kohorten mit gleichartigen Eigenschaften) möglich ist.

Im Ergebnis ähnlich — jedenfalls wenn man erwachsene Kohorten betrachtet — ist die alternative Annahme einer erhöhten Prägbarkeit früh im Leben, nicht erst in der Jugend (vgl. Glenn 1980). Auch innerhalb der Sozialisationsforschung bestehen diese verschiedenen Auffassungen darüber, welche Lebensphase für die Sozialisation maßgeblich ist (vgl. Kohli 1982). Es dominiert grundsätzlich die Überzeugung, die früheren Lebensphasen seien am wichtigsten. Dabei wird der frühen Kindheit allgemein die größte Bedeutung zugeschrieben; die Vertreter des generationentheoretischen Ansatzes halten dagegen die Jugend und die frühe Erwachsenenphase für zentral.

Auch in der Argumentation von Vertretern der These, das Aufwachsen mit dem Fernsehen sei für Abweichungen der Fernsehgeneration in Fähigkeiten, Denkweisen usw. verantwortlich, spielt die Auffassung eine Rolle, die Kindheit — in der viel ferngesehen werde — sei eine besonders sensible Entwicklungsperiode, so daß Fernseherfahrungen in dieser Lebensphase sehr stark prägend

9 Mannheim stützt sich dabei auch auf die zuerst 1924 erschienene Psychologie des Jugendalters von Spranger (vgl. Spranger 1955).

wirkten (vgl. Davis und Davis 1985, S. 42; Winn 1979, S. 132 ff.).[10] Ganz ähnlich kann man auch die Überlegung verstehen, die langfristigen Wirkungen des Fernsehens seien bei denjenigen Menschen stärker, die mit dem Fernsehen *aufgewachsen* sind (vgl. Kubey 1980, S. 27; Meyrowitz 1985, S. 137). Auch hier wird eine stärkere Prägbarkeit in Kindheit und Jugend unterstellt.

Allerdings finden auch im Erwachsenenalter noch Lern- und Sozialisationsprozesse statt. Mit diesem letzten Punkt ist bereits die grundlegende Frage der Stabilität von Eindrücken, die früh im Leben — sei es nun in der Kindheit oder erst in der Jugend und Adoleszenz — empfangen wurden, angesprochen. Nur dann, wenn Werthaltungen, Einstellungen oder Verhaltensweisen im Erwachsenenalter zumindest teilweise stabil bleiben, können dauerhafte Unterschiede zwischen den Generationen existieren; auch dies ist also eine Annahme der Generationentheorie (vgl. Carlsson und Karlsson 1970; Ryder 1965). Diese Frage ist — zumindest was Persönlichkeit, Werte und Einstellungen betrifft — häufig untersucht worden (vgl. Block 1981; Costa und McCrae 1980; Danigelis und Cutler 1991; Glenn 1974, 1980; Krosnick und Alwin 1989; Sears 1981, 1983). Die Befunde gehen auseinander — teilweise aber offenbar auch aufgrund der Verschiedenartigkeit der untersuchten Merkmale. Insgesamt wurde eher Stabilität (wenn auch nicht mit dem Alter zunehmende Stabilität) festgestellt.

Für die Existenz dauerhafter Unterschiede zwischen den Kohorten genügt dies bereits. Persistenz von Eindrücken, die verschiedene Kohorten in unterschiedlicher Weise empfangen haben, bedeutet also *nicht* notwendigerweise in eingeschränktem Sinn, daß sich Verhaltensweisen oder Einstellungen einer Kohorte nach dem Beginn der Erwachsenenphase *überhaupt nicht mehr* ändern. Das wäre auch nicht realistisch; vielfach treten alterungsbedingte und durch historische Einflüsse hervorgerufene Veränderungen auf. Vielmehr bedeutet Persistenz, daß *Unterschiede* zwischen Kohorten dauerhaft sind. Eine Kohorte, die etwa im Alter von 20–30 Jahren im Vergleich zu den älteren Kohorten politisch links steht, behält diese relative Position auch im Alter von 40–50 Jahren bei — wenn auch (als Folge von Veränderungen im Zuge des Älterwerdens oder von Zeiteinflüssen) auf einem anderen, beispielsweise gemäßigteren Niveau.

---

10 Dabei beziehen sich Davis und Davis sowie Winn auf die Fernsehnutzung amerikanischer Kinder. Die Nutzung deutscher Kinder liegt demgegenüber beträchtlich niedriger (vgl. Klingler und Groebel 1994). Bei der Rezeption der fernsehkritischen Beiträge aus den USA in Deutschland bleibt dieser Umstand zumeist unbeachtet. Im vorliegenden Zusammenhang könnte man daraus ableiten, daß etwaige Wirkungen des Aufwachsens mit dem Fernsehen in den USA stärker sein müßten. Überhaupt hätte dann das Phänomen Fernsehgeneration in den USA mehr Bedeutung.

2.1.2 *Freizeitsozialisation*

Wie können sich nun Unterschiede zwischen Kohorten im Rezipientenverhalten herausbilden? In der Kommunikationswissenschaft — anders als in der Politikwissenschaft und in der Soziologie — spielt die oben erwähnte „klassische" Vorstellung einer Prägung in der Jugend und Adoleszenz kaum eine Rolle. Statt dessen greift man auf die Sozialisationstheorie zurück und bezieht sich vor allem auf die Freizeit- und Mediensozialisation. Auch hier ist die Annahme der (teilweisen) Stabilität des gelernten Verhaltens bzw. der übernommenen Werthaltungen und Einstellungen wichtig. Daneben gilt die Aufmerksamkeit historischen Veränderungen, Veränderungen der Sozialisationsbedingungen, die dazu führen, daß aufeinanderfolgende Kohorten in unterschiedlicher Weise sozialisiert werden und sich als Erwachsene dauerhaft voneinander unterscheiden.

Freizeitsozialisation kann als lebenslanger Prozeß verstanden werden (vgl. Iso-Ahola 1980; Kleiber und Kelly 1980). Dennoch wird — auch hier — allgemein davon ausgegangen, daß der Kindheit und Jugend eine grundlegende Bedeutung für das Freizeitverhalten im weiteren Leben zukommt, weil sich in dieser Phase Freizeitinteressen und Freizeitstile weitgehend entwickeln (vgl. Attias-Donfut 1978, S. 362; Tokarski und Schmitz-Scherzer 1985, S. 159). Daß Bildung und soziale Schicht das Freizeitverhalten stärker bestimmen als das Lebensalter, kann als Zeichen für eine hohe Stabilität des Freizeitverhaltens im Lebensverlauf angesehen werden (vgl. Attias-Donfut 1978, S. 363).

Zumindest ein gewisses Maß an Stabilität ist für das Bestehen von dauerhaften Unterschieden zwischen den Kohorten im Freizeitverhalten auch notwendig. In der Freizeitforschung geht man im allgemeinen sowohl von Kontinuität als auch von Wandel des Freizeitverhaltens im Lebensverlauf aus: Das Freizeitverhalten im Erwachsenenalter schließt an die Freizeiterfahrungen in der Kindheit und Jugend an, aber andererseits verändert sich das Freizeitverhalten auch im Lebensverlauf (vgl. S. J. Cutler und Hendricks 1990; Iso-Ahola 1980). Unabhängig von möglichen Unterschieden *zwischen* Kohorten wird aber eine weitgehende Kontinuität des Freizeitverhaltens im Erwachsenenalter angenommen (vgl. Lipman 1987, S. 384).

Bereits Mannheim (1928, S. 173 f.) spricht von Handlungsspielräumen und Möglichkeitsräumen, die verschiedene Generationen in unterschiedlichem Maße kennzeichnen. Diese Perspektive — Handlungsspielräume einerseits, Beschränkungen andererseits — ist für die Analyse von Generationen und ihrer Entwicklung von genereller Bedeutung (vgl. H. A. Becker 1989; Fend 1988). Eine der wesentlichen Restriktionen des Freizeitverhaltens liegt nun darin, daß nur ein bestimmtes Repertoire an Freizeitaktivitäten in der Kindheit gelernt wird. Dadurch wird das spätere Freizeitverhalten begrenzt; es entsteht ein positiver Zusammenhang zwischen Freizeiterfahrung (auch stellvertretender Erfahrung) in der Kindheit und Freizeitverhalten im Erwachsenenalter (vgl. Iso-Ahola und Mannell 1985, S. 132 f.).

So hatten beispielsweise die heutigen Älteren, die während des Krieges und in der frühen Nachkriegszeit aufgewachsen sind, nicht die Gelegenheit, ein breites Spektrum von Freizeitaktivitäten auszuüben (und somit zu lernen), als sie jung waren. Möglicherweise liegt es daher an diesem Mangel an gelernten Alternativen, daß sich diese Kohorten später so intensiv dem Fernsehen zugewandt haben (vgl. Kiefer 1988). Im Gegensatz dazu wird bei den jüngeren Kohorten eine größere Bandbreite von Freizeitaktivitäten und ein — vielleicht infolgedessen — geringeres Interesse am Fernsehen festgestellt (vgl. Köhler 1989, S. 24; Opaschowski 1992, S. 15 f.).

Auch in anderer Beziehung können Verhaltensweisen und Einstellungen im Bereich der Freizeit von den historischen Erfahrungen abhängen, die eine Kohorte gemacht hat. So kann etwa das Erleben ökonomischer Krisenzeiten zur Entwicklung anderer Haltungen gegenüber Arbeit und Freizeit führen (vgl. Bennett 1985). Unterschiede zwischen Kohorten im Freizeitverhalten ergeben sich auch allein dadurch, daß Kohortendifferenzen im Bildungsniveau und in der Berufsbiographie bestehen (vgl. S. J. Cutler und Hendricks 1990, S. 172).

Insgesamt kann also davon ausgegangen werden, daß das Freizeitverhalten (Werte, Motive, Freizeitaktivitäten, Freizeit- und Lebensstile) der verschiedenen Kohorten unterschiedlich ist (vgl. Attias-Donfut 1978, S. 356 f.; Osgood und Howe 1984, S. 181). Insofern, als die Mediennutzung zum Freizeitverhalten gehört, sind entsprechende Kohortendifferenzen grundsätzlich auch für den Bereich des Rezipientenverhaltens zu erwarten.

2.1.3 Mediensozialisation

Für kohortenspezifisches Rezipientenverhalten spielt nicht nur die Freizeitsozialisation eine Rolle, sondern speziell auch die Mediensozialisation (vgl. zur Sozialisationsperspektive in der Kommunikationswissenschaft Bonfadelli 1981; Jeffres 1980; McLeod und O'Keefe 1972; Saxer 1988). In der Mediensozialisationsforschung hat man sich lange Zeit ausschließlich auf Medien*wirkungen* konzentriert; Mediensozialisation wurde verstanden als Beitrag der Massenkommunikation bzw. der Medien zur Sozialisation von Kindern und Jugendlichen

(Sozialisation *durch* Medien). Die neuere Auffassung — eine rezipientenorientierte Sichtweise — betont dagegen, daß Kinder und Jugendliche den Umgang mit Medien lernen und Medienkompetenz erwerben (Sozialisation *zur* Mediennutzung) (vgl. Bonfadelli 1983, S. 316 f.; Jeffres 1980, S. 244).

Als diejenigen Lebensphasen, die für die Mediensozialisation maßgeblich sind, gelten — wie in der allgemeinen Sozialisationsforschung — Kindheit und Jugend. Kinder und Jugendliche kommen auch mit neuen Medienangeboten oft schneller in Kontakt und greifen sie eher auf. Sie sind insofern den für die Mediensozialisation relevanten Zeiteinflüssen stärker ausgesetzt. Und in diesem Alter werden Kohorten geprägt (vgl. Feilitzen 1991, S. 98).[11]

Für die Herausbildung von Kohortendifferenzen ist es dabei maßgeblich, daß die Sozialisation zur Mediennutzung bei verschiedenen Kohorten in jeweils unterschiedlicher medialer (und nichtmedialer) Umgebung stattfindet.[12] Von Bedeutung ist hier also einerseits der Wandel der Medienumwelt, in der die Kohorten aufwachsen (vgl. Bonfadelli 1989; Rolff und Zimmermann 1990). „Medienumwelt" kann dabei in sozialökologischer Perspektive umfassend und differenziert verstanden werden, weit über die Medienumgebung in der Familie hinausgehend (vgl. Baacke, Sander und Vollbrecht 1988; Sander und Vollbrecht 1987). Andererseits stellt sich die Frage, auf welche Weise der Umgang mit Medien vermittelt wird. Hier ist besonders die Rolle des Elternhauses relevant; darauf wird weiter unten eingegangen.

Der Einfluß der Medienumgebung, in der jemand aufgewachsen ist, auf das spätere Rezipientenverhalten wird vor allem im Rahmen des medienbiographischen Ansatzes thematisiert (vgl. dazu Hickethier 1982; Kübler 1982; Mohn 1987; Rogge 1982; Sander und Vollbrecht 1989). Es wird dabei davon ausgegangen, daß Mediennutzung nur vor dem Hintergrund der jeweiligen Lebensgeschichte verstanden werden kann (vgl. Rogge 1982). In den Blick geraten

---

11 Bei technischen Medien kommt hierbei zum Tragen, daß jüngere Menschen Kompetenzen im Umgang mit neuer Technik offenbar schneller erwerben. So sind bei (neueren) technischen Geräten die Fertigkeiten in der jüngeren Bevölkerung durchweg höher entwickelt. Die Kohorten einer Gesellschaft unterscheiden sich im Hinblick auf die technische Ausstattung ihrer Haushalte (Telephon, Computer usw.) und in ihren Kompetenzen im Umgang mit diesen technischen Geräten. Insofern vollzieht sich die Ausbreitung von Haushaltstechnik ganz allgemein auch durch den Prozeß der Kohortensukzession (vgl. Glatzer und Hartmann 1993).

12 Vgl. zum Wandel der Sozialisationsbedingungen (für Kinder und Jugendliche) seit der Jahrhundertwende — mit Schwerpunkt auf der Zeit nach dem 2. Weltkrieg — Fend (1988); zu den Veränderungen der Sozialisationsbedingungen in der Nachkriegszeit Preuss-Lausitz et al. (1989) sowie Rolff und Zimmermann (1990).

einerseits Entwicklungen im Lebensverlauf, andererseits aber auch Unterschiede zwischen Kohorten (vgl. Rogge 1982, S. 277). Die individuelle Biographie repräsentiert — und verweist auf — die Biographie einer ganzen Kohorte (vgl. Ryder 1965).

Auch Rust (1992) schlägt biographische Medienforschung unter anderem zur Erfassung der Unterschiede zwischen verschiedenen Generationen vor und weist in diesem Zusammenhang auf die Unterschiedlichkeiten in den Medienbiographien von Geburtskohorten hin. Hickethier (1982) äußert sich jedoch skeptisch gegenüber schematischen Verknüpfungen zwischen Mediensozialisation bzw. Medienbiographie und späterem Mediennutzungsverhalten: Man sollte vorsichtig sein mit dem Herstellen von Zusammenhängen zwischen bestimmten Medienumgebungen in der Kindheit der jeweiligen Generationen (also etwa dem Umstand, daß die heutige Jugend mit dem Fernsehen aufgewachsen ist) und ihrem späteren Mediengebrauch und sonstigen Verhalten. Vorschnelle Schlüsse seien nicht angebracht, es gebe viele andere Einflußfaktoren, unter anderem soziale Unterschiede und Lebensumstände (vgl. Hickethier 1982, S. 214).

Welche konkreten für die Mediensozialisation relevanten Bedingungen des Aufwachsens lassen sich nun identifizieren? Die Bedeutung der *nichtmedialen Umgebung* für die Mediennutzung von Kindern und für die Mediensozialisation wird besonders in den Ergebnissen der Studie „Kinder und Medien 1990“ (vgl. Klingler und Groebel 1994) deutlich, und zwar in erster Linie an den Unterschieden zwischen alten und neuen Bundesländern: Im Osten liegt die Nutzung der Medien Fernsehen und Radio deutlich höher. Dies kann offenbar zumindest teilweise auf folgende Lebensbedingungen zurückgeführt werden: weniger kinderfreundliche Umgebung, weniger Freizeiteinrichtungen und damit mangelnde Alternativen für die Freizeitgestaltung (Kinder können weniger draußen spielen, sind häufiger auf die Beschäftigung im Haus angewiesen, wobei in den neuen Bundesländern die Familien im Durchschnitt weniger Wohnraum zur Verfügung haben), häufiger nicht-intakte Familien. Konsequenzen für das Rezipientenverhalten ergeben sich zum einen unmittelbar (Mangel an Handlungsalternativen), infolge der weitgehenden Entwicklung des Freizeitverhaltens in dieser Lebensphase aber auch längerfristig (vgl. Kapitel 2.1.2).

Neben den allgemeinen Lebensbedingungen ist vor allem die *Medienumgebung*, in der eine Kohorte aufwächst, wichtig. Meistens wird die Prägung von Kohorten infolge von Veränderungen der Medienumgebung an den unterschiedlichen Erfahrungen der Kohorten mit den Mediengattungen insgesamt festgemacht (vgl. etwa Basil 1990; Danowski 1981; Danowski und Ruchinskas 1980, 1983; Schramm 1969, S. 366). In jüngerer Zeit wird in diesem Zusammenhang auch die Gewöhnung an den Computer mitsamt ihren Konsequenzen für die Mediennutzung erwähnt (vgl. Edelstein 1989; Hsia 1989, S. xxiii). Dabei wird generell davon ausgegangen, daß eine Kohorte zu einem Medium, mit dem — als dominierendem oder neuem Medium — sie aufwächst, eine stärkere Affinität entwickelt (und behält).

Auch das Hinzutreten neuer Angebote innerhalb einer Mediengattung (hier: die Einführung neuer Fernsehangebote) wird als möglicherweise kohortenprägend genannt (vgl. Schoenbach und Becker 1989, S. 361). Und sogar die spezifischen formalen Angebotsweisen des Fernsehens[13] werden in diesem Zusammenhang thematisiert: das Aufwachsen mit immer schnelleren Programmen (vgl. Sturm, Altstötter-Gleich, Groebel und Grewe-Partsch 1991, S. 186).

Aber nicht nur die Massenmedien allein sind hier bedeutsam, es geht auch ganz grundsätzlich um die symbolische Umwelt (und Veränderungen dieser Umwelt), in der die verschiedenen Kohorten aufgewachsen sind bzw. aufwachsen. Für die jüngeren Kohorten ist diese symbolische Umwelt stärker von visuellen Symbolen, von optischen Reizen geprägt (vgl. Lehtonen 1988, S. 108).

Maßgeblich für die Sozialisation zur Mediennutzung ist vor allem das Elternhaus. Saxer (1988, S. 206) stellt fest, die empirische Forschung habe einen „überragenden“ Einfluß der Eltern — vor allem durch das eigene Vorbild in der Familie — auf das Mediennutzungsverhalten ihrer Kinder nachgewiesen.[14] Feilitzen (1976) zufolge gilt dieser starke Einfluß vor allem für das Vorschulalter, in dem die soziale Situation des Kindes primär familienzentriert ist. Neben dem elterlichen Vorbild ist es dabei auch wichtig, welche Medien im Elternhaus überhaupt verfügbar sind. Von Anfang an ist ein Kind ja mit der medialen Ausstattung des Elternhauses und der Mediennutzung der Eltern konfrontiert (vgl. Bonfadelli 1981, S. 271; Luger 1985). Der Zusammenhang zwischen der Mediennutzung von Kindern bzw. Jugendlichen und der Mediennutzung ihrer Eltern ist vor allem für die Lesemedien, jedoch auch für andere Medien belegt (vgl. Bonfadelli und Fritz 1993, S. 103 ff.).

Die meisten Untersuchungen zur Bedeutung der Familie bzw. des Elternhauses für die Entwicklung der Mediennutzung bezogen sich auf das Lese-

---

13 Vgl. Sturm (1991, S. 129 ff.), die generell fernsehspezifische Präsentationsformen als Sozialisationsfaktor betrachtet.

14 Vgl. dagegen die frühe Kritik von Chaffee, McLeod und Atkin (1971), deren eigene Untersuchung nur schwache Zusammenhänge zwischen der Mediennutzung von Eltern und ihren Kindern ergab. Chaffee, McLeod und Atkin diskutieren auch alternative Erklärungen für positive Eltern-Kind-Korrelationen. Zur Kritik an der Modeling-Hypothese siehe auch Wartella, Alexander und Lemish (1979, S. 43 f.).

verhalten, und zwar überwiegend die Nutzung von Büchern. Dabei stellte sich ein deutlicher Einfluß der Lesesozialisation heraus: Ein positives Leseklima in der Familie (viele Bücher im Haushalt, lesende Eltern) wirkt lesefördernd (vgl. Fritz und Suess 1986; Hurrelmann, Hammer und Nieß 1993; Köcher 1988; Saxer, Langenbucher und Fritz 1989). Und die Mediensozialisation besitzt offenbar zumindest teilweise einen vom Bildungsniveau unabhängigen Einfluß auf das Leseverhalten (vgl. Fritz 1991, S. 51 ff.).

Auch in der Zeitungsforschung ist ein wesentlicher Befund die einflußreiche Rolle des Elternhauses (Verfügbarkeit einer Tageszeitung) bzw. der Eltern (als Modell) für die Entwicklung der Gewohnheit Zeitungslesen (vgl. Cobb 1986; Cobb-Walgren 1990; Newspaper Advertising Bureau 1977; Noelle-Neumann und Schulz 1993; Rager, Müller-Gerbes und Haage 1994; Stone 1987, S. 109 f.; Stone und Wetherington 1979).

Aber auch die Fernsehgewohnheiten bilden sich (heute) im Elternhaus, während der Kindheit und Jugend heraus; das spätere Nutzungsverhalten wird nach verbreiteter Auffassung weitgehend oder zumindest in den Grundzügen in dieser Lebensphase geformt (vgl. etwa Bower 1985, S. 41; Feilitzen 1976, S. 94; Feilitzen 1991; Gehmacher 1980, S. 25; Morrison 1979, S. 73; Schmidt 1989). Im vorliegenden Zusammenhang ist der Gewohnheitscharakter des Fernsehens (vgl. Kubey und Csikszentmihalyi 1990) — wie auch der Zeitungsnutzung (vgl. Stone und Wetherington 1979) — insofern von Bedeutung, als die Gewohnheitsbildung ein gewisses Maß an Stabilität (im Lebensverlauf) bedeutet und damit zur Fortdauer etwaiger Unterschiede zwischen den Kohorten beiträgt.

Wie bei den Lesemedien, so gibt es auch hier empirische Belege für den Einfluß der Eltern. Rosengren und Windahl (1989) präsentieren Ergebnisse von Panelanalysen, die zeigen, daß die Fernsehnutzung der Eltern starke Einflüsse auf die Fernsehnutzung ihrer Kinder hat. Auch Oswald und Kuhn (1994) stellten einen starken Einfluß der Fernsehhäufigkeit der Eltern auf die Fernsehhäufigkeit ihrer Kinder fest, und zwar unter simultaner Kontrolle von Schicht, Schulart, Alter und Geschlecht.

Die Frage ist allerdings, wie es zur Herausbildung von Kohortendifferenzen kommen kann, wenn die Mediennutzung in so hohem Maße im Elternhaus festgelegt wird. Je stärker der elterliche Einfluß (wenn er fortdauert) ist, so könnte man meinen, um so weniger Raum besteht für die Entwicklung von Unterschieden zwischen aufeinanderfolgenden Kohorten. Diskontinuitäten im Vergleich sukzessiver (familiärer) Generationen — und damit eine Basis für das Entstehen von Kohortendifferenzen — haben in der Mediensozialisationsforschung bislang eine untergeordnete Rolle gespielt (vgl. Jeffres 1980, S. 245).

Hier ist einerseits darauf hinzuweisen, daß die empirisch festgestellten Zusammenhänge zwischen der Mediennutzung der Eltern und der ihrer Kinder zwar deutlich, aber eben doch nicht extrem hoch oder gar perfekt sind. Außerdem ist dies eine Frage der Analyseebene. Betrachtet man nicht Personen, sondern Bevölkerungsgruppen in ihrem durchschnittlichen Verhalten, so läßt sich durchaus erkennen, auf welche Weise eine Differenzierung der Kohorten auch bei hoher Determination der Mediennutzung durch das Elternhaus zustandekommen kann:

Im Zuge der familiären Mediensozialisation können sich Unterschiede zwischen aufeinanderfolgenden Kohorten nämlich kontinuierlich weiterentwickeln. So werden beispielsweise Kinder, wenn die Zeitungsnutzung allgemein rückläufig ist, ihre Eltern seltener als Zeitungsleser erleben (ein zunehmender Anteil von ihnen gar nicht). Diese Kinder werden dadurch als Erwachsene mit geringerer Wahrscheinlichkeit selbst regelmäßige Leser sein. Sie werden ihrerseits von ihren Kindern weniger als Zeitungsleser erlebt werden; und so fort. Dies müßte zur Fortsetzung negativer Kohortentrends der Zeitungsnutzung führen (vgl. Stone und Wetherington 1979, S. 561). Und der negative Gesamttrend in der Zeitungsnutzung dürfte sich aufgrund dieses Prozesses eher noch verstärken (vgl. Roberts und Bachen 1981, S. 314 f.).

2.1.4 Bildungsunterschiede

Die Kohorten unterscheiden sich nicht nur in ihrer Freizeit- und Mediensozialisation, sondern auch in weiteren Faktoren, die ebenfalls auf ihr Rezipientenverhalten Einfluß haben. An dieser Stelle soll nur auf Bildungsunterschiede eingegangen werden, die hier eine zentrale Position einnehmen. Bildung kann als eines der wichtigsten Merkmale, die zwischen den Kohorten differenzieren, bezeichnet werden. Die formale Bildung ist ein Indikator nicht nur für Wissen und kognitive Fähigkeiten, sondern auch für soziale Schicht, Beruf, Einkommen und Mediensozialisation (vgl. etwa Greven 1973, S. 154 ff.).

Mit Unterschieden in Bildung, Status und Einkommen gehen ganz allgemein Unterschiede im Freizeitverhalten einher (vgl. Tokarski und Schmitz-Scherzer 1985). Auch die Mediennutzung hängt vor allem mit dem Bildungsniveau zusammen: „The most important correlate of mass media usage is usually found to be education, a finding that holds true in many countries" (Jeffres und Robinson 1980, S. 265). Besonders stark diskriminiert Bildung beim Leseverhalten (vgl. Fritz und Suess 1986; Köcher 1988; McEvoy und Vincent 1980;

Saxer, Langenbucher und Fritz 1989; Stiftung Lesen 1990, 1994a). Bildung ist insbesondere auch eines der Merkmale, mit denen die Zeitungsnutzung am stärksten assoziiert ist (vgl. Bogart 1989, S. 94 ff.; Stiftung Lesen 1990, 1994a; Stone 1987, S. 110 f.). So wird z. B. davon ausgegangen, daß die Bildungsexpansion (langfristig) einen positiven Effekt auf die Zeitungsnutzung haben werde (vgl. Tonnemacher 1975b, S. 52). Demgegenüber besteht ein deutlicher negativer Zusammenhang zwischen Bildung und dem Umfang der Fernsehnutzung (vgl. Bower 1973, 1985; Kiefer 1992; Steiner 1963).[15]

Daneben unterscheiden sich die Kohorten auch in anderen Aspekten, von denen viele jedoch wiederum (zumindest teilweise) mit Bildungsunterschieden verbunden sind. So bestehen Unterschiede zwischen den Kohorten in ihrem jeweiligen Freizeitbudget, da in denjenigen Kohorten, die heute in der zweiten Lebenshälfte stehen, noch ein großer Teil der Frauen nicht berufstätig war bzw. ist. Und auch das räumliche Verhalten und die Mobilität der Kohorten sind unterschiedlich: Jüngere Kohorten sind im allgemeinen mobiler und haben (daher) eine geringere Bindung an den Wohnort — mit Konsequenzen etwa für ihre Bindung an die Lokalzeitung.

2.2 Ansätze zur Erklärung von Abweichungen der Fernsehgeneration im Rezipientenverhalten

Nachdem bisher eher allgemein dargestellt wurde, warum Unterschiede zwischen den Kohorten in ihrem Rezipientenverhalten bestehen können, geht es nun spezieller um die Frage möglicher Abweichungen der Fernsehgeneration und um die Richtung solcher Abweichungen. Der Schwerpunkt der Ausführungen liegt dabei auf dem Fernsehverhalten der Fernsehgeneration.

2.2.1 Starke oder schwache Affinität der Fernsehgeneration zum Fernsehen?

In den publizierten Äußerungen über das Verhalten, über die Eigenschaften der Fernsehgeneration lassen sich im wesentlichen zwei verschiedene Positionen identifizieren. Der ersten Auffassung zufolge neigt die Fernsehgeneration gene-

15 Bei vielen der Studien, auf denen diese Aussagen basieren, wurden jedoch — wenn überhaupt — nur wenige Variablen kontrolliert. Daher sind die angegebenen Bildungseinflüsse möglicherweise zum Teil auf Alterseffekte und auf sonstige Unterschiede zwischen Geburtskohorten (etwa die Mediensozialisation) zurückzuführen. Alter und Kohortenzugehörigkeit sind nämlich (in Querschnittdaten) mit Bildung korreliert.

rell stärker zum Fernsehen und hat (deshalb) eine geringere Affinität zu Druckmedien (vgl. Kapitel 1.1.3, vor allem Eurich 1985, 1988; Franke 1991; Hoffmann 1991; Naeher 1982; Noelle-Neumann 1988; Schulze 1986; Weigner 1989). In ähnlicher Weise wie von einer Beeinträchtigung des Leseverhaltens wird oft auch von anderen negativ bewerteten Folgen des Aufwachsens mit dem Fernsehen ausgegangen.

Was die Neigung der verschiedenen Kohorten zum Fernsehen betrifft, so nutzen nach dieser Auffassung die jüngeren Kohorten das Fernsehen mehr und bewerten es höher bzw. hängen stärker an ihm, weil sie mit diesem Medium aufgewachsen sind. Dies ist letztlich die zentrale These, die — häufig unausgesprochen — hinter dem Begriff „Fernsehgeneration" steht. Eine starke Bindung an das Fernsehen bei denjenigen, die mit diesem Medium aufgewachsen sind, unterstellt beispielsweise Bower (1973, S. 43). Ganz ähnlich — aber eher im Umkehrschluß — meinen Kübler, Burkhardt und Graf (1991) offenbar, das Fernsehen müsse doch eigentlich von den nicht mit ihm aufgewachsenen Generationen weniger hoch geschätzt werden. Ausgangspunkt ist ihr Befund, daß in der untersuchten Stichprobe (Hamburger Bevölkerung, 60 und mehr Jahre) dem Fernsehen die mit Abstand höchste Glaubwürdigkeit im Falle widersprüchlicher Informationen attestiert wurde. „Dieses Ergebnis ist umso bemerkenswerter, als die Zielgruppe unserer Untersuchung ja keine ‚Mediengeneration' in dem Sinne ist, daß sie von Kindesbeinen an ans Fernsehen gewöhnt ist" (Kübler, Burkhardt und Graf 1991, S. 147). Hierbei wären aber mindestens die hohe Fernsehnutzung der Älteren (im Hinblick auf die Konsistenz zwischen Einstellungen und Verhalten) und ihr im Durchschnitt niedrigeres Bildungsniveau zu beachten.

Eine vergleichbare Argumentation findet sich bei Straka, Fabian und Will (1989), die davon ausgehen, daß das Radio als altes Medium im Leben der alten Menschen eine entsprechend große Rolle spielen müsse. Die Älteren seien mit dem Radio aufgewachsen, daher könne man eine stärkere biographische Verbundenheit mit dem Radio als mit dem Fernsehen annehmen (vgl. Straka, Fabian und Will 1989, S. 167). Auch hier wird also unterstellt, die älteren Kohorten seien weniger an das Fernsehen gebunden, weil sie nicht mit ihm aufgewachsen seien.

Die meisten Autoren, die der Fernsehgeneration eine stärkere Neigung zum Fernsehen und eine geringere Druckmediennutzung nachsagen, gehen nicht näher auf die Fernsehnutzung der betreffenden Kohorten und auf ihre Haltung gegenüber dem Fernsehen ein. Die Auffassung, die jüngeren Kohorten seien stärker fernsehorientiert, bleibt daher in der Regel unbelegt oder sogar implizit. Dies ist nicht sehr verwunderlich, ergäbe sich doch sonst im Vergleich der

Altersgruppen in Querschnittdaten zunächst ein Widerspruch zwischen der behaupteten höheren Affinität der jüngeren Kohorten und der tatsächlich geringeren Nutzung in den unteren Altersgruppen.

Die Vertreter der anderen Position dagegen meinen (oft ohne auf die Nutzung der Druckmedien einzugehen), die Fernsehgeneration wende sich vom Fernsehen ab bzw. habe eher eine schwächere Affinität zum Fernsehen (vgl. Dorsch 1983; Kiefer 1987, 1992; Luger 1985; Opaschowski 1992). Dieser zweiten Position zufolge nutzen nicht die jüngeren, sondern die älteren Kohorten das Fernsehen mehr und hängen mehr an diesem Medium. Begründet wird das etwa damit, daß in den älteren Kohorten immer noch die anfängliche Begeisterung für das Fernsehen wirke (vgl. Kiefer 1987). Jüngere Kohorten dagegen hingen weniger am Fernsehen, weil dieses Medium für sie nichts Besonderes sei (und das, weil sie mit dem Fernsehen aufgewachsen seien).

Die Auffassung, nach der die mit dem Fernsehen von Anfang an aufgewachsenen Menschen von diesem Medium *weniger* fasziniert seien, hat offenbar erstmals Roegele (1970) dezidiert geäußert: „Jene Generation von Heranwachsenden, die noch miterlebt hat, wie der Fernsehapparat ins Haus kam, wurde von dem neuen Mittel, die Welt zu erfahren, viel stärker fasziniert als die Spätergeborenen, die schon mit dem Bildschirm als regulärem Bestandteil der ‚Grundausstattung' aufgewachsen sind und gegenüber dem Fernsehen gar nichts Wunderbares empfinden" (Roegele 1970, S. 7 f.).

Es handelt sich hier offensichtlich um fundamental entgegengesetzte Positionen, denen auch vollkommen verschiedene Annahmen über die Konsequenzen des Aufwachsens mit dem Fernsehen entsprechen. Zu diskutieren ist also die Frage, was es denn nun für ihre Nutzung und Bewertung des Fernsehens bedeutet, wenn Menschen weitgehend oder vollständig mit diesem Medium aufgewachsen sind: zurückhaltendere Nutzung und Bewertung, weil das Fernsehen eben nichts Neues und damit auch nichts Attraktives (sondern vielmehr so selbstverständlich wie Strom aus der Steckdose) ist — oder mehr Nutzung und höhere Bewertung, weil sich durch die Gewöhnung von klein auf eine stärkere Bindung entwickelt?[16]

Lassen sich für die älteren Kohorten, die nicht mit dem Fernsehen aufgewachsen sind, analoge Aussagen sinnvollerweise formulieren? Im ersten Fall hieße das: Sie sind nicht seit ihrer Kindheit an das Fernsehen gewöhnt und

16 In der Literatur wird die Selbstverständlichkeit des Fernsehens für diejenigen, die mit ihm aufgewachsen sind, eher konstatiert als im Hinblick auf ihre Bedeutung für die Fernsehnutzung diskutiert (vgl. Davis 1980, S. 41; Hickethier 1980, S. 32; Meyersohn 1961).

haben daher keine hohe Affinität zu diesem Medium (vgl. Kübler, Burkhardt und Graf 1991). Die Gegenhypothese wäre dann: Weil sie nicht mit dem Fernsehen aufgewachsen sind, waren sie von dem neuen Medium sehr fasziniert und sind es auch heute noch (vgl. Kiefer 1987).

Vielleicht kommt man auch gar nicht mit einer einzigen Erklärung für jüngere und ältere Kohorten aus. Wenn die jüngeren Kohorten keine hohe Affinität zum Fernsehen haben, weil dieses Medium für sie so selbstverständlich ist, so bedeutet dies dann nicht unbedingt, daß es bei den älteren Kohorten *allein aus diesem Grund* umgekehrt sein muß. Schließlich sind ja auch noch andere Faktoren zu berücksichtigen, die ebenfalls zwischen den Kohorten differenzieren, so etwa das Bildungsniveau und die Freizeitsozialisation. Insofern ist gerade beim Fernsehen äußerst unklar, was für Kohortendifferenzen zu erwarten sind.

Theoretisch grundlegend nicht nur im Hinblick auf die Haltung der Fernsehgeneration zum Fernsehen selbst, sondern auch bezogen auf mögliche Folgen für die Druckmediennutzung, für Werte, Einstellungen und andere Verhaltensbereiche ist also die Frage, ob das Aufwachsen mit dem Fernsehen bei den betreffenden Kohorten eine hohe oder im Gegenteil eine geringe Affinität zu diesem Medium mit sich bringt. Denn warum sollten die jüngeren Kohorten etwa weniger Zeitung lesen als die anderen Kohorten, *weil* sie mit dem Fernsehen aufgewachsen sind, wenn nicht auch ihre Affinität zum Fernsehen überdurchschnittlich ausfällt? Argumente finden sich indessen eher für die zweite Position, die von einer schwachen Affinität jüngerer Kohorten zum Fernsehen ausgeht.

2.2.2 Begründungen für eine schwache Fernsehaffinität der Fernsehgeneration

Daß bei denjenigen, die das Fernsehen im *Erwachsenen*alter als Neuheit erlebt haben, die Faszination besonders stark gewesen sei, ließe sich zumindest teilweise theoretisch begründen. Grundsätzlich wird Neuheit (als Eigenschaft von Objekten) stärker von älteren Menschen empfunden; die Fähigkeit zum Wahrnehmen von Dingen als neu nimmt im Verlauf des Lebens zu (vgl. Rheingold 1985). Die verschiedenen Kohorten unterscheiden sich mithin in ihrer Umweltwahrnehmung: Technische Innovationen werden von den älteren Kohorten eher als Besonderheit, als „Wunder“ erlebt, während sie jüngeren Kohorten, die mit ihnen groß werden, selbstverständlich erscheinen (vgl. Allerbeck und Hoag 1985, S. 160).

Es läßt sich also nach einem einfachen Figur-Grund-Schema die Vermutung ableiten, daß die älteren Kohorten — zumindest anfangs — stärker vom Fernsehen fasziniert waren: Ein Kontrast ergab sich nur bei denjenigen, in deren Leben das Fernsehen trat, bei denen es nicht schon von Geburt an vorhanden war. Und der Kontrast — so wäre zunächst anzunehmen — war um so stärker, je später im Leben die Innovation kam. Nur diejenigen, die auch andere Zeiten (ohne Fernsehen) gekannt haben, wissen demnach das Vorhandensein des Fernsehens erst richtig zu schätzen. Für die jüngeren Kohorten dagegen, die mit dem Fernsehen groß geworden sind, ist es selbstverständlich, nicht wegzudenken, nichts Besonderes, keine Innovation. Damit wäre aber auch eine geringere affektive Bindung an das Fernsehen bei diesen Kohorten zu erwarten, obwohl — oder gerade *weil* — ihre Vertrautheit mit diesem Medium größer ist.[17]

Die affektive Beziehung der jüngeren Kohorten zum Fernsehen wäre demnach eben *nicht* mit dem Prinzip des „mere exposure" (vgl. Harrison 1977; Zajonc 1968) zu erklären, demzufolge die wiederholte bloße Exposition dazu führt, daß ein Objekt oder Meinungsgegenstand mit der Zeit vertrauter wird und infolgedessen mehr gemocht wird. Ein wesentliches Merkmal solcher Mere-exposure-Erklärungen ist hier auch nicht gegeben: Die jüngeren Kohorten kennen kein Vorher, sie waren dem Fernsehen von Geburt an exponiert. Wahrscheinlich gibt es unter solchen Umständen so etwas wie einen Gewöhnungsprozeß, einen Prozeß des Vertrautwerdens überhaupt nicht. Wie sollte jemandem, dem das Fernsehen niemals fremd, niemals neu war, dieses Medium im Laufe der Zeit vertrauter werden? Umgekehrt könnte bei den *älteren* Kohorten mit dem Vertrautwerden des Fernsehens, mit der Aneignung des neuen, des attraktiven und daher wertgeschätzten Mediums eine stärkere affektive Beziehung zu ihm verbunden sein.

Allgemein können neue Medienangebote für verschiedene Kohorten unterschiedliche Bedeutungen haben, da sie auf eine jeweils andere (Medien-)Biographie treffen und in einer anderen Lebensphase erstmals erlebt werden (vgl. Rogge 1982, S. 279). Möglicherweise spielt es also auch eine Rolle, daß das

---

17 Zwar wird allgemein davon ausgegangen, daß Gewohnheiten und die Dominanz früherer Erfahrungen zu den maßgeblichen Widerstandskräften gegenüber Innovationen zählen (vgl. Sheth 1981; Watson 1971). Demnach würde man gerade bei Älteren eine stärkere Resistenz gegenüber (technischen) Neuerungen erwarten. Sheth (1981) erklärt jedoch den Umstand, daß im Falle der Innovation Fernsehen keine durch Gewohnheiten bedingten Widerstände aufgetreten seien, unter anderem damit, daß das Fernsehen — als neues Produkt, das eine neue Produktklasse definiert habe — keine vorhandenen Gewohnheiten ersetzt habe.

Fernsehen für die älteren Kohorten dasjenige Medium war, das neu zu den bereits vorhandenen Medien hinzutrat und sich etwa dem Radio in vielerlei Hinsicht überlegen zeigte. Darauf weisen — in ihrer Begründung der hohen Attraktivität des Fernsehens für die Älteren — auch Davis und Davis (1985, S. 83) hin. Eine Verdrängung der Radionutzung durch das Fernsehen bei den älteren Kohorten wird auch wiederholt von Kiefer (1987, 1988, 1992) angesprochen.

Daß aus dieser Erfahrung der älteren Kohorten eine besonders starke Beziehung zum Fernsehen resultiert haben könnte, wäre so zu erklären: Wer vorher nur das Radio gekannt hatte, für den war das Fernsehen besonders attraktiv, da im direkten Vergleich besser. Jüngere Kohorten dagegen, die das Fernsehen im Kindesalter kennenlernten, konnten diesen Vergleich so nicht ziehen: Zum einen war das Fernsehen für sie nicht neu, so daß sie die Erfahrung, daß das Fernsehen ein älteres Medium überflügelte, nicht machen konnten. Außerdem waren die Konkurrenzmedien zu dieser Zeit schon verändert, sowohl in ihrem Angebot als auch im Hinblick auf ihre Nutzung.

So konnten die jüngeren Kohorten das im Programmangebot deutlich veränderte Radio gar nicht mehr in der Weise als — unterlegenen — Konkurrenten wahrnehmen wie die älteren Kohorten, die das „alte" Radio noch erlebt hatten. Ganz ähnlich bei der Nutzung der verschiedenen Medien: Die jüngeren Kohorten haben nicht mehr miterlebt, wie die Nutzung der älteren Medien durch das Fernsehen aus den Abendstunden zurückgedrängt wurde. Auch von daher müßten ihnen die tagesaktuellen Medien eher als nebeneinander stehend und verschiedene Funktionen erfüllend erscheinen. Kübler, Burkhardt und Graf (1991) vermuten, daß die Einstellung der älteren Fernsehzuschauer zum Radio dadurch beeinflußt sein könnte, daß sie die Veränderung des Radios in seinem Stellenwert in der Nutzung (Wandel zum Nebenbei-Medium) und die Veränderung in seinen Programmstrukturen miterlebt haben (vgl. Kübler, Burkhardt und Graf 1991, S. 67).

Auf diese Weise könnte eine stärkere Fixierung der heute Älteren auf das Fernsehen als Kohortenphänomen erklärt werden. Die Diskussion über die Verdrängung bzw. Veränderung alter Medien durch neue bezieht sich selten auf das *Publikum*. Doch gerade hier wird es interessant, denn die verschiedenen Kohorten haben die einzelnen Medien in unterschiedlichen Funktionen erlebt. Mit dem Aufkommen des Radios verlor die Zeitung einen großen Teil ihrer Aktualitätsfunktion; das einmal tägliche Erscheinen wurde zur Regel. Die Konkurrenz durch das Fernsehen trug mit dazu bei, daß sich das Radio in den 70er Jahren mehr und mehr zum Begleitmedium veränderte. Und ebenfalls mit bedingt durch den Umstand, daß sich weite Teile der Bevölkerung bereits am Vortag im Fernsehen informieren, verlegten sich die Zeitungen stärker auf die Hintergrundberichterstattung.

Ältere Kohorten haben *selbst* den funktionalen Wandel der älteren Medien bzw. den Prozeß der teilweisen funktionalen Ablösung der älteren Medien durch das Fernsehen erlebt — oder besser: mitvollzogen; jüngere Kohorten dagegen nicht mehr. Eine stärkere Bindung der älteren Kohorten (und damit der gegenwärtigen älteren Bevölkerung) an das Fernsehen könnte also *daher* rühren. Nur sie, die sie noch die Zeit *vor* dem Fernsehen und das *alte* Radio gekannt haben, können möglicherweise empfinden, daß das Fernsehen „besser ist" und „mehr kann" als das Radio; oder sie können dies jedenfalls stärker empfinden. Für die jüngeren Kohorten erfüllen Fernsehen und Radio demgegenüber seit jeher deutlich verschiedene Funktionen; das Radio wird dann vielleicht eher als „anders" denn als „schlechter" wahrgenommen.

Man darf eines nicht vergessen: Die Anpassungen der alten Medien an das neue Medium Fernsehen geschahen ja nicht ohne (vorherige) *individuelle* Anpassungsleistungen des Publikums (Veränderungen des Nutzungsverhaltens, Abwanderungen zumindest zu bestimmten Tageszeiten). Und so mag die *eigene* Erfahrung, daß in der Übergangsphase das Fernsehen das attraktivere Medium von beiden war, beispielsweise wenn es um die abendliche Unterhaltung im Familienkreis ging, dazu geführt haben, daß dem Radio im Bewußtsein (oder auch Unterbewußtsein) dieses heute älteren Publikums weiterhin der „Makel des Unterlegenen" anhaftet — unabhängig von den heutigen funktionalen Leistungen beider Medien, ungeachtet dessen, daß man sich heute auch dem Radio wieder intensiver zuwendet.

Die bei den (damals) Erwachsenen gegebene Wahrnehmung des Fernsehens als Innovation dürfte also die wesentliche Grundlage für ihre Faszination am Fernsehen darstellen. Nur warum sollte diese anfängliche starke Faszination (die noch ganz gut begründet werden kann) für den Rest des Lebens anhalten? Es fällt schwerer zu erklären, warum die Begeisterung für das Fernsehen bei denjenigen, die es als Innovation erlebt haben, so lange fortdauern sollte. Dennoch ergeben sich hierfür einige Ansatzpunkte, die im folgenden diskutiert werden.

Eurich und Würzberg (1983) zeichnen den Prozeß der Integration des Fernsehens in den Alltag, den Prozeß der Veralltäglichung dieses Mediums nach. Sie schildern ausführlich die Rolle des Fernsehens im Alltag des Publikums — und die Veränderung dieser Rolle. Eurich und Würzberg zufolge war das Fernsehen in der Anfangszeit seiner Verbreitung ein ausgesprochenes Prestigeobjekt.[18] Auch der Umstand, daß die älteren Generationen sich noch gut an die Anschaffung ihres ersten Fernsehgerätes erinnern (vgl. Eurich und Würzberg 1983, S. 51 f.), unterstreicht die große Bedeutung und herausragende Stellung im Alltag, die das Fernsehen damals hatte. Man kann sich daher gut vorstellen, daß diese hohe Bedeutung, die dem Fernsehen in der Anfangszeit ja von ganz bestimmten Kohorten beigemessen wurde, die betreffenden Kohorten auch in der Zeit danach von den nachfolgenden Kohorten unterschied. Anhand des Berichts über die Ausbreitung des Fernsehens von Eurich und Würzberg (1983), vor allem auch der Teile aus biographischen Interviews, kann man gut nachvollziehen, daß das Fernsehen gerade diejenigen, die *nicht* mit ihm aufgewachsen sind, besonders fasziniert haben muß. Maßgebliche Faktoren in diesem Zusammenhang dürften das starke Empfinden der Neuheit (vgl. Rheingold 1985), die Attraktivität des Mediums (darauf verweist auch das damals weit verbreitete Sehen bei Bekannten), das Streben nach dem eigenen Gerät und schließlich der Besitzerstolz sein.

Zapf (1989) erwähnt in seiner Arbeit über soziale Innovationen, daß zu den Ansätzen der Erklärung sozialen Wandels bzw. sozialer Innovationen auch das Konzept der Generation oder Kohorte (als Träger des Wandels) gehört. Er bezeichnet es als interessante theoretische Frage, inwieweit sich das Modell des Produktlebenszyklus mit dem Kohortenwandel verknüpfen lasse (vgl. Zapf 1989, S. 181). Im Medienbereich gibt es zumindest für einzelne Medien (nicht für ganze Mediengattungen) diese Verknüpfung offenbar bereits. So gilt es bei Publikumszeitschriften als problematisch, wenn die Zeitschrift bestimmte Kohorten dauerhaft an sich bindet und diese Leserschaft zusammen mit dem Titel älter wird. Die so zustandekommende Überalterung der Leserschaft, die zur Einstellung der Zeitschrift zwingen kann, wird in der Media-Branche als „Constanze-Effekt" bezeichnet (vgl. Bunk 1991, S. 37 f.).[19] Dieser Begriff stammt

---

18 In Anbetracht des „Siegeszuges" des Fernsehens konstatieren sie den Rückgang in seiner Bewertung durch die Bevölkerung im Zeitraum von 1964 bis 1980 mit Verwunderung (vgl. Eurich und Würzberg 1983, S. 63).

19 In der Praxis versucht man diese Situation dadurch zu vermeiden, daß das durchschnittliche Alter der Leserschaft mit Hilfe gezielter Veränderungen im redaktionellen Bereich und im Layout weitgehend konstant gehalten wird. Dies gilt im Prinzip für alle altersspezifisch positionierten Medienangebote. Insofern dürfte der Fall eher eine Ausnahme sein (zumindest was die Begründung betrifft), von dem Feldmeier (1991) aus dem Hörfunkbereich berichtet: Als Reaktion auf die neue Konkurrenz durch „Antenne Niedersachsen" hat „Radio ffn" Mitte 1991 sein Musikformat geändert. Nach Auskunft von Marketingleiter Joachim Schadewaldt sei das Programm anfangs sehr „jung" gewesen und müsse nun den

von dem einschlägigen Beispiel, das die Zeitschrift „Constanze“ dafür abgab. Lott (1985) zeichnet die Entwicklung der Frauenzeitschrift „Constanze“ bis zu ihrer Zusammenlegung mit „Brigitte“ (mit Beginn des Jahres 1970) nach. Offenbar war „Constanze“ in den 60er Jahren nicht mehr zeitgemäß; verschiedene Korrekturversuche konnten daran nichts ändern und verschlechterten die Lage wohl nur, es gab keine Kontinuität mehr. Wie Lott berichtet, erklärte Jürgen Isberg, vorletzter Chefredakteur der Zeitschrift (1967 bis 1968), die Schwierigkeiten mit der fortgeschrittenen Position im Produktlebenszyklus, wies aber auch auf die Bindung einer Zeitschrift an eine Generation hin — mit der sie sozusagen zusammen altere (vgl. Lott 1985, S. 603).

Auf das Fernsehen als soziale Innovation bezogen, könnte man nun folgende analoge Entwicklung sehen: In seinem „Produktlebenszyklus“ erreichte das Fernsehen bereits Ende der 70er Jahre die Phase der Reife. Die Kohorten, die seine Einführung miterlebt hatten und es bis dahin als Publikum begleitet hatten, blieben ihm treu und wurden mit ihm zusammen älter. Der Versuch, ältere Publikumssegmente zu vermeiden, der für ausschließlich durch Werbung finanzierte Medien charakteristisch ist, spielt in diesem Fall keine Rolle, weil das Fernsehen damals ausschließlich öffentlich-rechtliches Fernsehen war; das öffentlich-rechtliche Fernsehen versteht sich als Angebot für alle Altersgruppen. Die Frage ist jedoch, ob es zu einer Fehlleistung bei der Aufgabe, nachwachsende Kohorten für das Medium zu interessieren, gekommen sein kann (vgl. Neumann-Bechstein 1982). Der bisherige Erfolg der privaten Fernsehprogramme bei den jüngeren Altersgruppen deutet jedenfalls in diese Richtung.[20]

Straka, Fabian und Will (1989) bringen die Tatsache, daß die privaten Fernsehprogramme von den Älteren unterdurchschnittlich (und von den Jüngeren überdurchschnittlich) genutzt werden, mit kohortenspezifischem Verhalten in Verbindung. Sie vermuten, daß diese unterdurchschnittliche Nutzung der privaten Programme durch die älteren Befragten ihrer Studie auf Nutzungsgewohnheiten zurückzuführen sei, die sich bei den Alten der folgenden Kohorte wahrscheinlich ändern würden (vgl. Straka, Fabian und Will 1989, S. 56). Dabei wäre, so könnte man einwenden, jedoch die altersspezifische Ausrichtung der privaten Fernsehprogramme zu berücksichtigen. Es ist nämlich nicht so sicher,

---

inzwischen älter gewordenen Hörern wieder angepaßt werden, gleichsam mit den Hörern älter werden (vgl. Feldmeier 1991, S. 144).

20 Ähnliche Schwierigkeiten mit den nachrückenden Kohorten haben im übrigen offenbar auch die Tageszeitungen. Möglicherweise spielen hier die gleichen Ursachen eine Rolle (vgl. auch Kapitel 2.2.5).

daß die gegenwärtigen Jüngeren die Fernsehprogramme, die sie heute überdurchschnittlich sehen, auch dann noch stark nutzen werden, wenn sie selbst alt geworden sind, während die betreffenden Programme ja vermutlich weiterhin an jüngeren Zielgruppen orientiert sein werden. Und die künftigen Jüngeren — neue Kohorten — können ja vollkommen andere Interessen und Programmpräferenzen haben als die jüngeren Zuschauer von heute in fortgeschrittenem Alter.

Eine andere Erklärung für eine starke und dauerhafte Fernsehbegeisterung der älteren Kohorten wäre folgende: Wegen seiner Voraussetzungsarmut (abgesehen von den Anschaffungskosten)[21] und seiner hohen — und altersübergreifenden — Attraktivität bildet das Fernsehen eine diffusionstheoretische Ausnahme. Normalerweise wird davon ausgegangen, daß neue Informations- und Kommunikationstechniken und neue Medienangebote von Jüngeren schneller übernommen werden als von Älteren (vgl. Association des âges 1983, S. 102 ff.; Feilitzen 1991, S. 98; Glatzer und Hartmann 1993).[22] Dies gilt offenbar allgemein für Technik (z. B. Automaten) und war bereits beim Telephon zu beobachten (vgl. Association des âges 1983, S. 106). Andererseits wird darauf verwiesen, daß Alter dabei kein *absolutes* Hindernis sei, es gebe nur Unterschiede im Niveau. Und die Älteren könnten neuen Informationstechniken gegenüber auch genauso aufgeschlossen sein wie die Jüngeren. Dies sehe man etwa daran, daß seit langem die Fernsehnutzung bei den Jungen und bei den Alten unter allen Altersgruppen am höchsten sei (vgl. Association des âges 1983, S. 114 f.). Das Fernsehen stellt also möglicherweise eine Ausnahme dar: Die Diffusion verläuft ungefähr gleich in allen Altersgruppen bzw. Kohorten.[23] Aber anschließend ist die Stabilität von Nutzungsverhalten und Einstellungen gegenüber dem Fernsehen bei den Älteren höher, während die Begeisterung bei den Jüngeren nach einiger Zeit nachläßt bzw. stärker nachläßt.

---

21 Vgl. zu den (relativen) Kosten — und zwar auch Kosten im weiteren Sinne — der einzelnen Medien Infratest Medienforschung (1978, S. 100), W. Schulz (1971, S. 83 ff.) und Sturm (1968, S. 16 ff.).

22 Wenn es um die Vermutung geht, daß jüngere Menschen neue Medientechniken früher übernehmen, wird oft auch auf ihre Erfahrungen und ihre Versiertheit im Umgang mit dem Fernsehen, mit Computern und allgemein elektronischen Medien verwiesen (vgl. Edelstein 1989, S. 90; Hsia 1989, S. xxiii; Ronneberger 1982, S. 61). In der Diffusionsforschung (vgl. Rogers 1983) sind die Befunde zum Zusammenhang zwischen Adoption und Lebensalter allerdings nicht eindeutig. Das mag jedoch mit den jeweils untersuchten Innovationen zu erklären sein.

23 Für das Radio — ein ebenso voraussetzungsarmes Medium — könnte Ähnliches gelten (vgl. auch Schoeck 1949, S. 65).

Demnach wäre die Annahme der Dominanz früher Erfahrungen zu modifizieren. Normalerweise wird der Mensch durch Erfahrungen geprägt, die er früh in seinem Leben macht oder — nach dem generationentheoretischen Ansatz — die er in der Jugend und als junger Erwachsener macht. Es könnte nun aber folgende Erweiterung gelten: *Wenn* Verhaltensweisen, Gewohnheiten, Werte oder Einstellungen *nach* diesen Lebensphasen (also etwa im Alter von 35 Jahren oder später) geändert werden (aufgrund starker äußerer Einflüsse, in diesem Fall der Einführung des Fernsehens), dann sind diese Veränderungen *wegen* der altersbedingt höheren Stabilität auch eher von Dauer. Jüngere Menschen übernehmen demgegenüber zwar neue Verhaltensweisen, Einstellungen usw. schneller, aber sie legen sie auch eher wieder ab; Veränderungen sind hier weniger dauerhaft.

Demgegenüber setzt die These von Neverla (1992, S. 86 ff.) implizit eine unterschiedlich schnelle Diffusion des Fernsehens in den einzelnen Kohorten voraus. Neverla vermutet, die in den 80er Jahren hervorgetretene Heterogenität der Fernsehnutzung — unter anderem zunehmend höhere Nutzung in der älteren Bevölkerung — sei gar nicht so neu, wie Kiefers (1982, 1987) Ausführungen zu den Ergebnissen der Langzeitstudie Massenkommunikation[24] es glauben machten. Sie sei vielmehr zumindest teilweise ein methodisches Artefakt. Konkret geht Neverla davon aus, bereits in der Frühzeit des Fernsehens habe es eine ähnliche Publikumssegmentierung gegeben, diese sei nur während der Phase der Ausbreitung in den aggregierten Daten unsichtbar geblieben, da ja weiter neue Nutzer — mit gemäß der Adaptionsthese (vgl. Gehmacher 1980) höherer anfänglicher Nutzung — nachgerückt seien.

Folgt man Neverlas These, so müßten die in den Ergebnissen der Langzeitstudie Massenkommunikation erstmals 1974 auftretenden Unterschiede zwischen den Altersgruppen in der Fernsehnutzung auf die unterschiedliche Ausbreitung des Fernsehens in den einzelnen Kohorten zurückzuführen sein. Diese Unterschiede könnten 1970 dadurch maskiert gewesen sein, daß sich die Kohorten zu diesem Zeitpunkt noch in unterschiedlichen Stadien des Diffusions- und Adaptionsprozesses befanden. Gegen diese Interpretation lassen sich einige Einwände vorbringen: Zum einen setzt sie voraus, daß das Fernsehen nicht gleichmäßig diffundierte, sondern — erste Möglichkeit — in den unteren Altersgruppen (in den jüngeren Kohorten) *langsamer*. Denn in diesen Altersbereichen lag ja 1980

24 Dabei handelt es sich um eine umfassend angelegte Trendstudie zur Mediennutzung und Medienbewertung der deutschen Bevölkerung. Ihre erste Erhebung fand 1964 statt, sie wurde seitdem in Abständen von ungefähr jeweils fünf Jahren weitgehend vergleichbar wiederholt (vgl. zuletzt Kiefer 1992).

und 1985 die Fernsehnutzung deutlich niedriger. Sie könnte nun 1970 (und 1974) bedingt durch eine hier spätere bzw. langsamere Diffusion und damit noch nicht so weit fortgeschrittene Adaption überhöht gewesen sein. Von einer im Durchschnitt deutlich späteren Diffusion des Fernsehens bei den jüngeren Altersgruppen bzw. Kohorten ist jedoch nichts bekannt. Außerdem können diejenigen, die sich erst relativ spät ein Fernsehgerät anschafften, eher zu den generell unterdurchschnittlichen Nutzern gezählt haben.

Man kann sich den Mechanismus aber auch so vorstellen: Es wird wieder vermutet, daß alle, die mit dem neuen Medium Fernsehen in Kontakt kamen, zunächst von ihm begeistert waren und es entsprechend intensiv nutzten, daß diese Begeisterung aber nach einiger Zeit — bei allen — deutlich nachließ (Adaptionseffekt). Wenn nun das Fernsehen in den einzelnen Kohorten unterschiedlich schnell, und zwar — zweite Möglichkeit — in den jüngeren Kohorten *schneller*, diffundiert sein sollte, so hätte sich zu einem frühen Zeitpunkt (z. B. 1970) folgender tendenzieller Unterschied zwischen den Kohorten bzw. Altersgruppen ergeben können: Jüngere Kohorten, die das Fernsehen zu größeren Teilen schon länger nutzten, waren *noch* begeistert; ältere Kohorten, die das Fernsehen größtenteils noch nicht so lange nutzten, befanden sich noch im Stadium der Anfangsbegeisterung. Zu einem späteren Zeitpunkt (z. B. 1974) hätte die Relation dann wie folgt aussehen können: Die älteren Kohorten waren *noch* begeistert, die jüngeren Kohorten aber bereits nicht mehr so sehr; bei ihnen hatte die Begeisterung inzwischen nachgelassen. Auch auf diese Weise könnte sich im Zeitverlauf eine Kluft zwischen den Altersgruppen aufgetan haben, wenn man — anders als Neverla (1992) — unterstellt, daß damals keine *generellen* Unterschiede zwischen den Altersgruppen in der Fernsehnutzung bestanden. Gegen diese Interpretation spricht jedoch, daß sich seit 1974 wenig Anzeichen für einen Rückgang der Fernsehnutzung bei den älteren Kohorten ergeben haben. Nach diesem Erklärungsansatz müßte nämlich die Relation zwischen den Altersgruppen schon 1985 wieder mehr derjenigen von 1970 geglichen haben.

Es ist eher zu vermuten, daß die Fernsehnutzung der älteren Menschen generell über dem Durchschnitt liegt, daß sie aber 1970 noch relativ niedrig ausfiel (mit der Folge einer Nivellierung der Unterschiede zwischen den Altersgruppen), weil sich das Fernsehen in der älteren Bevölkerung mit Verzögerung ausbreitete. Fernsehgeräte waren nämlich in der Anfangszeit des Fernsehens teuer; eine frühzeitige Anschaffung war weitgehend von ökonomischen Faktoren bestimmt (vgl. Eurich und Würzberg 1983). Wahrscheinlich auch deshalb war die Ausstattung mit Fernsehgeräten bei den älteren Kohorten zunächst geringer.

Später jedoch wurden die Geräte allgemein erschwinglich; die Verbreitung — und damit die durchschnittliche Nutzung — nahm besonders in der älteren Bevölkerung zu. Das Fernsehen war nun in noch höherem Maße als zuvor eine relativ kostengünstige Form der Freizeitgestaltung, ein Faktor, der wahrscheinlich auch heute noch bei vielen sozial Schwächeren eine Rolle spielt. Diese Zusammenhänge sind auch unabhängig davon, daß dieselben Personen häufig auch im Hinblick auf ihre Freizeitsozialisation unterprivilegiert sind (vgl. dazu Kiefer 1988).

Die in diesem Kapitel diskutierte Gegenposition zur Annahme einer hohen Fernsehaffinität bei der Fernsehgeneration hat genaugenommen folgende Implikationen: Zu den vom Fernsehen Faszinierten müßte man demnach alle Kohorten zählen, die (größtenteils) *nicht* mit dem Fernsehen aufgewachsen sind, sondern das Fernsehen erstmals als Jugendliche oder junge Erwachsene oder noch später im Leben erlebten. Sieht man einmal von der möglichen Wirkung anderer Faktoren ab, die ebenfalls zwischen den Kohorten differenzieren, so wäre bei diesen Kohorten (abgegrenzt etwa als vor 1945 geborene Kohorten) eine gleichartige Fernsehbegeisterung und Fernsehnutzung zu erwarten. Auch bei den in der Phase der Einführung des Fernsehens bereits älteren Kohorten müßte dann eine starke Nutzung zu beobachten sein. Umgekehrt müßte nach dieser Gegenposition die Fernsehnutzung in der Kohortenabfolge zwischen den um 1945 geborenen und den jüngsten Kohorten *graduell* abnehmen.

Es ist jedoch eine Modifikation dieser Gegenhypothese der fortdauernd hohen Fernsehaffinität bei den *nicht* mit dem Fernsehen von Anfang an groß gewordenen Kohorten möglich. Wäre es nicht denkbar, daß unter denjenigen, die das neue Medium Fernsehen zuerst als Erwachsene kennenlernten, die Faszination (und in der Folge auch die Nutzung) doch bei den Jüngeren größer war als bei den Älteren? Kiefer (1987, S. 94 ff.) führt einen damit übereinstimmenden Befund aus der älteren Fernsehforschung an und wirft die Frage auf, ob sich in der hohen Fernsehnutzung und Fernsehbindung der älteren Bevölkerung noch die Nachwirkung dieser Anfangsbegeisterung zeige (vgl. Kiefer 1987, S. 96). Man würde damit, bezogen auf einen Zeitpunkt, Unterschiede zwischen den Altersgruppen bzw. Kohorten postulieren, die eine nichtlineare Form hätten: Anfang der 70er Jahre lag die maximale Faszination bei den jüngeren Erwachsenen; in den Altersgruppen darunter befanden sich zunehmend mehr Personen, die mit dem Fernsehen aufgewachsen waren und für die es nichts Besonderes darstellte; in den Altersgruppen darüber hingegen wurde das Fernsehen zwar als Innovation wahrgenommen, aber die Faszination und Bereitschaft zur Aneignung des neuen Mediums war altersbedingt geringer.

Auch aus den Ausführungen und Materialien von Eurich und Würzberg (1983) geht hervor, daß die zum Zeitpunkt der Einführung des Fernsehens älteren Teile der Bevölkerung dem neuen Medium gegenüber zurückhaltender und skeptischer und weniger innovationsfreudig waren. Ansonsten war die Begeisterung für das Fernsehen aber anscheinend bei Kindern und Erwachsenen gleich ausgeprägt. Zurückhaltung war offenbar nur unter den damals (etwa 1955 bis 1965) bereits über 60 Jahre alten Menschen vorherrschend. Dafür mögen allerdings teilweise auch finanzielle Gründe verantwortlich gewesen sein.

Nach diesem Ansatz müßte die Affinität zum Fernsehen also bei denjenigen Kohorten maximal sein, die während der Ausbreitung des Fernsehens in den 60er Jahren etwa 20-30 Jahre alt waren, also ungefähr bei den Geburtsjahrgängen 1930 bis 1950. Ähnlich argumentieren Danowski und Ruchinskas (1983), die Fernsehnutzung (bei ihnen ging es um die Nutzung von Wahlkampf-Informationen) müsse bei denjenigen Kohorten am höchsten sein, welche die Innovation Fernsehen in der Phase der Ausbreitung des Mediums als erste übernahmen (vgl. auch die Zusammenfassung ihrer Untersuchung in Kapitel 3.2). Die Autoren begründen ihre Auffassung jedoch nicht näher. Vielleicht spielt in diesem Zusammenhang der Prestigewert eine Rolle, den das Fernsehen in der Anfangsphase in hohem Maße hatte (und für die älteren Kohorten möglicherweise immer noch hat). Für die mit dem Fernsehen aufgewachsenen Kohorten war und ist das Fernsehen wahrscheinlich ebensowenig prestigeträchtig, wie es als Innovation wahrgenommen wurde.

2.2.3 Das Freizeitverhalten der Fernsehgeneration

Auch dann, wenn man die Fernsehnutzung und die Haltung gegenüber dem Fernsehen im Kontext des Freizeitverhaltens betrachtet, ergeben sich Hinweise, die gegen eine höhere Fernsehneigung der Fernsehgeneration sprechen. Nach Gierls (1989) Überblick über die Wertemuster derzeitiger Altersgruppen bzw. Kohorten hat für die jüngeren Kohorten das Freizeitverhalten einen hohen Prestigewert, für die älteren Kohorten dagegen nicht. Wenn man nun davon ausgeht, daß die Mediennutzung (als Freizeittätigkeit) allgemein als nicht sonderlich prestigeträchtig angesehen wird, so bedeutet dies, daß sie für jüngere Kohorten nicht so attraktiv ist (wenn sie unter diesem Gesichtspunkt bewertet wird). Demgegenüber spielt dieser Faktor für ältere Kohorten eine weniger große Rolle.

Und in der Tat: Galt bei den Jugendlichen nicht schon um 1980 das Fernsehen zu Hause als altbackene und verpönte Freizeitbeschäftigung? Kiefer (1982, S. 65) vermutet hierzu, daß der Rückgang der Fernsehnutzung bei den Jüngeren Ende der 70er Jahre im Zusammenhang stehe mit einem Wandel der Freizeitinteressen der mit dem Fernsehen Aufgewachsenen, für die das Fernsehen eher ein Alltagsgegenstand sei.

Dagegen beziehen sich die Überlegungen von Neumann-Bechstein (1982) nicht auf die Alltäglichkeit (für bestimmte Bevölkerungsteile) des Fernsehens an sich, als Institution, sondern auf sein Programmangebot. Neumann-Bechstein diskutiert die stagnierende Fernsehnutzung Ende der 70er Jahre und mögliche Gründe dafür. Ende der 70er bzw. Anfang der 80er Jahre seien vor allem folgende Trends im Freizeitbereich feststellbar: zunehmende Aktivitäts- und Erlebnisorientierung; Wachstum des Anteils der außer Haus verbrachten Freizeit, also zunehmende Orientierung an Freizeitaktivitäten außer Haus (vgl. auch Kiefer 1982; Opaschowski 1983). Das Fernsehen verliere an Bedeutung, weil es althergebrachte Freizeitmuster repräsentiere und den neuen Freizeitfunktionen nicht entspreche (vgl. Neumann-Bechstein 1982, S. 170). Neumann-Bechstein begründet den Rückgang des Interesses am Fernsehen demnach nicht — wie es sonst meistens geschieht — mit der Veralltäglichung des Mediums: „Was sich also mit dem Attraktivitätsverlust des Fernsehens vollzieht, ist bei näherer Betrachtung nicht die schwindende Faszination des Neuen, sondern die inhaltliche und formale Stagnation eines Programmangebots auf dem Stand primär erholungs- und konsumorientierten Freizeitverhaltens der 50er bzw. 60er und 70er Jahre“ (Neumann-Bechstein 1982, S. 170).

Neumann-Bechstein hält die Unterschiede in den Freizeitorientierungen, die zwischen den Altersgruppen bestehen (Jüngere betonen Selbstbestimmung, Unabhängigkeit, Spaß und Überraschung stärker), eher für Kohortendifferenzen (vgl. Neumann-Bechstein 1982, S. 169). Abweichungen von Kohorten in ihrer Fernsehnutzung könnte man daher auch über unterschiedliche Freizeitorientierungen — und damit letztlich Werthaltungen — der Kohorten erklären.[25]

In ähnlicher Weise führt Kiefer (1988) die hohe Fernsehnutzung der älteren Kohorten auf ihre spezifische Freizeitsozialisation zurück. Sie hätten ihr Freizeitverhalten in Kriegs- und Krisenzeiten und unter auch sonst restriktiveren Bedingungen entwickeln müssen und hätten von daher nicht so ein breites Spektrum von Freizeitaktivitäten entwickeln können wie die jüngeren Kohorten.

25 Wertewandel wirkt sich auch über Veränderungen im nicht-medienbezogenen Freizeitverhalten auf die Mediennutzung aus (vgl. Maletzke 1987).

Daraus — in Verbindung mit der Zunahme an verfügbarer Freizeit in den vergangenen Jahrzehnten — erkläre sich die hohe Bedeutung, die das Fernsehen für diese Kohorten habe (vgl. Kiefer 1988, S. 271 ff.).

Umgekehrt wäre dann bei der Fernsehgeneration eine schwächere Nutzung des Fernsehens (vgl. Köhler 1989; Opaschowski 1992, S. 15 f.), aber auch anderer nicht-zielgruppenspezifischer Medien anzunehmen. Diese Kohorten sind in Frieden und Wohlstand aufgewachsen, sie haben im Durchschnitt eine bessere Ausbildung als die älteren Kohorten genossen, sie konnten ein breiteres Spektrum von Freizeitaktivitäten kennenlernen und ausüben. Bei diesen Kohorten dürfte die Mediennutzung daher in viel stärkerer Konkurrenz zu anderen Freizeitaktivitäten stehen. Die Kosten der Nutzung jedes einzelnen Mediums — im Sinne von Opportunitätskosten — müßten für sie daher höher sein. Zu erwarten wäre danach also eine *seltenere* Nutzung der Medien Tageszeitung, Radio und Fernsehen bei den Kohorten der Fernsehgeneration.

Damit wäre auch folgende Entwicklung konsistent: Die vor allem in den beiden letzten Jahrzehnten stattgefundene gesellschaftliche Differenzierung und Individualisierung (vgl. Beck 1986) hat sich offenbar auch im Bereich der Mediennutzung niedergeschlagen (vgl. auch Kiefer 1985). Auch hier sind anscheinend viele vormals vor allem in bürgerlichen Kreisen als stillschweigend vereinbart geltende Verhaltensweisen im Laufe der Zeit immer weniger verbindlich geworden, so etwa die, bestimmte Fernsehsendungen (Nachrichtensendungen) zu sehen und die Tageszeitung zu lesen, aber auch „bekannte" Bücher gelesen zu haben. Dabei spielen einerseits wohl Erweiterungen des Medienangebots eine Rolle, die alle Kohorten betreffen. Die „neue Unverbindlichkeit" könnte andererseits aber auch von Kohorte zu Kohorte stärker ausgeprägt sein.

2.2.4 Die Mediensozialisation der Fernsehgeneration

Eine weitere mögliche Ursache von Kohortendifferenzen — und damit von Abweichungen der Fernsehgeneration — stellen die jeweils andersartigen Erfahrungen mit Medien dar, die unterschiedliche Kohorten während ihrer frühen Sozialisation, aber auch später noch machen (vgl. Danowski und Ruchinskas 1983). So könnte man beispielsweise erwarten, daß diejenigen Kohorten, die vor Beginn des Fernsehzeitalters aufgewachsen sind, andere Formen des Fernsehverhaltens entwickelt haben als die jüngeren Kohorten, die mit dem Fernsehen groß geworden sind. Ähnliche Überlegungen gelten für die Nutzung der anderen Medien. Es kann daher naheliegen, Geburtskohorten nach ihrer jeweiligen gesamten Medienbiographie zu klassifizieren (vgl. zu dieser Vorgehensweise Danowski 1981; Danowski und Ruchinskas 1980). Welche Besonderheiten sind nun für die Mediensozialisation der Fernsehgeneration festzustellen?

Ein erster Aspekt von Bedeutung ist die Verfügbarkeit der verschiedenen Medien im Elternhaus. Hier haben die elektronischen Medien zumindest seit Anfang der 70er Jahre einen Vorsprung: 1970 hatten in der deutschen Bevölkerung 85 % ein Fernsehgerät im Haushalt zur Verfügung, 95 % verfügten über ein Radiogerät, 77 % verfügten über ein Zeitungsabonnement oder eine regelmäßig gekaufte Zeitung in ihrem Haushalt (vgl. Kiefer 1992, S. 21). Diese Situation hat sich seitdem noch mehr zugunsten der elektronischen Medien verschoben. Die Chance, daß Kinder ihre Eltern zu Hause als Nutzer eines Mediums erleben[26] (und an seine Nutzung herangeführt werden), ist folglich bei den Medien Radio und Fernsehen größer als bei der Tageszeitung.

Ende der 80er Jahre unterschieden sich die Altersgruppen dadurch deutlich voneinander, daß die Jüngeren (unter 30 Jahre) fast alle im Elternhaus Fernsehen hatten, also mit dem Fernsehen groß wurden (vgl. Saxer, Langenbucher und Fritz 1989, S. 162 ff.). Und in der Gruppe derjenigen mit Fernsehen im Elternhaus berichteten die Jüngeren deutlich häufiger von der Erfahrung, daß zu Hause viel ferngesehen wurde, vom eigenen Sehen aus Langeweile, vom frühzeitigen Besitz eines eigenen Fernsehgerätes und von einer insgesamt weniger restriktiven Haltung der Eltern gegenüber der Fernsehnutzung (etwa der Programmwahl) der Kinder. Demnach wachsen Kinder und Jugendliche heute nicht nur überwiegend und selbstverständlich, sondern auch immer weniger kontrolliert und kritisiert mit dem Fernsehen auf (vgl. Saxer, Langenbucher und Fritz 1989, S. 162 ff.).[27]

Dabei kann der Umstand, daß die elterliche Fernsehnutzung einen starken Einfluß auf das Fernsehverhalten der Kinder hat (vgl. Kapitel 2.1.3), unmittelbar mit einer Differenzierung von Kohorten und insbesondere Abweichungen der Fernsehgeneration in Verbindung gebracht werden. Der Ansatzpunkt besteht darin, daß das Fernsehen ein relativ neues Medium ist, so daß erstmals die Kinder und Jugendlichen der Fernsehgeneration überhaupt die Erfahrung fernsehender Eltern haben machen können. Die Kohorten davor haben während ihrer

---

26 Es ist ein relativ gut gesicherter Befund der Forschung, daß die Nutzungsgewohnheiten in hohem Maße im Elternhaus geprägt werden (vgl. dazu die Ausführungen in Kapitel 2.1.3).

27 In der Studie von Saxer, Langenbucher und Fritz (1989) wird die „erste ‚Fernsehgeneration'" (S. 166) als quasi eigener Mediensozialisationstyp betrachtet, unter fünf empirisch ermittelten Sozialisationstypen.

Kindheit und Jugend ihre Eltern zwangsläufig als Nichtseher erlebt. Wenn man also von einer Fortdauer des elterlichen Einflusses ausgehen kann, so leistet dieser offenbar einen Beitrag zur Herausbildung von Unterschieden zwischen den Kohorten: Bei den noch nicht mit dem Fernsehen aufgewachsenen Kohorten liegt kein positiv gerichteter Einfluß des elterlichen Vorbildes auf die Fernsehhäufigkeit vor; bei den Kohorten der Fernsehgeneration müßte im Vergleich dazu der Einfluß des elterlichen Vorbildes die Fernsehnutzung fördern. Und: Die Eltern heutiger Kinder gehören sogar selbst bereits zur Fernsehgeneration (vgl. Hurrelmann 1987, S. 2511); die Einflüsse könnten sich dadurch weiter verstärken (vgl. auch Kapitel 2.1.3).

Für mögliche Konsequenzen des Aufwachsens mit dem Fernsehen für die Nutzung von Lesemedien sind zwei miteinander verbundene, aber dennoch verschiedene Sachverhalte relevant. Einerseits die Verfügbarkeit des Konkurrenzmediums Fernsehen *neben* den Lesemedien bereits in der Kindheit und Jugend: Während der Kindheit jüngerer Generationen spielte eine Attraktivitätskonkurrenz durch das Fernsehen häufiger eine Rolle für ihr Leseverhalten, wogegen bei den älteren Generationen das Fernsehen während der Kindheit noch gar nicht bzw. selten vorhanden war (vgl. Köcher 1988, S. W 2282 f.).

Von Bedeutung für die Entwicklung des Leseverhaltens kann andererseits bzw. darüber hinaus auch die Verfügbarkeit des Mediums Fernsehen *vor* den Lesemedien sein: daß also die Kohorten, die mit dem Fernsehen von Geburt an aufwachsen, dieses Medium nutzen, bevor sie lesen lernen. Im Hinblick auf den Zeitpunkt, zu dem ein Medium in das Leben eines Kindes treten *kann*, kommt nämlich die „Voraussetzungsarmut“ der Medien Fernsehen und Radio (gegenüber den gedruckten Medien) zum Tragen.[28] Diese bringt es mit sich, daß ein regelmäßiger Umgang mit den Funkmedien — und damit auch die Gewöhnung an sie — bereits im Alter von zwei Jahren oder noch früher erfolgen kann (vgl. für das Fernsehen Lemish 1987). Die Nutzung einer Zeitung dagegen setzt die zumeist erst in der Schule erworbene Lesefertigkeit voraus; sie *kann* daher erst im Schulalter aufgenommen werden, also mindestens etwa fünf Jahre später als die Nutzung der elektronischen Medien.[29] Tatsächlich wird die Zeitung in nennenswertem Umfang aber erst in der Jugend genutzt. Bei den Medien Radio

28 Von Bilderbüchern sei an dieser Stelle einmal abgesehen, ebenso von der „Nutzung“ von Druckmedien durch Kinder in akustischer Form (jemand liest vor).

29 „The newspaper is the last of the great media to which the child is introduced“ (Schramm, Lyle und Parker 1960, S. 35). Auch Naeher (1982, S. 164) weist darauf hin, daß heutige Kinder (im Gegensatz zu den älteren Kohorten) bereits fernsehen, bevor sie lesen lernen (vgl. auch Franke 1991, S. 34 f.; Schulze 1986, S. 83 und S. 85).

und Fernsehen können daher (heute) frühzeitigere Bindungen entstehen. Wenn hier frühe Erfahrungen bedeutsam sind, dann hat vor allem das Fernsehen einen Vorteil gegenüber den reinen Lesemedien, besonders gegenüber der Zeitung.

Der unterschiedliche Zeitpunkt der Ersterfahrung und erstmaligen Nutzung im Lebensverlauf zeigt sich entsprechend auch im Vergleich der Kohorten: Den älteren Kohorten (geboren vor 1945), in deren Leben das Fernsehen erst 15, 20 oder mehr Jahre nach der Geburt treten konnte, stehen jüngere Kohorten gegenüber (geboren nach 1970), die *von Geburt an* mit dem Fernsehen aufgewachsen sind, bei denen also das Fernsehen vor der Tageszeitung einen Gewöhnungs- und Lern-Vorsprung hatte. Ähnliches gilt — mit entsprechender zeitlicher Verschiebung — für das Verhältnis von Radio und Tageszeitung.

Wichtig ist also, auf welche Weise sich die Kohorten in ihren gesamten Medienbiographien unterscheiden (vgl. Basil 1990; Danowski 1981; Danowski und Ruchinskas 1980). So war für die Jahrgänge vor 1920 überwiegend noch die Tageszeitung das einzige bzw. wichtigste tagesaktuelle Medium. Die Jahrgänge 1930 bis 1945 sind schwerpunktmäßig mit dem Radio als neuem Medium aufgewachsen; für sie war die Zeitung erst das zweite Medium, das in ihr Leben trat. Für die Jahrgänge ab ungefähr 1955 dagegen war das Fernsehen das (wichtigste) neue Medium; zusammen mit dem Radio trat es vor der Tageszeitung in ihr Leben.[30] Die dazwischen liegenden Geburtsjahrgänge lassen sich als Übergangskohorten bezeichnen.

Unterschiede zwischen den *vor* 1955 und *nach* 1955 geborenen Kohorten bestehen daher in doppelter Hinsicht: Die späteren Kohorten sind nicht nur (zu größeren Teilen) mit dem Fernsehen groß geworden, sie haben auch die Tageszeitung im Lebensverlauf erst *nach* dem Fernsehen „nutzen gelernt".[31] Bei

---

30 Man darf hier aber nicht außer Acht lassen, daß diese jüngeren Kohorten nicht nur mit dem Fernsehen als neuem Medium aufgewachsen sind. Ihre Kindheit und Jugend war auch geprägt von der starken Verbreitung des Radios (Transistorgeräte kamen auf, der Besitz eines eigenen Radiogerätes wurde bei Kindern und Jugendlichen üblich), dem Aufkommen des Cassettenrecorders, des Videorecorders und anderer elektronischer Medien. Insofern ist die Kennzeichnung dieser Kohorten als „Multi-Media-Generation" (vgl. Bonfadelli et al. 1986) berechtigt. Etwaige Einflüsse dieser anderen Medien auf die Nutzung von Fernsehen, Radio und Tageszeitung in den verschiedenen Kohorten können letztlich auch kaum von den möglichen Einflüssen des Fernsehens selbst getrennt werden. Man kann allenfalls davon ausgehen, mit dem Fernsehen den stärksten der medialen Faktoren benannt zu haben, welche die Mediennutzung möglicherweise prägen.

31 Hat man im Rahmen der Forschung, die sich um die Klärung der Folgen bemühte, welche die Einführung des Fernsehens möglicherweise hatte, noch nach der funktionalen Verdrängung oder Reorganisation der Nutzung der anderen Medien nach dem Hinzutreten des

den älteren Kohorten war es (in entsprechend höherem Alter) umgekehrt. „Mit dem Fernsehen aufgewachsen“ bedeutet also zugleich: mit der Zeitung als *letztem* der tagesaktuellen Medien in Berührung gekommen. Eine etwaige Wirkung der Einführung des Fernsehens auf die Nutzung der Tageszeitung *konnte* sich überhaupt erst ungefähr 20 Jahre später zeigen, als das Fernsehen in mindestens der Hälfte der Haushalte vorhanden war (vgl. auch Noelle-Neumann 1988).[32] Erst seit etwa 1985 sind die ersten Jahrgänge der Fernsehgeneration in einem Alter, in dem die Zeitungsnutzung normalerweise fast voll entwickelt ist.

2.2.5 Gemeinsamkeiten zwischen der Beziehung der Fernsehgeneration zum Fernsehen und ihrer Beziehung zur Tageszeitung

Gibt es aber wirklich Anzeichen dafür, daß die Fernsehgeneration das Fernsehen gegenüber der Tageszeitung bevorzugt nutzt? Hält man sich an die Ergebnisse der Publikumsforschung in Deutschland, so zeigt sich (zumindest in Erhebungen der 80er Jahre) vielmehr durchgehend sowohl für das Fernsehen als auch für die Tageszeitung eine niedrigere Nutzung bei den unteren Altersgruppen (vgl. Darschin und Frank 1991; Kiefer 1992; Saxer, Langenbucher und Fritz 1989; R. Schulz 1990). Dies spricht zunächst einmal eher für eine *weniger* intensive Zuwendung jüngerer Kohorten zu *beiden* Medien. Auch die Kohortenanalysen von Kiefer (1987, 1988) deuten in diese Richtung (vgl. dazu im einzelnen die Darstellung in Kapitel 3.4.1). Diese Befunde entsprechen einerseits der Auffassung, die Fernsehgeneration habe eine geringere Neigung zum Fernsehen (vgl. Dorsch 1983; Kiefer 1987, 1988, 1992; Luger 1985; Opaschowski 1992). Andererseits stimmen sie aber auch mit der entgegengesetzten Position teilweise überein: Auch für die Zeitungsnutzung wird häufig ein negativer Kohortentrend angenommen, und zwar in der Regel von denjenigen, die darin zugleich eine Folge des Aufwachsens mit dem Fernsehen vermuten (vgl. Kapitel 1.1.3).

Fernsehens gefragt (vgl. Brown, Cramond und Wilde 1974; Himmelweit, Oppenheim und Vince 1958), so gilt es heute anders zu fragen, denn das Fernsehen ist heute voll verbreitet und tritt früh in das Leben von Kindern. Umgekehrt also etwa: Wie reorganisiert die Tageszeitung bei heutigen Jugendlichen die bis dahin auf Fernsehen und Radio (und andere, nicht tagesaktuelle Medien) konzentrierte Mediennutzung — wenn überhaupt?

32 Ähnlich argumentieren Beentjes und van der Voort (1989, S. 61) in der Frage der Verdrängung des Lesens durch das Fernsehen bei Kindern.

Wie aber wäre eine solche Tendenz bei den jüngeren Kohorten — geringere Nutzung sowohl des Fernsehens als auch der Tageszeitung — zu erklären? Vielleicht wäre eine geringere Fernsehneigung der Fernsehgeneration gerade im Kontext ihrer (schwächeren) Zeitungsnutzung besser zu verstehen. Für die Tageszeitung kann man dazu folgendes feststellen: Die Zeitung wird traditionell als Erwachsenenmedium gesehen, sie wird von den Jugendlichen mit den Eltern (ihren Wertvorstellungen, ihrer Sprache usw.) assoziiert, sie wird von den jüngeren Kohorten — da sie hinter verschiedenen gesellschaftlichen Veränderungen zunehmend zurückbleibt (vgl. Jarren und Vowe 1992) — mehr und mehr als „nicht für uns" abgelehnt.

Jarren und Vowe (1992) machen in diesem Zusammenhang auch darauf aufmerksam, daß die Gesellschaft heute extrem differenziert ist, daß viele Lebensmuster koexistieren und daß sich auch Informations- und Kommunikationsmuster entsprechend differenziert haben. Die Tageszeitung demgegenüber sei unbeweglich und solle — ihrem Anspruch nach — „für alle" sein (vgl. Jarren und Vowe 1992, S. 176 f.). Daraus kann man folgende These ableiten: Es ist heute deshalb ein so starkes Gefälle zwischen den Altersgruppen in ihrer Zeitungsnutzung zu beobachten, weil die Zeitung die Vorstellungen und Interessen der heute lebenden Kohorten nicht mehr so gut „unter einen Hut bringen" kann wie bei früheren Kohorten. Denn noch nie zuvor in der Geschichte, so kann man argumentieren, waren die Unterschiede zwischen den jeweils lebenden Kohorten so groß wie heute. Man denke hier nur an Sozialisationserfahrungen, Bildung, Berufsbiographien, Werte, Freizeitorientierungen, Mobilität und Lebensstil.

Mit dem Fernsehen könnte es ganz ähnlich sein. Hier ist vor allem auf den offiziösen Charakter des öffentlich-rechtlichen Fernsehens und sein schon Ende der 70er Jahre in großen Teilen etwas altbacken wirkendes Programm zu verweisen (vgl. auch Neumann-Bechstein 1982). Das Fernsehen war (und ist vielleicht noch) für die Jüngeren, die mit ihm aufgewachsen sind, eher Bestandteil der vielfach abgelehnten Lebensweise der Eltern, eher das Familienmedium (vgl. Hickethier 1982, S. 213).[33] Mit dieser Vermutung verträglich sind auch einige andere Beobachtungen:

33 Hickethier stellt dann allerdings die Verbindung zu dem Prozeß der Ablösung Jugendlicher von ihrem Elternhaus her. Dabei handelt es sich jedoch nicht um ein kohortenspezifisches Phänomen, sondern um eine Erscheinung, die typisch für eine bestimmte Lebensphase ist. Hier geht es dagegen um die Frage nach Unterschieden zwischen Kohorten — unabhängig vom Lebensalter.

In Deutschland lag die Fernsehnutzung bei den Jüngeren 1990 deutlich höher als Mitte der 80er Jahre (vgl. Kiefer 1992). Als Erklärung für diesen Sachverhalt bietet sich die Einführung der privaten Fernsehprogramme mit ihren vor allem für die unteren Altersgruppen attraktiveren Angeboten an.[34] Die negative Entwicklung der Fernsehnutzung bei den Jüngeren zwischen 1974 und 1980 bzw. auch zwischen 1980 und 1985 (vgl. Kiefer 1982, 1987) erscheint vor allem dann interessant, wenn man diese Trendwende zwischen 1985 und 1990 mitberücksichtigt. Eine *generelle* Abwendung der jüngeren Kohorten vom Fernsehen ist also offenbar nicht gegeben. Vielleicht fehlte bis 1985 nur das ihnen gemäße Angebot?[35] Die Frage ist hier aber auch: Was hatten im Zeitraum von 1980 bis 1985 denn Tageszeitung und Fernsehen gemeinsam, daß sich Jüngere von diesen beiden Medien abzuwenden begannen (vgl. dazu Kiefer 1987)? Möglicherweise vor allem das, was sich seit 1985 beim Fernsehen (durch die Angebote der Privatsender) geändert hat: Beide Medien waren 1980 für die „neue Jugend“ nicht mehr attraktiv, weil sie ihr zu „alt“, zu bieder und konservativ waren. Kiefer (1992, S. 275 f.) stellt ähnliche Verbindungen her: Im Zeitraum zwischen 1974 und 1985 sei die Medienangebotsseite weitgehend unverändert gewesen. In dieser Zeit sei auch begonnen worden, von der nachlassenden Faszination des Fernsehens zu sprechen. Und sowohl beim Fernsehen als auch bei der Tageszeitung seien in dieser Zeit die Nutzung, die Bindung und die Einstellung der jüngeren Bevölkerung überproportional zurückgegangen.

Eine andere Überlegung bezieht sich darauf, daß das Mediennutzungsverhalten der jüngeren Kohorten auch durch ein höheres Maß an „gelernter Selektivität“ gekennzeichnet ist (vgl. Bonfadelli et al. 1986; Luger 1985): Diese Kohorten sind in einer Zeit mit einem umfangreichen und schnell wachsenden Medienangebot groß geworden. Sie haben gelernt, immer aus vielen Möglichkeiten auswählen zu können (bzw. zu müssen). Weiterhin sind sie auch in einer *differenzierten* (und immer differenzierter werdenden) Medienlandschaft aufgewachsen, in der ihnen zielgruppengerechte Angebote zur Verfügung standen. Das Aufkommen zielgruppenspezifischer Medienangebote könnte nun die Entwicklung generell selektiver Nutzungsweisen begünstigt haben. So haben heutige Jugendliche möglicherweise verinnerlicht, daß es bestimmte Medienangebote

---

34 Eine alternative Interpretation dieser Trendwende in der Fernsehnutzung der jüngeren Bevölkerung wird in Kapitel 2.2.6 diskutiert.

35 Daß das Fernsehen bei konsequenter Orientierung an deren Interessen auch bei Jugendlichen mehr Erfolg haben könnte, bemerkte bereits Blücher (1966, S. 289), der dabei den Vergleich zu kommerziellen Zeitschriften zog.

speziell für sie gibt, daß also offenbar grundsätzlich (wenn auch nicht in allen Bereichen) zielgruppenspezifische Medien angeboten werden — und vielleicht daher auch: angeboten zu werden *haben*. Vor diesem Hintergrund (einer entsprechenden Erwartungshaltung) wäre es eher zu verstehen, warum die wenig bzw. gar nicht zielgruppenspezifischen Medien Fernsehen und Tageszeitung in den 80er Jahren (die Tageszeitung letztlich bis heute) „nichts für die Jugendlichen" waren.

Zur Klärung der Frage, warum die Nutzung sowohl der Tageszeitung als auch des Fernsehens bei den Jugendlichen und jungen Erwachsenen seit 1980 (beim Fernsehen zumindest bis Mitte der 80er Jahre) so niedrig liegt, können auch Ergebnisse der Jugendforschung beitragen. Die Jugendstudien der 80er Jahre (vgl. im Kontext sozialwissenschaftlicher Jugendtheorien zusammenfassend Abels 1993, S. 428 ff.) geben deutliche Hinweise darauf, daß sich die damalige Jugend relativ schlecht mit dem Erwachsenenleben und mit der Erwachsenenkultur identifizieren konnte. Hier sind auch Tendenzen wie die Verlängerung der Jugendphase (Schlagwort „Post-Adoleszenz") anzuführen. Nun lassen sich ja beide Medien, sowohl die Tageszeitung als auch das Fernsehen (letzteres jedenfalls bis zur Wende im Mediensystem Mitte der 80er Jahre), geradezu als Kennzeichen eines „ordentlichen", „normalen" Erwachsenenlebens auffassen, als Vertreter der von vielen Jugendlichen („Protest-Generation", „Null-Bock-Generation") damals stark abgelehnten Erwachsenenkultur. Ähnliches gilt vielfach auch — vielleicht sogar verstärkt — dann, wenn man sich auf die (politischen) Inhalte dieser Medien bezieht, auf die dort vertretenen Wertvorstellungen, Akteure, Klischees. In diesem Sinne „akzeptable" tagesaktuelle Medien waren bzw. sind für diese Altersgruppen demgegenüber das Radio (hier die Pop-Wellen seit Anfang der 70er Jahre) und — seit Mitte der 80er Jahre — auch das Privatfernsehen. Inwieweit es sich hierbei um kohortenspezifische Haltungen handelt, ist jedoch nicht ganz klar.

2.2.6 Die Trendwende in der Fernsehnutzung von Jugendlichen in der zweiten Hälfte der 80er Jahre — Indiz für eine hohe Fernsehnutzung in der Fernsehgeneration?

Die bisher angestellten Überlegungen liefern insgesamt kaum Argumente, welche die Annahme, die Fernsehgeneration habe eine höhere Affinität zum Fernsehen, stützen würden. *Für* eine stärkere Fernsehneigung der Fernsehgeneration spricht aber möglicherweise der deutliche, überproportionale Anstieg der Fernsehnutzung in der Altersgruppe der 14- bis 19jährigen zwischen 1985 und

1990, wie er sich in den Ergebnissen der Langzeitstudie Massenkommunikation gezeigt hat (vgl. Kiefer 1992, S. 44 f., S. 101 und S. 115).[36] Diesem Hinweis soll im folgenden genauer nachgegangen werden.

Insbesondere läuft der Befund der Langzeitstudie, daß die Nutzung in der Altersgruppe 14–19 Jahre 1990 höher ist als in der Altersgruppe 20–29 Jahre, den bisherigen Erkenntnissen zur Entwicklung der Fernsehnutzung in der Jugendphase zuwider. Bisher galt international relativ gut übereinstimmend, daß die Fernsehnutzung nach einem Maximum im Alter von etwa 10 bis 12 Jahren stark abnimmt, und zwar bis zum Ende des zweiten Lebensjahrzehnts, und erst Anfang/Mitte 20 wieder deutlich ansteigt (vgl. Avery 1979; Bonfadelli et al. 1986; Feilitzen 1976; Rosengren 1991; Rosengren und Windahl 1989). Freilich basieren diese Erkenntnisse überwiegend auf Querschnittdaten. Sie erscheinen dennoch recht gut abgesichert, weil die Befunde in mehreren Ländern ähnlich ausfallen und weil solche Unterschiede zwischen den Altersgruppen zu verschiedenen Zeitpunkten festgestellt wurden.

Noch 1985 lag nach den Ergebnissen der Langzeitstudie Massenkommunikation die Fernsehnutzung der 14- bis 19jährigen in Übereinstimmung damit deutlich *unter* derjenigen der Altersgruppe 20–29 Jahre (vgl. Kiefer 1987). Angesichts der jüngsten Entwicklung jedoch können diese bisherigen Annahmen über die Entwicklung der Fernsehnutzung in Kindheit und Jugend anscheinend nicht aufrechterhalten werden (vgl. Kiefer 1992, S. 279 f., die von historisch gebundenen Erkenntnissen spricht). Auch die naheliegende Interpretation der bisher im Vergleich der Altersgruppen niedrigen Fernsehnutzung der Jüngeren als Beleg gegen die These von der starken Fernsehneigung der Fernsehgeneration ist damit zunächst einmal in Frage gestellt. Kiefer (1992, S. 44 f., S. 101 und S. 115) macht für die Veränderung in der Altersgruppe der 14- bis 19jährigen vor allem die neuen Angebote der privaten Fernsehsender verantwortlich; diese hätten für Jugendliche eine besondere Attraktivität.

Es ist aber die Frage, ob man (wie Kiefer) den starken Zuwachs zwischen 1985 und 1990 in dieser Altersgruppe allein auf eine Veränderung der altersbedingten Unterschiede in der Fernsehnutzung zurückführen sollte. Eine alternative Überlegung geht dahin, daß es sich hier (zumindest teilweise) um Kohortendifferenzen handeln könnte. Es könnten in diesem Zeitraum nämlich auch

---

36 Allerdings ist dieser im Vergleich der Altersgruppen überproportional starke Aufwärtstrend in der Fernsehnutzung der Jugendlichen in den Daten der kontinuierlichen Zuschauerforschung nicht aufzufinden (vgl. Anhang 1.4). Insofern sollten diese neuen Entwicklungen jedenfalls mit Vorsicht interpretiert werden.

Geburtsjahrgänge mit höherer Fernsehnutzung in den betreffenden Altersbereich vorgerückt sein.

Die Basis dieser Überlegung ist eine Konsequenz der Einteilung der Altersgruppen, in denen Kiefer (1992) die Veränderungen zwischen 1985 und 1990 betrachtet. Nur in der untersten Altersgruppe (14–19 Jahre) wurde zwischen 1985 und 1990 eine Kohorte fast komplett durch eine neue abgelöst. Das unterscheidet diese Altersgruppe von den anderen in den Ergebnisberichten zur Langzeitstudie Massenkommunikation standardmäßig ausgewiesenen Altersgruppen, die jeweils zehn Jahre umfassen. Differenzen zwischen aufeinanderfolgenden Kohorten können sich damit im Trend innerhalb der Gruppe der 14- bis 19jährigen stärker bemerkbar machen als im jeweiligen Trend der anderen Altersgruppen.[37]

Es sind also gerade in dieser schmalen Altersgruppe deutliche Veränderungen im Zeitverlauf möglich, die durch Unterschiede zwischen Kohorten bedingt sind. Demgegenüber wurden in den fünf Jahren zwischen diesen beiden Erhebungen die Kohorten in den anderen, zehn Jahre umfassenden Altersgruppen jeweils nur etwa zur Hälfte durch neue Geburtsjahrgänge ersetzt.[38] Es wäre also aufgrund dieser Daten der Langzeitstudie immerhin *möglich*, daß sich in der höheren Fernsehnutzung der 14- bis 19jährigen 1990 das spezifische Verhalten einer vollständig mit dem Fernsehen aufgewachsenen Kohorte zeigt.

Andererseits ist aber vielleicht tatsächlich nur die Attraktivität der neuen Fernsehangebote für die Jugendlichen Anfang der 90er Jahre stärker als die Kräfte, die Jugendliche in ihrer Freizeit von zu Hause und damit vom Fernsehen weg ziehen (und die nach wie vor in gleicher Stärke wirken). In der internationalen Literatur zur Mediensozialisation und zur Mediennutzung Jugendlicher gilt es als gut gesicherter Befund, daß in der Jugendphase (mit dem Beginn der Pubertät) Bedürfnisse nach Steuerung von Stimmungen, nach Zugang zu Medien und bestimmten Medieninhalten unabhängig von der Familie, also nach Kontrolle über Medieninhalte an Bedeutung gewinnen (vgl. Avery 1979; Bonfadelli 1981; Brown, Cramond und Wilde 1974). Rosengren und

37 Unabhängig davon ist es allerdings auch möglich, daß Jüngere Trends früher aufgreifen bzw. häufiger mitmachen.

38 Ähnliche Überlegungen gelten auch für die Entwicklung der Mediennutzung (in einzelnen Altersgruppen) zwischen 1974 und 1980 (vgl. Kiefer 1982). Insbesondere zeigte sich in diesem Zeitraum ein deutlicher Rückgang der Nutzung aller drei tagesaktuellen Medien bei den 14- bis 19jährigen. Auch hier ist zu beachten, daß sich darin nicht nur der generelle Trend in diesem Zeitraum von sechs Jahren niederschlägt. In diesem Altersbereich befand sich 1980 auch eine komplett neue Geburtskohorte.

Windahl (1989, S. 65 ff.) weisen darauf hin, daß das Fernsehen den Jugendlichen diese Kontrolle eher nicht erlaube, unter anderem deshalb nicht, weil es relativ wenige Angebote speziell für Jugendliche gebe. Rosengren und Windahl stellen weiter fest, daß hier die Einführung von Kabel- und Satellitenfernsehen die Bedingungen verändere (vgl. auch Bonfadelli 1989). Jugendliche hätten unter den neuen Angebotsbedingungen mehr Auswahl und somit auch mehr Kontrolle über die Inhalte.

Hinzukommen könnte, daß Jugendliche heute in größerer Zahl als etwa noch zu Beginn der 80er Jahre über eigene Fernsehgeräte verfügen; auch dies erleichtert die Kontrolle über Inhalte. Jüngere Jugendliche, die zumeist noch bei ihren Eltern (oder bei einem Elternteil) wohnen, waren früher stärker auf die Benutzung des elterlichen Fernsehgerätes angewiesen. Mit zunehmender Mehrfachausstattung der Haushalte hat sich das im Verlauf des letzten Jahrzehnts geändert. Auch dieser Faktor könnte mit ein Grund dafür sein, daß die Jugendlichen — bisher — das Radio so überwiegend gegenüber dem Fernsehen bevorzugten, denn mit dem persönlichen Gerätebesitz ist auch ein viel höheres Maß an autonomer Nutzung möglich. So verfügten Mitte der 80er Jahre nach den Zahlen der Studie „Jugend und Medien" offenbar über drei Viertel der Jugendlichen (12-29 Jahre) über ein eigenes Radiogerät.[39] Ein persönliches Fernsehgerät besaßen dagegen 40 % der 12- bis 15jährigen, 50 % der 16- bis 19jährigen, 62 % der 20- bis 24jährigen und 79 % der 25- bis 29jährigen[40] (vgl. Bonfadelli et al. 1986, S. 208). Neuere Zahlen (die allerdings nicht ganz vergleichbar sind) verweisen aber auf eine eher leichte Zunahme in der zweiten Hälfte der 80er Jahre: 1991 verfügten 55 % der 13- bis 18jährigen über ein persönliches Fernsehgerät (vgl. Bonfadelli und Fritz 1993, S. 79).

Der persönliche Gerätebesitz spielt also anscheinend keine so große Rolle. Der generelle Anstieg der Fernsehnutzung zwischen 1985 und 1990 (auch und vor allem in der jüngeren Bevölkerung) ist offenbar weitgehend mit Angebotsfaktoren zu erklären. Dies spricht auch eher für Neumann-Bechsteins (1982) Deutung des Attraktivitätsverlustes des Fernsehens Ende der 70er Jahre als vorwiegend durch das überkommene Programmangebot bedingt (vgl. auch die Ausführungen in Kapitel 2.2.3).

---

39 Aufgrund von Mehrfachnennungen können hier keine genaueren Angaben gemacht werden.

40 Diese Zahlen gelten nur dann, wenn davon ausgegangen werden kann, daß nicht ein Teil der befragten Jugendlichen mehr als ein Fernsehgerät persönlich besaß. Diese Annahme erscheint jedoch unproblematisch.

Auch der von Kiefer konstatierte jüngste Anstieg der Fernsehnutzung in der Gruppe der 14- bis 19jährigen ist damit kompatibel, wenn man sich vor Augen hält, daß das Fernsehen in Deutschland in der Phase zwischen 1985 und 1990 seinen Charakter deutlich gewandelt hat und damit den genannten Bedürfnissen der Jugendlichen heute besser gerecht wird. Vor allem ist die Programmvielfalt mittlerweile größer (so wurde etwa das Angebot an Musiksendungen breiter), so daß von daher eine größere Wahrscheinlichkeit besteht, daß ein geeignetes Programm gefunden wird.

Und auch einige Ergebnisse der Studie „Jugend und Medien" sprechen für die Erklärung mit der Angebotsseite. Die Jugendlichen von 1984 (12–29 Jahre) hatten beim Fernsehen die folgenden inhaltlichen Präferenzen (vgl. Bonfadelli et al. 1986, S. 225): Insgesamt stießen Spielfilme bei dieser Altersgruppe auf das größte Interesse. Zwischen 25 und 30 % (in einzelnen Unter-Altersgruppen) waren der Auffassung, Spiel- und Kinofilme kämen im Fernsehen zu kurz. Mit deutlichem Abstand dahinter folgten Jugend- und Musiksendungen (bei denen der Vermissensgrad mit zunehmendem Alter der Befragten deutlich geringer war). Umgekehrt war die Angebotskategorie Politik und Wirtschaft diejenige, bei der am häufigsten angegeben wurde, hiervon werde im Fernsehen zu viel geboten. Insgesamt sagten das 31 % der Jugendlichen (die nächstplazierte Kategorie, Werbung, kam nur noch auf 12 %). Auch hier war das Urteil abhängig vom Alter: Zu viel Politik und Wirtschaft im Fernsehen monierten 43 % der 12- bis 15jährigen, aber nur noch 22 % der 25- bis 29jährigen.

Diese inhaltlichen Präferenzen der Jugendlichen von 1984 legen die Interpretation nahe, daß die Jüngeren unter den 12- bis 29jährigen *altersbedingt* damals wenig am Fernsehen hingen. Es wäre damit verständlich, daß die Angebote der Privatsender in der zweiten Hälfte der 80er Jahre auch und vor allem bei diesen jüngeren Altersgruppen Zuspruch gefunden haben. Insgesamt bietet sich folgende Interpretation an: Die jüngeren Jugendlichen der 80er Jahre hatten möglicherweise durchaus etwas für das Fernsehen übrig. Aber sie waren (1984) nicht so interessiert am tatsächlich verfügbaren — damals ausschließlich öffentlich-rechtlichen — Programmangebot. Ihr politisch-gesellschaftliches Interesse war (entwicklungsbedingt) noch nicht so hoch, daher konnten sie dem umfangreichen Informationsangebot nicht so viel abgewinnen. Sie hatten — als die intensivsten Kinonutzer — eher Interesse an Spielfilmen. Wäre im Fernsehen mehr davon angeboten worden, so hätten sie vermutlich auch mehr gesehen. Diese Angebotsbedingungen haben sich zwischen 1985 und 1990 grundlegend geändert. Darauf jedenfalls deuten auch die Ergebnisse der Erhebung 1990 der Langzeitstudie Massenkommunikation hin. Es sieht also insgesamt eher nicht danach aus, als sei die Trendwende in der Fernsehnutzung von Jugendlichen in der zweiten Hälfte der 80er Jahre auf das Nachrücken einer Kohorte mit generell höherer Fernsehnutzung zurückzuführen.

2.3 Schlußfolgerungen

Zusammenfassend läßt sich feststellen, daß die theoretische Basis für Aussagen über bestimmte Abweichungen der Fernsehgeneration in ihrem Rezipientenverhalten eher schmal und außerdem auch relativ unsicher ist. Im Rezipientenverhalten, so war die Ausgangsüberlegung dieser Untersuchung, müßten sich Abweichungen der Fernsehgeneration am ehesten zeigen. Daß sich Kohorten grundsätzlich in ihrem Rezipientenverhalten unterscheiden können, dafür gibt es insgesamt wohl genügend Erklärungsansätze. Allein der Faktor Bildung führt bereits zu grundlegenden Unterschieden zwischen den Kohorten.

In welche Richtung die Differenzen zwischen den Kohorten — die auf verschiedene Erklärungsfaktoren zurückgehen können — bei einzelnen Medien aber gehen, ist schon viel weniger klar. Es gibt also zwar Gründe für Abweichungen der Fernsehgeneration in ihrem Rezipientenverhalten, aber keine eindeutige Antwort auf die zentrale Frage dieser Untersuchung. Die Bilanz der theoretischen Ansätze und Überlegungen fällt daher insgesamt nicht sehr befriedigend aus. Es zeichnen sich allerdings doch bestimmte Tendenzen ab.

Alles in allem finden sich weitaus mehr Anhaltspunkte gegen als für die Richtigkeit der Annahme, die Fernsehgeneration habe eine höhere Fernsehaffinität (und eine geringere Neigung zur Tageszeitung). *Für* eine höhere Fernsehaffinität spricht am ehesten noch die Mediensozialisation der Fernsehgeneration. Auch negative Folgen des Aufwachsens mit dem Fernsehen für die Zeitungsnutzung könnten noch am ehesten damit begründet werden, daß die Tageszeitung erst nach dem Fernsehen in das Leben dieser Kohorten tritt (vgl. Kapitel 2.2.4).

Gegen die Richtigkeit der Annahme sprechen die im Durchschnitt höhere formale Bildung, breiter angelegte Freizeitsozialisation und andere Freizeitorientierung der Fernsehgeneration. Aber selbst das Aufwachsen mit dem Fernsehen (jedenfalls mit dem Typ Fernsehen, mit dem die Fernsehgeneration bis in die 80er Jahre hinein groß geworden ist) führt insgesamt offenbar doch eher zu geringerer als zu stärkerer Fernsehneigung. Letztlich kann das Aufwachsen mit dem Fernsehen, das frühzeitige Erleben der Eltern als mehr oder weniger regelmäßige Fernsehzuschauer bedeuten, daß die Fernsehgeneration das

Medium Fernsehen als alltäglich und damit nicht besonders interessant empfindet, daß sie das Fernsehen sogar eher als Medium der Eltern, als Zerstörer des Familienlebens geringschätzt (vgl. auch Eurich und Würzberg 1983; Hickethier 1982, S. 213).

Es überwiegen also eher Argumente *gegen* die verbreitete Vorstellung von der Fernsehgeneration, die sehr zum Fernsehen neige und (infolgedessen) eine viel schwächere Affinität zu Druckmedien als ältere Kohorten habe. Damit ist allerdings noch nicht gesagt, daß nicht andere langfristige Folgen des Aufwachsens mit dem Fernsehen und damit andere Abweichungen der Fernsehgeneration existieren können — außerhalb der Mediennutzung selbst. Aber hier ging es zunächst einmal nur um die Untersuchung des Rezipientenverhaltens.

Welche der beiden grundlegenden Auffassungen zur Haltung der Fernsehgeneration gegenüber dem Fernsehen und den Druckmedien — stärkere Neigung zum Fernsehen und (deshalb) schwächere Affinität zu Druckmedien *oder* im Gegenteil geringere Neigung zum Fernsehen — zutrifft, ist jedoch allein auf der Basis dieser theoretischen Überlegungen nicht in befriedigender Weise zu klären. Zu wenig hat sich die Forschung bisher mit diesem Gegenstand auseinandergesetzt, zu vereinzelt und zu wenig schlüssig sind die theoretischen Erkenntnisse, zu sehr verunsichern auch die jüngeren Entwicklungen der Fernsehnutzung in den unteren Altersgruppen. Die Ergebnisse empirischer Untersuchungen zur Mediennutzung und Medienbewertung der Kohorten könnten entscheidende Belege für oder gegen die eine oder die andere Auffassung liefern.

Vor diesem Hintergrund sollen nun die Ergebnisse bisheriger empirischer Untersuchungen zu Kohortendifferenzen im Rezipientenverhalten gesichtet werden. Da es so gut wie keine empirischen Studien speziell zur Fernsehgeneration gibt, erscheint es auch hier angebracht, die Perspektive etwas zu erweitern. Untersuchungen des Rezipientenverhaltens im Kohortenvergleich können im ungünstigsten Fall immerhin Anhaltspunkte dafür geben, ob überhaupt Unterschiede zwischen Kohorten bestehen. Wenn dabei grundsätzlich negative Befunde resultieren sollten, würde dies eher gegen die Vermutung abweichenden Rezipientenverhaltens der Fernsehgeneration sprechen. Entsprechend umgekehrt würde man Befunde interpretieren, die auf deutliche Differenzen zwischen Kohorten in ihrer Mediennutzung verweisen. Im günstigsten Fall können sich in den Befunden mehrerer Studien übereinstimmend Abweichungen der Kohorten der Fernsehgeneration in eine bestimmte Richtung zeigen.

Betrachtet werden nur Untersuchungen der Nutzung und/oder Bewertung tagesaktueller Medien, also des Fernsehens selbst, der Tageszeitung und des

Hörfunks. Die empirischen Befunde zum Rezipientenverhalten der verschiedenen Kohorten konzentrieren sich auf diese drei Medien. Es werden dabei nur solche Untersuchungen berücksichtigt, die ein breiteres Altersspektrum und damit einen größeren Bereich auf der Kohortendimension abdecken. Insbesondere erlauben Analysen, die sich auf Kinder und Jugendliche (und nur auf jüngere Kohorten) beschränken (vgl. etwa Rosengren und Windahl 1989) keine Aussagen über die relative Position der Fernsehgeneration. Ausgeklammert bleiben hier außerdem reine Querschnittuntersuchungen, weil auf der Basis einer einzelnen Erhebung in der Regel überhaupt nicht geklärt werden kann, ob und inwieweit Unterschiede zwischen den Altersgruppen altersbedingt sind oder auf Kohortenspezifika zurückgehen. Für solche Aussagen sind Kohortenanalysen (auf der Basis mehrerer Querschnitte) notwendig; nur solche Untersuchungen bzw. Analysen werden hier also berücksichtigt. Daraus ergeben sich Konsequenzen für die Vorgehensweise bei der Darstellung der empirischen Untersuchungen und ihrer Ergebnisse.

Vor dem Überblick über den Stand der empirischen Forschung zu Kohortendifferenzen im Rezipientenverhalten muß in einem Exkurs der Kohortenansatz in seinen Grundzügen dargestellt werden. Die Kenntnis dieses sowohl theorie- als auch empiriebezogenen analytischen Rahmens ist eine Voraussetzung für das Verständnis der empirischen Untersuchungen. Außerdem soll in diesem Zusammenhang auch die einschlägige Terminologie eingeführt werden, die in der Forschungsliteratur und im weiteren in dieser Arbeit verwendet wird.

Die Komplexität und methodische Problematik von Kohortenanalysen bringt es mit sich, daß Ergebnisse solcher Analysen besonders stark von der konkreten methodischen Vorgehensweise abhängen und besonders fehleranfällig sind. Empirische Ergebnisse sind daher auch sorgfältiger und kritischer zu prüfen. Infolgedessen werden die Untersuchungen zu Kohortendifferenzen im Rezipientenverhalten recht ausführlich dargestellt, auch im Hinblick auf die jeweilige methodische Vorgehensweise. Nur so ist hier eine angemessene Beurteilung der Befunde möglich.

3 Bisherige empirische Untersuchungen zu kohortenspezifischem Rezipientenverhalten

3.1 Exkurs: Der Kohortenansatz

Auch in der Kommunikationswissenschaft beruhen die meisten empirisch gewonnenen Erkenntnisse auf Querschnitterhebungen. Dabei ist es allgemein üblich, Unterschiede zwischen Altersgruppen (etwa in der Mediennutzung) als *Alterseffekt*, also als altersbedingt, als Folge des Älterwerdens zu interpretieren. Zur Illustration sollen hier Daten aus einer amerikanischen Untersuchung zur Fernsehnutzung verwendet werden, die in Kapitel 3.2 näher dargestellt wird (vgl. Tabelle 1). Man würde also aus den Werten der Altersgruppen im Jahr 1960 einen Alterseffekt ablesen: Wenn die Menschen alt werden, nimmt auch ihre Fernsehnutzung zu (denn die Nutzung liegt ja bei denjenigen, die 50 oder älter sind, im Durchschnitt höher).

Genauso gut können diese Differenzen jedoch auf dauerhafte Unterschiede zwischen den Geburtskohorten, die sich gerade in den betrachteten Altersbereichen befinden, zurückgehen — unabhängig vom Lebensalter. Man spricht in diesem Fall von einem *Kohorteneffekt*. Bezogen auf die Daten von 1960 in Tabelle 1 hieße das: Die älteren Menschen nutzen das Fernsehen nicht deshalb stärker als die jüngeren, weil sie älter sind, sondern weil sie zu einer anderen Zeit geboren wurden und aufgewachsen sind (denn im Vergleich der 1960 erfaßten Kohorten 1 bis 5 liegt die Nutzung ja bei den vor 1911 geborenen Kohorten höher als bei den später geborenen).

Welche von beiden Interpretationen richtig ist, läßt sich auf der Basis der Daten von 1960 allein nicht sagen. Zu diesem Zeitpunkt 50 oder mehr Jahre alt zu sein, bedeutet unweigerlich auch, im Jahr 1910 oder früher geboren zu sein. Der Zusammenhang zwischen Lebensalter und Geburtsjahr ist in Querschnittdaten grundsätzlich perfekt. Damit sind auch ihre Effekte — Alterseffekt und Kohorteneffekt — in solchen Daten vollständig miteinander konfundiert, können also empirisch nicht getrennt werden (vgl. Riley 1973). Es können auch beide Effekte zugleich wirksam sein; die beiden genannten Interpretationen stellen also Spezialfälle dar.

Tabelle 1: Standard-Kohortentabelle[1] der wöchentlichen Fernsehnutzungsdauer (montags bis freitags in der Zeit zwischen 18 Uhr und 3 Uhr, samstags und sonntags in der Zeit zwischen 6 Uhr und 3 Uhr) in den USA. Angaben in Stunden (Mittelwerte).

Jahr / Altersgruppe	1 (1960)	2 (1970)	3 (1980)	
1 (20-29 Jahre)	22,3	28,7	30,8	Kohorte[2]
2 (30-39 Jahre)	23,7	28,1	29,0	7 (1951-60)
3 (40-49 Jahre)	22,6	26,8	29,0	6 (1941-50)
4 (50-59 Jahre)	25,4	28,9	31,1	5 (1931-40)
5 (60 und mehr J.)	25,3	28,1	28,9	4 (1921-30)
				3 (1911-20)
				2 (1901-10)
				1 (bis 1900)

[1] Eine Standard-Kohortentabelle (vgl. Glenn 1977) ist eine tabellarische Darstellung nach Alter und Erhebungsjahr, wobei die Erhebungen gleich weit auseinander liegen und ihr Abstand der Breite der Altersgruppen entspricht, so daß die Kohorten in den Diagonalen der Tabelle (von links oben nach rechts unten) verfolgt werden können.

[2] Die Abgrenzung der Kohorten 2 und 3 ist hier nicht exakt, da die oberste Altersgruppe nach oben hin offen ist.

Quelle der Daten: Bower 1985, S. 43

Will man Kohorteneffekte empirisch untersuchen, sind also in der Regel andere Ansätze bzw. Designs notwendig. Eine Trennung der Kohorteneffekte von Alterseffekten kann empirisch nur dann gelingen, wenn Daten mehrerer Zeitpunkte herangezogen werden. In Tabelle 1 entspricht dies der Hinzunahme weiterer Querschnitte, und zwar hier von 1970 und 1980. Es kommt damit neben Lebensalter und Geburtszeitpunkt eine dritte zeitbezogene Dimension in die Analyse: die Kalenderzeit selbst. Treten Einflüsse auf alle Kohorten auf, die mit dieser Dimension verbunden sind (Ereignisse, generelle Veränderungen der Lebensbedingungen), verändern sich also alle Kohorten im Zeitverlauf unabhängig von Alterungsprozessen, so entspricht dies in der Terminologie des Kohortenansatzes einem *Periodeneffekt*.

Unter „Kohortenanalyse" wird in den Sozialwissenschaften eine Methode verstanden, mit der menschliches Verhalten im Hinblick auf drei Erklärungsdimensionen untersucht wird: Alter (Lebensalter, Lebenszeit), Periode (Zeit, historische Zeit, Kalenderzeit) und Kohorte (Geburtszeit, Zugehörigkeit zu einer bestimmten Geburtskohorte) (vgl. Glenn 1977).[41] Eigentlich handelt es sich nicht um eine einzelne Analysemethode, sondern um ein Modell, um einen konzeptionellen Ansatz, im Rahmen dessen dann verschiedene Analyseverfahren eingesetzt werden können (vgl. auch Glenn 1977, S. 7). An dieser Stelle geht es noch nicht um die konkrete empirische Analyse, sondern nur um diesen allgemeinen Ansatz, der hier zur Unterscheidung als „Kohortenansatz“ bezeichnet wird. Es wird außerdem nur auf diejenige Form der Kohortenanalyse eingegangen, die in den Sozialwissenschaften am häufigsten anzutreffen ist.[42]

Der Kohortenansatz stellt einen sowohl theoretischen als auch empirischen Rahmen für die Analyse von Verhaltensänderungen auf der aggregierten Ebene dar, so etwa für die Analyse sozialen Wandels (vgl. Ryder 1965). Speziell geht es um den Nachweis der Wirkung von Einflüssen, die mit den drei Erklärungsdimensionen verbunden sind: Im Rahmen des Kohortenansatzes wird meistens versucht, den Alterseffekt, den Periodeneffekt und den Kohorteneffekt (oder zumindest einen oder zwei dieser Effekte) empirisch zu bestimmen, also die Stärke und die Richtung des jeweiligen Effektes auf der Basis von Daten zu ermitteln.

Alter, Periode und Kohorte sind dabei operationale Dimensionen, die zur Datenstrukturierung verwendet werden (vgl. die Zeilen, Spalten und Diagonalen in Tabelle 1) und auf die theoretische Ebene nur verweisen, die also die konkreten Einflußfaktoren indizieren, aber nicht unmittelbar spezifizieren (vgl. Fienberg und Mason 1985; Marshall 1983). So steht die Zugehörigkeit zu einer bestimmten Kohorte für die (potentiellen) gemeinsamen Erfahrungen einer Gruppe von Personen einiger aufeinanderfolgender Geburtsjahrgänge, also für Zeiteinflüsse der Vergangenheit, die diese Kohorte geprägt haben (vgl. Ryder 1965). Die Altersdimension bezieht sich entsprechend auf die Reifungs- und Alterungsprozesse von Personen, sie indiziert Veränderungen, die sich mit dem Älterwerden vollziehen. Die Periodendimension schließlich bündelt Zeiteinflüsse der jeweiligen Gegenwart.

Im Rahmen des Kohortenansatzes muß daher bei allen drei Analysedimensionen zwischen der formalen und der theoretischen Ebene unterschieden werden (vgl. Fienberg und Mason 1985; Hagenaars und Cobben 1978; Hobcraft,

---

41 „Kohortenanalyse“ ist also eher eine Abkürzung für „Alter-Perioden-Kohorten-Analyse“ oder kurz „APK-Analyse“ (vgl. Huinink 1988, S. 70).

42 Die Methode der Kohortenanalyse ist auch in der Massenkommunikationsforschung bekannt (vgl. L. B. Becker 1989, S. 259 f.; Hsia 1988, S. 308 ff.; Wimmer und Dominick 1991, S. 183 ff.), wenngleich sie dort nicht sehr häufig eingesetzt wird.

Menken und Preston 1982; Labouvie und Nesselroade 1985; Palmore 1978; Riley, Johnson und Foner 1972): Alter, Periode und Kohorte sind die *formalen* Erklärungsvariablen der Analyse. Theoretisch relevant sind diese kalendarisch definierten Dimensionen selbst meistens nicht. Sie haben aber den Vorteil hoher Operationalität; in den meisten Fällen liegen nur für diese Variablen, nicht jedoch für die eigentlich interessierenden inhaltlichen Erklärungsfaktoren Daten vor. Alter, Periode und Kohorte kommt dabei der Status von Platzhaltern, von Indexvariablen zu. Sie stehen jeweils für ein ganzes Bündel potentieller Ursachenfaktoren, die mit ihnen assoziiert sind und die nicht unmittelbar in die empirische Analyse eingehen. Diese alters*bezogenen*, perioden*bezogenen* und kohorten*bezogenen* Variablen sind die *theoretischen* Erklärungsvariablen der Analyse.

Altersbezogene Variablen lassen sich vor allem den biologischen, psychologischen und sozialen Alterungsprozessen zuordnen (vgl. Binstock und Shanas 1985; Birren und Schaie 1990). Die formale Erklärungsvariable Alter steht für solche Veränderungen im Zuge des Älterwerdens (biologisches, psychologisches und soziales Altern). Hier geht es um die physiologische Entwicklung (und im Alter Degeneration), die geistige Entwicklung, die Entwicklung von Bedürfnissen, die Übernahme altersspezifischer Rollen und die Einhaltung altersspezifischer Normen sowie um andere altersbezogen unterschiedliche Rahmenbedingungen des Lebens. Wichtig ist, daß diese mit dem Älterwerden verbundenen Prozesse auch historischen Veränderungen unterliegen können. So verändert sich etwa die körperliche Entwicklung (Akzeleration), das Normensystem, die Gesetzgebung (vgl. Brandtstädter 1990).

Für die Analyse des Rezipientenverhaltens von Bedeutung sind vor allem die kognitive Entwicklung und die Entwicklung von Rezeptionsfähigkeiten (vor allem der Lesefähigkeit), auch altersbedingte Beeinträchtigungen der Wahrnehmungsorgane, der allgemeine Gesundheitszustand und damit die Mobilität, ferner Position im Familienlebenszyklus (Partnerschaft, Kinder), Berufstätigkeit, Häufigkeit sozialer Kontakte, Freizeitbudget, alterstypische Konkurrenzaktivitäten, Einkommen, aber auch die altersspezifische Medienumgebung bzw. das altersspezifische Medienangebot.[43] Man kann sich altersspezifisches Medien-

43 Alter ist hier ein Indikator, der erst noch mit den eigentlichen erklärenden Variablen in Verbindung gebracht werden muß (vgl. Rosengren und Windahl 1989, S. 61; A. M. Rubin 1985; W. Schulz 1987; bezogen auf das Freizeitverhalten Schmitz-Scherzer 1974, 1979). So konnte W. Schulz (1987) in Regressionsanalysen der Fernsehnutzung mit zahlreichen soziodemographischen Variablen zeigen, daß das Merkmal Alter seinen positiven Effekt vollständig verliert, wenn Variablen wie Berufstätigkeit, Haushaltseinkommen, Haushalts-

nutzungsverhalten im Sinne eines „Normalmedienlebenslaufs" (Sander und Vollbrecht 1989, S. 26) vorstellen.

Periodenbezogene Variablen erfassen Umweltzustände (und ihre Veränderungen), Ereignisse und Entwicklungen, deren *unmittelbare* Auswirkungen alle Altersgruppen bzw. Kohorten betreffen. Es kann sich dabei um politische, soziale, wirtschaftliche, aber auch um physikalische Umweltbedingungen handeln. In den Sozialwissenschaften werden in diesem Zusammenhang häufig politische Entwicklungen (Kriege, Regierungswechsel, Gesetzesänderungen) und wirtschaftliche Krisen thematisiert. Solche historischen Einflüsse können sich auch mittelbar und längerfristig auswirken, indem sie Kohorten prägen (vgl. weiter unten).

Relevant für den Bereich der Mediennutzung und Medienbewertung sind einerseits vor allem Aspekte des Medienangebots (Verfügbarkeit, Preise, zeitliches Angebot, Zahl der Programme, die Einführung privater Programme als umfassende Veränderung im Angebot elektronischer Medien, inhaltliche Attraktivität), andererseits nachfragebezogene Faktoren, hier insbesondere die Entwicklung der Einkommen und der Freizeit der Bevölkerung, die Verbreitung und Attraktivität konkurrierender Aktivitäten, Wertewandel, öffentliche Meinung.

Kohortenbezogene Variablen sind biographische Merkmale, in denen sich der dauerhafte — und bei den verschiedenen Kohorten unterschiedliche — Einfluß von Umweltbedingungen der Vergangenheit ausdrückt. Im Prinzip handelt es sich dabei weitgehend um die gleichen Einflüsse, die im Zusammenhang mit periodenbezogenen Variablen genannt wurden. Hier interessieren diese Einflüsse jedoch nicht im Hinblick auf ihre (unmittelbare) Wirkung in der *gesamten* Bevölkerung, sondern unter dem Gesichtspunkt, daß sie auf die verschiedenen Kohorten auch in unterschiedlichem Maße (etwa auf Kinder und Jugendliche im Zuge der Sozialisation besonders stark) wirken können und daß diese Wirkung anhalten kann, so daß die Einflüsse zu Merkmalen der Kohorten werden und diese voneinander differenzieren (vgl. auch Kapitel 2.1.1). Neben der Größe (als genuinem Kohortenmerkmal) und dem Bildungsniveau von Kohorten werden in den Sozialwissenschaften vor allem Prägungen durch Kriegszeiten, wirtschaftliche Krisen, soziale Unruhen oder politische Umwälzungen diskutiert.

---

größe und Familienstand zusätzlich kontrolliert werden. Schulz stellt fest, daß man Alter dennoch als einen Indikator verwenden und so zu einem einfacheren Modell gelangen könne (vgl. W. Schulz 1987, S. 18). Auf die Eigenschaft des Alters als wichtige deskriptive Variable, die viele Faktoren bündelt, weist auch Wartella (1979) hin.

Merkmale, die von besonderer Bedeutung für das Rezipientenverhalten sind, wurden bereits in Teil 2 ausführlich behandelt.

Der Kohortenansatz stellt mit seinen drei formalen Modelldimensionen einen analytischen Rahmen dar, mit dessen Hilfe auch die Einflüsse der inhaltlich relevanten Faktoren untersucht werden können. Die konkrete Vorgehensweise — hier kann man dann von Kohortenanalyse im engeren Sinne sprechen — ist dabei häufig explorativ. Die Effekte der drei formalen Variablen (im allgemeinen bezeichnet als Alterseffekt, Periodeneffekt und Kohorteneffekt) werden mit statistischen Methoden (oft auch mit graphischer oder tabellarischer Analyse) ermittelt und dann im Hinblick auf mögliche inhaltliche Ursachen für ihre jeweilige Stärke, Richtung und Form interpretiert.[44]

Im Rahmen dieser Arbeit wird die Richtung eines Effektes grundsätzlich entlang der jeweiligen zeitlichen Dimension angegeben. Ein positiv gerichteter Alterseffekt liegt demnach dann vor, wenn die Werte der abhängigen Variablen mit zunehmendem Lebensalter (ceteris paribus, d. h. unter sonst gleichen Bedingungen, hier also unter Berücksichtigung von Perioden- und Kohorteneffekt) höher liegen. Die Richtung des Periodeneffektes wird als positiv bezeichnet, wenn die Werte im Zeitverlauf (ceteris paribus) größer werden. Und es wird dann von einem positiv gerichteten Kohorteneffekt gesprochen, wenn die Werte der jüngeren Kohorten (ceteris paribus) höher liegen als diejenigen der älteren Kohorten. Bezogen auf die eingangs erwähnten alternativen Interpretationen für die Zahlen in Tabelle 1: Die Daten des Querschnitts von 1960 wären im einen Fall also als positiv gerichteter Alterseffekt, im anderen Fall dagegen als negativ gerichteter Kohorteneffekt zu deuten. Betrachtet man die *gesamten* Daten in Tabelle 1, so liegt anscheinend jedenfalls ein positiv gerichteter Periodeneffekt vor, denn die Fernsehnutzung nimmt in allen Kohorten (also in den Diagonalen), aber auch in allen Altersgruppen (also in den Zeilen) zwischen 1960 und 1980 zu.

Die drei formalen, kalendarisch definierten Erklärungsvariablen des Kohortenansatzes sind insgesamt voneinander linear abhängig. Auf die perfekte Korrelation zwischen Lebensalter und Geburtsjahr zu einem Zeitpunkt wurde bereits hingewiesen. Eine lineare Abhängigkeit besteht aber auch zu der dritten Dimension: So errechnet sich das Lebensalter einer Person als Differenz von Kalen-

---

44 Inwieweit mit dem Kohortenansatz auch auf der theoretischen Ebene Einflüsse erklärt werden können, hängt vor allem vom Grad der Explikation der drei formalen Erklärungsfaktoren des Modells ab. In der Anwendungspraxis bleibt die Explikation, die Zuordnung der theoretisch relevanten alters-, perioden- und kohortenbezogenen Variablen im allgemeinen unvollständig.

derzeit und Geburtszeit. Gleiches gilt für die in der Kohortenanalyse betrachteten Kohorten und deren Lebensalter. Im Hinblick auf das formale Ziel der Kohortenanalyse, die Bestimmung von Alters-, Perioden- und Kohorteneffekten, ergibt sich daraus ein Identifikationsproblem (vgl. Cohn 1972; Glenn 1977; K. O. Mason, W. M. Mason, Winsborough und Poole 1973; Riley 1973; Riley, Johnson und Foner 1972, Kapitel 2). Dieses Identifikationsproblem gilt als das Hauptproblem der Kohortenanalyse. Vereinfacht ausgedrückt führt es dazu, daß die Effekte der drei Modellfaktoren empirisch nicht eindeutig bestimmt werden können, jedenfalls nicht ohne Annahmen über mindestens einen der drei Effekte. Je nach der zur Verfügung stehenden Datenbasis und der zur Kohortenanalyse verwendeten Methode äußert sich die Identifikationsproblematik auf verschiedene Weise.

Einige der in diesem Zusammenhang auftretenden Interpretationsschwierigkeiten sollen im folgenden kurz angegeben werden (vgl. dazu Hagenaars und Cobben 1978; Riley 1973). Es wurde oben bereits darauf hingewiesen, daß in einem *einzelnen Querschnitt* die Altersdimension mit der Kohortendimension zusammenfällt und daher Alterseffekt und Kohorteneffekt nicht voneinander getrennt werden können.

In empirischen Untersuchungen werden oftmals auch Entwicklungen in einer *einzelnen Altersgruppe* betrachtet. Bezogen auf die Daten in Tabelle 1, könnte man sich etwa für die Entwicklung der Fernsehnutzung in der untersten Altersgruppe interessieren. In diesem Intra-Altersgruppen-Trend fallen die Periodendimension und die Kohortendimension zusammen; dementsprechend können hier Periodeneffekt und Kohorteneffekt nicht voneinander getrennt werden. Es ist nicht feststellbar, inwieweit beispielsweise der Zuwachs zwischen 1970 und 1980 (von 28,7 auf 30,8 Stunden) auf Zeiteinflüsse zurückgeht (Periodeneffekt) oder dadurch bedingt ist, daß in diesem Zeitraum eine neue Geburtskohorte mit generell höherer Fernsehnutzung in diesen Altersbereich hineingewachsen ist. 1970 war Kohorte 6 (Jahrgänge 1941 bis 1950) im Alter 20–29 Jahre, 1980 dagegen Kohorte 7 (Jahrgänge 1951 bis 1960).

Gilt das Interesse den einzelnen Kohorten, so werden oftmals auch die Entwicklungen der Kohorten im Zeitverlauf untersucht. In Tabelle 1 entspricht dies der Betrachtung der Diagonalen (von links oben nach rechts unten). In jeder *einzelnen Kohorte*, in jedem dieser Intra-Kohorten-Trends fallen nun die Altersdimension und die Periodendimension zusammen, und die beiden dazugehörigen Effekte können nicht voneinander getrennt werden. Betrachtet man in Tabelle 1 beispielsweise die Entwicklung von Kohorte 5 (Jahrgänge 1931 bis 1940) zwischen 1970 und 1980, so ist die Frage, wodurch die leichte Zunahme ihrer

Fernsehnutzung (von 28,1 auf 29 Stunden) bedingt ist: Haben hier Zeiteinflüsse gewirkt (liegt also ein Periodeneffekt vor), oder hat die Nutzung altersbedingt zugenommen? Aber auch eine Kombination aus beiden Effekten ist denkbar.

Die Situation verbessert sich, wenn nicht nur *ein* Querschnitt bzw. nicht nur der Trend für *eine* Altersgruppe oder *eine* Kohorte betrachtet wird, sondern wenn jeweils mehrere vorliegen und miteinander verglichen werden können.[45] So kann man in den Daten von Tabelle 1 aus dem Vergleich der Entwicklungen in allen Altersgruppen und in allen Kohorten einigermaßen sicher schließen, daß ein Periodeneffekt vorliegt. Aber selbst bei einer solchen erweiterten Datenbasis bleibt die empirische Bestimmung von Alters-, Perioden- und Kohorteneffekten noch mit erheblichen Problemen verbunden (vgl. Glenn 1977). Es müssen in aller Regel Annahmen gemacht werden, etwa dahingehend, daß einer der drei Effekte vernachlässigt werden kann oder daß er eine ganz bestimmte Richtung und Form hat. Derartige Annahmen müssen im Einzelfall inhaltlich begründet werden. Selbst bei sorgfältigem Vorgehen bleiben die Ergebnisse von Kohortenanalysen in gewissem Maße unsicher.

3.2 Untersuchungen kohortenspezifischen Fernsehverhaltens

Aus den USA liegen einige empirische Untersuchungen vor, die sich ausschließlich mit dem Fernsehen beschäftigten. Weitere Untersuchungen zum Fernsehverhalten verschiedener Geburtskohorten — die aber darüber hinaus auch andere tagesaktuelle Medien zum Gegenstand hatten — werden in Kapitel 3.4 jeweils im Zusammenhang referiert.

Bower (1973) wiederholte große Teile einer 1960 von Steiner (1963) in den USA durchgeführten Untersuchung schwerpunktmäßig zur Fernsehnutzung zehn Jahre später auf vergleichbare Weise. Zu Vergleichszwecken wertete Bower auch die von Steiner (1963) erhobenen Daten neu aus. Primär galten Bowers Analysen der Einstellung gegenüber dem Fernsehen; es wurde jedoch auch die Nutzungsdauer untersucht, allerdings weniger ausführlich.

Hauptsächliches Ziel der in diesem Zusammenhang durchgeführten Kohortenanalyse (vgl. Bower 1973, S. 37 ff.) war die Entscheidung zwischen Alters- und Kohorteneffekten als Erklärungsmöglichkeiten für die altersgruppenspezifischen Einstellungs- und Nutzungswerte in den einzelnen Querschnitterhebungen.

---

45 Diese Art von Datenbasis wird denn auch in der Regel für Kohortenanalysen verwendet. Tabelle 1 ist bereits ein Beispiel für eine der besten Varianten.

Bower betrachtete die lebenszyklusbezogene und die generationentheoretische Erklärung dabei als einander entgegengesetzt.

Zur Kohortenanalyse verwendete Bower vor allem Liniendiagramme, in denen die Werte der einzelnen Altersgruppen als Alterskurven pro Erhebungsjahr dargestellt wurden. Außerdem wurden Standard-Kohortentabellen (vgl. dazu auch Tabelle 1 in Kapitel 3.1) eingesetzt, in denen dann die Differenzen zwischen den Erhebungen innerhalb der Altersgruppen und die entsprechenden Differenzen innerhalb der Kohorten betrachtet wurden, insbesondere die jeweiligen Mittelwerte dieser Veränderungen in den Altersgruppen bzw. Kohorten.[46]

Bowers Interpretation stützt sich vor allem auf die Gestalt der Alterskurven. Bei drei der vier Einstellungsmaße, die Bower untersuchte, haben in den Alterskurven die Jüngeren ähnlich hohe Werte wie die obersten Altersgruppen, während die mittleren Altersgruppen nach unten abweichen. Außerdem verlaufen die Alterskurven der Jahre 1960 und 1970 in diesen Fällen weitgehend parallel.[47] Bower interpretiert dies als Alterseffekt. Er meint dann aber, die ähnlichen Werte für Jung und Alt gingen nicht unbedingt auf gleiche Ursachen zurück. Bower vermutet statt dessen unterschiedliche Erklärungen, wobei er im Falle der jüngeren Altersgruppen mit ihrer Bildung und vor allem mit ihrer Mediensozialisation (sie seien mit dem Fernsehen aufgewachsen) argumentiert (vgl. Bower 1973, S. 42 f.).[48]

---

46 Dabei wurde auch versucht, die mittleren Differenzen um den starken Gesamttrend (Periodeneffekt) zu korrigieren, und zwar durch Subtraktion der Differenz der beiden Gesamtmittelwerte 1960 und 1970. Dieses Verfahren ist jedoch problematisch: Zum einen können sich im Falle stark nichtlinearer Effekte bei einer solchen summarischen Betrachtung mittlerer Differenzen positive und negative Differenzen in den Mittelwerten ausgleichen. Außerdem berücksichtigt das Korrekturverfahren bei den Differenzen innerhalb der Altersgruppen nicht, daß diese außer durch den Periodeneffekt auch durch den Kohorteneffekt beeinflußt werden können. Daher wird dort unter Umständen auch um den Kohorteneffekt korrigiert; der Zweck der gesamten Korrektur kann dadurch in Frage gestellt sein — vgl. auch Glenn und Hefner (1972) und ihre Kritik an Crittenden (1962), der ebenfalls eine solche „Trendkorrektur" vornahm.

47 Es handelt sich dabei gerade um diejenigen Einstellungsindikatoren, für die es im Erhebungsprogramm der Langzeitstudie Massenkommunikation (vgl. Kiefer 1992), deren erste Erhebung konzeptionell an die Studie von Steiner (1963) angelehnt war, keine Entsprechungen gibt. Das vierte Einstellungsmaß — ein Index, wie er sich ähnlich auch für die Langzeitstudie bilden läßt (vgl. Teil 4 dieser Arbeit) — weicht von diesem Muster ab.

48 Damit interpretiert Bower aber nicht mehr altersbezogen, sondern bereits kohortenbezogen. Die höheren Einstellungswerte der älteren Personen deutet Bower dagegen tatsächlich weitgehend mit Altersfaktoren (Einsamkeit, eingeschränkte Mobilität, daher stärkere Abhängigkeit vom Fernsehen).

Bowers Analyse der Fernseh*nutzung* bezog sich auf die durchschnittliche Nutzungsdauer, ausgedrückt durch die Zahl der Sehstunden pro Woche. Dabei wurde nur die abendliche Nutzung und die Nutzung am Wochenende (am Wochenende ganztägig) berücksichtigt. Dadurch sollte dem Umstand Rechnung getragen werden, daß die Mitglieder des Fernsehpublikums bedingt durch ihre unterschiedliche Stellung im Lebenszyklus unterschiedlich viel *Gelegenheit* zum Fernsehen haben. Schon in der Auswertung der ersten Erhebung dieser Trendstudie wurde die Fernsehnutzung werktags vor 18 Uhr aus der Analyse ausgeschlossen — mit der gleichen Begründung (vgl. Steiner 1963, S. 162). Auch in seiner Wiederholungsstudie (vgl. Bower 1985) verfuhr Bower so.

Die Befunde zur Fernsehnutzung interpretiert er folgendermaßen (vgl. Bower 1973, S. 43 ff.): Die Werte der Altersgruppen verliefen 1960 und 1970 nur im Altersbereich ab 30 Jahren so weit parallel, daß man nach Bowers Auffassung eine Lebenszyklus-Interpretation heranziehen würde. Die Trends innerhalb der Kohorten erwiesen sich als positiv gerichtet für alle Kohorten. Aber die 1960 18- bis 19jährigen zeigten im Gegensatz zu den anderen Kohorten nur einen sehr schwachen Anstieg.[49] Insgesamt legt Bower sich hier auf keine Interpretation (im Sinne einer Entscheidung zwischen Alters- und Kohorteneffekt) fest. Bowers Fazit — eher Alterseffekt als Kohorteneffekt — bezieht sich denn auch nur auf die Einstellung gegenüber dem Fernsehen (vgl. Bower 1973, S. 181).

Bowers Vorgehensweise und Interpretation ist unter mehreren Gesichtspunkten zu kritisieren: Ganz grundsätzlich wurden bei diesen Analysen nicht alle drei Effekte — Alters-, Perioden- und Kohorteneffekt — systematisch zusammen betrachtet; und die lineare Interdependenz zwischen den drei Effekten wurde nicht berücksichtigt. Der (hier dominante) Periodeneffekt wurde rechnerisch eliminiert, aber das dazu verwendete Korrekturverfahren erscheint problematisch. Auf diese Weise legte es Bower darauf an, Alterseffekte *oder* Kohorteneffekte zu finden; der Möglichkeit von Kombinationen beider Effekte schenkte er dabei wenig Beachtung. Bei der Interpretation der Ergebnisse seiner Analyse der Nutzungsdauer diskutiert Bower nicht, daß die Einschränkung seines Nutzungsmaßes (die Nutzung montags bis freitags vor 18 Uhr wurde nicht ausgewertet) einen etwaigen Alterseffekt abschwächen oder sogar eliminieren mußte — genau das war ja die ursprüngliche Absicht dieser Definition der Nutzungsdauer, auch schon bei Steiner (1963). Die vorwiegende Interpretation von Alterskurven schließlich begünstigt die Deutung von Differenzen zwischen

49 Hier waren allerdings sowohl 1960 (n = 84) als auch 1970 (n = 70) die Fallzahlen bereits recht klein.

Altersgruppen in Querschnitten als Alterseffekt — gegenüber einer Interpretation als Kohorteneffekt (der auf diese Weise schwerer zu entdecken ist).[50]

Die Erhebung von 1970 wurde 1980 wiederholt, so daß — für einen Teil des Erhebungsprogramms der Studie von Steiner (1963) — Trendergebnisse für den Zeitraum zwischen 1960 und 1980 vorliegen. Bower (1985) berichtet über die Ergebnisse der Wiederholungsstudie und die Entwicklung im Vergleich mit den früheren Erhebungen. Die Kohortenanalyse wurde aber offenbar nicht systematisch fortgeschrieben. Anders als in seiner früheren Analyse (vgl. Bower 1973) verwendete Bower hier keine Standard-Kohortentabellen und verfolgte die einzelnen Kohorten auch nicht im Zeitverlauf. Es wurde also keine kohortenbezogene Betrachtung mehr vorgenommen, sondern nur jeweils die graphische Darstellung der Altersgruppenwerte in jeder Erhebung (also ein Diagramm der Alterskurven) interpretiert.

Bower (1985, S. 42) verweist hier im wesentlichen auf das Ergebnis seiner Kohortenanalyse der Daten von 1960 und 1970, demzufolge bei der Einstellung gegenüber dem Fernsehen der Alterseffekt über den Kohorteneffekt dominiere (vgl. Bower 1973). Bower spricht vor allem wegen der in den drei Erhebungen in weiten Teilen ähnlichen Muster der Alterskurven auch weiterhin von einem Alterseffekt, und zwar bezogen sowohl auf die Einstellung als auch auf die Nutzungsdauer (bei der Nutzungsdauer allerdings nicht sehr dezidiert).

Die Kritik ist im wesentlichen die gleiche wie schon an Bowers ausführlicher erster Kohortenanalyse (vgl. Bower 1973). Die Betrachtung der Unterschiede zwischen den Altersgruppen jeder Erhebung — in der Form von Alterskurven — begünstigt eher das Auffinden von Alterseffekten und erschwert demgegenüber das Erkennen von Unterschieden zwischen Kohorten. Wie bereits in seinem früheren Ergebnisbericht (vgl. Bower 1973) geht Bower im Rahmen der Interpretation nicht auf die eingeschränkte Basis für die Nutzungsdauer ein. Dadurch, daß (werktags) nur solche Tageszeiten in die Auswertung eingingen, in denen sämtliche Bevölkerungsteile ungefähr gleiche Nutzungschancen haben, wurden altersbezogene Unterschiede zum größten Teil aus den Daten eliminiert. Dennoch betont Bower die Prägnanz des Alterseffektes im Vergleich zum Ko-

---

50 Zu beachten ist ferner, daß in den von Bower betrachteten Alterskurven die Werte der 18- bis 19jährigen immer mit einbezogen sind (insofern entsprechen die Daten nicht vollständig dem Format einer Standard-Kohortentabelle) und daß diese Werte häufig extrem ausfallen. Würde man diese Werte — die für eine Kohortenbetrachtung zusammen mit den Werten der anderen Altersgruppen (die jeweils zehn Jahre umfassen) ohnehin nicht geeignet sind — ausklammern, so wäre die Parallelität der Alterskurven bei einigen der untersuchten Variablen weitaus schwächer ausgeprägt.

horteneffekt. Dabei wird jedoch keine Erklärung für diesen restlichen Alterseffekt gegeben.

Grundsätzlich läßt Bower erkennen, daß er ein sehr restriktives Verständnis von Kohorteneffekten hat, das letztlich darauf hinausläuft, von einem Kohorteneffekt nur dann zu sprechen, wenn sich eine Kohorte nicht oder kaum verändert (vgl. Bower 1973, S. 38; Bower 1985, S. 131).[51] So führt er, bezogen auf eine der Standard-Kohortentabellen, bei denen in den Kohorten durchweg ein deutlicher negativer Trend (der Einstellung gegenüber dem Fernsehen) zu beobachten ist, folgendes aus: „We may still assume, however, that if the changes are relatively small within the cohorts [...] the generational interpretation is supported; people tend to persist in their attitudes over a ten-year span of life“ (Bower 1973, S. 38). Diese Auffassung ignoriert die Möglichkeit, daß ein Periodeneffekt und ein Alterseffekt zusammen mit einem Kohorteneffekt existieren, reduziert also Kohorteneffekte auf *reine* Kohorteneffekte. Aber auch ein reiner Kohorteneffekt würde ja Differenzen *zwischen* den Kohorten voraussetzen; um diese jedoch kümmert sich Bower überhaupt nicht.[52] In Anbetracht dieser Kritikpunkte erscheinen Bowers Schlußfolgerungen insgesamt wenig fundiert.

Ausgehend von der in den zurückliegenden 30 Jahren zunehmend wichtiger gewordenen Rolle des Fernsehens als Wahlkampfmedium, untersuchten Danowski und Ruchinskas (1983) Alters-, Perioden- und Kohorteneffekte auf die Nutzung von Wahlkampf-Informationen im Fernsehen, und zwar bei Präsidentschaftswahlen in den USA. Sie formulierten speziellere Hypothesen für die drei Effekte. Für den Periodeneffekt: Je unsicherer der Ausgang der betreffenden Wahl (je näher die Kandidaten also beieinander lagen), um so höher die Nutzung des Fernsehens generell. Beim Alterseffekt vermuteten die Autoren eine positive Richtung, insbesondere gestützt auf bisherige Erkenntnisse, nach denen das Fernsehen im Alter vermehrt genutzt wird, und andere Befunde, denen zufolge bei Erwachsenen die Nutzung politischer Informationen allgemein im Laufe des Älterwerdens zunimmt.

Im Hinblick auf den Kohorteneffekt vermuteten Danowski und Ruchinskas, daß die Nutzung bei denjenigen Kohorten, die in der Phase der Ausbreitung des

---

51 Diese Vorstellung von einem Kohorteneffekt wurde bereits in Kapitel 2.1.1 als unnötig restriktiv und unrealistisch bezeichnet.

52 Bower selbst spricht auch gar nicht von einem Kohorteneffekt, sondern von einer „generational interpretation“. Darin kommt seine Rezeption von N. E. Cutler (1969-1970) und Klecka (1971) zum Ausdruck, deren Vorgehensweise und Interpretationsweise er offensichtlich folgt.

Fernsehens besonders stark unter den Käufern von Fernsehgeräten vertreten waren, also bei den zwischen 1949 und 1956 30- bis 44jährigen, ein höheres Niveau haben müsse. Die Autoren argumentieren hier mit der Rechtfertigung der Anschaffung im Nutzungsverhalten und mit kognitiver Konsistenz.[53] Bei den älteren Kohorten erwarteten Danowski und Ruchinskas die niedrigste Nutzung, bei den jüngsten Kohorten mittlere Werte oder ähnliche Werte wie bei den mittleren Kohorten.

Die Datenbasis dieser Untersuchung bildeten acht repräsentative Querschnitterhebungen nach Präsidentschaftswahlen in den USA zwischen 1952 und 1980. Zur Kohortenanalyse wurde die multiple Regression mit Dummy-Variablen (vgl. K. O. Mason, W. M. Mason, Winsborough und Poole 1973) eingesetzt, wobei Geschlecht und Bildung als metrische Kovariaten kontrolliert wurden. Es wurden vier Jahre breite Altersgruppen (und damit auch Kohorten) gebildet. Für die Regressionsanalyse wurden diese Kohorten in fünf größere Kohorten zusammengefaßt.[54]

Es zeigte sich, daß der Alterseffekt offenbar keine Rolle spielt (er fiel extrem schwach aus). Im Hinblick auf den Periodeneffekt bestätigte sich die Vermutung der Autoren bis auf eine Ausnahme.[55] Und es ergab sich ein Kohorteneffekt in der Form eines umgedrehten U, wobei das Maximum bei denjenigen Kohorten lag, bei denen die höchsten Werte auch erwartet wurden (bei den Jahrgängen 1900 bis 1923).

---

53 Diese Argumentation überzeugt nicht ganz. Es wird auch nicht klar, warum eine ähnlich hohe Nutzung nach dem Kauf eines Gerätes nicht auch bei den damals Älteren und bei denjenigen, die erst 20 Jahre danach ein Gerät kauften, aufgetreten sein sollte.

54 Diese Zusammenfassung wurde aber nicht auf der Basis inhaltlicher Überlegungen vorgenommen, sondern auf der Basis der Daten. Und zwar wurde dafür nicht der Kohorteneffekt einer Analyse der 4-Jahres-Kohorten verwendet (was man als nachträgliche Vereinfachung eines Modells vertreten könnte), sondern es wurden die *einfachen* Korrelationen der Dummy-Variablen der Kohorten mit der abhängigen Variablen ausgewertet.

55 Der hohe Wert im Periodeneffekt für das Jahr 1956, den die Autoren mit der Neuheit des Fernsehens erklären, ist viel wahrscheinlicher auf ihre Datenaufbereitung zurückzuführen und somit ein Artefakt: 1956 war das einzige Jahr, in dem die Angabe, wie viele Wahlkampfsendungen der bzw. die Befragte gesehen hatte, nicht gestuft vorlag, sondern nur dichotom (Sendungen gesehen bzw. keine gesehen). Die Autoren verwendeten für die Antwortkategorien der anderen Jahre die Codewerte 0 (keine Sendungen gesehen), 1 („just one or two"), 2 („several") und 3 („a good many") (vgl. Danowski und Ruchinskas 1983, S. 83). Für 1956 wurde nun die dichotome Variable mit 0 (keine gesehen) und 3 codiert. Damit wurde also bei denjenigen, die Sendungen gesehen hatten, durchweg die höchste Mengenangabe unterstellt, und dies dürfte die Nutzung im Wahlkampf 1956 erheblich überschätzen.

Auch diese Untersuchung ist insbesondere unter methodischen Gesichtspunkten zu kritisieren. Vor allem sind die Autoren offenbar mit der von ihnen eingesetzten Methode der multiplen linearen Regression mit Dummy-Variablen nicht hinreichend vertraut, zumindest nicht im Kontext der Kohortenanalyse. Dies ergibt sich aus einigen Details ihrer Vorgehensweise sowie aus mehreren ihrer Äußerungen. Es kann daher nicht ausgeschlossen werden, daß die Methode unsachgemäß eingesetzt wurde bzw. daß einige Entscheidungen im Zusammenhang mit den Analysen auf Fehlinterpretationen basieren. Und die Faktoren Bildung und Geschlecht wurden zwar kontrolliert, dies wird jedoch bei der Interpretation — die sich nämlich auf die Kohorten ohne Einschränkung bezieht — nicht berücksichtigt.

Danowski und Ruchinskas analysierten nicht Fernsehnutzung allgemein, sondern den spezielleren Fall der Nutzung politischer Sendungen zu Präsidentschaftswahlen. Die Untersuchung ist von daher nicht ganz vergleichbar mit den Arbeiten von Bower und Kiefer (vgl. zu Kiefers Analysen Kapitel 3.4.1). Danowski und Ruchinskas kümmern sich aber nicht viel um diese Einschränkung der Nutzungsvariablen; sie interpretieren die Ergebnisse grundsätzlich bezogen auf die Fernsehnutzung generell. Sie thematisieren nicht, daß sich bei einer Untersuchung der Nutzung von Wahlkampfsendungen andere Effekte zeigen können als für die allgemeine Fernsehnutzung. Im Falle des Periodeneffektes ist dies ja offenkundig. Und wenn Danowski und Ruchinskas bei der Interpretation schon verallgemeinern, müßten sie eigentlich den Widerspruch zwischen ihren Ergebnissen (fast kein Alterseffekt) und Bowers Befunden zur Kenntnis nehmen. Und in Bowers Analysen wurde bereits durch die Einschränkung der Fernsehnutzungszeiten für eine *Verringerung* von altersbedingten Unterschieden gesorgt. Insofern ist der Umstand, daß Danowski und Ruchinskas keinen Alterseffekt ermitteln, noch erklärungsbedürftiger. Auf mögliche Ursachen für diese abweichenden Befunde kann hier aber nicht weiter eingegangen werden.

3.3 Untersuchungen kohortenspezifischer Zeitungsnutzung

Ausschließlich um die Zeitungsnutzung ging es bei den Untersuchungen von Robinson (1980), Meyer (1985), Stevenson (1994), der Infratest Medienforschung (1980) und von R. Schulz (1990). Die drei ersten Studien beziehen sich auf die USA und werden hier zuerst referiert. Zur Zeitungsnutzung der verschiedenen Kohorten liegen ebenfalls weitere Untersuchungen vor, die jedoch auch andere tagesaktuelle Medien zum Gegenstand hatten und daher jeweils im Zusammenhang in Kapitel 3.4 dargestellt werden.

Robinson (1980) untersuchte das Leseverhalten in den USA aus einer Kohortenperspektive. Er führte Kohortenanalysen der Nutzung von Zeitungen, Zeitschriften und Büchern durch. Im einzelnen wurden dabei sowohl die Nutzung am Stichtag bzw. die tägliche Nutzung als auch die Nutzungsdauer untersucht. Die Datenbasis bildeten verschiedene Querschnitterhebungen aus dem Zeitraum 1946 bis 1978. Es wurden Kohorten von jeweils fünf und zehn Geburtsjahrgängen gebildet und deren Daten in verschiedener Form tabellarisch dargestellt und interpretiert.

Bei der Zeitungsnutzung — nur auf diese wird hier näher eingegangen — waren zu Beginn des Untersuchungszeitraums kaum Unterschiede zwischen den Altersgruppen zu erkennen. Ab 1967 dagegen lag die tägliche Nutzung der Zeitung bei den Jüngeren deutlich niedriger.[56] Robinson (1980, S. 144 ff.) stellt einen deutlichen Periodeneffekt fest (rückläufige Nutzung); der Kohorteneffekt sei hier am stärksten, wobei vor allem die beiden jüngsten Kohorten (mit besonders niedrigen Werten) herausragten; ein einheitlicher Alterseffekt sei dagegen nicht erkennbar. Bezogen auf die Dauer der Zeitungsnutzung stellt Robinson zwischen Mitte der 60er Jahre und Mitte der 70er Jahre einen stärkeren Rückgang als bei der täglichen Nutzung fest. Er geht jedoch nur auf Entwicklungen innerhalb von Altersgruppen (nicht aber explizit auf Differenzen zwischen Kohorten) ein: Der Rückgang in der Nutzungszeit sei für ältere Generationen (hier offenbar im Sinne von Altersgruppen) größer als für die jüngeren gewesen. Der Autor interpretiert dies — zusammen mit weiteren Ergebnissen zur Dauer der Nutzung von Büchern, Zeitschriften und anderem Lesestoff — dahingehend, daß es wenig Unterstützung für die These gebe, Jüngere wendeten sich schneller von Druckmedien ab als die Älteren (vgl. Robinson 1980, S. 149). Nach Robinsons Ergebnissen ist im Gegensatz zur Zeitungsnutzung die Nutzung (am Stichtag) von Büchern und Zeitschriften in den unteren Altersgruppen (20-29 und 30-39 Jahre) seit 1957 gestiegen. Der Rückgang gelte bei den Jüngeren demnach nicht für das Lesen generell, sondern nur für die Nutzung der Zeitung. Alle diese Ergebnisse werden von Robinson aber nicht mit Bezug auf die Fernsehgeneration interpretiert.

Problematisch bei dieser Untersuchung ist vor allem die mangelnde Vergleichbarkeit der herangezogenen Querschnitterhebungen (verschiedene Institute,

56 Eine ganz ähnliche Entwicklung ist auch in Deutschland zu beobachten, nur zeitlich versetzt (vgl. Kiefer 1982).

leicht abweichende Fragestellungen). Auf die Bedeutsamkeit solcher Unterschiede verweisen auch die Ergebnisse der Vergleiche von Robinson und Jeffres (1981). Außerdem erlaubt die methodische Vorgehensweise bei der Auswertung und Interpretation der Daten keine hinreichende Unterscheidung zwischen Alters-, Perioden- und Kohorteneffekten. Und die Analyse (und Interpretation) richtete sich auf die Entwicklung in Altersgruppen, bezog sich also nicht exakt auf Unterschiede zwischen Kohorten.

Meyer (1985) befaßt sich ebenfalls mit der Entwicklung der Zeitungsnutzung in den USA und geht vor allem auf den Rückgang seit Ende der 60er Jahre ein. Er führt verschiedene mögliche Erklärungen für die in den 60er Jahren aufgetretenen starken Unterschiede zwischen den Altersgruppen in der Zeitungsnutzung an, darunter die Einführung des Fernsehens (davor sei die Korrelation zwischen Zeitungsnutzung und Alter schwach gewesen), erwähnt aber auch Alters-, Perioden- und Kohorteneffekte (vgl. Meyer 1985, S. 15 ff.). Der Autor betrachtet unter anderem eine Tabelle, in der für den Zeitraum 1967 bis 1983 (verschiedene Querschnitterhebungen) der Anteil täglicher Zeitungsleser nach Altersgruppen dargestellt ist (vgl. Meyer 1985, S. 17 f.). Bei der Betrachtung der Trends innerhalb der einzelnen Altersgruppen zeigen sich in der Tendenz durchweg Rückgänge. Diese Rückgänge sind aber bei den unteren Altersgruppen stärker und setzen dort früher ein als bei den oberen Altersgruppen. Meyer stellt fest, daß dieses Veränderungsmuster nicht durch einen Kohorteneffekt[57] erklärbar sei, da die Veränderung die oberen Altersgruppen zu schnell erfaßt habe, als daß dies durch das Altern einer Kohorte mit geringerer Nutzung hervorgerufen worden sein könne.

Meyer selbst deutet die Veränderungen diffusionstheoretisch (vgl. Meyer 1985, S. 18 ff.): Ausgehend von dem Befund der Diffusionsforschung, daß Neuerungen oftmals von Jüngeren früher übernommen werden, vermutet Meyer einen umgekehrten Diffusionsprozeß („negative diffusion"). In diesem Fall diffundiere das Nichtlesen, und zwar bei den Jüngeren schneller. Als Erklärung für die Tendenz zum Nichtlesen sieht Meyer das Aufkommen neuer Medien (etwa des Fernsehens) und die Entwicklung hin zu spezialisierteren Druckmedien; diese verdrängten die älteren Medien. Und der Prozeß der Verdrängung finde zuerst bei den Jüngeren statt, die Neues eher übernähmen, deren Nutzungsgewohnheiten ja weniger gefestigt seien. Insgesamt interpretiert Meyer das Entwicklungsmuster als Kombination von historischen Veränderungen (hier: Wachstum und Ausdifferenzierung des Medienangebots) und einem Lebens-

57 Hier ist offenbar zu ergänzen: nicht durch einen Kohorteneffekt allein.

zykluseffekt. Exakter wäre diese Diagnose wohl als altersspezifisch wirkender Periodeneffekt zu bezeichnen.

Bei seiner Interpretation nimmt Meyer aber nicht weiter auf die unterschiedliche Fernsehsozialisation der Kohorten Bezug. Problematisch an dieser Untersuchung erscheint vor allem der Umstand, daß hier aufgrund der Datenanordnung (keine Standard-Kohortentabelle) die Kohorten kaum exakt zu unterscheiden waren. Eine kohortenweise Betrachtung der Daten (auf die hier nicht weiter eingegangen werden soll) wird von Meyer im großen und ganzen ähnlich interpretiert. In diesem Fall waren dann die Altersgruppen nicht exakt zu unterscheiden.

Stevenson (1994) verwendete die Kohortenanalyse, um festzustellen, ob Alter und Bildung an Einfluß auf die Zeitungsnutzung verlieren und wie sich bestimmte Kohorten verändern (vgl. Stevenson 1994, S. 24). Unter anderem zog er dazu Daten aus der General Social Survey der USA für 1975 und 1985 heran, und zwar (wie Robinson 1980) jeweils den Anteil täglicher Leser. Nur diese Analyse auf nationaler Ebene soll hier betrachtet werden. Stevenson interpretierte die Werte der Altersgruppen (18-19, 20-29, 30-39, 40-49, 50-59, 60-69, 70 und mehr Jahre) in beiden Querschnitten (also bis auf die unterste und die oberste Altersgruppe eine Standard-Kohortentabelle).

Stevenson stellt fest, alle drei Effekte (Alters-, Perioden- und Kohorteneffekt) seien in den Daten sichtbar. „There is some evidence [...] that regular readership came later in life in 1985 than a decade earlier. This is consistent with the popular wisdom that people pick up the newspaper habit later now than in previous generations“ (Stevenson 1994, S. 26). Hiermit meint Stevenson offenbar den Alterseffekt, den er in den Daten erkannt haben will; aus seinen Ausführungen geht dies jedoch nicht klar hervor.

Außerdem stellt der Autor einen deutlichen Periodeneffekt fest, einen generellen Rückgang der Leserschaft. Dann heißt es: „Together, the two effects suggest that part of the decline can be explained by the replacement of older heavy readers by a maturing generation that does not read as much“ (Stevenson 1994, S. 27). Das mag inhaltlich zwar stimmen, aber damit wäre ja bereits ein Kohorteneffekt angesprochen. Auf „cohort effects“ geht Stevenson jedoch erst danach ein. Er versteht darunter im Gegensatz zur allgemein üblichen Auffassung — vgl. Glenn (1977), den auch Stevenson als Quelle nennt — Trends *innerhalb* der Kohorten: „the cohort effects [...] are striking: across the country, every single cohort read less in 1985 than in 1975“ (Stevenson 1994, S. 27).

Indem Stevenson hier die Entwicklungen innerhalb der Kohorten betrachtet, interpretiert er also erneut den Periodeneffekt und auch den Alterseffekt, die ja darin zusammenfallen. Der Autor erkennt diese Zusammenhänge jedoch offenbar nicht. Abschließend stellt er fest: „The positive association between readership and age is a hopeful sign, but the readership habit comes later now. [...] Each new generation does increase readership as it ages but reads less than the generation it replaces" (Stevenson 1994, S. 29). Diese Schlußfolgerung erscheint aber insgesamt nicht ausreichend fundiert. Den Alterseffekt, von dem er hier spricht, kann Stevenson nämlich nur aus der Assoziation zwischen Alter und Zeitungsnutzung *im Querschnitt* gefolgert haben, da er *in* den Kohorten ja einen negativ gerichteten Trend feststellte. Und in jedem Querschnitt sind Alters- und Kohorteneffekt konfundiert. Dabei sollte die Kohortenanalyse doch gerade hier weiterführend sein. Anzumerken bleibt noch, daß sich auch Stevenson bei seiner Interpretation nicht auf die Fernsehgeneration bezieht.

In einer Studie auf der Basis von Sekundärmaterial für den Bundesverband Deutscher Zeitungsverleger untersuchte Infratest die Situation der Tageszeitungen in Deutschland (vgl. Infratest Medienforschung 1980). Die Untersuchung war vor dem Hintergrund der damals in Deutschland verbreiteten Diskussion um den „Niedergang der Lesekultur" in Auftrag gegeben worden. Die Autoren der Studie beziehen sich auch mehrmals explizit auf die Jugendlichen als Fernsehgeneration.

Untersucht wurde unter anderem die Entwicklung der Reichweiten von Abonnementzeitungen, Kaufzeitungen und Zeitschriften nach Geburtskohorten, um zu prüfen, wie sich die Mediennutzung von Generationen verändert hat (vgl. Infratest Medienforschung 1980, S. 56 f.). Hier soll nur auf die Analyse für die Abonnementzeitungen eingegangen werden. Als Datenbasis wurde die Media-Analyse von 1969 und 1979 verwendet. Die Geburtskohorten wurden hierbei aus den in den Standardauswertungen der Media-Analyse vorliegenden Altersgruppen (14–19, 20–29, 30–39, 40–49, 50–59, 60–69, 70 und mehr Jahre) gebildet. Auf diese Weise ergab sich eine Standard-Kohortentabelle — wenn man von der Gruppe der 14- bis 19jährigen 1969 absieht, die nicht exakt als Kohorte über die zehn Jahre verfolgt werden konnte.

Das zentrale Ergebnis dieser Analyse berichten die Forscher wie folgt: „Die Entwicklung der Reichweiten [...] zeigt dabei deutlich, daß sich die Befürchtungen hinsichtlich des negativen Einflusses des Fernsehens auf das Leseverhalten der jüngeren Generation nicht bestätigen. Der Reichweitenzuwachs von Abonnementzeitungen betrug in diesem Zeitraum bei den Jugendlichen, die zwischen 1950 und 1955 geboren wurden, 4%-Punkte" (Infratest Medienforschung 1980, S. 56). Die Autoren der Studie stellen zusammenfassend fest, es gebe keine empirischen Belege für einen Niedergang des (Zeitungs-)Lesens in der BRD, auch nicht bei den jüngeren, mit dem Fernsehen aufgewachsenen Jahrgängen; „vom Niedergang der Lesekultur bei der ‚Fernsehgeneration' zu sprechen, ist nicht nur eine Überdramatisierung des Geschehens, sondern objektiv falsch" (Infratest Medienforschung 1980, S. 11).[58]

Vor allem die methodische Vorgehensweise erscheint jedoch problematisch. Die obigen Aussagen beziehen sich auf den Vergleich der 14- bis 19jährigen 1969 (63 % Reichweite) mit den 20- bis 29jährigen 1979 (67 %) (vgl. Infratest Medienforschung 1980, S. 57). Nur der Wert von 1969 gibt also tatsächlich die Reichweite bei den Jahrgängen 1950 bis 1955 an; der Wert von 1979 stellt die Reichweite der Jahrgänge 1950 bis 1959 dar. Es wird also hier nicht dieselbe Kohorte im Zeitverlauf untersucht. 1979 sind jüngere Jahrgänge hinzugekommen, die sich aber unter anderem durch ein insgesamt höheres Bildungsniveau auszeichnen. Grundsätzlich sind in diesen Differenzen (innerhalb einer Kohorte) außerdem Alterseffekt und Periodeneffekt konfundiert. Und zwischen den Altersstufen 14-19 und 20-29 Jahre nimmt nach den Erkenntnissen der Zeitungsforschung (vgl. Bonfadelli 1992; Stone 1987) die Zeitungsnutzung altersbedingt beträchtlich zu.[59] Die von den Autoren der Studie festgestellte Zunahme wäre also mit dem „normalerweise" zu erwartenden Anstieg zu vergleichen. Ein weiteres grundlegendes Problem liegt bereits darin, daß sich die Media-Analyse aufgrund von Veränderungen der Erhebungsweise nur schlecht für solche Langzeitvergleiche eignet. Und schließlich richtete sich die Analyse auch hier nicht auf Unterschiede *zwischen* Kohorten, sondern nur auf die Entwicklung *innerhalb* von Kohorten (genauer gesagt: einer Kohorte). Die verbreitete Annahme, das Aufwachsen mit dem Fernsehen habe einen negativen Einfluß auf das Leseverhalten, ist jedoch sinnvollerweise auf einen Kohorteneffekt und damit auf Differenzen *zwischen* Kohorten zu beziehen; sie konnte mit dieser Vorgehensweise also gar nicht geprüft werden. Hier wurde vielmehr die These vom „Niedergang der Lesekultur bei der Fernsehgeneration" wörtlich genommen und die Entwicklung innerhalb einer Kohorte der Fernsehgeneration betrachtet.

---

58 Eher umgekehrt läsen die Jüngeren heute insgesamt überdurchschnittlich, jedoch in erster Linie Bücher. Dies sei allerdings teilweise durch Bildung und Beruf bedingt (vgl. Infratest Medienforschung 1980, S. 12).

59 Die Autoren der Studie bemerken dies in ihrer Zusammenfassung selbst. Die unteren Altersgruppen hätten auch früher schon weniger Zeitung gelesen, das entwickele sich dann aber noch bis in die Dreißiger hinein (vgl. Infratest Medienforschung 1980, S. 11).

Eine zweite Untersuchung der Zeitungsnutzung verschiedener Kohorten in Deutschland stammt von R. Schulz (1990). Schulz stellt eine zunehmende Abwendung der jüngeren Bevölkerung (unter 30 bzw. unter 40 Jahre alt) von der Tageszeitung fest. Diese Abwendung sei auch für die oberste Altersgruppe (70 und mehr Jahre) zu verzeichnen. Schulz spricht daher von einem „Abbröckeln an den Altersrändern" (R. Schulz 1990, S. 158). Der Autor belegt diese Tendenzen mit Zahlen aus der Allensbacher Werbeträger-Analyse von 1980 und 1990 und versucht, über die Betrachtung soziodemographischer Untergruppen zu ersten Erklärungen für diesen Negativtrend zu gelangen. Bei seiner Interpretation bringt Schulz den Rückgang der Zeitungsreichweite in der jüngeren Bevölkerung jedoch nicht mit dem Fernsehen in Verbindung.

Schulz führt auch eine „Kohorten-Analyse" durch, die darin besteht, daß er die Entwicklung der Reichweite der regionalen Abonnementzeitungen zwischen 1980 und 1990 betrachtet, und zwar innerhalb der einzelnen *Altersgruppen*. Die Trends in den *Kohorten* interpretiert Schulz dagegen nicht weiter. Und ein Vergleich *zwischen* den Kohorten wird nicht systematisch durchgeführt, er findet allenfalls im Zuge der Betrachtung der Entwicklung in der jeweiligen Altersgruppe statt. Dabei sind jedoch Perioden- und Kohorteneffekt nicht trennbar. Auf diese Effekte geht Schulz aber auch gar nicht differenziert ein. Er resümiert folgendermaßen: „Das Zeitunglesen erweist sich als stark lebenszyklisch bestimmt, allerdings mit der Einschränkung, daß es kein automatisches Nachwachsen der Jüngeren im gleichen Umfang wie früher gibt, auch nicht unbedingt Zeitungstreue bis zum Tod" (R. Schulz 1990, S. 170).

3.4 Untersuchungen kohortenspezifischer Nutzung bzw. Bewertung mehrerer tagesaktueller Medien

In einer Reihe von empirischen Studien wurde nicht nur eines der hier interessierenden tagesaktuellen Medien im Hinblick auf Kohortendifferenzen in der Nutzung bzw. Bewertung untersucht, sondern gleich zwei oder alle drei Medien. Es erscheint jedoch sinnvoll, diese Untersuchungen jeweils geschlossen darzustellen, denn sie unterscheiden sich voneinander — und von den oben referierten Studien zu den einzelnen Medien — zumeist deutlich, unter anderem im Hinblick auf den Untersuchungszeitraum, die erhobenen Aspekte des Rezipientenverhaltens und die methodische Vorgehensweise. Da die Ergebnisse von Kohortenanalysen besonders vor dem Hintergrund dieser Faktoren beurteilt werden müssen, sind die Befunde der verschiedenen Studien ohnehin schlecht vergleichbar und integrierbar. Es soll daher jede dieser Studien nur an einer

Stelle referiert werden; auf die Weise bleibt in diesem Fall die Darstellung übersichtlicher, es sind weniger Wiederholungen oder Querverweise nötig. Zunächst werden die Kohortenanalysen des Rezipientenverhaltens in Deutschland von Kiefer (1987, 1988, 1992) im Zusammenhang dargestellt. Anschließend wird auf einige weitere Studien eingegangen, die alle aus den USA stammen.

3.4.1 Kiefers Analysen der Mediennutzung und Medienbewertung von Kohorten

In den Ergebnissen der Erhebung 1980 der Langzeitstudie Massenkommunikation zeigte sich ein neues Phänomen: deutliche bzw. deutlichere Unterschiede in der Mediennutzung zwischen einzelnen Bevölkerungsgruppen, vor allem auch zwischen den Altersgruppen (vgl. Kiefer 1982, S. 11 ff.). Diese wachsende Ausdifferenzierung ist jedoch teilweise schon in den Daten von 1974 zu erkennen, und zwar beispielsweise in einem deutlichen Unterschied zwischen der Fernsehnutzung der damals 30- bis 39jährigen und der 40- bis 49jährigen. Kiefer ging in ihrem zusammenfassenden Bericht, der die Entwicklung zwischen 1964 und 1974 behandelte (vgl. Kiefer 1978), noch kaum auf die Publikums*strukturen* ein, vor allem aber relativ wenig auf Diskrepanzen zwischen den verschiedenen Altersgruppen. Die erstmals in der Erhebung 1974 sichtbar gewordene „Spaltung" des Publikums nach Altersgruppen wurde von Kiefer zu dieser Zeit noch gar nicht besonders hervorgehoben.

Die von Kiefer (1982) für die Erhebung 1980 festgestellte deutliche Differenzierung des Mediennutzungsverhaltens nach soziodemographischen Gruppen zeigte sich auch in der Erhebung 1985. Insbesondere war die Fernseh- und Zeitungsnutzung bei den Jüngeren weiter rückläufig (vgl. Kiefer 1987). Es stellt sich die Frage, ob diese zunehmende Differenzierung des Nutzungsverhaltens in aufeinanderfolgenden Querschnitterhebungen zumindest teilweise durch Kohorteneffekte bedingt ist. Eine ähnliche Vermutung äußerte Kiefer auf einer Tagung im Oktober 1983 (vgl. Kiefer 1985, S. 173). „Kohorteneffekte" bezog Kiefer dort aber auf kohortenspezifische *Entwicklungen*. Dabei „scheint eine Art Bruchstelle im Umgang der Generationen mit dem Massenmedium Fernsehen bei der Altersgruppe der 1980 30- bis 39jährigen zu liegen, also der Generation, die mit dem Fernsehen aufgewachsen ist" (Kiefer 1985, S. 173). Die Fernsehnutzung der 1980 30- bis 39jährigen habe sich gegenüber 1970 (als sie 20–29 Jahre alt waren) praktisch nicht verändert. Dagegen hätten die Älteren (40 und mehr Jahre) im Vergleich zu 1970 zugelegt, die Jüngeren ihre Nutzung verringert (vgl. Kiefer 1985, S. 173).[60]

In ihrem Bericht über die Ergebnisse der Erhebung der Langzeitstudie Massenkommunikation von 1985 (und über die Trends bis 1985) stellt Kiefer (1987) dann die Befunde der ersten von ihr vorgenommenen Kohortenanalysen vor (vgl. Kiefer 1987, S. 94 ff.).[61] Einbezogen wurden dabei nur die Daten der Erhebungen von 1974 und 1985. Kiefer bildete 10-Jahres-Kohorten, deren Werte in beiden Erhebungen sie dann miteinander verglich. Bei der jüngsten Kohorte arbeitete sie dabei mit folgender — nicht unproblematischer — Hilfskonstruktion: Die Werte der 1985 21- bis 30jährigen wurden mit dem arithmetischen Mittel aus den jeweiligen Werten der Altersgruppe 14-19 Jahre in den Jahren 1974 und 1980 verglichen (vgl. Kiefer 1987, S. 96). Kiefer interpretierte dann Tabellen, in denen die Daten nach Kohorten und Erhebungszeitpunkten angeordnet waren (vgl. Kiefer 1987, S. 97 ff.).

Beim *Fernsehen* diagnostiziert Kiefer Rückgänge der Reichweite in fast allen Kohorten. Sie stellt aber auch deutliche Unterschiede *zwischen* den Kohorten fest, und zwar sei die Reichweite bei den jüngeren Kohorten niedriger bzw. sei stärker zurückgegangen. So sei im Zuge der Kohortenabfolge ein weiterer Reichweitenrückgang insgesamt zu erwarten. Für die mittlere Nutzungsdauer stellt Kiefer Zuwächse bei allen Kohorten fest. Ein Generationseffekt sei hier

---

60 Auch hier ist allerdings die Frage, ob man nicht vielmehr dauerhafte Unterschiede zwischen Kohorten in den Blick nehmen sollte — und weniger kohortenspezifische Entwicklungen. Denn der Bruch zwischen den Altersgruppen 30-39 und 40-49 Jahre in der Fernsehnutzung (und zwar sowohl bei der Reichweite als auch der Nutzungsdauer) war auch in den Ergebnissen von 1974 bereits sichtbar, sogar eher noch deutlicher als 1980. Weiterhin fragt sich, welche Grenze für das Attribut „mit dem Fernsehen aufgewachsen" zu ziehen wäre. Rechnet man nämlich die von Kiefer genannte „Bruchstelle" in der Fernsehnutzung zurück, so kommt man im Durchschnitt auf den Jahrgang 1935 (die 1974 39jährigen) als Grenze. Die Angehörigen dieses Geburtsjahrgangs haben das Fernsehen jedoch als bereits Erwachsene kennengelernt, zählen also nicht zur Fernsehgeneration.

61 Die Kohortenanalysen werden von Kiefer vor allem mit der Entwicklung der Fernsehnutzung motiviert (vgl. Kiefer 1987, S. 94): Die Differenzen zwischen den Altersgruppen hätten sich 1985 wie schon 1980 verstärkt, und die Nutzung sei bei den Jugendlichen und den jungen Erwachsenen weiter zurückgegangen. Kiefer verweist darauf, daß diese Altersgruppen ja (weitgehend) mit dem Fernsehen aufgewachsen seien und daß das Fernsehen für sie eine Selbstverständlichkeit sei: „Die Frage, die sich damit stellt, ist, ob rund 30 Jahre nach Aufbau eines regelmäßigen Fernsehdienstes in der Bundesrepublik Generationen herangewachsen sind — und weiter heranwachsen —, die mit dem Medium Fernsehen grundsätzlich anders umgehen als ihre Eltern und Großeltern, weil das Medium seit ihrer frühen Kindheit zu ihrer Lebensumwelt gehört wie fließendes warmes Wasser und Zentralheizung" (Kiefer 1987, S. 94).

weniger eindeutig erkennbar. Hier seien wohl eher Lebenszykluseffekte[62] sichtbar, so jedenfalls bei der Fernsehnutzungsdauer der Kohorte, deren Eintritt in den Ruhestand zwischen 1974 und 1985 fiel. Vor allem bei der Verweildauer[63] sieht Kiefer einen Lebenszykluseffekt (und weniger einen Kohorteneffekt), deutlich insbesondere für die Phase der Familiengründung und die Zeit nach der Pensionierung.

Zusammenfassend stellt Kiefer für die Fernsehnutzung fest, die Frage nach dem vermuteten anderen Umgang der mit dem Fernsehen aufgewachsenen Kohorten lasse sich noch nicht eindeutig beantworten, wenngleich es Hinweise in diese Richtung gebe. Jedenfalls beziehe sich dieser andere Umgang offenbar primär auf die Stichtagnutzung (also die Tagesreichweite); *wenn* die jüngeren Kohorten am Stichtag fernsähen, dann nicht sehr viel kürzer als die älteren Kohorten. Der Umgang der mit dem Fernsehen aufgewachsenen Kohorten sei insofern nicht „qualitativ" anders, diese Kohorten sähen einfach nur *seltener* fern. Alles in allem stünden die jüngeren Kohorten dem Fernsehen distanzierter gegenüber (vgl. Kiefer 1987, S. 99 ff.).

Kiefer untersuchte ebenfalls, ob bei der Fernsehgeneration eine andersartige Nutzung der Medien Radio und Tageszeitung festzustellen sei.[64] Zur Analyse der *Radionutzung* interpretiert Kiefer die Entwicklungen innerhalb der Kohorten. Sie stellt einen deutlichen Reichweitenzuwachs in allen Kohorten fest, besonders starke Zunahmen aber in den älteren Kohorten. Aus den Ergebnissen entwickelt Kiefer folgende These: „Der Hörfunk ist [...] keineswegs nur ein Jugendmedium, das seinen Platz mit zunehmendem Alter seiner Hörer allmählich dem Fernsehen räumen muß. Es sieht eher so aus, daß die Kohorten, die Fernsehen als Erwachsene in ihren Alltag integrieren mußten und dies zumindest teilweise auf Kosten des Hörfunks taten [...], neues Interesse an dem Medium gefunden haben, nachdem sie Verhaltensmöglichkeiten [...] entwickelt hatten, um beide Medien mit hoher Regelmäßigkeit nutzen zu können. Insofern erscheinen die Reichweiten der jüngeren (Fernseh-)Generationen eher als die

62 In der Terminologie dieser Untersuchung (vgl. Kapitel 3.1) würde man hier auch von einem Alterseffekt sprechen.

63 Im Gegensatz zur mittleren Nutzungsdauer, die sich auf die Gesamtbevölkerung bezieht, gehen bei der sogenannten Verweildauer nur die tatsächlichen Nutzer in die Berechnung des Mittelwertes ein.

64 „Gehen die Generationen, die mit dem Fernsehen aufgewachsen sind oder in einer frühen Lebensphase damit in Kontakt kamen, mit Hörfunk und Tageszeitung anders um als die Generationen, die beide Medien noch ohne Konkurrenz durch das Bildermedium erlebt (und genutzt) haben?" (Kiefer 1987, S. 101)

‚Normalwerte‘, die [...] von der Größenordnung her auch für die älteren Generationen der Zukunft Gültigkeit haben werden“ (Kiefer 1987, S. 101).

Kiefer berichtet auch für die Nutzungsdauer starke Zunahmen in allen Kohorten; dies sieht sie als weiteren Beleg für die Richtigkeit der These. Außerdem stellt sie hier Lebenszykluseffekte fest, die mit dem Eintritt in den Ruhestand und mit der Gründung einer Familie bzw. eines Hausstandes verbunden seien. Insgesamt sieht Kiefer also eine verstärkte Nutzung des Radios bei denjenigen Kohorten, welche die Einführung des Fernsehens im Erwachsenenalter erlebt und nun das Radio quasi wiederentdeckt hätten. Die Entwicklungen seien weniger als Alterseffekt zu interpretieren, sondern vielmehr als Normalisierung der Nutzung bei den älteren Kohorten (vgl. Kiefer 1987, S. 101 f.).

Bezogen auf die *Zeitungsnutzung* stellt Kiefer bei fast allen Kohorten eine Zunahme der Reichweite zwischen 1974 und 1985 fest. Außerdem weiche die jüngste Kohorte ihrer Analyse (Geburtsjahrgänge 1955 bis 1964) deutlich nach unten ab. Dies interpretiert Kiefer jedoch ausdrücklich nicht als Verhaltensbesonderheit der Fernsehgeneration (vgl. Kiefer 1987, S. 102 und S. 184). Als Begründung dafür verweist sie auf die Unterschiede *innerhalb* der Fernsehgeneration: „Wenn die jüngste Kohorte die Zeitung 1985 zwar regelmäßiger nutzt als 1974 (1980), aber eben doch deutlich geringer als die ebenfalls zur Fernsehgeneration zählenden Jahrgänge von 1945 bis 1954, dann müssen andere Einflüsse auf den Umgang dieser Generation mit dem Medium Zeitung eine Rolle spielen als der hier interessierende Faktor, in welchem Lebensabschnitt die Generation Kontakt mit dem Fernsehen bekam“ (Kiefer 1987, S. 102). Kiefer nennt hier das politische Interesse; eine entsprechende empirische Überprüfung habe aber zu einem negativen Ergebnis geführt.[65] Bei der Nutzungsdauer zeigten sich weniger einheitliche Entwicklungen. Aber auch hier sei ein Nutzungsanstieg mit dem Übergang in das Rentenalter feststellbar (vgl. Kiefer 1987, S. 103).

Neben der Mediennutzung untersuchte Kiefer auch die Nutzung politischer Informationen in den Medien, das politische Interesse, die Bindung an die Medien und an die politischen Informationen im Fernsehen sowie die Einstellungen gegenüber den Medien im Kohortenvergleich — allerdings jeweils weniger ausführlich. Hier sollen nur kurz ihre Ergebnisse für die Bindung an die Medien

---

65 Hier dürfte jedoch vielmehr eine Rolle spielen, daß die Zeitungsnutzung der jüngsten Kohorte zu beiden Zeitpunkten altersbedingt deutlich niedriger lag. Außerdem ist es vielleicht nicht angebracht, die Jahrgänge 1945 bis 1954 schon — vollständig — zur Fernsehgeneration zu zählen bzw. keinen Unterschied zwischen dieser und der jüngsten Kohorte zu machen.

und für die generelle Einstellung[66] wiedergegeben werden. Die Muster in den Daten für die Medienbindung werden von Kiefer als Kombinationen von Meinungswandel auf individueller Ebene und Kohorteneffekt gedeutet, mit teilweise unterschiedlicher Richtung der Effekte bei den drei Medien (vgl. Kiefer 1987, S. 140 ff.).[67] Bei den Einstellungen zu den Medien (Einstellung hier im Sinne subjektiv empfundener Funktionalität) erkennt Kiefer zunächst einen Meinungswandel vor allem bei den Medien Fernsehen und Radio. Alle Kohorten hätten die Funktionalität 1985 schlechter beurteilt als 1974. Beim Fernsehen und bei der Tageszeitung stellt sie deutliche Unterschiede zwischen den Kohorten fest: Jüngere Kohorten hätten eine weniger positive Einstellung. Und bei der Zeitung seien auch lebenszyklisch bedingte Veränderungen — im Zusammenhang mit dem Eintritt in den Ruhestand — feststellbar (vgl. Kiefer 1987, S. 173 ff.).

Kiefer faßt die Ergebnisse ihrer kohortenanalytischen Auswertungen wie folgt zusammen (vgl. Kiefer 1987, S. 17, S. 104 und S. 183 f.): Veränderungen der Nutzung der drei tagesaktuellen Medien in der Gesamtbevölkerung gingen sowohl auf individuelle Verhaltensänderungen (Periodeneffekte) als auch auf Kohorteneffekte zurück. Hinzu kämen die vor allem für die Phasen des Eintritts in den Ruhestand und der Haushaltsgründung feststellbaren Alterseffekte. Die mit dem Fernsehen aufgewachsenen Kohorten hätten dabei offensichtlich ein anderes Mediennutzungsverhalten als die älteren Kohorten.

Auch auf die Abweichungen zu den amerikanischen Ergebnissen macht Kiefer aufmerksam (vgl. Kiefer 1987, S. 187, Anmerkung 24): Sie erwähnt hier Bowers (1985) Schlußfolgerungen, nach denen in den USA Alterseffekte auf das Fernsehverhalten dominierten, verweist aber auch darauf, daß man in der amerikanischen Zeitungsforschung (vgl. Newspaper Advertising Bureau 1978) die geringere Nutzung der Jüngeren für eine Kohortenfrage halte. Auch Kiefers Befunde — ebenso wie die von Danowski und Ruchinskas (1983) — stimmen also nicht mit den Ergebnissen von Bower überein. Kiefer stellte bei der Fernsehnutzung hauptsächlich Kohorteneffekte (und Periodeneffekte), aber weniger Alterseffekte fest. Gewisse Abweichungen zu amerikanischen Ergebnissen sind

66 Daneben untersuchte Kiefer auch noch Einstellungen in einzelnen Bereichen (Unterhaltung, politische Information).

67 Wie eine weitere Betrachtung der Tabellen zeigt, wirken offenbar auch Alterseffekte, und zwar parallel zu den entsprechenden Unterschieden in der Nutzung der Medien. So läßt sich etwa bei der Bindung an das Fernsehen in der Phase des Eintritts in den Ruhestand eine weniger starke negative Entwicklung feststellen; und bei der Tageszeitung zeigt sich in der Jugend und der frühen Erwachsenenphase eine überproportional deutliche positive Entwicklung.

zwar zu erwarten, wenn man die teilweise recht großen interkulturellen Unterschiede in Altersnormen, Bedingungen des Älterwerdens, Geschichte (speziell Mediengeschichte), Mediennutzungsgewohnheiten und Sozialisationsumgebungen bedenkt (vgl. auch Kiefer 1988). Aber dennoch erscheinen derart unterschiedliche Resultate unwahrscheinlich. Und auch hier ist noch zu berücksichtigen, daß bei Bowers Analysen der Alterseffekt durch die Beschränkung der ausgewerteten Fernsehnutzungszeiten ja bereits verkleinert wurde. Um so weniger verständlich sind die konträren Befunde.

Kiefer räumt selbst ein, daß es sich bei ihren Kohortenanalysen nur um Auswertungen in einfacher Form handele (vgl. Kiefer 1987, S. 94). Sie weist außerdem darauf hin, daß ihre Aussagen aufgrund der Datenbasis eingeschränkt seien: Sie habe nur zwei Kohorten über die Zeit vergleichen können, die man zur Fernsehgeneration zählen könne (vgl. Kiefer 1987, S. 17). In der Tat erlaubte Kiefers tabellarische Analyse offenbar keine hinreichend systematische Trennung der Effekte. So wurden hier an vielen Stellen nur die Entwicklungen in den Kohorten einerseits und Unterschiede zwischen den Kohorten andererseits betrachtet. Bei der Untersuchung der Trends innerhalb der Kohorten konnte die Existenz von Alterseffekten oft nur an ganz bestimmten markanten Punkten (Pensionierung) festgestellt werden. Und bei den Vergleichen zwischen den Kohorten war das im Mittel unterschiedliche Alter der Kohorten nicht vollständig aus der Betrachtung auszuschließen. Von daher erscheint es noch weitgehend unklar, ob jeweils Kohortendifferenzen dominieren. Dennoch handelt es sich bei diesen Analysen um die bislang detaillierteste empirische Untersuchung des Rezipientenverhaltens der verschiedenen Kohorten — und explizit auch der Fernsehgeneration.

Mit Hilfe differenzierterer Kohortenanalysen versuchte Kiefer (1988), eine Antwort auf die Frage zu finden, ob Kohorten mit unterschiedlicher Sozialisation voneinander in ihrer Mediennutzung — insbesondere der Fernsehnutzung — abweichen. Auch hier war es eine grundsätzliche Überlegung, daß die deutlichen Unterschiede zwischen den Altersgruppen in der Fernsehnutzung nicht unbedingt altersbedingt seien; die jüngeren Kohorten seien mit dem Fernsehen aufgewachsen und könnten von daher ein anderes Nutzungsverhalten aufweisen (vgl. Kiefer 1988, S. 265).

Für diese Analyse bildete Kiefer fünf Kohorten; die beiden ältesten faßten 15, die drei anderen je etwa 10 Jahrgänge zusammen. Die Abgrenzung der Kohorten war dabei weitgehend inhaltlich begründet und richtete sich danach, in welchem Alter die Kohorten Kontakt mit dem Fernsehen bekamen: zwei der Kohorten als Kinder, eine Kohorte im Jugendalter und zwei als Erwachsene.

Die älteste Kohorte umfaßte die Jahrgänge 1905 bis 1919, die jüngste die Jahrgänge 1957 bis 1966. In die Analyse bezog Kiefer vier Querschnitte der Langzeitstudie Massenkommunikation (von 1970 bis 1985) ein. Mit Blick auf die damals noch nicht erreichte Vollversorgung (nur etwa 85 % verfügten über ein Fernsehgerät) wurden aus der Erhebung von 1970 nur diejenigen Personen berücksichtigt, die ein Fernsehgerät im Haushalt zur Verfügung hatten oder regelmäßig anderswo fernsahen. Analysiert wurden hier nur die *Reichweiten* der Medien Fernsehen, Radio und Tageszeitung. Die Reichweiten in den Kohorten zu den vier Zeitpunkten wurden zu diesem Zweck graphisch dargestellt, diese Darstellungen bildeten dann die Grundlage der Interpretation. Bis auf die jüngste Kohorte lagen dabei für alle Kohorten Werte zu allen vier Zeitpunkten vor. In einem weiteren Schritt wurden außerdem die nach Bildungsgruppen differenzierten Entwicklungen der Kohorten untersucht.

Beim *Fernsehen* erkennt Kiefer vor allem einen Kohorteneffekt (geringere Reichweiten bei den jüngeren Kohorten) sowie insgesamt einen negativen Trend. Einen Alterseffekt sieht sie in der Phase der Pensionierung, aber die niedrige Nutzung der Jüngeren sei wohl kein Alterseffekt (vgl. Kiefer 1988, S. 266 f.). Die Unterschiede im Reichweitenniveau zwischen den Kohorten blieben auch bei Kontrolle des Merkmals Bildung weitgehend erhalten (vgl. Kiefer 1988, S. 267 f.). Diese Feststellung gilt ebenfalls für die Kontrolle der Merkmale Geschlecht bzw. Berufstätigkeit (vgl. Kiefer 1988, S. 273 f.).

Auch in den Daten zur *Radionutzung* stellt Kiefer in erster Linie eine kohortenspezifische Nutzung fest (und zwar mit höherem Niveau bei den jüngeren Kohorten). Und bei allen Kohorten habe die Reichweite zwischen 1970 und 1985 zugenommen, von daher sei das Radio kein Jugendmedium, von dem man sich mit zunehmendem Alter abwende (vgl. Kiefer 1988, S. 268 f.). Auch hier änderte die Berücksichtigung der Schulbildung im wesentlichen nichts an den Befunden (vgl. Kiefer 1988, S. 269 f.).

Anders als bei den Medien Fernsehen und Radio sieht Kiefer bei der *Tageszeitung* keine eindeutige Differenzierung zwischen den Kohorten. Die Reichweitenniveaus aller Kohorten — bis auf die jüngste — lägen vergleichsweise dicht beieinander. Und die Nutzung der Tageszeitung nehme tendenziell mit dem Älterwerden zu (vgl. Kiefer 1988, S. 270 f.).

Diese Unterschiedlichkeit im Kohortenverhalten gegenüber den drei tagesaktuellen Medien deutet Kiefer als eine — temporäre — Verdrängung des Radios (aber nicht der Zeitung) durch die Innovation Fernsehen auf der Kohortenebene. Dazu formuliert sie zunächst die Hypothese, „daß Generationen, die mit einer gesamtgesellschaftlich wichtigen Innovation massenhaft Kontakt hatten, sich anders verhalten als die nachwachsenden Generationen" (Kiefer 1988, S. 268). Das Verhalten der Vorkriegsgenerationen interpretiert Kiefer dann unter Bezugnahme auf Überlegungen von Himmelweit, Oppenheim und Vince (1958) als Reorganisation der Mediennutzung, bedingt durch die Einführung des Fernsehens. Der dem Fernsehen funktional ähnliche Hörfunk habe ihm weitgehend weichen müssen, während die Zeitung davon nicht betroffen gewesen sei (vgl. Kiefer 1988, S. 270 f.). Auf diese Weise erklärt Kiefer das heute beobachtbare Mediennutzungsverhalten der Vorkriegsgenerationen gegenüber dem der jüngeren Kohorten: „Das Fernsehen wurde und wird seitdem von diesen Generationen mit hoher Regelmäßigkeit genutzt, der Hörfunk [...] gewinnt bei diesen Generationen erst in jüngster Zeit wieder an Bedeutung. Die Nachkriegsgenerationen waren zu einer solchen Reorganisation ihrer Mediennutzung nicht gezwungen. Die Polarisierung zwischen Fernseh- und Hörfunknutzung, wie sie die älteren Kohorten aufweisen, taucht daher auch nicht auf" (Kiefer 1988, S. 271).[68]

Insgesamt gesehen nutzten die jüngsten Kohorten alle drei Medien unterdurchschnittlich, dies aber wohl teilweise auch lebenszyklisch bedingt (vgl. Kiefer 1988, S. 269). Für das Fernsehen interpretiert Kiefer dies abschließend im Kontext der Freizeitsozialisation der verschiedenen Kohorten (vgl. Kiefer 1988, S. 271 ff.; siehe auch Kapitel 2.2.3 dieser Arbeit). Zunächst bringt sie die kohortenspezifische Fernsehnutzung mit dem jeweils deutlich unterschiedlichen Spektrum ausgeübter Freizeitaktivitäten (wie im Rahmen der Langzeitstudie ermittelt) in Verbindung; die Bandbreite der Aktivitäten sei bei den älteren Kohorten wesentlich geringer. Kiefer bezieht sich dann auf Erkenntnisse aus der Freizeitforschung, nach denen sich die Freizeitinteressen vor allem in der Jugend entwickeln und denen zufolge die im Alter ausgeübten Aktivitäten im wesentlichen die früh gelernten sind (vgl. auch Kapitel 2.1.2 dieser Arbeit). Nun hätten, so argumentiert Kiefer weiter, die älteren Kohorten zu großen Teilen bedingt durch ihre biographische Situation während der Lebensphase, die für die Herausbildung von Freizeitinteressen maßgeblich ist (und in die bei

68 In einer anderen Arbeit führt Kiefer diese Erklärung weiter aus (vgl. Kiefer 1989). Sie untersucht dort den langfristigen Wandel des Nutzungsverhaltens unter dem Einfluß eines neu eingeführten Mediums (des Fernsehens). Ähnlich wie hier wurde zu diesem Zweck die Entwicklung der Reichweiten der Medien Fernsehen, Radio und Tageszeitung zwischen 1970 und 1985 in zwei Kohorten (1920-1934 und 1945-1956) vergleichend betrachtet. Dabei stellte Kiefer vor allem für die Medien Fernsehen und Radio starke — und im Zeitverlauf stabile — Unterschiede zwischen den Kohorten fest: bei der Vorkriegskohorte höhere Fernsehnutzung, bei der Nachkriegskohorte höhere Radionutzung.

ihnen Krieg, Nachkriegszeit und Wirtschaftskrise fielen) kaum Freizeitinteressen entwickeln können. Und so stellt Kiefer abschließend — auch auf der Basis ihrer Analysen — die These auf, daß die Unterschiede zwischen den Altersgruppen in der Fernsehnutzung maßgeblich durch die jeweilige Freizeitsozialisation der Kohorten bedingt seien (vgl. Kiefer 1988, S. 274).[69]

Auch bei dieser Untersuchung ist vor allem Kritik im methodischen Bereich anzubringen. Die fehlende Übereinstimmung zwischen den Erhebungsintervallen (meistens fünf Jahre) und der Kohortenbreite, die Uneinheitlichkeit der Kohortenabgrenzung und die Betrachtungsweise (kohortenspezifische Entwicklungen) erschweren das Erkennen von Alterseffekten. Außerdem fallen in den kohortenspezifischen Zeitreihen Alters- und Periodeneffekt jeweils zusammen; dies wurde bei der Interpretation oft nicht hinreichend beachtet.

In ihrem Bericht über die Ergebnisse der Erhebung der Langzeitstudie Massenkommunikation von 1990 (und über die Trends bis 1990) stellt Kiefer (1992) auch die Resultate der Fortführung ihrer Kohortenanalysen dar. Die neuen Kohortenanalysen für die tagesaktuellen Medien beschränkten sich auf die Nutzung.[70] Kiefer zog dafür alle Erhebungen der Langzeitstudie von 1974 bis 1990 heran.[71] Sie untersuchte die Nutzungswerte von sieben 10-Jahres-Kohorten — auch differenziert nach Bildung — zu diesen vier Zeitpunkten. Die älteste Kohorte umfaßte die Jahrgänge bis einschließlich 1914, die jüngste Kohorte die Jahrgänge 1965 bis 1974. Wie bereits in ihrer bisher umfangreichsten Analyse (vgl. Kiefer 1987) führte Kiefer die Interpretation auf der Basis von tabellarischen Darstellungen der Entwicklungen in den Kohorten durch.

Beim *Fernsehen* betont Kiefer vor allem die gegenüber 1985 deutlich erhöhte Nutzung der beiden jüngsten Kohorten (vgl. dazu auch die Ausführungen unten). Und auch in dieser erweiterten Analyse stellt sie einen Lebenszykluseffekt im Zuge der Pensionierung bei den davon betroffenen Kohorten fest (vgl. Kiefer 1992, S. 152). Insgesamt seien Alterseffekte beim Fernsehen — jedenfalls bezogen auf die Reichweite — von geringerer Bedeutung. Gerade bei den jüngsten Kohorten sei aber schwer zu unterscheiden, welche Einflüsse (Alters-

69 Mit Unterschieden zwischen Deutschland und den USA in den Kohortenbiographien sei es, so Kiefer, möglicherweise auch zu erklären, daß Bower (1973, 1985) in den entsprechenden amerikanischen Daten keine Kohorteneffekte feststellte (vgl. Kiefer 1988, S. 275).

70 Zusätzlich wurde erstmals auch die Nutzung von Büchern, Zeitschriften und Schallplatten/Cassetten untersucht, wenngleich weniger ausführlich. Auf diese Analysen wird im folgenden nicht weiter eingegangen.

71 Die Erhebung 1970 wurde unter Verweis auf die damals noch nicht gegebene Vollversorgung mit Fernsehgeräten nicht mit einbezogen (vgl. Kiefer 1992, S. 149).

effekt, Auswirkungen der Einführung des Privatfernsehens, Periodeneffekt) sich hier bemerkbar machten (vgl. Kiefer 1992, S. 155).

Für das *Radio* hebt Kiefer vor allem die unterschiedliche Entwicklung der Nutzung zwischen 1985 und 1990 bei der Vorkriegsgeneration einerseits und der Nachkriegsgeneration andererseits hervor: Bei den jüngeren Kohorten seien Reichweite und Nutzungsdauer fast durchweg weiter gestiegen, bei den älteren Kohorten sei demgegenüber eine weitgehende Stabilität zu verzeichnen (vgl. Kiefer 1992, S. 158).[72]

Bei der *Tageszeitung* stellt Kiefer unterschiedliche Tendenzen im Vergleich der Jahre 1985 und 1990 fest: einerseits einen Reichweitenzuwachs in allen Kohorten (offenbar zumindest teilweise bedingt durch die politischen Ereignisse des Jahres 1990), andererseits einen Rückgang der mittleren Nutzungsdauer in allen Kohorten außer den beiden jüngsten (vgl. Kiefer 1992, S. 159). Bei den jüngsten Kohorten ist der leichte Anstieg zwischen 1985 und 1990 — ein positiver Trend ist auch schon für die Zeit davor zu beobachten — offenbar altersbedingt. Nach Kiefers Ergebnissen liegt dennoch im Vergleich zu den älteren Kohorten das Niveau der Zeitungsnutzung bei den jüngsten Kohorten deutlich niedriger, auch wenn man das Merkmal Bildung berücksichtigt (vgl. Kiefer 1992, S. 160).

Kiefers bisherige Interpretation der Unterschiede zwischen den Altersgruppen in der Fernsehnutzung als vorwiegend kohortenbedingt wurde durch die Ergebnisse der Erhebung 1990 der Langzeitstudie erschüttert (vgl. auch Kiefer 1991). Die 1990 gegenüber 1985 stark gestiegene Fernsehnutzung insbesondere der Jüngeren paßte nicht mehr zu der Vorstellung eines generell negativ gerichteten Kohortentrends: „Die deutlich stärkere Nutzung des Fernsehens 1990 auch und gerade durch die jüngere Generation sprengt die so plausible Hypothese von der ‚nachlassenden Faszination‘ des Alltagsmediums Fernsehen für die mit dem Medium großgewordenen Generationen“ (Kiefer 1992, S. 149 f.).[73]

---

72 Hier ist darauf hinzuweisen, daß sich mit der Einführung privater Hörfunkprogramme gerade jugendorientierte Angebote stark vermehrt haben. Die vergleichsweise großen Nutzungszuwächse bei den jüngeren Kohorten (dies sind im fraglichen Zeitraum ja zugleich die jüngeren Altersgruppen) könnten vielleicht damit zu erklären sein. Außerdem fragt sich, ob durch die Stagnation bei den älteren Kohorten nicht Kiefers (1987, 1988) These von der „Wiederentdeckung“ des Radios durch die Vorkriegsgeneration widersprochen wird.

73 Kiefer (1992, S. 279 ff.) stellt abschließend fest, im Vergleich der Ergebnisse von 1990 mit den Befunden aus den Erhebungen davor zeige sich, daß viele Erkenntnisse der Publikumsforschung an eine bestimmte Medienangebotssituation bzw. Medienstruktur gebunden seien, also nicht langfristig gültig und invariant seien. Dies gelte insbesondere

Vor allem die Jüngeren waren es auch, die sich der Innovation Privatfernsehen besonders intensiv zuwandten (vgl. Kiefer 1991, S. 259 f.; Kiefer 1992 S. 152). Kiefer kommentiert dies so: „Die ‚Innovation' Privatfernsehen wird von den [...] als Multimedia-Generation aufgewachsenen Kohorten, die Fernsehen seit ihrer Kindheit und frühen Jugend als alltägliches Angebot erlebt haben, also offenbar sehr viel schneller angenommen und in ihr Medienbudget integriert als von den Generationen, die mit Fernsehen, und zwar Fernsehen vom Typus öffentlich-rechtlicher Angebote, erst als Erwachsene in Kontakt kamen" (Kiefer 1992, S. 153). Es erscheint jedoch fraglich, ob hier überhaupt die Mediensozialisation, das Aufwachsen in einer Multimedia-Gesellschaft zur Erklärung herangezogen werden muß. Denn die Angebote des Privatfernsehens sind ja eindeutig in Inhalten und Präsentationsstil stärker jugendorientiert als — bis dato — die öffentlich-rechtlichen Programme. Daß die Jüngeren hierdurch mehr angesprochen werden, überrascht also nicht. Ob jüngere Menschen im allgemeinen (und auch hier) innovationsfreudiger sind und ob die Präferenz für die Angebote des Privatfernsehens bei den heute Jüngeren als Kohortenverhalten fortdauern wird, diese Gesichtspunkte bleiben davon zunächst unberührt.

Dazu stellt Kiefer fest, die Generationszugehörigkeit differenziere weniger die Nutzung des Mediums Fernsehen als vielmehr die Nutzung innerhalb der beiden Angebotstypen (öffentlich-rechtlich und privat) (vgl. Kiefer 1992, S. 155). Es bleibt jedoch unklar, ob dies als Modifikation des Alterseffektes angesehen werden muß (als Folge eines attraktiveren Angebotes für jüngere Altersgruppen) oder ob sich hier auch das Kohortenverhalten dauerhaft verändern wird. Jedenfalls ist es gut möglich, daß ein *globaler* Kohorteneffekt auf die Fernsehnutzung weiter besteht. Warum sollten auch mit einem Mal Kiefers bisherige Ergebnisse (vgl. Kiefer 1987) völlig obsolet sein?

Zu Kiefers Fortführung ihrer Kohortenanalysen ist insgesamt zu bemerken, daß sich die Betrachtung auch diesmal weitgehend auf die Entwicklungen *innerhalb* der Kohorten beschränkte. Dauerhafte Unterschiede zwischen den Kohorten wurden demgegenüber weniger beachtet. Was die Fernsehgeneration und ihr Fernsehverhalten betrifft, so stand der Nutzungszuwachs der jüngsten Kohorten im Vordergrund der Betrachtung, außerdem die dabei hervortretenden Umschichtungsprozesse von der Nutzung öffentlich-rechtlicher auf private Programmangebote.

---

für die Mediennutzung der Jüngeren. Kiefer nimmt damit vor allem auch zu gegenteiligen Aussagen von Rosengren (1991) Stellung. Zur Diskussion der Entwicklung der Fernsehnutzung in der jüngeren Bevölkerung in der zweiten Hälfte der 80er Jahre siehe auch Kapitel 2.2.6.

3.4.2 Andere Untersuchungen der Mediennutzung von Kohorten

Jennings und Niemi (1975) untersuchten im Rahmen ihrer Studie über politische Orientierungen die Nutzung politischer Informationen in den Medien Fernsehen, Radio, Zeitung und Zeitschriften (und zwar den Anteil täglicher Nutzer, bei Zeitschriften regelmäßiger Nutzer) aus einer Kohortenperspektive. Ihre Datenbasis bildete ein zweiwelliges Panel von Schülern (High School, Abschlußklasse) und ihren Eltern, repräsentativ für die USA. Jennings und Niemi betrachten in diesem Beitrag nur die aggregierten Werte beider Generationen zu den Erhebungszeitpunkten 1965 und 1973.[74] Die Grundlage für die — sehr knappe — kohortenanalytische Interpretation der Autoren bilden Differenzen zwischen und Entwicklungen in den beiden Kohorten.

Jennings und Niemi stellen einen starken Periodeneffekt zugunsten des Fernsehens als Medium für politische Information und zu Lasten der anderen Medien (bei denen die Periodeneffekte entsprechend negativ gerichtet sind) fest. Die stark ansteigende Fernsehnutzung bei der jüngeren Generation deutet den Autoren zufolge auf einen Lebenszykluseffekt hin. Die Zeitungsnutzung blieb bei den Jüngeren fast konstant und nahm in der Elterngeneration leicht ab, aber der deutliche Abstand zwischen den Generationen (etwa 15 Prozentpunkte) blieb im Verlauf der acht Jahre weitgehend erhalten. Jennings und Niemi interpretieren dies als Generationseffekt[75] — unabhängig vom negativ gerichteten Periodeneffekt (vgl. Jennings und Niemi 1975, S. 1322 f.). Für die vorliegende Untersuchung sind diese Ergebnisse nur bedingt relevant: Zum einen wurden lediglich zwei Kohorten untersucht, so daß Kohorteneffekte nur begrenzt und undifferenziert festgestellt werden konnten. Vor allem aber galt die Erhebung nicht der Nutzung der Medien generell, sondern der Nutzung politischer Information in diesen Medien.

Danowski und Ruchinskas (1980) untersuchten Alters-, Perioden- und Kohorteneffekte auf die „Medienkanal-Entropie" — den Grad, zu dem die Mediennutzung auf verschiedene Medien gleichmäßig verteilt ist, im Gegensatz zur Konzentration auf nur ein Medium oder wenige Medien. Zur Erfassung dieser Konzentration verwendeten die Autoren ein Entropie-Maß. Danowski und Ruchinskas hatten folgende Vermutungen hinsichtlich der Ergebnisse: Der Periodeneffekt werde von allen drei Effekten am stärksten sein. Der Alterseffekt müsse

---

74 In einer anderen Arbeit (Jennings und Niemi 1981) untersuchen die Autoren zusätzlich Veränderungen auf der Individualebene.

75 Damit meinen die Autoren hier offenbar einen Kohorteneffekt; explizit wird diese Auffassung bei Jennings und Niemi (1981).

die Form eines umgekehrten U haben, zumindest aber werde die individuell genutzte Medienvielfalt im oberen Altersbereich abnehmen. Der Kohorteneffekt schließlich werde positiv gerichtet sein: Je kleiner die Zahl der Medien, mit denen eine Kohorte aufgewachsen und sozialisiert worden sei, um so weniger gleichmäßig werde die Verteilung auf die Medien ausfallen, um so größer also werde die Konzentration der Nutzung auf wenige Medien sein.

Danowski und Ruchinskas verwendeten Daten, die zwischen 1952 und 1976 (alle vier Jahre) im Zusammenhang mit amerikanischen Präsidentschaftswahlen erhoben wurden und jeweils repräsentativ für die erwachsene Bevölkerung der USA sind. Die Mediennutzung wurde dabei nicht allgemein erhoben, sondern nur bezogen auf die Nutzung der Medien für Informationen über den Wahlkampf. Danowski und Ruchinskas bildeten für jede dieser sieben Querschnitterhebungen jeweils vier Jahre umfassende Altersgruppen (und damit auch Kohorten). Aus den Geburtskohorten wurden durch Zusammenlegen „funktionale Kohorten" im Sinne von „Medien-Kohorten" gebildet — je nach dem Medium, das während der Sozialisation der betreffenden Kohorte in den USA dominierte. Die hierfür relevante Sozialisationsphase war nach Auffassung der Autoren das frühe Erwachsenenalter. Folgende „Medien-Kohorten" wurden unterschieden: Jahrgänge 1872 bis 1891 (sozialisiert mit Druckmedien), Jahrgänge 1892 bis 1911 (junge Erwachsene zur Zeit der Einführung des Radios), Jahrgänge 1912 bis 1931 (junge Erwachsene zu der Zeit, als der Network-Hörfunk allgegenwärtig war) und Jahrgänge 1932 bis 1951 (junge Erwachsene während der Einführung und Verbreitung des Fernsehens). Zur Datenauswertung verwendeten Danowski und Ruchinskas die von K. O. Mason, W. M. Mason, Winsborough und Poole (1973) vorgeschlagene Kohortenanalyse auf der Basis der multiplen Regression mit Dummy-Variablen.

Danowski und Ruchinskas berichten folgende Ergebnisse für die „Medienkanal-Entropie":[76] Der Alterseffekt entspricht in seiner Form ihren Erwartungen; in den Vierzigern wird der höchste Wert erreicht. Der Periodeneffekt ist nach Ansicht der Autoren tatsächlich am stärksten (vgl. dazu die Kritik unten), wird von ihnen aber inhaltlich nicht interpretiert. Der Kohorteneffekt schließlich fiel nur teilweise den Vermutungen gemäß aus: Der Effekt liegt zwar bei den Radio-Kohorten über der Druckmedien-Kohorte (wie erwartet), fällt dann aber bei der Fernseh-Kohorte entgegen der Erwartung wieder deutlich ab.

---

76 Danowski und Ruchinskas untersuchten ergänzend auch die Nutzung der einzelnen Medien (für Wahlkampf-Informationen). Diese Ergebnisse sollen hier jedoch nicht berücksichtigt werden, da sie nur auf den Gesamtmittelwerten der Altersgruppen, Kohorten bzw. Jahre basieren — ohne Kontrolle der jeweils anderen beiden Variablen.

Aus verschiedenen Gründen sind die Ergebnisse dieser Analyse jedoch mit Vorsicht zu betrachten: Zunächst sind Erwartungen und Ergebnisse — bis auf den Alterseffekt (vgl. dazu auch Danowski 1975) — inhaltlich kaum begründet. Dies gilt insbesondere auch für die Erwartung hinsichtlich der Stärke des Periodeneffektes. Bei der Zusammenfassung der Geburtskohorten in vier „Medien-Kohorten“ machen die Autoren nicht deutlich, warum zwei Radio-Kohorten unterschieden wurden. Vor allem aber lassen die Autoren erkennen, daß sie mit der Kohortenanalyse auf der Basis einer multiplen Regression mit Dummy-Variablen nicht hinreichend vertraut sind.[77]

Danowski (1981) untersuchte Alters-, Perioden- und Kohorteneffekte auf die Nutzung der Medien Fernsehen, Radio, Zeitung und Zeitschriften für Wahlkampf-Informationen. Im Hinblick auf Periodeneffekte und Kohorteneffekte stellte der Autor Hypothesen auf, die sich jedoch auf die Nutzung dieser Medien *generell* beziehen. Danowski vermutete, daß die Periodeneffekte stärker als die Alterseffekte und die Kohorteneffekte sein müßten.[78] Bezogen auf Kohortendifferenzen vermutete Danowski stärkere Kohorteneffekte bei der Nutzung derjenigen Medien, die größere, weniger differenzierte Publika haben (also bei den elektronischen Medien). Die Begründung dafür bezieht sich allerdings auf die Medien*inhalte* (und deren Wirkungen): „Differential media influences on cohort formation can be hypothesized, depending on the potential of a medium to enable common message exposure across individuals“ (Danowski 1981,

77 So führten Danowski und Ruchinskas zur Identifikation des Modells eine gar nicht benötigte Restriktion (das Modell ist mit der Zusammenfassung der Kohorten bereits überidentifiziert) auf dem Alterseffekt ein, und zwar ausgerechnet im dafür theoretisch schlecht geeigneten unteren Altersbereich. Außerdem schätzten die Autoren Parameter für alle vier „Medien-Kohorten“. Dies ging nur deshalb, weil sie bei der Gruppierung die jüngste und die älteste Kohorte nicht berücksichtigten. Die Koeffizienten dieser beiden Kohorten sind jedoch durch diese Vorgehensweise auf den Wert Null restringiert — und weichen damit stark von den Koeffizienten der benachbarten Kohorten ab. Auf diese Weise sind die linearen Orientierungen aller drei Effekte betroffen. Eine weitgehende Zusammenfassung der Koeffizienten eines Effektes (hier: des Kohorteneffektes) eliminiert tendenziell die lineare Komponente dieses Effektes. Durch das Nullsetzen der Koeffizienten der beiden extremen Kohorten wird diese Tendenz noch verstärkt. Möglicherweise sind die teilweise unverständlichen Ergebnisse damit zu erklären.

78 Die Begründung dafür bleibt jedoch sehr allgemein: „One reason is that the closer the correspondence between the substantive features of periods and of the criterion variables of interest, the greater the strength of period effects. Indeed, mass communication media are recognized as primary agents which reflect and shape popular culture and period forces. Therefore, changes across periods will be closely coupled with changes in exposure to mass communication“ (Danowski 1981, S. 2 f.). Auch die weitere Begründung überzeugt nicht (vgl. auch Danowski 1975, S. 92 f.).

S. 4). Hier bleibt letztlich unklar, auf welche Weise es zu dauerhaften Unterschieden zwischen Kohorten in der Nutzung eines Mediums kommen kann.[79] Und wenn ein Medium aufgrund seines stärker ausgeprägten Massencharakters bestimmte Inhalte weiter streuen kann und bei einer größeren Zahl von Rezipienten gleichartige Erfahrungen hervorbringen kann, so ist nicht einzusehen, warum sich dies auf bestimmte Kohorten konzentrieren sollte. Man könnte eher im Gegenteil postulieren, daß weniger massenhaft verbreitete Medien stärker zwischen Kohorten differenzieren müßten. Alles in allem befriedigt diese eher an Medien*wirkung* als an Medien*nutzung* orientierte Argumentation nicht.

Danowski verwendete hier die gleichen Daten wie Danowski und Ruchinskas (1980) (vgl. die Zusammenfassung dieser Untersuchung oben). Er arbeitete vergleichend sowohl mit 4-Jahres-Kohorten als auch mit vier „funktionalen Kohorten"; letztere entsprechen den von Danowski und Ruchinskas (1980) verwendeten „Medien-Kohorten". Auch hier wurde zur Datenauswertung die von K. O. Mason, W. M. Mason, Winsborough und Poole (1973) vorgeschlagene Kohortenanalyse auf der Basis der multiplen Regression mit Dummy-Variablen verwendet. Der Autor fand empirische Bestätigung für seine beiden Hypothesen, daß — gemessen an den Varianzerklärungsanteilen — der Periodeneffekt am stärksten sei und der Kohorteneffekt bei den elektronischen Medien stärker sei.

Über die jeweiligen Richtungen der Effekte gibt Danowski jedoch keine Auskunft. Man kann sich daher kein genaueres Bild von den Ergebnissen machen, und auch ein besseres Urteil wird dadurch erschwert. Aber auch sonst fordert diese Untersuchung zu Kritik heraus: Die empirischen Daten betreffen die Nutzung des jeweiligen Mediums für Informationen über den Wahlkampf. Demgegenüber beziehen sich die Hypothesen und die Interpretation durchweg generalisierend auf die Nutzung des entsprechenden Mediums allgemein.[80] Daß unter diesen Umständen die Ergebnisse so weitgehend mit den Hypothesen übereinstimmen, ist bemerkenswert. Die Nutzung der Medien für Informationen über den Wahlkampf unterliegt ja auch anderen Einflüssen, über die Einflüsse auf die generelle Mediennutzung hinaus. Hier spielen etwa das politische Inter-

---

79 Vielleicht ist dies damit zu erklären, daß Danowski im Prinzip kohortenzentriert denkt („cohort formation"), daß es ihm also eher um die Frage der Homogenität von Kohorten geht — und damit aber nicht um Kohorteneffekte im herkömmlichen Sinn.

80 Nur bei der abschließenden Diskussion der Ergebnisse weist Danowski kurz auf diese „limitation" hin — um sie dann sogleich zu relativieren mit der Angabe einer Korrelation von 0,56 zwischen der Zeitungsnutzung generell und der Nutzung der Zeitung für Wahlkampf-Informationen, bezogen auf das Jahr 1976.

esse und die einem Wahlkampf zuteil werdende öffentliche Aufmerksamkeit eine Rolle. Vor allem die Aufmerksamkeit (wie unsicher ist das Wahlergebnis?) dürfte den Periodeneffekt in hohem Maße bestimmen — und überhaupt mit ein Grund für starke Periodeneffekte sein.[81] Zwei weitere Gründe für die starken Periodeneffekte, die der Autor beide nicht erwähnt: Erstens befand sich 1952 das Fernsehen in den USA noch in der Phase der Ausbreitung; allein von daher dürfte in diesem Jahr die Nutzung des Fernsehens im Durchschnitt der Bevölkerung relativ niedrig und die Nutzung der anderen Medien relativ hoch gelegen haben. Ein zweiter Grund könnte auch in diesem Fall in der Datenaufbereitung liegen, falls die Recodierung der Fernsehnutzung 1956 hier wie bei Danowski und Ruchinskas (1983) vorgenommen wurde (vgl. dazu im einzelnen die Kritik in Kapitel 3.2). Auch bei dieser Arbeit wird im übrigen deutlich, daß der Autor das eingesetzte Analyseverfahren nicht ganz beherrscht.

Basil (1990) untersuchte, inwieweit bei der Wahl des bevorzugten Mediums für Informationen über das Weltgeschehen auch Kohorteneffekte eine Rolle spielen.[82] Er verwendete dafür Roper-Daten aus dem Zeitraum von 1937 bis 1987, mit allerdings recht unregelmäßigen Abständen zwischen den Erhebungen. Analysen wurden für die Medien Fernsehen, Radio und Zeitung durchgeführt, wobei jeweils der Anteil der Nennungen als bevorzugtes Medium betrachtet wurde. Basil setzte zur Datenanalyse das Verfahren der multiplen Regression ein. Das Identifikationsproblem umging er dadurch, daß er Alter nicht in das Modell aufnahm (also unterstellte, der Alterseffekt sei zu vernachlässigen). Neben den Faktoren Periode und Kohorte wurden weitere Variablen in das Modell aufgenommen, nämlich Dummy-Variablen zur Spezifikation von Veränderungen in der Frageformulierung und eine Variable, welche die Verbreitung des betreffenden Mediums repräsentierte.

Die Kohorten wurden, soweit es die Datenlage zuließ, unter theoretischen Gesichtspunkten in drei Gruppen zusammengefaßt. Das Kriterium dafür war, in welcher Medien-Ära sich die jeweilige Kohorte im Alter um Mitte 20 befunden hatte, welches Medium sie in diesem Alter als dominantes Nachrichtenmedium

---

81 Diese Kritik gilt auch für die Untersuchung von Danowski und Ruchinskas (1980); vgl. dagegen die Hypothese zum Periodeneffekt bei Danowski und Ruchinskas (1983).

82 Die Frage nach dem Medium, in dem man sich primär über das Weltgeschehen informiere, wurde auch in der Langzeitstudie Massenkommunikation gestellt (vgl. Kiefer 1992), allerdings nicht in allen Erhebungen vergleichbar (so waren 1990 im Gegensatz zu früher Mehrfachantworten zugelassen). Daß diese Veränderung problematisch ist, zeigen Befunde von Basil (1990), der unter anderem den Einfluß der Fragestellung auf die Antworten untersuchte und dabei deutliche Effekte feststellte.

erlebt hatte. Dahinter steht die Annahme, daß sich die Gewohnheiten der Nutzung von Nachrichtenmedien in diesem Alter verfestigen (vgl. Basil 1990, S. 714). Es wurde also bewußt nicht auf das Alter des erstmaligen Kontaktes (also auf Kindheit oder Jugend) abgestellt.

Der Kohorteneffekt erwies sich nur beim Fernsehen und bei der Zeitung als signifikant, nicht jedoch beim Radio. Die Jahrgänge vor 1905 nannten signifikant häufiger die Zeitung, die Jahrgänge nach 1924 signifikant häufiger das Fernsehen (verglichen jeweils mit *allen* anderen Jahrgängen). Daß der Effekt für die Radio-Kohorte (Jahrgänge 1905 bis 1924) — auf den Anteil der Nennungen für das Radio — nicht signifikant war, führt Basil darauf zurück, daß diese Jahrgänge sich dem (funktional ähnlichen) Fernsehen zugewandt hätten. Im Hinblick auf Kohorteneffekte schlußfolgert er: „In general, there seems to be a strong tendency for individuals raised with newspapers or television to prefer that medium to which they originally became accustomed“ (Basil 1990, S. 721).

Die Annahme, der Alterseffekt sei Null (da sich die Wahl des bevorzugten Nachrichtenmediums ab Mitte 20 nicht mehr ändere), erscheint bei Basils Analysen jedoch nicht unproblematisch. Sowohl bei der Fernsehnutzung als auch bei der Zeitungsnutzung (allerdings jeweils generell, nicht nur für Informationen) wird in der einschlägigen Forschungsliteratur durchweg von deutlichen Alterseffekten ausgegangen. Und für Basils Ergebnisse ist diese Annahme kritisch. Dafür aber wurde sie nicht hinreichend begründet. Außerdem darf man nicht vergessen, daß sich jeweils eine Variable in Basils Modell befand, welche die Verbreitung des analysierten Mediums spezifizierte. Daß beispielsweise auch die älteren Kohorten das Fernsehen häufig angaben, wird also durch diese Variable weitgehend erklärt. Nicht nur deshalb, sondern auch wegen der Einschränkung der analysierten Mediennutzung ist diese Untersuchung weniger gut mit den anderen Kohortenanalysen der Mediennutzung zu vergleichen.

Glenn (1994) führte unter anderem Kohortenanalysen der Zeitungs- und Fernsehnutzung durch. Primär ging es darum, zu erklären, warum die verbalen Fähigkeiten der Bevölkerung in den USA (gemessen mit Hilfe eines Vokabeltests) in den letzten Jahrzehnten auf dem gleichen Niveau verharrten, obwohl die Bevölkerung im Durchschnitt ein immer höheres Bildungsniveau erreichte. Glenn vermutete hier einen negativen Kohortentrend und fand dafür auch empirische Bestätigung. Er bringt diesen Trend dann in Verbindung mit entsprechenden Unterschieden zwischen den Kohorten in der Zeitungsnutzung (hier als Indikator für Lesen insgesamt) und Fernsehnutzung.

Im vorliegenden Zusammenhang sind nur die Kohortenanalysen dieser beiden Mediennutzungsvariablen von Interesse. Glenn verwendete Daten aus der

General Social Survey der USA für die Jahre 1972 bis 1991. Bei allen Auswertungen wurde das Merkmal Bildung kontrolliert. Abhängige Variablen waren die subjektive Fernsehnutzungsdauer (in Stunden) an einem durchschnittlichen Tag und die subjektive Häufigkeit der Zeitungsnutzung. Zur Analyse verwendete Glenn die multiple Regression. Er löste das Identifikationsproblem durch die Annahme, der Periodeneffekt sei zu vernachlässigen.

Mit einem Modell, das nur die Faktoren Alter und Kohorte (sowie als Kontrollvariable Bildung) spezifizierte, ermittelte Glenn für die Zeitungsnutzung einen vernachlässigbar kleinen, für die Fernsehnutzung dagegen einen recht deutlichen Alterseffekt. Die Kohorteneffekte, denen Glenns eigentliches Interesse galt, fielen bei beiden Medien eindeutig aus: Von Kohorte zu Kohorte (beginnend mit der ältesten) nimmt demnach — bei Kontrolle von Alter und Bildung — die Zeitungsnutzung ungefähr linear ab, die Fernsehnutzung dagegen annähernd linear zu.

Auch hier fallen einige methodische Probleme auf: So wurde die in Kategorien (täglich, ein paarmal pro Woche, einmal pro Woche, weniger als einmal pro Woche, nie) erfaßte Häufigkeit der Zeitungsnutzung ohne weiteres als metrische Variable behandelt. Die Annahme, der Periodeneffekt sei gleich Null, wurde zwar durch die Berechnung alternativer Modelle (in denen der Alterseffekt weggelassen wurde) und ihren Vergleich mit dem Modell ohne Periodeneffekt abgesichert. Aber dennoch basierte die Annahme nicht auf gründlichen inhaltlichen Überlegungen. Auch die ermittelten Effekte erscheinen teilweise unplausibel. Daß praktisch kein Alterseffekt auf die Zeitungsnutzung bestehen soll, widerspricht jedenfalls den Erkenntnissen der amerikanischen Zeitungsforschung (vgl. dazu Bogart 1989; Stone 1987). Offenbar wäre hier ein Modell mit drei Faktoren angemessen gewesen: Wenn der Periodeneffekt hier in Wirklichkeit negativ gerichtet und nicht allzu stark wäre, so würden in diesem vollständigen Modell ein positiv gerichteter Alterseffekt und ein etwas weniger starker — aber immer noch negativ orientierter — Kohorteneffekt resultieren.

3.5 Kritische Bilanz der empirischen Studien

Es gibt bislang noch vergleichsweise wenig empirische Forschung zu Kohortenspezifika im Rezipientenverhalten. Nur wenige dieser Untersuchungen wurden in Deutschland durchgeführt (vgl. Infratest Medienforschung 1980; Kiefer 1987, 1988, 1992; R. Schulz 1990). Die meisten der referierten Ergebnisse stammen aus den USA (vgl. Basil 1990; Bower 1973, 1985; Danowski 1981; Danowski und Ruchinskas 1980, 1983; Glenn 1994; Jennings und Niemi 1975; Meyer 1985; Robinson 1980; Stevenson 1994). Aufgrund von kulturellen Besonderheiten ist ihre Übertragbarkeit problematisch. Es kann nicht generell mit ähnlichem Kohortenverhalten in beiden Ländern gerechnet werden.

Die meisten Befunde liegen für die Tageszeitung (vgl. Basil 1990; Danowski 1981; Glenn 1994; Infratest Medienforschung 1980; Jennings und Niemi 1975; Kiefer 1987, 1988, 1992; Meyer 1985; Robinson 1980; R. Schulz 1990; Stevenson 1994) und für das Fernsehen (vgl. Basil 1990; Bower 1973, 1985; Danowski 1981; Danowski und Ruchinskas 1983; Glenn 1994; Jennings und Niemi 1975; Kiefer 1987, 1988, 1992) vor, relativ wenige dagegen für den Hörfunk (vgl. Basil 1990; Danowski 1981; Jennings und Niemi 1975; Kiefer 1987, 1988, 1992).

Oftmals wurde nicht Mediennutzung generell untersucht, sondern ein spezieller Aspekt, meistens die Nutzung von (politischen) Informationen (vgl. Basil 1990; Danowski 1981; Danowski und Ruchinskas 1983; Jennings und Niemi 1975). Die in diesem Teil der Arbeit vorgestellten Untersuchungen unterscheiden sich aber auch sonst im Hinblick auf die erhobenen und ausgewerteten Aspekte des Rezipientenverhaltens; sie sind von daher nicht gut vergleichbar. Diese Vergleichbarkeitsproblematik gilt nicht nur für Kohorteneffekte, sondern auch für Alters- und Periodeneffekte.

In vielen Fällen wurde das Identifikationsproblem der Kohortenanalyse nicht befriedigend gelöst. Kiefer (1987, 1992) räumt in diesem Zusammenhang ein, ihre Analysen seien nur als erste, einfache Ansätze zu bewerten. Viele der Studien offenbaren jedoch teilweise schwere methodische Mängel. Ihre Ergebnisse sind daher sehr zurückhaltend zu interpretieren.

Außerdem dominierte in den bisherigen empirischen Untersuchungen eine kohortenzentrierte Sichtweise. Es wurde häufig der Schwerpunkt auf die Betrachtung der Entwicklung innerhalb von Kohorten gelegt. Demgegenüber wurden Differenzen zwischen Kohorten oft völlig oder jedenfalls weitgehend ignoriert; gerade um diese geht es aber in der vorliegenden Arbeit. Außerdem blieb oftmals unklar, ob es sich bei den festgestellten kohortenspezifischen Entwicklungen denn wirklich um Kohortenspezifika handelte oder ob die Unterschiede vielmehr darauf zurückzuführen waren, daß die verglichenen Kohorten jeweils andere Altersphasen durchliefen (mit dadurch bedingt unterschiedlichen Veränderungen).

In einzelnen Untersuchungen wurden methodische Vorgehensweisen gewählt, die eine Gleichbehandlung von Alters-, Perioden- und Kohorteneffekten nicht oder nur bedingt gewährleisten. So verwundert es nicht, daß Bower (1973,

1985) in seiner Interpretation der amerikanischen Daten Alterseffekte hervorhebt, während Kiefer (1987, 1988, 1989, 1992) zufolge in Deutschland vor allem auch Kohorteneffekte vorliegen: Bowers Vorgehen begünstigte das Erkennen von Alterseffekten, Kiefers Ansätze eher das Auffinden von Unterschieden zwischen Kohorten.

Angesichts der so stark eingeschränkten Vergleichbarkeit der verschiedenen Studien und der teilweise problematischen methodischen Vorgehensweisen können die Befunde nur sehr vorsichtig und global zusammengefaßt werden. Danach ist es ziemlich wahrscheinlich, daß Unterschiede zwischen Kohorten in ihrem Rezipientenverhalten bestehen. Im einzelnen können über kohortenspezifische Mediennutzungsweisen aber nur wenig eindeutige Aussagen gemacht werden. Es zeichnet sich noch am deutlichsten ab, daß die Tageszeitung von den jüngeren Kohorten weniger genutzt wird. Beim Fernsehen bestehen möglicherweise gegenläufige Trends in den USA (höhere Nutzung bei den jüngeren Kohorten) und in Deutschland. Was das Radio betrifft, so erscheint der Stand der Erkenntnisse selbst für solche Tendenzaussagen zu unsicher; für dieses Medium liegen auch die wenigsten Befunde vor.

Die bisherigen Arbeiten haben sich in den meisten Fällen mit der Frage beschäftigt, ob Kohorteneffekte im Mediennutzungsverhalten und in der Medienbewertung existieren — und welche Richtung und Gestalt sie haben. Die Frage nach der Existenz einer Fernsehgeneration mit besonderen Eigenschaften wurde dabei in der Regel nicht ausdrücklich behandelt. Eine Ausnahme bilden hier die Arbeiten von Kiefer (1987, 1988, 1992), die sich explizit immer wieder auf die Fernsehgeneration bezieht und sowohl einzelne Fragestellungen daran festmacht als auch die Ergebnisse vor diesem Hintergrund deutet. Auch Kiefer konzentriert sich jedoch auf die *Entwicklungen* der einzelnen Kohorten, weniger auf dauerhafte Unterschiede zwischen ihnen.

Die Fragestellung dieser Arbeit lautet, ob das Rezipientenverhalten der Fernsehgeneration in der zumeist vermuteten Weise abweicht. In erweiterter Perspektive interessiert hier aber auch, ob die Fernsehgeneration sich in ihrem Rezipientenverhalten überhaupt von den älteren Kohorten abhebt bzw. ob es denn grundsätzlich Unterschiede zwischen den Kohorten im Rezipientenverhalten gibt. Daß man immerhin wohl von letzterem ausgehen kann, darauf verweisen die Ergebnisse der referierten empirischen Untersuchungen. Alle hier interessierenden Fragen beziehen sich aber primär auf die Existenz dauerhafter Unterschiede zwischen den Kohorten, und gerade dieser Punkt ist von der bisherigen Forschung meistens nicht in befriedigender Weise geklärt worden.

4 Das Rezipientenverhalten der Fernsehgeneration im Vergleich zu den älteren Kohorten — eine Sekundäranalyse

Die Frage nach möglichen permanenten Abweichungen der Fernsehgeneration von den älteren Kohorten ist also selbst für den Bereich des Rezipientenverhaltens noch weitgehend offen. Eine empirische Untersuchung stößt jedoch auf das Problem, daß nur wenige Daten zur Mediennutzung der Bevölkerung überhaupt für Kohortenanalysen geeignet sind. Im Grunde existiert in Deutschland nur eine einzige kontinuierliche Erhebung, die den Umgang der Gesamtbevölkerung mit den Medien über einen genügend langen Zeitraum hinweg erfaßt und weitgehende Vergleichbarkeit der Daten im Zeitverlauf gewährleistet: die Langzeitstudie Massenkommunikation. Diese Studie wurde daher auch für den empirischen Teil dieser Arbeit herangezogen.[83]

Dabei konzentriert sich die Untersuchung auf die *tagesaktuellen* Medien: an erster Stelle das Fernsehen selbst; als nächstes die Tageszeitung als dasjenige Medium, von dem viele Autoren vermuten, daß es von der Fernsehgeneration weniger genutzt wird; schließlich eher ergänzend das Radio als drittes bedeutendes tagesaktuelles Medium. Für das Radio finden sich in der Literatur keine vergleichbaren Aussagen. Bevor auf die methodische Vorgehensweise der empirischen Analysen eingegangen wird, soll die Anlage der Langzeitstudie kurz dargestellt werden.

4.1 Die Langzeitstudie Massenkommunikation

Im folgenden wird (in Anlehnung an Kiefer 1978, S. 43-50; Kiefer 1987, S. 9-15; Kiefer 1992, S. 13-18) ein kurzer Überblick über die Geschichte und die Anlage der Langzeitstudie Massenkommunikation gegeben. Formal handelt es sich um eine Trendstudie mit bislang sechs Querschnitterhebungen, und zwar in den Jahren 1964, 1970, 1974, 1980, 1985 und 1990. Die erste Erhebung

83 An dieser Stelle sei der ARD-Werbung und dem ZDF als den Trägern der Langzeitstudie, namentlich Frau Prof. Dr. Marie-Luise Kiefer und Herrn Dr. Bernward Frank, für die Freigabe der Daten zur Sekundäranalyse gedankt.

dieser Studie, die allerdings damals noch gar nicht als Langzeitstudie angelegt war, fand 1964 mit folgender Zielsetzung statt:[84] Hintergrund für dieses Forschungsprojekt waren die Einführung des Fernsehens und die damit verbundenen Befürchtungen der Pressewirtschaft, das neue Medium werde die Presse in ihrer wirtschaftlichen und publizistischen Existenz gefährden (vgl. z. B. ARD 1965). Es ging dabei vor allem um die Frage, ob und inwieweit sich die Nutzung und die Bewertung der älteren Medien Tageszeitung und Radio durch die Bevölkerung unter dem Einfluß des Fernsehens veränderten. Eine Substitution der Tageszeitung durch das Fernsehen wurde am ehesten bei der Nutzung aktueller politischer Informationen für möglich gehalten; infolgedessen lag ein Schwerpunkt der Studie auf diesem Bereich.

In der grundsätzlichen Konzeption orientierte sich die Studie offenbar teilweise an der damals aktuellen Untersuchung von Steiner (1963), die zwar die Fernsehnutzung zum Schwerpunkt hatte, aber auch einen medienvergleichenden Teil enthielt. Im Rahmen der ersten Untersuchung 1964 wurde auch eine vergleichende Inhaltsanalyse von Tageszeitung und Fernsehen (im Hinblick auf die Angebote an politischer Information) durchgeführt (vgl. DIVO-Institut/Infratest 1966, S. 64 ff.); diese Inhaltsanalyse wurde später aber nicht wiederholt. Auftraggeber der ersten Erhebung waren damals die Landesrundfunkanstalten und ihre Werbetöchter; heute wird die Langzeitstudie von der ARD-Werbung und dem ZDF gemeinsam getragen.

Während die ersten Wiederholungsuntersuchungen in den Jahren 1970 und 1974 noch primär zur Absicherung und Aktualisierung der Befunde von 1964 dienten, war die weitere Fortführung der Studie nach 1974 weitgehend unabhängig von der damaligen Forschungsfrage. Diese galt spätestens nach den Ergebnissen der Erhebung von 1974 als im großen und ganzen relativ eindeutig beantwortet: Zwischen den drei tagesaktuellen Medien Tageszeitung, Radio und Fernsehen besteht kein genereller Verdrängungswettbewerb (vgl. im einzelnen Kiefer 1978, S. 50 ff.).

---

84 Die Rohdaten der ersten Erhebung (1964) existieren nicht mehr. Da für die Zwecke der vorliegenden Untersuchung Neuauswertungen notwendig waren, konnte die erste Erhebung nicht einbezogen werden. Allein für die erforderliche Neugewichtung (vgl. Anhang 2) ist der Zugriff auf die Rohdaten Voraussetzung. Außerdem sind die verfügbaren Auswertungen der Erhebung von 1964 (vgl. DIVO-Institut/Infratest 1966) zu undifferenziert, als daß man Daten daraus für kohortenanalytische Untersuchungen verwenden könnte. So fehlen bereits die dafür unabdingbaren Aufgliederungen nach dem Merkmal Alter. Die folgenden Ausführungen beziehen sich daher (soweit nicht im Einzelfall anders angegeben) immer nur auf die Erhebungen 1970, 1974, 1980, 1985 und 1990.

Die Langzeitstudie Massenkommunikation ist eine Trendstudie mit weitgehend vergleichbar angelegten Erhebungen. Beschreibungen der Anlage der Studie finden sich in den Methodenberichten und Ergebnisdokumentationen der Erhebungen (vgl. DIVO-Institut/Infratest 1966; ki. 1975a, 1975b, 1975c, 1975d, 1975e; Kiefer 1978, 1982, 1987, 1991, 1992; re. 1971, 1972a, 1972b, 1972c, 1972d). Das Erhebungsprogramm von 1964 wurde zwar später erweitert, der Hauptteil jedoch weitgehend unverändert beibehalten. Einzelheiten des Erhebungsprogramms können dem bei Kiefer (1992) wiedergegebenen Fragebogen von 1990 entnommen werden. Für die vorliegende Untersuchung von Bedeutung sind vor allem die Fragen zu verschiedenen Aspekten der Nutzung und Bewertung der drei tagesaktuellen Medien Tageszeitung, Radio und Fernsehen (und zwar bezogen auf die jeweilige Mediengattung insgesamt und unabhängig von den Inhalten). Die Nutzung wurde erfaßt als allgemeine (subjektive) Nutzungshäufigkeit sowie als Nutzung (und Nutzungsdauer) am Stichtag.[85] Aspekte der Bewertung wurden erhoben durch Fragen nach der wahrgenommenen Glaubwürdigkeit, Objektivität und Funktionserfüllung der Medien sowie nach den relativen Präferenzen gegenüber den Medien.

Wie erwähnt, wurde im Laufe der Jahre das Erhebungsprogramm der Langzeitstudie verschiedentlich erweitert.[86] Darüber hinaus gab es 1990 grundlegende Veränderungen. So wurde die Erhebung 1990 erstmals auch in den neuen Bundesländern durchgeführt. In dieser Arbeit wird allerdings aus Gründen der Vergleichbarkeit mit den früheren Jahren nur die in den alten Bundesländern durchgeführte Teilstudie ausgewertet. Immer dann, wenn im weiteren auf die Erhebung 1990 Bezug genommen wird, ist daher nur der westdeutsche

---

85 Die Erhebung mit der Stichtagmethode (vgl. Hess 1974; Unholzer 1973) erlaubt bei gleichmäßiger Verteilung der jeweils auf den Vortag als Stichtag bezogenen Interviews auf die Wochentage Dienstag bis Sonntag Gesamtaussagen über das Nutzungsverhalten am „durchschnittlichen Werktag“ (Montag bis Samstag). Insbesondere wurde hier nicht nur die Nutzung „gestern“, sondern der vollständige Tagesablauf (Mediennutzung und sonstige Tätigkeiten) am Stichtag erfaßt. Das dabei verwendete Tagesablaufschema ist in Viertelstunden-Intervalle eingeteilt.

86 Wesentliche Erweiterungen waren z. B. die Erhebung von kommunikativen und anderen Freizeittätigkeiten über die Mediennutzung hinaus (ab 1980) und die Aufnahme von Items zur Erfassung von Wertetypen, der Wichtigkeit von Lebensbereichen, der Wahrnehmung von sozialem Wandel, der politischen und lokalen Integration und des Abwechslungsreichtums des Lebens (ab 1985). Umfangreiche Erweiterungen, durch die der Differenzierung des Mediensystems in öffentlich-rechtliche und privatrechtliche Rundfunkanbieter Rechnung getragen wurde, kamen 1990 hinzu. Im Rahmen dieser Untersuchung haben die Erweiterungen des Erhebungsprogramms jedoch keine große Bedeutung, da hier fast allen Auswertungen alle fünf Erhebungen von 1970 bis 1990 zugrundeliegen.

Teil gemeint. Ebenfalls 1990 zum ersten Mal wurde auch die Mediennutzung am Sonntag als Stichtag erfaßt. Auch diese Interviews mußten hier aus Gründen der Vergleichbarkeit aus der Analyse ausgeschlossen werden, da sich sonst die aggregierten stichtagbezogenen Nutzungswerte für 1990 nicht mehr auf den durchschnittlichen Werktag bezogen hätten.[87]

Dadurch, daß die ursprüngliche Forschungsfrage längst als beantwortet gilt, aber auch infolge der mehrmaligen Wiederholung (d. h. des zunehmenden „Eigenwertes" als Langzeituntersuchung) haben sich Zweck und Bedeutung der Langzeitstudie verschoben. In diesem Zusammenhang sind auch die Erweiterungen des Erhebungsprogramms zu sehen, die einerseits aufgrund dieses Bedeutungswandels der Studie vorgenommen wurden, die andererseits aber auch zu dem veränderten Fokus beigetragen haben und beitragen. So gilt die Langzeitstudie mittlerweile vor allem als (einzige deutsche) Untersuchung über die langfristige Entwicklung des allgemeinen Mediennutzungsverhaltens.[88]

Aus dem Datenbestand der Langzeitstudie wurden nur Variablen zur Nutzung und Bewertung der drei tagesaktuellen Medien in den Analysen dieser Arbeit verwendet. Folgende Variablen wurden aufgrund weitgehend vergleichbarer Erhebung in den einzelnen Jahren herangezogen (zur näheren Beschreibung vgl. Anhang 1 und auch Kapitel 4.3.1): die subjektive Nutzungshäufigkeit (Fernsehen und Radio), die Stichtagnutzung, also hier bei aggregierter Betrachtung Tagesreichweite (Fernsehen, Tageszeitung und Radio), die Nutzungsdauer und die Verweildauer (Tageszeitung) sowie die allgemeine Einstellung und die Bindung (jeweils alle drei Medien). Die Auswahl dieser Variablen und die entsprechenden Modifikationen der Daten sind in Anhang 1 detailliert dargestellt und begründet. Es erwies sich außerdem eine Neugewichtung der Daten als erforderlich, die in Anhang 2 ausführlich beschrieben ist.

Nutzungsdauer und Verweildauer wurden für Radio und Fernsehen nicht analysiert, weil bei diesen Medien die betreffenden Daten von 1970 fehlerhaft vorlagen und weil in den anderen Querschnitten teilweise mit deutlichen Ver-

---

87 Zwar hätte man die montags durchgeführten Interviews nicht generell zu streichen brauchen, sondern nur für die Auswertungen von stichtagbezogenen Variablen. Es erschien aber angebracht, diese Interviews im Hinblick auf einen möglichen, aber nicht generell (für alle Erhebungen) prüfbaren Einfluß des Befragungstages auf nicht stichtagbezogene Aspekte der Mediennutzung und Medienbewertung grundsätzlich auszuschließen (vgl. zu solchen Einflüssen auch Anhang 1.7).

88 Vgl. zur Kritik und Würdigung der Langzeitstudie Massenkommunikation Bessler (1986), Krotz (1993), Langenbucher, Räder und Weiß (1978), Renckstorf (1975, 1978, 1989), W. Schulz (1988) und Weiß (1978).

zerrungen (aufgrund abweichender Erhebungsweise und unterschiedlicher Saisoneffekte in einzelnen Querschnitten) zu rechnen ist (vgl. im einzelnen Anhang 1). Für das Medium Tageszeitung dagegen standen vollständige Daten von 1970 bis 1990 zur Verfügung, und erhebungsbedingte Verzerrungen machen sich hier weniger stark bemerkbar. Andererseits lagen für die Tageszeitung — anders als bei den Medien Radio und Fernsehen — keine subjektiven Nutzungshäufigkeiten in vergleichbarer Form vor, so daß hier die Stichtagnutzung das einzige Nutzungsmaß gewesen wäre, wenn auf die Analyse der Nutzungsdauer (und Verweildauer) verzichtet worden wäre. Insgesamt konnten damit für die drei tagesaktuellen Medien nur in begrenztem Umfang vergleichbare Nutzungsmaße ausgewertet werden.

In Tabelle 2 ist zusammengefaßt, auf welchen Altersbereich und auf welche Erhebungsjahre und Geburtsjahrgänge sich die Analyse insgesamt bezog und wie die Altersgruppen und Kohorten abgegrenzt wurden.

Tabelle 2: Die Altersgruppen, Erhebungsjahre und Kohorten der Analyse. Angegeben ist bei den Altersgruppen und Kohorten jeweils auch die Intervallmitte, die in den graphischen Darstellungen der Effekte verwendet wird.

Altersgruppe			Erhebung		Kohorte		
Nr.	Lebensjahre	Mitte	Nr.	Jahr	Nr.	Jahrgänge	Mitte
1	15-19 Jahre	17	1	1970	1	Jg. 1891-1895	1893
2	20-24 Jahre	22	2	1974	2	Jg. 1896-1900	1898
3	25-29 Jahre	27	3	1980	3	Jg. 1901-1905	1903
4	30-34 Jahre	32	4	1985	4	Jg. 1906-1910	1908
5	35-39 Jahre	37	5	1990	5	Jg. 1911-1915	1913
6	40-44 Jahre	42			6	Jg. 1916-1920	1918
7	45-49 Jahre	47			7	Jg. 1921-1925	1923
8	50-54 Jahre	52			8	Jg. 1926-1930	1928
9	55-59 Jahre	57			9	Jg. 1931-1935	1933
10	60-64 Jahre	62			10	Jg. 1936-1940	1938
11	65-69 Jahre	67			11	Jg. 1941-1945	1943
12	70-74 Jahre	72			12	Jg. 1946-1950	1948
13	75-79 Jahre	77			13	Jg. 1951-1955	1953
					14	Jg. 1956-1960	1958
					15	Jg. 1961-1965	1963
					16	Jg. 1966-1970	1968
					17	Jg. 1971-1975	1973

4.2 Zur Durchführung der Kohortenanalysen

Das Hauptziel dieser Untersuchung ist es, zu möglichst genauen Aussagen über den Zusammenhang zwischen Kohortenzugehörigkeit und Rezipientenverhalten — speziell über Unterschiede zwischen den Kohorten der Fernsehgeneration und den anderen Kohorten — zu gelangen. Wie bereits dargelegt wurde, müssen zu diesem Zweck Kohortenanalysen durchgeführt werden, in denen neben der Kohortendimension auch Lebensalter und Periode berücksichtigt werden. Die methodische Vorgehensweise wird im folgenden in den grundsätzlichen Punkten beschrieben. Erläuterungen zu spezielleren Auswertungen werden später im Zusammenhang mit der Darstellung und Diskussion der betreffenden Ergebnisse gegeben. Die Beschreibung der Vorgehensweise umfaßt nicht nur die eher technischen Einzelheiten der statistischen Analyse, sondern auch inhaltliche Aspekte (vor allem in Kapitel 4.2.3), die in die Analysen eingingen und von denen die Ergebnisse daher mit abhängen (und auf deren Basis die Ergebnisse erst nachvollzogen werden können).

4.2.1 Die APK-Analyse

Kohortenanalysen werden in der Regel auf der Grundlage aggregierter Daten vorgenommen, die nach dem Erhebungsjahr (Periode) und Altersgruppen und/ oder Kohorten aufgegliedert sind, und zwar häufig in der Form einer Standard-Kohortentabelle (vgl. Glenn 1977). Bei diesem Standard-Format (vgl. als Beispiel Tabelle 1 in Kapitel 3.1) liegen die verwendeten Querschnitterhebungen gleich weit auseinander, und die Breite der Altersgruppen entspricht dem zeitlichen Abstand zwischen zwei Erhebungen. Auf diese Weise kann die Entwicklung der Kohorten in den Diagonalen der Tabelle verfolgt werden. In dieser Untersuchung auf der Basis von Daten der Langzeitstudie Massenkommunikation waren dazu Altersgruppen von fünf Jahren Breite zu bilden, weil alle Erhebungen der Langzeitstudie verwendet werden sollten (vgl. Tabelle 2 in Kapitel 4.1).

Die Kohortenanalyse wurde hier mit Hilfe statistischer Modelle durchgeführt, wie sie seit Anfang der 70er Jahre in den Sozialwissenschaften dafür eingesetzt werden. Diese Ansätze, bei denen in der Regel explizit alle drei im Kontext der Kohortenanalyse relevanten Dimensionen simultan analysiert werden, sind unter Bezeichnungen wie „Age-Period-Cohort Analysis“ bekannt geworden (vgl. etwa Kupper, Janis, Salama, Yoshizawa und Greenberg 1983). Man spricht auch von „APC Analysis“, „APC Models“ usw.; im Deutschen ist analog der abkürzende

Begriff „APK-Analyse" üblich, auch bereits für Verfahren der Kohortenanalyse, die nicht auf statistischen Modellen basieren (vgl. Huinink 1988). In statistischen APK-Modellen werden die drei unabhängigen Variablen Alter, Periode und Kohorte meistens kategorial behandelt. Ein entsprechendes APK-Modell auf der Basis der multiplen Regression mit Dummy-Variablen wurde erstmals von K. O. Mason, W. M. Mason, Winsborough und Poole (1973) für metrische abhängige Variablen vorgeschlagen. Die Übertragung auf nichtmetrische abhängige Variablen (Logit-Modell) stammt von Fienberg und Mason (1978).

Die Daten wurden in dieser Arbeit durchweg aggregiert analysiert, so wie es bei Kohortenanalysen üblich ist. Prinzipiell ist dies gleichwertig mit der Analyse der Individualdaten. Nur weisen bei der Aggregatdatenanalyse die Maße der Anpassungsgüte in aller Regel höhere Werte aus, weil dabei die Variation innerhalb der Zellen der kreuzklassifizierten unabhängigen Variablen ausgeblendet wird (vgl. Haitovsky 1973). Und bei den aggregierten Daten darf man strenggenommen nur von einer Beziehung auf der Ebene von Altersgruppen bzw. Kohorten (jeweils bezogen auf Durchschnittswerte) sprechen.[89]

In den Analysen dieser Untersuchung wurde bei den metrischen abhängigen Variablen die multiple Regressionsanalyse mit Dummy-Variablen und gewichteter Kleinste-Quadrate-Schätzung (vgl. dazu im Falle aggregierter Daten Forthofer und Lehnen 1981) verwendet, bei den nichtmetrischen (hier durchweg dichotomen bzw. dichotomisierten) abhängigen Variablen das loglineare Modell, und zwar hier das Logit-Modell als Spezialfall. Beide Modelltypen wurden im Rahmen des Allgemeinen Linearen Modells (vgl. McCullagh und Nelder 1989) unter Verwendung des Programms GLIM (vgl. Payne 1987) geschätzt. In der Design-Matrix wurde die Dummy-Codierung verwendet.

Alle Signifikanztests in dieser Arbeit sind *approximative* Tests. Beim Logit-Modell liegt dies in den Verteilungseigenschaften der Teststatistiken des hier eingesetzten Allgemeinen Linearen Modells begründet; bei der gewichteten Regression (WLS) müssen — infolge der wie üblich nicht gesicherten Normalverteilung der abhängigen Variablen — ebenfalls Grenzwerteigenschaften für die

89 Die Varianz des Mediennutzungsverhaltens innerhalb der Altersgruppen bzw. Kohorten ist generell hoch. Korrelationen, die bei aggregierter Betrachtung deutlich sind, können daher bei Betrachtung auf der Individualebene nahezu verschwinden bzw. unsichtbar bleiben. Niedrige Anteile erklärter Varianz bei Analysen auf der Individualebene bedeuten aber nicht unbedingt, daß kaum Unterschiede zwischen den Gruppen bezüglich der abhängigen Variablen vorliegen (oft sind die Effekte im Gegenteil stark), sondern in vielen Fällen nur, daß die Varianz *in* den Gruppen (noch) groß ist (vgl. Bass, Tigert und Lonsdale 1968; Wheatley, Chiu und Stevens 1980).

Verteilungen der Schätzer in Anspruch genommen werden. Und schließlich stammen die hier analysierten Daten sämtlich aus komplexen Stichproben, so daß auch Designeffekte in die Standardfehler der Schätzer eingehen (vgl. ausführlicher Anhang 3).

Vor allem eine Eigenschaft der Kohortenanalyse (sofern sie alle drei Dimensionen einbezieht) und damit auch von APK-Modellen ist wichtig. Weil die drei analysierten unabhängigen Variablen untereinander linear zusammenhängen ($P = K + A$), entsteht ein Identifikationsproblem.[90] Das statistische Modell muß durch mindestens eine Restriktion der Koeffizienten identifiziert werden (vgl. K. O. Mason, W. M. Mason, Winsborough und Poole 1973). In der Regel nimmt man zu diesem Zweck Gleichheitsrestriktionen vor. Oft werden dabei die Koeffizienten von zwei (oder mehr) aneinandergrenzenden Altersgruppen, Jahren oder Kohorten gleichgesetzt. Solche Restriktionen sind meistens besser zu begründen und leichter zu spezifizieren als andere, die das Modell ebenfalls identifizieren würden. So wurde daher auch in den APK-Analysen dieser Arbeit verfahren. In Abhängigkeit von der Restriktion können sich völlig unterschiedliche Modellschätzungen ergeben. Die Restriktion ist daher auf der Basis inhaltlicher Überlegungen zu wählen, und die Modellergebnisse sind sorgfältig auf inhaltliche Plausibilität zu prüfen.[91] Wie dabei in dieser Untersuchung im einzelnen vorgegangen wurde, wird gesondert in Kapitel 4.2.2 dargestellt.

Die Güte der Modellanpassung wurde auf unterschiedliche Weise geprüft. Bei Logit-Modellen wurde hierzu ein (approximativer) χ^2-Test durchgeführt (vgl. McCullagh und Nelder 1989); zusätzlich wird — analog zum R^2-Maß bei der Regressionsanalyse — der Anteil erklärter Devianz betrachtet (vgl. zur Devianz-Funktion McCullagh und Nelder 1989). Bei der Analyse metrischer Variablen ist kein statistischer Test der Anpassung möglich (der F-Test der Regressionsanalyse ist ein Test auf Abweichungen). In diesem Fall bleibt also nur der Anteil erklärter Varianz R^2 als Indikator der Anpassungsgüte. Varianzerklä-

90 Das Identifikationsproblem der Kohortenanalyse ist designimmanent und von der verwendeten Analysemethode unabhängig. Beim Einsatz von statistischen APK-Modellen tritt es deutlich zutage. Dagegen wird es von Forschern, die Kohortentabellen oder graphische Darstellungen der Tabellendaten unmittelbar interpretieren, meist gar nicht wahrgenommen. Entsprechend können gerade bei solchen Analysen Fehlinterpretationen unterlaufen.

91 Vgl. zur Diskussion dieser Problematik Fienberg und Mason (1978, 1985), Glenn (1976, 1977), Kupper, Janis, Karmous und Greenberg (1985a, 1985b), W. M. Mason und Fienberg (1985), W. M. Mason, K. O. Mason und Winsborough (1976), Rodgers (1982a, 1982b) sowie H. L. Smith, Mason und Fienberg (1982).

rungsanteile und Signifikanzniveaus der einzelnen Effekte können aufgrund des Identifikationsproblems nicht eindeutig bestimmt werden.

Oft wird bei Kohortenanalysen in den Sozialwissenschaften das Merkmal Bildung — eine zentrale kohortenbezogene Variable, die auch mit vielen Untersuchungsvariablen zusammenhängt — kontrolliert. Dies gilt auch für einige der in Teil 3 referierten Kohortenanalysen des Rezipientenverhaltens. So kontrollierte Kiefer (1992) das Bildungsniveau (führte aber auch Analysen ohne diese Kontrolle durch); Danowski und Ruchinskas (1983) sowie Glenn (1994) dagegen kontrollierten Bildung immer. Im Hinblick auf die hier in erster Linie verfolgte Fragestellung — ob und wie die Fernsehgeneration von den älteren Kohorten in ihrem Rezipientenverhalten abweicht — wäre die laufende Kontrolle des Merkmals Bildung (oder anderer Strukturmerkmale der Kohorten) jedoch nicht nur unnötig, sondern sogar verkehrt. Es geht dabei nämlich um *generelle* Aussagen über die Kohorten. Dafür sind *alle* Differenzen zwischen Kohorten maßgeblich — zunächst einmal unabhängig davon, ob es Faktoren gibt (hier etwa Bildung), die diese Differenzen vollständig oder teilweise erklären (vgl. Jennings und Niemi 1975, S. 1319).

Die Kontrolle von Bildung, Geschlecht und ähnlichen Strukturmerkmalen, die mit zu den „echten" Eigenschaften der Kohorten gehören, dient also eher zur weiteren Ursachenanalyse. In diesem Sinne wurden in der vorliegenden Untersuchung in zusätzlichen Auswertungen auch die Faktoren Bildung und Geschlecht einbezogen. Beide sind — teilweise recht deutlich — mit vielen der hier analysierten Merkmale des Rezipientenverhaltens verknüpft. Beide sind außerdem Strukturmerkmale der Kohorten und sind auf der Kohortenebene aufgrund selektiver Mortalität auch altersbezogen (vgl. Kapitel 4.2.3.2 und Anhang 2.3), können also Kohorten- und Alterseffekt (teilweise) erklären, sofern sie mit der betrachteten Rezipientenverhaltensvariablen zusammenhängen.[92] Auf diese Weise läßt sich unter Umständen eine bestimmte Abweichung der Fernsehgeneration auf Unterschiede zwischen den Kohorten in ihrem Bildungsniveau zurückführen. Warum in dieser Untersuchung die beiden Variablen Bildung und Geschlecht in einigen Analysen kontrolliert wurden, wird im Zusammenhang mit diesen Analysen in Kapitel 4.3 noch näher erläutert. An dieser Stelle geht

92 Kohorten- und Alterseffekt werden dabei quasi zerlegt. So geht etwa ein Teil des Kohorteneffektes auf Bildungsstrukturunterschiede zwischen den Kohorten zurück, und es verbleibt ein nicht bildungsbedingter Rest-Effekt. In ähnlicher Weise läßt sich der Alterseffekt um diejenigen Komponenten bereinigen, die durch die Zunahme des mittleren Bildungsniveaus der Kohorten im Ausbildungsalter sowie durch bildungs- und geschlechtsbezogene selektive Mortalität im höheren Alter bedingt sind.

es vor allem um die technische Vorgehensweise bei der Einführung dieser Faktoren in ein APK-Modell.

Die Einbeziehung von Bildung (hier in vier Stufen) und Geschlecht als kategoriale Variablen führt möglicherweise zu Schwierigkeiten mit schwach besetzten bzw. völlig leeren Zellen. Dies gilt vor allem dann, wenn Bildung und Geschlecht — wie es wünschenswert ist — zusammen kontrolliert werden sollen. Bei 13 Altersgruppen und vier Bildungsklassen ergeben sich dann für jeden Querschnitt 104 Zellen. Die Fallzahl pro Querschnitt liegt bei knapp 2000.[93] Viele Zellen werden daher mit weniger als 30 Fällen besetzt sein. Aus diesem Grund ist gerade bei dieser Datenkonstellation die (hier durchweg eingesetzte) Maximum-Likelihood-Schätzung angebracht.

Nun könnte man Bildung in nur zwei oder drei Kategorien fassen. Bei der Neugewichtung (vgl. Anhang 2) wurde Bildung ja nur in drei Stufen angepaßt; außerdem unterscheidet sich die Bildungskategorie „Volksschule mit Lehre" im Grad der formalen Schulbildung nicht wesentlich von „Volksschule ohne Lehre", und Unterschiede bei abhängigen Variablen zwischen diesen beiden Bildungskategorien sind vielleicht allein durch das Überwiegen von Männern in der Kategorie „Volksschule mit Lehre" bedingt. Geschlecht wird hier allerdings selbst kontrolliert. Und auch bei diesen beiden unteren Bildungskategorien besteht noch ein Zusammenhang mit der sozialen Schicht; auch von daher können also (auch innerhalb der Geschlechtergruppen) deutliche Unterschiede zwischen diesen beiden Bildungsgruppen bestehen. Bei der Kontrolle mit nur zwei (oder drei) Bildungskategorien hätte man zudem vor allem den Nachteil, daß die Bereinigung des Kohorteneffektes um bildungsstrukturbedingte Anteile nur unvollständig wäre, da *in* den beiden (oder drei) Bildungsklassen nach wie vor ein — bildungsstrukturbedingter — Kohorteneffekt wirksam wäre.[94]

Ein wesentliches Problem der Erweiterung des APK-Modells um Bildung und Geschlecht ist folgendes: Nach Aufnahme der beiden Variablen paßt die vorher angemessene identifizierende Gleichheitsrestriktion wahrscheinlich nicht mehr, das heißt, der modifizierte „wahre" Effekt verläuft an der betreffenden Stelle nicht mehr horizontal. Die Folge ist in diesem Fall eine Veränderung der Schätzwerte aller drei Effekte, so daß die weiterhin wirksame Bedingung der Gleichheitsrestriktion erfüllt bleibt. Man kann zwar anschließend eine neue

---

93 Vgl. Anhang 2.9 zur Angleichung der Zahl der gewichteten Fälle der Erhebung 1990 im Zuge der Neugewichtung.

94 In solchen Fällen (vgl. etwa Fritz 1988) kann es zu schwerwiegenden Fehlinterpretationen kommen.

Restriktion wählen, welche der vermuteten Veränderung der gesamten Effekte-Konstellation eher Rechnung trägt. Diese Vorgehensweise ist jedoch problematisch, da sie Kenntnisse voraussetzt, die normalerweise gerade nicht vorhanden sind. Außerdem kann auf diese Weise die *Veränderung* im Kohorteneffekt, die auf die Einführung etwa des Strukturmerkmals Bildung zurückgeht, nicht eindeutig bestimmt werden.

Eine praktikable Lösung dieses Problems, die auch im Rahmen der vorliegenden Untersuchung eingesetzt wurde, besteht darin, vor der Einführung von Bildung (und Geschlecht) den Periodeneffekt des APK-Modells (d. h. seine Koeffizienten) zu fixieren.[95] Es wird also ein Modell mit Alters- und Kohorteneffekt berechnet, wobei der Periodeneffekt (der aus dem zunächst berechneten reinen APK-Modell stammt) fixiert ist und wobei nun die identifizierende Gleichheitsrestriktion (sofern sie am Alterseffekt oder am Kohorteneffekt vorgenommen war) aufgehoben werden kann. Alters- und Kohorteneffekt bleiben dabei gegenüber dem reinen APK-Modell unverändert. Nunmehr können ohne die genannten Schwierigkeiten Bildung und Geschlecht (oder andere Faktoren) eingeführt werden.

Voraussetzung für den Erfolg dieser Vorgehensweise ist allerdings, daß die einzuführenden weiteren Variablen (hier vor allem Bildung und Geschlecht) nicht periodenbezogen sind.[96] Nur dann kann nämlich der Periodeneffekt ohne negative Konsequenzen fixiert werden. Trifft diese Voraussetzung nicht zu, so kommt es zu kompensatorischen Veränderungen von Alters- und Kohorteneffekt und damit zu verzerrten Ergebnissen. Man kann in solchen Fällen die Effekte nur sukzessiv schätzen (vgl. dazu auch Anhang 2.3). Im vorliegenden Fall aber wäre ohne die Neugewichtung nicht einmal dies möglich, da nicht nur eine periodenbezogene, sondern auch eine altersbezogene Bildungsstruktur-Verzerrung vorliegt (vgl. im einzelnen Anhang 2).

Zu beachten ist schließlich, daß die statistische Kontrolle des Merkmals formale Bildung eine im Zeitverlauf gleichbleibende Bedeutung der einzelnen Schulabschlüsse unterstellt. Tatsächlich aber ist beispielsweise die Assoziation zwischen formaler Bildung und sozialer Schicht bei den jüngeren Kohorten schwächer als bei den älteren. Insofern ist also die unterstellte gleichbleibende

---

95 Alters- und Kohorteneffekt sind dafür nicht geeignet, da beide sich durch die Aufnahme von Bildung und Geschlecht in das Modell verändern. Allenfalls käme eine partielle Fixierung des Alterseffektes in Betracht (vgl. auch Anhang 2.3). Dies wäre jedoch mit zahlreichen Problemen verbunden.

96 Diese Voraussetzung ist hier für Bildung erst nach der Neugewichtung gegeben (vgl. Anhang 2).

Bedeutung nicht gegeben. Veränderungen schlagen sich dann im Kohorteneffekt nieder: Wenn die formale Bildung statistisch konstantgehalten wird, stehen die älteren Kohorten im Durchschnitt höher in der Schichthierarchie.

4.2.2 Zur Identifikation der APK-Modelle

Die Hauptschwierigkeit der Kohortenanalyse mit APK-Modellen besteht in dem Identifikationsproblem. Das Modell ist unteridentifiziert und muß erst durch mindestens eine Restriktion identifiziert werden. Es kann hier nicht ausführlich auf diese Problematik und auf die Ansätze zum Umgang damit eingegangen werden. Vielmehr soll kurz dargelegt werden, auf welche Weise in den Analysen dieser Arbeit bei der Identifikation der APK-Modelle und bei der notwendigen Überprüfung der Modellschätzungen auf Plausibilität verfahren wurde.

Für die Wahl der Restriktion(en) und vor allem auch für die Überprüfung der resultierenden Modellschätzungen auf inhaltliche Plausibilität wurden möglichst viele Informationen über die hier relevanten alters- und periodenbezogenen Faktoren — und damit auch über die zu erwartenden Alters- und Periodeneffekte — herangezogen. Der Kohorteneffekt dagegen war jeweils in der Analyse zu ermitteln. Diese Informationen bilden zugleich eine Grundlage, mit der die Ergebnisse der Analysen dieser Arbeit besser nachvollzogen werden können. Die Erkenntnisse über alters- und periodenbezogene Einflüsse auf das Rezipientenverhalten und speziell auf die Nutzung der drei tagesaktuellen Medien werden daher nachfolgend (in Kapitel 4.2.3) zusammenfassend — aber hinreichend ausführlich — dargestellt. Außerdem wurden für alle Variablen vor den eigentlichen Analysen systematisch verschiedene Anhaltspunkte und Methoden zur Unterstützung bei der Wahl von Restriktionen herangezogen.[97]

---

97 So wurde der statistische Einfluß des Merkmals Bildung in Richtung und Stärke bestimmt; oft kann die Kenntnis des Bildungseffektes Hinweise auf die wahrscheinliche Orientierung des Kohorteneffektes geben. Ebenfalls wurden jeweils die drei möglichen 2-Faktoren-Modelle mit linearen Effekten untersucht; diese erlauben eine besonders einfache Begutachtung derjenigen Kombinationen linearer Effektkomponenten, die überhaupt mit den Daten vereinbar sind. In die Überlegungen wurde ferner die möglicherweise gegebene Gleichläufigkeit und Formähnlichkeit von Perioden- und Kohorteneffekt (bei den jüngeren Kohorten, unter Berücksichtigung etwaiger stärkerer bildungsbezogener Kohortendifferenzen) einbezogen. Außerdem wurden die nichtlinearen Komponenten aller drei Effekte systematisch separat untersucht und auf statistische Signifikanz geprüft; diese Analysen erlauben oftmals bereits gute Aussagen über die Krümmungen der gesamten Effekte.

Anhand inhaltlicher Überlegungen auf der Basis von theoretischen Erkenntnissen und empirischen Befunden aus dem jeweiligen Gegenstandsbereich sowie anhand der übrigen genannten Anhaltspunkte und ergänzenden Analysen wurde dann für jede zu analysierende Medienvariable unter Berücksichtigung ihrer Besonderheiten (z. B. Nutzungsdauer vs. Verweildauer) zunächst ein Effekt und unter den Parametern dieses Effektes ein Bereich für mögliche Gleichheitsrestriktionen ausgewählt. In diesem Bereich wurden dann mehrere APK-Modelle durch verschiedene Gleichheitsrestriktionen identifiziert. Auch wegen der relativ schmalen Altersgruppen bzw. Kohorten (fünf Jahre) kommt es zu zufallsfehlerbedingt größeren lokalen Schwankungen in den ermittelten Effekten. Aufgrund solcher Zufallsabweichungen einzelner Koeffizienten eines Effektes kann auch eine Restriktion im prinzipiell richtigen Bereich (einem Bereich, in dem der Effekt tendenziell flach verläuft) zu unsinnigen Ergebnissen führen. Umgekehrt erlaubt diese Vorgehensweise auch eine Identifikation mittels Gleichheitsrestriktion in Fällen, in denen der jeweilige Effekt in keinem größeren Bereich flach verläuft, sondern nur lokal (abweichend von der generellen Tendenz).

Die Parameterschätzungen aller drei Effekte wurden anschließend jeweils auf Plausibilität und Übereinstimmung mit bisherigen theoretischen Erkenntnissen und empirischen Befunden überprüft (vgl. auch Hagenaars 1990).[98] In diese Konsistenzprüfungen wurden auch die Ergebnisse der jeweils anderen APK-Analysen (andere Medien, andere Variablen der Nutzung bzw. Bewertung) einbezogen. So kann man beispielsweise davon ausgehen, daß an bestimmten Übergängen im Lebensverlauf (etwa im Zuge der Pensionierung) bei den einen Nutzungsweisen (etwa der Verweildauer) stärkere Differenzen im Alterseffekt auftreten als bei anderen (etwa der Stichtagnutzung). In vielen Fällen mußte daraufhin die Schätzung mit veränderter Restriktion wiederholt werden, meistens deshalb, weil aufgrund lokaler Schwankungen in dem für die Gleichheits-

98 Dabei wurde auch beachtet, daß der Alterseffekt hier aufgrund der Datenbasis quasi zusammengesetzt ist. Die unterschiedlichen Bereiche des Alterseffektes basieren auf den Veränderungen, die in jeweils anderen Kohorten beobachtet werden konnten, sind also mehr oder weniger stark kohortenspezifisch — mit gewissen Übergängen. Festgestellte Alterseffekte sind daher immer auch auf die betreffenden Kohorten (und ihre Biographien) zu beziehen. Und es wird von daher verständlich, daß diese Alterseffekte eine gewisse Nähe zu den Unterschieden, die zwischen den Altersgruppen in einzelnen Querschnitterhebungen beobachtet werden können, aufweisen. Eine solche Querschnittanalyse stellt im Prinzip den ungünstigsten Extremfall dar: Kohorteneffekt und Alterseffekt fallen vollständig zusammen. Die entsprechenden Effekte, so wie sie hier im APK-Modell ermittelt werden, repräsentieren nun eben nicht das andere — günstigste — Extrem, sondern nehmen eine mittlere Position ein.

restriktion gewählten Bereich des Effektes offensichtlich verzerrte Schätzungen resultierten. Präsentiert werden hier jeweils nur die Ergebnisse des Modells, das am Ende dieses Prozesses schließlich akzeptiert wurde, das also unter den betrachteten Modellen insgesamt die größte Plausibilität besitzt.

Dabei spielt freilich die subjektive Interpretation, die Kenntnis der Methodik und der unterstützend herangezogenen Informationen eine Rolle. Es ist daher nicht unwahrscheinlich, daß manche die jeweiligen Resultate als weniger plausibel ansehen. Deshalb sei an dieser Stelle ausdrücklich der Charakter der vorgelegten Modellschätzungen betont: Es handelt sich formal jeweils um eine von in der Regel unendlich vielen *statistisch* gleichwertigen Repräsentationen der Daten. Von daher sind andere Orientierungen der Effekte immer *möglich*, wenngleich nicht unbedingt inhaltlich eher zu vertreten.

4.2.3 Ansatzpunkte zur Bestimmung der zu erwartenden Perioden- und Alterseffekte

Im folgenden wird der Stand der Erkenntnisse zu historischen (in Deutschland zwischen 1970 und 1990) und altersbezogenen Einflüssen auf das Mediennutzungsverhalten zusammengefaßt. Aus diesen Informationen, die sich zum größten Teil auch auf die Medienbewertung beziehen lassen, wurde abgeleitet, welche Alters- und Periodeneffekte bei den einzelnen Kohortenanalysen zu erwarten sind. Diese Erwartungen dienten zum einen der Modellidentifikation. So können eher Koeffizienten in solchen Bereichen der Effekte gleichgesetzt werden, bei denen nicht mit größeren Abweichungen zu rechnen ist. Andererseits erleichterte die Kenntnis der alters- und periodenbezogenen Einflüsse und damit der zu erwartenden Effekte die Überprüfung der jeweiligen Modellschätzungen auf Plausibilität. Bei der Zusammenfassung — zunächst der periodenbezogenen, dann der altersbezogenen Einflüsse — wird jeweils in zwei Schritten vorgegangen: Erst werden allgemeine Einflußfaktoren aufgeführt, anschließend die Einflüsse, die für die einzelnen Medien jeweils wichtig sind.

4.2.3.1 Periodenbezogene Einflüsse auf das Rezipientenverhalten

Periodenbezogene Einflüsse auf die Mediennutzung sind solche Einflüsse, die (potentiell) alle Altersgruppen und Kohorten betreffen. Es handelt sich daher hier um die generellen Determinanten der Mediennutzung. Diese Einflüsse können in angebots- und nachfragebezogene Faktoren eingeteilt werden. Mediennutzung ist teilweise als Funktion des *Medienangebots* zu betrachten (vgl.

Webster und Lichty 1991, S. 165 ff.): Die Verfügbarkeit von Medien stellt eine notwendige Bedingung für ihre Nutzung dar. Extensive Verfügbarkeit begünstigt extensive Nutzung. Und die Medien, deren Nutzung hier untersucht wird, sind in den letzten Jahrzehnten keine Konstanten gewesen.

Zu diesen (veränderten) Angebotsbedingungen zählen vor allem folgende:[99] die Existenz des Mediums generell und seine Ausbreitung; die Entwicklung der (relativen) Kosten, etwa der Gerätepreise; Erweiterungen der Verfügbarkeit durch Innovationen bei den Empfangsgeräten; Erweiterungen des Angebots bei den elektronischen Medien durch Hinzutreten weiterer Kanäle (dadurch mehr Alternativen); zeitliche Ausdehnungen des täglichen Programmangebots; die Veränderung der Inhalte einzelner Medien und damit möglicherweise zugleich eine Veränderung der Attraktivität dieser Medien. Diese Faktoren wirken in positiver Richtung.

Auf der Seite der *Nachfrage* lassen sich unter anderem folgende generelle Einflußfaktoren auf die Mediennutzung der 70er und 80er Jahre unterscheiden: die Entwicklung der verfügbaren Freizeit, die Entwicklung der Einkommen, des Freizeitverhaltens und der Nutzung nichtmedialer und medialer Konkurrenzangebote. Das Ausmaß an verfügbarer Freizeit hat (sowohl „objektiv" als auch nach subjektiver Einschätzung der Bevölkerung) in den letzten Jahrzehnten zugenommen; die disponiblen Einkommen breiter Bevölkerungsschichten sind ebenfalls gestiegen (vgl. Uttitz 1984). Meistens wird davon ausgegangen, daß eine Ausdehnung des Freizeitbudgets auch ein Mehr an Mediennutzung mit sich bringt. Es wirken aber auch Einflußfaktoren in Gegenrichtung, vor allem die zunehmende Konkurrenz durch alternative Freizeitaktivitäten, die im Zuge steigender Einkommen auch mehr und mehr finanzierbar sind für große Teile der Bevölkerung (vgl. Mast 1985).

Ob mit einer Ausweitung des Freizeitbudgets auch eine verstärkte Mediennutzung verbunden ist, bleibt unsicher (vgl. Müller-Wichmann 1985). In diesem Zusammenhang steht insbesondere auch die zunehmende Zeitknappheit infolge der Konkurrenz der vermehrt nachgefragten Güter und Dienstleistungen um die nur begrenzt dehnbare Konsumzeit (vgl. Linder 1970). Auf dem Mediensektor diagnostiziert man allein aufgrund des dortigen Überangebotes eine zunehmende Informationsüberlastung (vgl. Kroeber-Riel 1987; Neuman und de Sola Pool 1986). Damit einher gehen Tendenzen zur vermehrten Nebenbei-Nutzung der Medien einerseits sowie zur Schnellrezeption andererseits, insgesamt zu einer

99 Im vorliegenden Zusammenhang sind dabei fast ausschließlich die elektronischen Medien relevant. Veränderungen treten hier meistens als Erweiterungen des Angebots auf.

Flexibilisierung der Mediennutzung. Hier bestehen auch wechselseitige Beeinflussungen mit den Tendenzen auf der Angebotsseite: den Trends zur zeitlichen und inhaltlichen Angebotsausweitung und Diversifikation, zum Schnell- bzw. Kurzangebot, zum aufmerksamkeitsstarken Angebot, zum Bild, zum voraussetzungsärmeren und damit eher nebenbei rezipierbaren Angebot.

Wenn die „Qualität" der Rezeption — also ob ein Medium begleitend neben anderen Tätigkeiten genutzt wird oder exklusiv — nicht betrachtet wird, sondern nur die Häufigkeit und der zeitliche Umfang der Mediennutzung, so könnten diese Tendenzen des Rezeptionsverhaltens per saldo positive Zeiteinflüsse auf die Mediennutzung bedeuten. Genauere Aussagen sind — vor allem was die Entwicklung des Angebots betrifft — nur für die Medien einzeln möglich.

Positive Einflüsse auf die *Fernsehnutzung* haben unter anderem folgende Angebotsfaktoren (vgl. Robinson 1981): Verbreitung von Fernsehgeräten, attraktivere Fernsehtechnik und erweitertes Kanalangebot (Farbfernsehen, Kabelfernsehen), zeitlich erweitertes Programmangebot — alles Faktoren, die auch im Beobachtungszeitraum 1970 bis 1990 in Deutschland gewirkt haben.

Während dieser Zeit hat sich die Ausstattung der Bevölkerung mit Fernsehgeräten verbessert. Fernsehgeräte wurden preisgünstiger, der Trend ging zu Zweit- und Drittgeräten in einem Haushalt. An technischen Innovationen im Fernsehbereich seit 1970 ist vor allem das Farbfernsehen zu erwähnen. Das Farbfernsehen breitete sich im wesentlichen während der 70er Jahre aus (vgl. Halefeldt 1982). 80 % der Bevölkerung (14 Jahre und älter) hatten 1981/82 bereits ein Farbfernsehgerät im Haushalt, die Hälfte davon mit Fernbedienung; und bei 33 % war mehr als ein Fernsehgerät im Haushalt vorhanden (vgl. Buß 1982, S. 585). Die Verfügbarkeit des Mediums Fernsehen wurde auch durch die Verbreitung des Videorecorders erhöht (obwohl hier zugleich Konkurrenzeffekte zum Tragen kommen).

Ein wesentlicher Einfluß vor allem zwischen 1985 und 1990 bestand in der Zunahme der Kanalvielfalt. Daraus ergab sich eine Angebotsvermehrung sowohl in quantitativer als auch in qualitativer Hinsicht. So kann wohl die Zunahme der Fernsehnutzung während dieser Zeit teilweise mit dem breiteren Angebot erklärt werden (vgl. Becker und Schoenbach 1989). Unabhängig von der Zahl der Programme erfolgte beim Fernsehen aber auch eine Ausdehnung des Angebots in zeitlicher Hinsicht: Erst kamen Erweiterungen der Sendezeit am Nachmittag und am späteren Abend, ab 1981 wurde von ARD und ZDF ein gemeinsames Vormittagsprogramm ausgestrahlt. Einige dieser Entwicklungen haben wahrscheinlich auch altersspezifisch gewirkt. Unter anderem ist hier festzuhalten, daß das Fernsehangebot — besonders durch die Privatprogramme — in den letzten Jahren vor allem für jüngere Altersgruppen attraktiver wurde (vgl. Bonfadelli 1989).

So weit wurden nur positive Einflüsse auf die Entwicklung der Fernsehnutzung in den 70er und 80er Jahren aufgeführt. Es gibt jedoch auch eine Reihe von Einflußfaktoren, welche in die umgekehrte Richtung wirken und hier möglicherweise zum Tragen gekommen sind (vgl. Robinson 1981): An erster Stelle ist dabei der nachlassende Neuheitswert des Fernsehens zu nennen. Ein anderer Faktor ist das Einkommenswachstum; mit steigenden Masseneinkommen werden andere, aufwendigere Freizeitaktivitäten (Fernsehen ist eine relativ kostengünstige Freizeitbeschäftigung) für große Teile der Bevölkerung eher finanzierbar.

Insgesamt bleibt relativ unklar, wie die periodenbezogenen Einflüsse per saldo auf die Fernsehnutzung gewirkt haben. Man kann sich jedoch vorstellen, daß in unterschiedlichen Zeiträumen einmal die negativen und einmal die positiven Einflüsse überwogen. So ist etwa anzunehmen, daß in den 70er Jahren (vor allem in der ersten Hälfte) — Neuheitseffekt, noch weiter zunehmende Verbreitung des Fernsehens, Ausbreitung des Farbfernsehens — der Saldo noch überwiegend positiv war. In der ersten Hälfte der 80er Jahre wirkten diese Einflüsse dann nicht mehr oder zumindest nicht mehr so stark: Das Fernsehen war vollständig verbreitet, der Neuheitseffekt verschwunden, auch das Farbfernsehen war schon nichts Besonderes mehr. In der zweiten Hälfte der 80er Jahre dominierten wahrscheinlich wieder die positiven Einflüsse: Das Fernsehen wurde durch die Verbreiterung des Programmangebots und durch die zeitliche Programmausweitung für weite Bevölkerungskreise attraktiver.

Für die *Zeitungsnutzung* lassen sich vor allem negative Einflüsse feststellen. An erster Stelle steht dabei wohl die — wenn auch nicht unbedingt starke — Konkurrenz durch die Medien Fernsehen und insbesondere Radio, die im Beobachtungszeitraum zugenommen hat. Die Konkurrenz durch die elektronischen Medien ist auch im Hinblick auf die lokale Berichterstattung größer geworden. Besonders gilt das für den Hörfunk der 80er Jahre: Das Angebot erweiterte sich in dieser Zeit um viele neue lokale Privatsender und lokale Fensterprogramme. Auch die zunehmende Verbreitung von Anzeigenblättern hat die Nutzung der Tageszeitungen eher negativ beeinflußt. Von der Seite der Mediennutzung sind offenbar ebenfalls vorwiegend negative Einflüsse ausgegangen. So eignet sich die Zeitung weniger gut zur Nebenbei-Nutzung, ist insofern gegenüber Radio und Fernsehen (so wie diese Medien genutzt werden) weniger flexibel — und zwar im Vergleich zunehmend weniger.

Einen durchweg positiven Einfluß auf die *Radionutzung* hatten mehrere Faktoren vor allem in den 70er Jahren, aber auch schon teilweise in den 60er Jahren (vgl. Jenke 1975; Magnus 1981; Pfifferling 1974; Wicht 1969): Veränderungen der Programmangebote (Service- bzw. Autofahrerwellen als Begleitprogramme, zielgruppenorientiertere Programme), die erhöhte Attraktivität des Radios durch UKW und Stereophonie, aber insbesondere auch die Verbilligung der Empfangsgeräte und (damit) Verbesserungen der technischen Ausstattung der Geräte und der Versorgung der Bevölkerung mit Empfängern (Zweit- und Drittgeräte, Autoradio[100], tragbare Geräte), Verbesserungen, die eine individuellere und mobilere — und damit auch zeitlich ausgedehntere — Nutzung erlaubten.

So betrug der Anteil der Bevölkerung (14 Jahre und älter) mit Zweitgeräten 1960 8 %, 1964 15 %, 1969 26 % und 1974 42 %; bei Autoradios lagen die Anteile für 1969 und 1974 bei 17 % bzw. 36 % (vgl. Pfifferling 1974, S. 552). Nach den Ergebnissen der Langzeitstudie Massenkommunikation lag der Anteil der Bevölkerung mit zwei oder mehr Radiogeräten im Haushalt 1964 bei 15 %, 1970 bei 30 % und 1974 bei 38 %; bis 1980 erfolgte dann eine deutliche Zunahme auf 63 %, danach waren die Zuwächse nur noch schwach (1985 64 %, 1990 71 %)[101] (vgl. Kiefer 1992, S. 21). Ein Teil dieses Anstiegs dürfte dabei auf die Verbreitung von Autoradios zurückgehen. Nach diesen Zahlen stieg die Ausstattung der Bevölkerung mit Radiogeräten am stärksten in der zweiten Hälfte der 70er Jahre. Diese erhöhte *Verfügbarkeit* des Mediums Radio ist von erheblicher Bedeutung für seine Nutzung, gerade im Hinblick auf den wachsenden Anteil der begleitenden Nutzung.

1981/82 hatte die deutsche Bevölkerung (14 Jahre und älter) schon durchschnittlich 2,7 Radiogeräte im Haushalt zur Verfügung. Auch der Besitz von Autoradios war bereits sehr weit verbreitet: Wenn ein PKW im Haushalt vorhanden war (was auf 57 % der Bevölkerung zutraf), so war er in 87 % der Fälle mit einem Autoradio ausgestattet (vgl. Buß 1982, S. 584). Also verfügten Anfang der 80er Jahre rund 50 % der Bevölkerung über ein Autoradio im Haushalt. Wild (1989) zufolge war der Zuwachs in der Ausstattung mit Autora-

---

100 De Volder wies früh darauf hin, die Nutzung nebenbei sei ein spezifischer Vorteil des Radios — vor allem beim Autofahren. Er sagte voraus, die Radionutzung werde mit der Verbreitung des Automobils zunehmen: „Das Auto ist eine dem Radio verbündete Macht“ (De Volder 1963, S. 429).

101 Nach 1980 kann allerdings der Anteil der Personen mit drei, vier oder noch mehr Radiogeräten im Haushalt noch stark angestiegen sein. Veränderungen „innerhalb“ der Gruppe derjenigen, die zwei oder mehr Geräte im Haushalt zur Verfügung haben, sind aus den genannten Zahlen nicht ablesbar.

dios in den 70er Jahren am stärksten.[102] Auch die Zunahme der Zahl der Radioprogramme, die Differenzierung der Programme, die Entstehung neuer Programmtypen und das Wachstum des täglichen Programmangebots fanden hauptsächlich in den 70er Jahren statt (vgl. Franz, Klingler und Jäger 1991).

Diese Angebotsveränderungen waren im übrigen auch (teilweise) altersspezifisch oder konnten jedenfalls altersbezogen wirken. Das gilt beispielsweise für die ersten Service-Wellen des ARD-Hörfunks, die Anfang der 70er Jahre entstanden. Diese Programme waren erstmalig konzeptionell auf jüngere Hörer zugeschnitten. Davor hatte das Radio den Jugendlichen erheblich weniger zu bieten; das Radio war traditionell ein Familienmedium (in dieser Funktion aber im wesentlichen durch das Fernsehen abgelöst). Und vor allem die neuen Service-Wellen waren dann Träger des Trends zur begleitenden Nutzung des Hörfunks.

Insgesamt sind für die Radionutzung fast ausschließlich positiv wirkende periodenbezogene Einflüsse auszumachen. Ihre Wirkung konzentriert sich offenbar auf die 70er Jahre. So verwundert es auch nicht, daß Langzeitvergleiche von Nutzungsdaten zeigen, daß die Radionutzung vor allem in den 70er Jahren expandierte und seit Anfang der 80er Jahre (bis zum Ende der 80er Jahre) relativ stabil war (vgl. Franz, Klingler und Jäger 1991; Wild 1989).

Dennoch sind auch für die 80er Jahre — vor allem für die zweite Hälfte der 80er Jahre — noch positive Einflüsse zu vermuten. Hierzu gehört vor allem die Zunahme des Programmangebotes durch das Hinzutreten privater Sender. Nicht nur damit, sondern auch durch Veränderungen im Bereich der öffentlich-rechtlichen Hörfunkprogramme (in Reaktion auf die neue Konkurrenz) ist das Hörfunkangebot insgesamt noch zielgruppengerechter geworden.

Negativ gerichtete Einflüsse ergeben sich am ehesten noch durch intermediäre Konkurrenz; so gibt es heute beispielsweise auch ein größeres Angebot an Popmusik-Sendungen im Fernsehen. Konkurrenz durch andere Freizeitaktivitäten wirkt sich beim Hörfunk — anders als beim Fernsehen — wahrscheinlich weniger aus, da das Radio in hohem Maße begleitend zu anderen Tätigkeiten genutzt wird. Insgesamt überwogen zwischen 1970 und 1990 die positiv wirkenden Einflüsse bei weitem.

---

102 Wild gibt den Anteil der Bevölkerung mit Autoradio im Haushalt für 1971 mit 21 % an, für 1981/82 dagegen bereits mit 67 % (vgl. Wild 1989, S. 289). Bei den Zahlen handelt es sich jedoch offenbar um die Anteile der „Haushalte", die jeweils über einen PKW mit Autoradio verfügen (siehe auch Franz, Klingler und Jäger 1991, S. 405).

4.2.3.2 Altersbezogene Einflüsse auf das Rezipientenverhalten

Weitaus ergiebiger für die Zwecke der Modellidentifikation und der Überprüfung der Modellschätzungen waren altersbezogene Einflüsse auf die Mediennutzung, und zwar vor allem deshalb, weil sie häufiger und systematischer untersucht worden sind. Dabei besteht jedoch ein größeres Problem darin, daß die Forschung über Veränderungen der Mediennutzung im Lebensverlauf überwiegend auf Querschnitterhebungen basiert (vgl. auch Jeffres 1980, S. 250 und S. 255). Aufgrund der Konfundierung von Lebensalter und Geburtsjahr (also Kohortenzugehörigkeit) in Querschnittdaten können damit — zumindest auf der Basis nur einer einzigen Erhebung — Alterseffekte in aller Regel nicht von Kohorteneffekten getrennt werden. Diese Problematik wurde von vielen Forschern nicht beachtet. Daher sind die Befunde der zumeist statischen Untersuchungen generell mit Vorsicht zu betrachten (vgl. auch für den Bereich der Freizeitsoziologie Prahl 1988, S. 59; Vester 1988, S. 125).

Oft heißt es, für das Rezipientenverhalten sei weniger das Alter an sich, sondern vielmehr der menschliche Lebenszyklus relevant (vgl. etwa Dimmick, McCain und Bolton 1979; McLeod und O'Keefe 1972; A. M. Rubin 1985). Alter wird aber in dieser Arbeit ohnehin nur als Indikator für verschiedene Einflüsse, die einzelnen Lebensphasen zumindest grob zugeordnet werden können, verstanden, darunter auch die Lebenszyklusposition bzw. die Stellung im Familienlebenszyklus. Daher wird hier nicht systematisch zwischen Alter und Lebenszyklus differenziert.

Grundsätzlich ist an Übergängen im Lebensverlauf (also bei Veränderungen der Position im Lebenszyklus) auch mit Veränderungen des Kommunikationsverhaltens zu rechnen (vgl. McLeod und O'Keefe 1972, S. 129). Bestimmte Veränderungen im Lebensverlauf, darunter die Entwicklung von Fähigkeiten (etwa der Lesefähigkeit), familienbedingte oder finanzielle Einschränkungen, Zunahme bzw. Abnahme der Zahl oder Intensität sozialer Kontakte, ziehen oft Veränderungen der Verfügbarkeit von Medien und von funktionalen Alternativen nach sich (vgl. Dimmick, McCain und Bolton 1979, S. 11). Einige wesentliche Entwicklungen im Lebensverlauf, die von Bedeutung für das Rezipientenverhalten sind, werden im folgenden kurz dargestellt, und zwar zunächst im Kontext des Freizeitverhaltens. Die Ausführungen beziehen sich — wie die Forschung — meistens auf einen typischen Lebenslauf. Sie beanspruchen insofern nicht generelle Gültigkeit auf der Individualebene, sondern stellen so etwas wie Aussagen über den Bevölkerungsdurchschnitt dar.

Vor allem im ersten, aber auch noch im zweiten Lebensjahrzehnt ist besonders die kognitive Entwicklung maßgeblich für die Mediennutzung: Intelligenz, Abstraktionsvermögen, Konzentrationsfähigkeit — und damit auch grundlegende Fähigkeiten zur Nutzung der Medien — entwickeln sich primär im Kindesalter (vgl. Wartella, Alexander und Lemish 1979). Die zentrale Veränderung dürfte hierbei der Beginn der Lesefähigkeit um das 6./7. Lebensjahr darstellen. In späteren Lebensphasen werden andere Einflüsse bzw. andere Restriktionen für die Entwicklung der Mediennutzung wichtig.

Generell ist das Freizeitverhalten im Lebensverlauf und besonders in den verschiedenen Phasen des Familienlebenszyklus unterschiedlich.[103] So sind Jugendliche grundsätzlich weniger an familienzentrierten Freizeitaktivitäten interessiert (vgl. Parker 1976, S. 54 ff.). In der Jugendphase liegt der Schwerpunkt der Freizeitgestaltung also auf Aktivitäten außer Haus; neben die Mediennutzung treten daher hier — im Vergleich zu anderen Altersbereichen — besonders viele altersspezifische Konkurrenzaktivitäten (vgl. Kleiber und Rickards 1985).

Im frühen Erwachsenenalter nimmt dann einerseits typischerweise das Freizeitbudget bedingt durch die Aufnahme einer vollen Berufstätigkeit ab; diese Tendenz wird durch Heirat und Familiengründung weiter verstärkt. Und andererseits ist nach der Familiengründung — insbesondere wenn die Kinder noch klein sind — die Bindung der Eltern (vor allem der Mutter) an die Wohnung stärker; unter solchen Umständen werden typischerweise die Freizeitaktivitäten außer Haus eingeschränkt, häusliche Freizeitgestaltung gewinnt — bei reduziertem Freizeitbudget — an Bedeutung (vgl. Iso-Ahola und Mannell 1985, S. 140; Parker 1976, S. 57 ff.; Scheuch 1977, S. 60 ff.; Uttitz 1985; Vester 1988, S. 114 ff.). Vor allem bei jungen Paaren macht sich im Freizeitverhalten auch die finanzielle Belastung durch Kinder bemerkbar (vgl. Iso-Ahola und Mannell 1985, S. 140 ff.). Diese Lebenssituation begünstigt eine höhere Mediennutzung (vgl. Iso-Ahola und Mannell 1985, S. 140; Rosengren und Windahl 1989). Die Einschränkungen des Freizeitbudgets junger Eltern und die Bindung ihrer Freizeitgestaltung an das Haus lassen nach, wenn die Kinder älter sind und in die Jugendphase eintreten (vgl. Iso-Ahola und Mannell 1985, S. 140).

Freizeitverhalten und Rezipientenverhalten in der Erwachsenenphase (zwischen Mitte 30 und dem Rentenalter) sind bislang kaum untersucht worden; das

---

103 Vgl. dazu im einzelnen S. J. Cutler und Hendricks (1990), Gordon, Gaitz und Scott (1976), Kleiber und Kelly (1980), Osgood und Howe (1984), Parker (1976), Prahl (1988), Rapoport und Rapoport (1975), Scheuch (1977), Schmitz-Scherzer (1974), Tokarski (1989), Tokarski und Schmitz-Scherzer (1985), Uttitz (1985) und Vester (1988).

Erwachsenenalter gilt aber als Phase weitgehender Stabilität, jedenfalls verglichen mit den Lebensabschnitten davor und danach (vgl. Dimmick, McCain und Bolton 1979; Vester 1988, S. 122 ff.). Zwar ist in der mittleren Lebensphase die verfügbare Freizeit stärker eingeschränkt, ansonsten ist diese Phase jedoch eher durch erhöhte Wahlfreiheit und eine bessere wirtschaftliche Situation gekennzeichnet. Demgegenüber stehen jüngere Menschen stärker unter der Kontrolle der Familie (vgl. Morrison 1979).

Das Budget verfügbarer Freizeit nimmt bei Berufstätigen mit dem Eintritt in den Ruhestand deutlich zu. Was den Übergang vom mittleren zum höheren Lebensalter betrifft, so ist die Forschungslage nicht eindeutig (vgl. Tokarski 1989): Es liegen sowohl Befunde für die Kontinuität der Freizeitgestaltung als auch solche für Veränderungen des Freizeitverhaltens vor. Offenbar gibt es jedenfalls bei *einzelnen* Aktivitäten bzw. Arten von Aktivitäten eindeutige altersbezogene Veränderungen, wie etwa die verminderte Ausübung sportlicher Aktivitäten und die zunehmende Bedeutung der Freizeitgestaltung im Haus (vgl. Tokarski 1989). Für das Freizeitverhalten bzw. seine Veränderungen im Alter ist die Pensionierung ein wichtiger Punkt. Hier gilt allgemein eher Kontinuität, also daß das Freizeitverhalten insgesamt relativ stabil bleibt, daß nur wenige Freizeitaktivitäten neu hinzutreten und daß bisherige Aktivitäten — beispielsweise Zeitungslesen — verstärkt ausgeübt werden (vgl. Kleiber und Kelly 1980; Tokarski 1989). Insgesamt betrachtet, ist bei den Älteren im Vergleich zu Erwachsenen mittleren Alters also vor allem eine Rahmenbedingung anders, die bei der Mediennutzung zum Tragen kommt: Sie verfügen über ein größeres Freizeitbudget (vgl. Young 1979). Zudem sind ältere Erwachsene im Hinblick auf Freizeitaktivitäten außer Haus stärker eingeschränkt; sie orientieren sich daher mehr hin zu Freizeittätigkeiten, die im Haus ausgeübt werden. Hierzu gehört vor allem auch die Mediennutzung (vgl. Meyersohn 1961, S. 262).

Von grundlegender Bedeutung ist dabei auch der im Alter stärker werdende physiologische Verfall: Die körperliche Beweglichkeit nimmt ab, ältere Menschen sind weniger mobil und stärker an die Wohnung gebunden. So gaben 1985 24 % der 55- bis 64jährigen und 44 % der 65- bis 74jährigen an, nicht mehr so gut gehen zu können wie früher (vgl. Eckhardt und Horn 1988, S. 37). Dies hat Auswirkungen auf das Freizeitverhalten ganz generell (vgl. Schmitz-Scherzer 1974, 1979). Im Vergleich der Altersgruppen ist die Freizeitgestaltung mit zunehmendem Alter immer stärker eingeschränkt, das Spektrum der Freizeitaktivitäten also bei älteren Personen enger als bei jüngeren (vgl. S. J. Cutler und Hendricks 1990; Gordon, Gaitz und Scott 1976).[104] Dies gilt jedoch nicht für solche Freizeitaktivitäten, die zu Hause bzw. im Familien- oder Freundeskreis ausgeübt werden und physisch weniger belastend sind. Hier zeigen sich kaum Unterschiede zwischen den Altersgruppen. In diese Kategorie von Aktivitäten fällt beispielsweise auch das Fernsehen.

Die Reduktion der Bandbreite ausgeübter Freizeitaktivitäten bei Älteren läßt sich insgesamt offenbar zumindest teilweise mit sozialen, ökonomischen und gesundheitlichen Veränderungen erklären (vgl. McGuire 1985; Tokarski und Schmitz-Scherzer 1985, S. 191). Solche Veränderungen der Lebensbedingungen, die mit dem Alter einhergehen, haben grundsätzlich auch Einfluß auf die Mediennutzung (vgl. A. M. Rubin 1985). So wächst beispielsweise im Zuge der mit dem Alter abnehmenden Mobilität die Bindung an den Wohnort; vor allem für die Zeitungsnutzung spielt diese Bindung eine Rolle (vgl. Stamm 1985).

Auch der Umfang und die Intensität sozialer Kontakte können sich im Alter verringern. Dies ist teilweise durch die bereits erwähnte abnehmende Mobilität bedingt, eine andere Ursache ist der Verlust von Freunden, Bekannten und Verwandten durch Tod. Außerdem fehlen nach dem Eintritt in den Ruhestand die Informationen von Arbeitskollegen. Dies kann sich auf das Informationsverhalten auswirken (vgl. Thorn und Pfeil 1987, S. 99). Schramm (1969, S. 370 ff.) nennt als wichtigste Funktion der Medien für ältere Menschen die Bekämpfung von Disengagement, das aus der spezifischen Lebenslage der Älteren (weniger Aktivitäten und soziale Kontakte, Verlust von Familie und Freunden, zunehmende Einsamkeit) resultiert.

Die physiologische Entwicklung im Bereich der Sinnesorgane wirkt sich auf die Nutzung der einzelnen Medien in unterschiedlicher Weise aus, je nachdem, welche Sinnesorgane ein Medium beansprucht. Schwierigkeiten mit den Augen bei längerer Lektüre bilden offenbar zumindest für Menschen jenseits der 60 ein größeres Hemmnis. Sehschwierigkeiten beim Fernsehen sind demgegenüber seltener (vgl. Infratest Medienforschung 1978, S. 187). Probleme mit den Wahrnehmungsorganen machen sich im Alter also in erster Linie bei der Nutzung von Druckmedien bemerkbar; diese geht daher im Alter anscheinend zurück — zugunsten des Fernsehens (vgl. Fouts 1989, S. 572; Young 1979, S. 120 f. und S. 128).

---

104 Eine andere (bzw. zusätzliche) Erklärung für die in Querschnittdaten beobachtbaren Unterschiede zwischen den Altersgruppen wäre die unterschiedliche Freizeitsozialisation der betreffenden Kohorten (vgl. Kapitel 2.1.2).

Eine weitere altersbezogene Restriktion der Mediennutzung kann das *Einkommen* darstellen, das sich ja auch im Lebensverlauf verändert (obwohl das Geldbudget als Bestimmungsfaktor der Mediennutzung heute wohl weniger wichtig ist). Young (1979) weist jedenfalls darauf hin, daß die Nutzung mancher Medien — etwa von Büchern oder Zeitschriften — auch aus finanziellen Gründen im Alter möglicherweise eingeschränkt werde (vgl. Young 1979, S. 121 f.).

Mit dem Alter verändert sich typischerweise auch die *Medienumgebung*. Jedenfalls können altersspezifische Medienumgebungen im hier relevanten Beobachtungszeitraum festgestellt werden. So haben Jugendliche, die noch im Elternhaus wohnen, eine bestimmte, nicht vollständig selbstgewählte Medienumgebung. Es besteht im Durchschnitt ein deutlicher Unterschied zwischen der Medienumgebung von Jugendlichen in ihren elterlichen Haushalten und der Medienumgebung der Jugendlichen bzw. jungen Erwachsenen, wenn sie ausgezogen sind: Der jeweilige Anteil derjenigen, die im Haushalt ein Radiogerät (ein Fernsehgerät, eine Tageszeitung) verfügbar haben, entspricht bei noch zu Hause wohnenden Jugendlichen dem Anteil in der Elterngeneration (also bei den 35- bis 50jährigen). Bei älteren Jugendlichen und jungen Erwachsenen, die nicht mehr bei den Eltern wohnen, ist dieser Anteil geringer (wenngleich er im weiteren Verlauf des Lebens wieder steigen wird), weil nicht alle jungen Erwachsenen ihren eigenen Haushalt sofort mit den gleichen Medien ausstatten (können), die im Elternhaus verfügbar waren. Empirische Hinweise auf diese Veränderung im Lebensverlauf finden sich zwar für mehrere Medien, ausgeprägt sind sie jedoch nur beim Fernsehen: Hier liegt bei jungen Erwachsenen die Ausstattung deutlich niedriger als in den anderen Altersgruppen (vgl. Saxer, Langenbucher und Fritz 1989, S. 34).

Auch das Medienangebot ist (zumindest teilweise) altersspezifisch. Ganz allgemein ist theoretisch das Angebot für ältere Menschen immer größer als für jüngere. Besonders gilt dies für den Vergleich zwischen Erwachsenen und Kindern bzw. Jugendlichen (vgl. Morrison 1979, S. 73). Das hat einerseits mit Voraussetzungen zu tun (der Lesefähigkeit etwa), andererseits mit Autonomie (Kinder und Jugendliche können aus dem Angebot oft nicht frei von Kontrolle durch ihre Eltern wählen). Von Bedeutung ist aber auch, daß ältere Menschen — die ja selbst einmal jünger waren — sich für die primär an andere Altersstufen gerichteten Angebote offenbar mehr interessieren als jüngere Menschen sich entsprechend umgekehrt für die an Ältere gerichteten Angebote. Deutlich wird dies beispielsweise im Fernsehverhalten der älteren Bevölkerung.

Viele der bisher angeführten altersbezogenen Restriktionen lassen sich auch mit Hilfe der ökonomischen Kategorie der *Kosten* analysieren. An eine Überlegung Schramms anschließend, diskutiert W. Schulz (1971) Medienselektionsentscheidungen als ökonomisches Verhalten. Dieser Ansatz geht davon aus, daß der Rezipient Kommunikationsnutzen, also das Potential des Mediums zur Befriedigung bestimmter Bedürfnisse, und Kommunikationskosten — beides Bündel subjektiver Größen — einander gegenüberstellt (vgl. W. Schulz 1971, S. 83 ff.). „Unter Kommunikationskosten sind alle Arten von Aufwendungen zu verstehen, die ein Rezipient erbringen muß, um sich die Botschaften eines Mediums zugänglich zu machen" (W. Schulz 1971, S. 85).[105]

Schulz nennt — eher exemplarisch — einige Kostenkomponenten: monetäre Kosten (Geräteanschaffungen, Gebühren, Aufwendungen für eine Zeitung bzw. ein Zeitungsabonnement), dann die geistigen Anstrengungen, die bei der Dekodierung notwendig sind, und schließlich die räumliche und zeitliche Gebundenheit bei der Rezeption (vgl. W. Schulz 1971, S. 85 ff.). Für den vorliegenden Zusammenhang ist vor allem von Bedeutung, daß diese Kommunikationskosten bei verschiedenen Bevölkerungsgruppen unterschiedlich hoch sind (vgl. W. Schulz 1971, S. 85 ff.): So belasten monetäre Kosten etwa Rentner relativ stark, und die Dekodierungskosten von Druckmedien fallen bei Personen mit hoher Bildung niedriger aus.

Die vergleichsweise starke räumliche und zeitliche Gebundenheit durch das Fernsehen[106] führt zu entsprechend hohen subjektiven Kosten — und in diesem Erklärungsansatz geringerer Nutzung — bei denjenigen Bevölkerungsgruppen, die über wenig geregelte Freizeit verfügen bzw. denen (wie z. B. bei Jugendlichen) ihre Dispositionsfreiheit subjektiv besonders wichtig ist. Im Gegensatz dazu spielt die räumliche und zeitliche Bindung durch das Fernsehen etwa bei älteren alleinstehenden Rezipienten, die stark an die eigene Wohnung gebunden sind, kaum eine Rolle. In enger Beziehung damit steht bei dieser Bevölkerungsgruppe die hohe Bedeutung des Fernsehens als „Fenster zur Welt" (vgl. auch die nachfolgenden Ausführungen zum Nutzwert der Medien).

Welche Kommunikationskosten bei einem bestimmten Medium besonders zum Tragen kommen, variiert demnach mit der Kohortenzugehörigkeit (Bildung) und mit dem Lebensalter (Freizeit, Familie, Einkommen). Generell ist das Freizeitverhalten relativ stark von bestimmten Bedingungen abhängig (finanzielle, zeitliche und räumliche Unabhängigkeit), die Mediennutzung dagegen weniger. Als Folge davon ist zu erwarten, daß die Mediennutzung — vor allem

105 Vgl. ähnlich auch bereits Sturm (1968).

106 Diese Aussage hat bezogen auf den gesamten Zeitraum 1970 bis 1990 auch dann Gültigkeit, wenn man die zunehmende Verbreitung des Videorecorders berücksichtigt.

die Nutzung der elektronischen Medien — bei denjenigen höher liegt, bei denen alternative Freizeittätigkeiten stärkeren Restriktionen (höheren Kosten im weitesten Sinne) unterliegen. Dies betrifft vor allem Ältere, körperlich Schwächere und Eltern mit kleinen Kindern.

Der *Nutzen* der Medien für Rezipienten ist im Rahmen des Uses-and-Gratifications-Ansatzes vielfach untersucht worden. Auch Nutzen und Belohnungen der Mediennutzung verändern sich im Lebensverlauf (vgl. Dimmick, McCain und Bolton 1979; A. M. Rubin 1985): Die Bedürfnisstruktur wandelt sich im Zuge von biologischen und sozio-psychologischen Alterungsprozessen. Es treten jeweils andere Gratifikationsleistungen in den Vordergrund, und die Mediennutzungsmuster verändern sich entsprechend. Veränderungen der Bedürfnisstruktur ziehen eine Reorganisation der Mittel bzw. Aktivitäten zur Bedürfnisbefriedigung nach sich. Aber nicht nur die Mediennutzung, auch das Freizeitverhalten ganz generell wandelt sich im Lebensverlauf infolge psychologischer Veränderungen, etwa Veränderungen der Motive des Freizeitverhaltens (vgl. Osgood und Howe 1984).

Bei Jugendlichen ist das Bedürfnis nach Ablösung vom Elternhaus und dem Gewinnen von Unabhängigkeit zentral. Im Zuge dieser Entwicklung wird mehr Freizeit außer Haus verbracht und daher beispielsweise weniger ferngesehen.[107] Was das mittlere Lebensalter betrifft, so gibt es empirische Hinweise darauf, daß die Nutzung der Medien — vor allem von Zeitung und Fernsehen — zum Zweck der Information zunimmt bis etwa zum Eintritt in den Ruhestand. Danach ist sogar ein Rückgang möglich. Dieser altersbezogene Verlauf kann mit der Veränderung von Informationsbedürfnissen erklärt werden (vgl. Dimmick, McCain und Bolton 1979, S. 21 ff.).

Im Alter verstärkt sich wegen zunehmender Vereinsamung und Isolierung (bei Alleinstehenden) das Bedürfnis nach sozialen Kontakten. Es bestehen daher Tendenzen zur Nutzung von Medien im Hinblick auf entsprechende Gratifikationen („parasoziale Interaktion"). Medien erhalten vermehrt Bedeutung als Ersatz für Kontakte zur Außenwelt. Ein anderes für das höhere Alter typisches Motiv der Mediennutzung (vor allem der Nutzung bestimmter Medieninhalte) ist Nostalgie. So stellen alte Spielfilme mit den von früher bekannten Darstellern

107 Die Jugendzeit ist eine Phase starker Diskontinuität — mit entsprechenden Konsequenzen für das Mediennutzungsverhalten (vgl. Bonfadelli et al. 1986; McLeod und O'Keefe 1972). Dies gilt auch noch für den Übergang in die Erwachsenenphase. Das Mediennutzungsverhalten der Heranwachsenden kann daher nur im Zusammenhang mit den wesentlichen Veränderungen in dieser Altersphase verstanden werden (vgl. McLeod und O'Keefe 1972, S. 142; siehe auch Bonfadelli et al. 1986).

eine der Vorlieben älterer Menschen im Fernsehprogramm dar (vgl. Eckhardt und Horn 1988; Kübler, Burkhardt und Graf 1991). In ähnlicher Weise geht es älteren Menschen beim Fernsehen oft auch um das Nacherleben der eigenen Vergangenheit (vgl. Straka, Fabian und Will 1989, S. 91 f. und S. 181 f.). Insgesamt gesehen stützt diese Kosten/Nutzen-Betrachtung die zuvor zusammengefaßten Erkenntnisse zur Mediennutzung in verschiedenen Altersphasen.

Im folgenden wird nun betrachtet, wie sich die Nutzung der einzelnen tagesaktuellen Medien (Fernsehen, Tageszeitung und Radio) im Lebensverlauf entwickelt. Nach den Ergebnissen verschiedener Studien (zumeist Querschnittuntersuchungen) läßt sich (vor allem für die USA, teilweise aber auch international übereinstimmend) folgendes Muster der *Fernsehnutzung* im Lebensverlauf feststellen: Die Nutzung nimmt während der Kindheit zu (bis zum Alter von etwa 12 Jahren), geht in der Jugend zurück und erreicht dort einen Tiefpunkt, wächst anschließend (Anfang/Mitte 20) wieder an, ist im Erwachsenenalter relativ konstant und steigt im Alter — bei den Männern vor allem im Zuge der Pensionierung — nochmals auf ein höheres Niveau (vgl. Atkin 1976; Avery 1979; Barton und Schreiber 1978; Bonfadelli et al. 1986; Comstock, Chaffee, Katzman, McCombs und Roberts 1978; Feilitzen 1976; Gordon, Gaitz und Scott 1976; Rosengren und Windahl 1989). Insgesamt liegt eine recht starke theoretische und empirische Basis für die Bestimmung der Fernsehnutzung in verschiedenen Phasen des Lebens vor. Dies gilt vor allem für die deutliche Zunahme der Fernsehnutzung im Alter.

Jugendliche (und junge Erwachsene) nutzen das Fernsehen unterdurchschnittlich. Im Zuge der Ablösung vom Elternhaus, angesichts der höheren Bedeutung von Aktivitäten außer Haus, der stärkeren Erlebnis- und Gruppenorientierung, des größeren Stellenwertes von Gleichaltrigengruppen verliert das Familienmedium Fernsehen an Attraktivität — zugunsten des Kinos und vor allem von Musikmedien; dies gilt schwerpunktmäßig für den Altersbereich 12 bis 20 Jahre (vgl. Avery 1979; Bonfadelli 1981; Bonfadelli et al. 1986; Feilitzen 1976; Frank 1985; Rosengren 1991; Rosengren und Windahl 1989).

Der Umfang der Fernsehnutzung steht im Lebensverlauf generell in einem spiegelbildlichen Verhältnis zu Beanspruchungen durch Ausbildung, Berufstätigkeit, Kinder und soziale Kontakte (vgl. Comstock, Chaffee, Katzman, McCombs und Roberts 1978, S. 6). Was Familie und Kinder betrifft, so begünstigt diese Lebenssituation jedoch offenbar eine höhere Fernsehnutzung. Bei jüngeren Paaren mit kleinen Kindern, die stärker an die Wohnung gebunden sind und deren finanzielle Möglichkeiten oft begrenzt sind, ist generell die Mediennutzung und speziell die Fernsehnutzung — als relativ kostengünstige

Freizeitbeschäftigung im Haus — höher (vgl. Iso-Ahola und Mannell 1985, S. 140). Insofern kann in der frühen Erwachsenenphase im Durchschnitt mit einem höheren Niveau der Fernsehnutzung gerechnet werden.

Allgemein ist ein wesentlicher Bestimmungsfaktor der Fernsehnutzung die Verfügbarkeit der Rezipienten bzw. ihre Gelegenheit zum Fernsehen, also der Aufenthalt zu Hause, mit Ausnahme der Schlafzeiten[108] (vgl. Barwise und Ehrenberg 1988, S. 16 f.; Bower 1973; Bower 1985, S. 92 f.; Steiner 1963; Webster und Lichty 1991, S. 152 f.). So sehen die nicht berufstätigen Personen insgesamt mehr fern, weil sie tagsüber und am frühen Abend mehr sehen *können* (vgl. Barwise und Ehrenberg 1988, S. 15). Und Unterschiede in der Fernsehnutzung zwischen soziodemographischen Gruppen (Alter, Bildung) verschwinden (in den USA) weitgehend, wenn man nicht die Nutzungsdauer insgesamt betrachtet, sondern die üblichen Arbeitsstunden aus der Betrachtung herausnimmt, wenn man also ungefähr gleiche Bedingungen, gleiche Gelegenheit für alle herstellt (vgl. Bower 1973; Bower 1985, S. 92 f.; Steiner 1963; siehe auch Kapitel 3.2 dieser Arbeit). Auch die Fernsehnutzung zu bestimmten Tageszeiten variiert stark je nach der individuellen Lebenssituation, die sich als Kombination der Merkmale Alter, Geschlecht, Erwerbstätigkeit, Kinder kennzeichnen läßt (vgl. Engel und Frank 1987, S. 265 ff.). Insgesamt ist zu erwarten, daß die Dauer der Fernsehnutzung im Durchschnitt bei den mittleren Altersgruppen niedriger liegt. Dies gilt jedoch nicht unbedingt für andere Aspekte der Nutzung (Reichweite, Häufigkeit der Nutzung).

Die amerikanische Forschung läßt sich dahingehend zusammenfassen, daß das Fernsehen im Rentenalter eindeutig an Bedeutung gewinnt, unabhängig von Lebensbedingungen, Bildung und Einkommen (vgl. Kubey 1980; Young 1979, S. 125 f.).[109] Die wichtigsten Erklärungen für die zentrale Rolle des Fernsehens im Leben älterer Menschen und für die höhere Fernsehnutzung im Alter sind folgende (vgl. Davis 1980; Davis und Davis 1985; Fouts 1989; Kubey 1980; Meyersohn 1961; A. M. Rubin und R. B. Rubin 1981; R. B. Rubin und A. M. Rubin 1982; Straka, Fabian und Will 1989): Ältere Menschen haben mehr Freizeit und — wegen ihrer geringeren Mobilität, ihres schlechteren Gesundheitszustandes — weniger Alternativen; daher sind auch die Kommunika-

---

108 Angesichts der hier — noch — vorherrschenden Sehgewohnheiten müßte man in Deutschland noch weiter einschränken: mit Ausnahme zumindest auch eines größeren Teils der für Tätigkeiten im Haus benötigten Zeit. Darüber hinaus ließ in Deutschland bis in die 80er Jahre hinein das Programmangebot das Fernsehen zu allen Tageszeiten gar nicht zu.

109 Überblicke zur (amerikanischen) Forschung über das Fernsehverhalten älterer Menschen geben auch A. M. Rubin (1982) und Fouts (1989).

tionskosten des Fernsehens für sie niedriger (vgl. W. Schulz 1971). Fernsehen ist bequem und leicht zugänglich (immer verfügbar); Fernsehen ist relativ kostengünstig (wenn einmal ein Gerät vorhanden ist); Fernsehen füllt Zeit und strukturiert den Tagesablauf; es fungiert als Begleiter und ersetzt so soziale Kontakte; es gibt das Gefühl der Zugehörigkeit zur Gesellschaft und der Teilnahme an den Geschehnissen „draußen"; es ist das „beste" Medium im Falle von Problemen mit den Wahrnehmungsorganen.

Zusammenfassend läßt sich (vor allem für die USA) folgendes Muster der *Zeitungsnutzung* im Lebensverlauf feststellen (vgl. Bogart 1989, S. 111 ff.; Bonfadelli 1992; Bonfadelli et al. 1986; Rosengren und Windahl 1989, S. 92 f.; Schramm, Lyle und Parker 1960; Stone 1987, S. 108 ff.):[110] Die Nutzung der Tageszeitung ist stark habitualisiert. Die Nutzungsgewohnheit entwickelt sich im wesentlichen während der Jugend (mit ersten Kontakten oft schon im Kindesalter). Hier sind vor allem Veränderungen der Informationsbedürfnisse mit dem Hineinwachsen in die Erwachsenenrolle relevant (vgl. Faber, Brown und McLeod 1979; Rosengren und Windahl 1989). Dementsprechend nimmt die Nutzung im zweiten Lebensjahrzehnt sehr stark zu. Daneben gilt die frühe Erwachsenenphase (18-24 Jahre) als entscheidend. In dieser Umbruchphase selbst ist die Reichweite bzw. Nutzung eher niedrig, da in diesem Alter viele unverheiratet sind, allein leben, nicht an eine Familie oder einen festen eigenen Haushalt gebunden sind. Heirat und Haushaltsgründung haben im allgemeinen nämlich einen positiven Einfluß auf die Zeitungsnutzung. Um das Alter Ende 20 bis Mitte 30 stehen die Nutzungsgewohnheiten aber weitgehend fest.

Die Nutzung (Reichweite) steigt im Lebensverlauf mehr oder weniger kontinuierlich bis etwa zum 40. Lebensjahr (sehr stark im zweiten, stark auch noch im dritten Lebensjahrzehnt, danach schwächer) und bleibt anschließend relativ stabil, bis zum Alter von etwa 65 Jahren. Im Alter ist dann ein leichter Rückgang zu beobachten, der meistens mit gesundheitlichen Ursachen (Augenlicht) und finanziellen Gründen in Verbindung gebracht wird. In der mittleren Lebensphase ist die Familienorientierung, Seßhaftigkeit, Bindung an das eigene Haus und damit die Gemeinde am größten; und diese Lebensumstände fördern über das Interesse an vielen Zeitungsinhalten die Nutzung (dies gilt vorwiegend für Blätter mit lokalem Teil). Dabei ist die Dauer der Zeitungslektüre (Verweildauer) — ähnlich wie bei der Fernsehnutzung — vor allem bestimmt durch die

110 Auch hier bilden Querschnittstudien die Basis der Erkenntnisse. Von daher besteht die Gefahr, daß Unterschiede, die hier mit dem Lebensalter in Verbindung gebracht werden, tatsächlich Kohortendifferenzen sind. Die Befunde stammen aber aus zeitlich auseinander liegenden Untersuchungen, so daß das Gesamtbild einigermaßen richtig sein dürfte.

verfügbare Zeit: Ältere lesen länger als Jüngere, Alleinstehende länger als Personen mit Familie (mit kleinen Kindern) (vgl. Weibull 1992, S. 13).

Im Alter erschweren zunehmend Probleme mit den Augen die Lektüre. In einer Untersuchung von 1985 gaben 29 % der 55- bis 64jährigen und 40 % der 65- bis 74jährigen an, nicht mehr so gut sehen zu können wie früher (vgl. Eckhardt und Horn 1988, S. 37). In einer Erhebung von 1987/88 bezeichneten 8 % der 30- bis 44jährigen die Aussage „Beim Lesen habe ich oft Schwierigkeiten mit meinen Augen" als sehr oder ziemlich zutreffend; bei den 45- bis 59jährigen waren es 23 %, bei den Befragten im Alter von 60 und mehr Jahren 44 % (vgl. Saxer, Langenbucher und Fritz 1989, S. 188). In einer vergleichbaren Erhebung 1977/78 lagen die Anteile bei 10, 34 und 48 % (vgl. Infratest Medienforschung 1978, S. 187). In allen diesen Untersuchungen wurden jedoch die Antworten auf die Fragen nach etwaigen Beeinträchtigungen der Wahrnehmungsorgane nur separat betrachtet; ihr Zusammenhang mit dem tatsächlichen Mediennutzungsverhalten wurde nicht geprüft. Es besteht auch eine gewisse Unsicherheit bei der Interpretation von Informationen über die *Dauer* der Zeitungsnutzung bei älteren Personen: Ältere lesen möglicherweise nur *langsamer* (vgl. McLeod und O'Keefe 1972, S. 155).

Über die Entwicklung der *Hörfunknutzung* im Lebensverlauf gibt es kaum Forschungsergebnisse, die über den Vergleich der Nutzungsdaten von Altersgruppen hinausgehen. Das Radio gilt als Medium der Jüngeren. Schon Ende der 60er Jahre war bei der Hörfunknutzung tendenziell ein Rückgang mit zunehmendem Alter (im Querschnitt) festzustellen. Dabei waren die Unterschiede zwischen den Altersgruppen stärker als heute. Grundsätzlich — damals wie heute — ist die Radionutzung allerdings bei den Jugendlichen (14-19 Jahre), teilweise bzw. mit Abstrichen auch noch bei den jungen Erwachsenen (20-29 Jahre), niedriger im Vergleich zu der Bevölkerung im mittleren Lebensalter. Alle diese Tendenzen gelten für die Reichweite wie auch für die Verweildauer, und damit auch für die Nutzungsdauer (vgl. Franz, Klingler und Jäger 1991).

Für Jugendliche gewinnt das Radio im Laufe ihrer Entwicklung an Funktionalität in dem Maße, wie das Fernsehen einen teilweisen Funktionsverlust erleidet (vgl. Bonfadelli 1981; Feilitzen 1976). Grundsätzlich wird in der Jugendphase Musik (populäre Musik) wichtiger, und damit erlangen auch Musikmedien[111] mehr Bedeutung, die den altersspezifischen Bedürfnissen besser entsprechen: Die Jugendlichen können die Nutzung weitgehend kon-

111 Allerdings zählt in den letzten Jahren das Fernsehen aufgrund entsprechender neuer Programmangebote für das jüngere Publikum mehr und mehr mit zu diesen Musikmedien.

trollieren, sie können damit ihre Stimmungen steuern, Individuation und Protest ausdrücken, die Zugehörigkeit zu bestimmten Gruppen markieren (vgl. Avery 1979; Bonfadelli et al. 1986; Rosengren und Windahl 1989).

Dennoch könnte bei den Jugendlichen die Nutzung des Hörfunks (zumindest die Dauer der Nutzung) aus ähnlichen Gründen wie für das Fernsehen niedriger liegen als bei jungen Erwachsenen. Das Radio ist zwar ein mobileres Medium als das Fernsehen, aber dennoch bilden Personen, die sich nicht zu Hause aufhalten (wenn sie nicht etwa mit dem Auto unterwegs sind), ein weniger verfügbares Publikum. Und hier kommt bei Jugendlichen ihre stärkere Orientierung an Freizeitaktivitäten außer Haus zum Tragen. Außerdem entsprechen Musikkonserven dem Bedürfnis der Jugendlichen nach Auswahl der Musik besser. Und schließlich fallen Jugendliche (die noch zur Schule gehen) am Vormittag weitgehend als Publikum aus — im Gegensatz zu Personen, die nicht berufstätig sind und sich zu Hause aufhalten, aber mehr und mehr auch im Gegensatz zu Berufstätigen, von denen ein immer größerer Teil auch am Arbeitsplatz das Radio nutzt.

Das Freizeitbudget beeinflußt die Nutzung also nicht bei allen Medien in gleicher Weise, und es sind auch nicht alle Aspekte der Nutzung gleichermaßen betroffen. Berufstätige (mit weniger Freizeit) nutzen den Hörfunk verstärkt außerhalb ihrer Freizeit (vgl. Kiefer 1992, S. 103). In der mittleren Lebensphase (in der der Anteil der Berufstätigen am höchsten liegt) ist also die Verfügbarkeit für die Radionutzung in viel geringerem Maße eingeschränkt, als dies für die Fernsehnutzung gilt. So hatten die 30- bis 49jährigen 1981/82 gegenüber den Altersgruppen darunter und gegenüber den Älteren die höchste Radionutzung (vgl. Buß 1982, S. 592 f.). Sofern es sich dabei nicht um ein Kohortenphänomen handelt, könnte dies mit der verstärkten Nutzung während der Berufsarbeit zusammenhängen: Mehr als 40 % der Berufstätigen konnten damals bereits am Arbeitsplatz Radio hören (vgl. Buß 1982, S. 594). Auch bei der Autoradionutzung sind mittlere Altersgruppen (20 bis 49 Jahre) — neben Männern — überrepräsentiert (vgl. Wild 1989). Es sind hier auch entsprechende Unterschiede zwischen verschiedenen Nutzungsmaßen (etwa Tagesreichweite und Verweildauer bzw. Nutzungsdauer) zu erwarten. Denn bei der Nutzung während der Berufsarbeit fielen 1990/91 Reichweite (9 %) und Verweildauer (durchschnittlich 250 Minuten) sehr stark auseinander (vgl. Franz und Klingler 1991). Damit macht diese auf die mittleren Altersbereiche konzentrierte Nutzungsart bereits 22,5 Minuten der mittleren Hördauer der Gesamtbevölkerung aus.

Dennoch ist nicht unbedingt gesagt, daß die Nutzungswerte im mittleren Altersbereich dann vergleichsweise niedriger liegen, wenn nur die Reichweite, aber nicht die Dauer der Nutzung betrachtet wird. Anders als bei den Medien Fernsehen und Tageszeitung ist beim Hörfunk eine mehrfache Nutzung während des Tages typisch, und so bleibt auch der größte Teil derjenigen, die tagsüber keine Gelegenheit zum Hören haben (sondern nur morgens oder abends), unter den Stichtagnutzern. Insofern sind bei der Tagesreichweite und bei der generellen Nutzungshäufigkeit, also bei Nutzungsmaßen, die nicht (bzw. nicht auch) die Verweildauer erfassen, nur wenig Unterschiede zwischen den Lebensphasen zu erwarten.

Abschließend ist nochmals zu betonen, daß hier Erkenntnisse über altersbezogene Einflüsse auf die Mediennutzung zusammengefaßt wurden, die im wesentlichen auf Querschnittuntersuchungen basieren. Die Ergebnisse sind zwar zumeist im Zeitvergleich und teilweise auch im Vergleich mehrerer Länder relativ stabil; das spricht für das Vorliegen zumindest *auch* von Alterseffekten (gegenüber reinen Kohorteneffekten).[112] Dennoch kann nicht ausgeschlossen werden, daß die beobachteten Unterschiede zwischen den Altersgruppen — zumindest teilweise — Kohortendifferenzen widerspiegeln. Die empirischen Ergebnisse sind daher eher als grobe Anhaltspunkte zu verstehen. Ferner muß beachtet werden, daß, soweit die Unterschiede zwischen den Altersgruppen tatsächlich altersbedingt sind, hier die Alterungsprozesse ganz bestimmter Kohorten ihren Niederschlag gefunden haben, die für die nachfolgenden Kohorten nicht unbedingt in gleicher Weise gelten.

Außerdem ist die Übertragbarkeit von Forschungsergebnissen aus den USA zur Mediennutzung der Altersgruppen auf die Verhältnisse in Deutschland nicht ganz unproblematisch. Darauf machen Straka, Fabian und Will (1989, S. 21) aufmerksam. Sie weisen auf Unterschiede in den Medienumgebungen der Länder und in der jeweiligen sozialen Lage der älteren Bevölkerung hin. Auch Rosengren und Windahl (1989) betonen verschiedentlich die Abhängigkeit der Mediennutzung vom soziokulturellen Kontext (vgl. für das allgemeine Freizeitverhalten auch Tokarski und Schmitz-Scherzer 1985, S. 10).

Zwei weitere, in aggregierten Daten altersbezogene Variablen, deren Nichtbeachtung bei Analysen auf der Basis von Altersgruppen bzw. Kohorten zu Fehlschlüssen führen kann, sind *Geschlecht* und *Bildung*. Riley (1973) nennt die

112 Salthouse (1985, S. 157 ff.) nennt unter anderem den Vergleich mehrerer zeitlich möglichst weit auseinander liegender Querschnitte und den interkulturellen Vergleich als Techniken zur Trennung von Alterseffekten und Kohorteneffekten in Querschnittuntersuchungen.

Kategorie der betreffenden Fehlschlüsse „compositional fallacy“. Die Zusammensetzungen von Kohorten bezüglich bestimmter Merkmale können nicht nur verschieden sein (wie z. B. im Falle der Bildungsstruktur), sondern sich auch verändern im Laufe des Älterwerdens, insbesondere im Zuge selektiver Mortalität. Diese selektive Mortalität bezieht sich zum einen auf die Geschlechterproportionen einer Kohorte (Frauen leben im Durchschnitt länger), zum anderen aber auch auf soziale Schicht (und damit Bildung), Gesundheit und Leistungsfähigkeit (Menschen aus höheren sozialen Schichten leben im Durchschnitt länger) (vgl. dazu auch die weiteren Hinweise in Anhang 2.3).

Unterschiede zwischen den Altersgruppen in der Mediennutzung — auch bei Kontrolle der Kohortendimension — können vor allem in den oberen Altersbereichen auf bildungsbezogene selektive Mortalität zurückgehen. Die wahrscheinlich stärkere Veränderung der Zusammensetzung einer Kohorte besteht jedoch in der Verschiebung der Geschlechterproportionen. Die Geschlechteranteile in den heute älteren Kohorten sind zusätzlich beeinflußt durch die Gefallenen der beiden Weltkriege. In der kommunikationswissenschaftlichen Literatur wird solchen Effekten selten Aufmerksamkeit geschenkt. Eine Ausnahme davon bildet die Arbeit von Dimmick, McCain und Bolton (1979), in deren Untersuchung der Mediennutzung zum Zweck der Information der zunehmende Frauenanteil in den Kohorten eine teilweise Erklärung für den „Rückgang“ der Nutzung im höheren Alter darstellte.

Weiß man nun, daß bei der Nutzung eines bestimmten Mediums ein starker Unterschied zwischen den Geschlechtern besteht, so kann man mit entsprechenden Einflüssen auf die Gestalt des Alterseffektes rechnen. Unter den Medien, die in der vorliegenden Untersuchung betrachtet werden, ist dies am ehesten noch bei der Tageszeitung der Fall, die von Frauen im Durchschnitt deutlich weniger genutzt wird. Der Einfluß selektiver Mortalität wirkt hier daher in negativer Richtung, führt also tendenziell zu einer Abflachung des — nach allem, was man weiß — positiv gerichteten Alterseffektes. Dies macht sich möglicherweise jedoch vorwiegend bei der Tagesreichweite bemerkbar, weniger dagegen bei der Verweildauer (wenn diese bei den Männern im Alter überproportional zunimmt) und bei der Nutzungsdauer (wo die Entwicklung der Verweildauer dann kompensierend wirkt). In den Analysen der vorliegenden Arbeit dürfte die geschlechtsbezogene selektive Mortalität jedoch die Alterseffekte auf die Zeitungsnutzung nicht sehr stark beeinflussen: Die Analyse beschränkt sich auf den Altersbereich 15 bis 79 Jahre, der Bereich mit den größten Unterschieden zwischen Männer- und Frauenanteil am Umfang einer Kohorte bleibt also ausgeklammert.

Die hier zusammengefaßten Erkenntnisse über die zu erwartenden Alters- und Periodeneffekte sollten als Grundlage für die Identifikation der APK-Modelle dienen. Dabei war die Frage: An welchem Effekt und in welchem Bereich dieses Effektes können am ehesten Koeffizienten gleichgesetzt werden? Insgesamt gesehen lagen mehr Anhaltspunkte für den Verlauf des jeweiligen Alterseffektes als für den Verlauf des Periodeneffektes vor. Bei den Medien Fernsehen und Tageszeitung waren die Erwartungen hierbei relativ sicher, während beim Radio doch noch einige Unklarheit über den Verlauf des Alterseffektes herrschte. Alles in allem erschienen meistens Gleichheitsrestriktionen am Alterseffekt ratsam, und zwar vorwiegend im Bereich zwischen 35 und 55 Jahren, der Phase mit der vergleichsweise größten Stabilität in der Nutzung.

Diese relative Stabilität geht aus der herangezogenen Forschungsliteratur allerdings nur indirekt hervor, weil dort in aller Regel lediglich *Veränderungen* im Lebensverlauf thematisiert, also *Unterschiede* zwischen den Altersgruppen berichtet werden. Auch diese Ergebnisse jedoch waren für die APK-Analysen von Nutzen: Sie wurden zur abschließenden Überprüfung der Modellschätzungen auf Plausibilität verwendet. Da *einzelne* Gleichheitsrestriktionen auf der Basis der verfügbaren Informationen allein kaum ausreichend zu begründen waren, mußte besonders auch auf ergänzende Analysen zur Unterstützung bei der Wahl der Restriktion und auf die nachträgliche Prüfung der Ergebnisse mit möglicher Revision des Modells (vgl. Kapitel 4.2.2) zurückgegriffen werden.

4.3 Analysen und Ergebnisse

Die Auswertung beschränkte sich nicht allein auf standardmäßige APK-Analysen (wie in Kapitel 4.2.1 beschrieben). Zunächst soll daher ein kurzer Überblick über die einzelnen Analyseschritte gegeben werden, die (für die meisten Variablen) durchgeführt wurden. Als erstes wurde eine Untersuchung der Gesamttrends zwischen 1970 und 1990 aller in die Kohortenanalysen einbezogenen (sowie einiger weiterer) Variablen der Mediennutzung und Medienbewertung vorgenommen (vgl. Kapitel 4.3.1). Damit soll zum einen ein grober Überblick über die Entwicklung des Rezipientenverhaltens in diesen beiden Jahrzehnten gegeben werden. Einen solchen Überblick vermittelt zwar auch der letzte Ergebnisbericht von Kiefer (vgl. Kiefer 1992), jedoch ergeben sich aufgrund der Neugewichtung und Angleichung der Querschnitte verschiedene Abweichungen zu den dort ausgewiesenen Werten. Zum zweiten können an dieser Stelle einige Besonderheiten der Daten erläutert werden, die für die nachfolgenden Analysen und Ergebnisse wichtig sind. Und schließlich liefert diese Analyse auch erste Hinweise auf die Existenz von Kohortendifferenzen.

Anschließend wurde — für alle Variablen mit vollständigen Daten — ein rigoroser Test auf Unterschiede im Kohorteneffekt zwischen den Kohorten der Fernsehgeneration und allen anderen Kohorten durchgeführt (vgl. Kapitel 4.3.2). Auf diese Weise sollte versucht werden, trotz der Identifikationsproblematik zumindest halbwegs statistisch abgesicherte Aufschlüsse über Abweichungen der Fernsehgeneration zu erhalten. Getestet wurde, ob die Fernsehgeneration in ihrer Nutzung und Bewertung der tagesaktuellen Medien signifikant vom Trend der anderen Kohorten abweicht, wenn man alters- und periodenbedingte Unterschiede kontrolliert.

Den Kern der Auswertung bildeten dann APK-Analysen für die einzelnen Medien ohne eine solche Gruppierung der Kohorten (vgl. Kapitel 4.3.3). Diese Analysen stützten sich zwar auf möglichst viele Informationen, die nicht aus den hier analysierten Daten stammen, sind aber dennoch zumindest teilweise als explorativ einzustufen. In einer weiterführenden Kohortenanalyse wurde schließlich versucht, eines der wesentlichen Ergebnisse der einzelnen vorher durchgeführten Analysen zu erklären. Dazu wurde untersucht, inwieweit der Kohorteneffekt bei der Einstellung gegenüber den tagesaktuellen Medien auf das Bildungsniveau der Kohorten zurückgeht (vgl. Kapitel 4.3.4).

Aufgrund der methodischen Besonderheiten und Probleme der Kohortenanalyse können in diesem Teil der Untersuchung nicht ausschließlich die Ergebnisse der einzelnen Analyseschritte dargestellt werden. Darüber hinaus sind immer wieder Details der Vorgehensweise zu erklären und zu diskutieren, Befunde im Hinblick auf ihre Plausibilität und auf mögliche Verzerrungen zu prüfen und entsprechende Kontrollauswertungen und ihre Ergebnisse zu erläutern.

4.3.1 Trends im Rezipientenverhalten 1970 bis 1990 — ein Überblick über die Daten

Tabelle 3 faßt die Entwicklung der Nutzung und Bewertung[113] der tagesaktuellen Medien zwischen 1970 und 1990 zusammen.[114] Zugleich sind hier die Analysevariablen in den wichtigsten Punkten beschrieben (vgl. dazu im einzel-

113 Einschließlich der wegen fehlerhafter Daten 1970 sonst nicht mitanalysierten Variablen.

114 Auf Unterschiede zwischen diesen und den bei Kiefer (1992) ausgewiesenen Werten kann an dieser Stelle nicht näher eingegangen werden. Wesentliche Ursachen von Unterschieden sind jedoch im Zusammenhang mit der Datenaufbereitung und den Vergleichbarkeitsprüfungen in Anhang 1 aufgeführt.

nen Anhang 1, Abschnitte 1.10 bis 1.14). Grundsätzlich lassen sich unterschiedliche Trends für die drei tagesaktuellen Medien feststellen: Die Entwicklung war bei der Tageszeitung in der Tendenz überwiegend negativ, beim Radio überwiegend positiv und beim Fernsehen etwas uneinheitlich (bei näherer Betrachtung aber doch überwiegend negativ).

Im einzelnen fällt beim *Fernsehen* auf, daß es keine wesentlichen Veränderungen der Nutzungsdauer und der Verweildauer gab, wenn man von dem kontinuierlichen, aber schwachen Anstieg der Verweildauer einmal absieht. Hier spielt jedoch eine Rolle, daß Daten für diese Nutzungsmaße erst ab 1974 ausgewertet werden konnten, einem Zeitpunkt, zu dem die Versorgung der Bevölkerung mit Fernsehgeräten bereits bei 95 % lag. Genau darin ist auch die tendenziell positive Entwicklung der Tagesreichweite im Zeitraum zwischen 1970 und 1990 begründet: Der niedrige Wert von 1970 geht auf die damals noch deutlich schlechtere Geräteversorgung (rund 85 %) zurück. Darauf verweist auch der entsprechende Wert der subjektiven Nutzungshäufigkeit (Anteil regelmäßiger oder häufiger Nutzer), in den nur die Personen aus Fernsehhaushalten eingehen. Subjektive Nutzungshäufigkeit und Tagesreichweite bewegen sich nämlich sonst relativ gleichläufig (gut zu erkennen an den Veränderungen zwischen 1980 und 1985 sowie zwischen 1985 und 1990). Berücksichtigt man also die Verbreitung des Fernsehens, so zeigen sich nicht nur bei der Bewertung, sondern auch bei der Nutzung dieses Mediums ganz überwiegend negative Tendenzen.

Die Einstellung zum Fernsehen (Index der subjektiven Funktionalität) verschlechterte sich zwischen 1970 und 1974 bereits deutlich.[115] Ein starker Negativtrend ist vor allem auch für die Bindung an das Fernsehen (Anteil der Befragten, die es sehr stark oder stark vermissen würden) festzustellen.[116] Dabei ist allerdings zu berücksichtigen, daß das Fernsehen am Anfang des Be-

---

115 Zwischen 1970 und 1974 war der Einstellungsrückgang beim Fernsehen stark, bei den Medien Radio und Tageszeitung dagegen relativ schwach (vgl. ki. 1975d, S. 413 f.). Kiefers damalige Interpretation dieses Trends: Das Fernsehen habe „nicht mehr den Bonus des faszinierend-neuen Mediums“ (ki. 1975d, S. 414). Als Anzeichen für eine nachlassende Faszination des Fernsehens könne auch die zwischen 1970 und 1974 rückläufige Bindung an das Fernsehen angesehen werden (vgl. ki. 1975c, S. 321). Eine ähnliche Entwicklung während der Zeit nach der Phase der Ausbreitung des Fernsehens wurde auch in den USA beobachtet (vgl. Bower 1973, 1985).

116 Die Vermissensfrage erfaßt nach Kiefers Auffassung eher eine allgemeine Unentbehrlichkeit (Image, Meinungsklima) als die subjektive Unentbehrlichkeit für die Befragten (vgl. Kiefer 1992, S. 228 f.). So macht sich in der Entwicklung der Antworttendenzen beim Fernsehen offensichtlich auch die zunehmend kritische Diskussion des Fernsehens in der Öffentlichkeit während der 70er Jahre bemerkbar (vgl. Kiefer 1982, S. 91 f.).

Tabelle 3: Entwicklung der Nutzung und Bewertung der tagesaktuellen Medien im Gesamtdurchschnitt der Bevölkerung (15-79 Jahre). Unterschiede zwischen einer Erhebung und der nächsten sind signifikant, wenn hinter dem ersten Wert ein * steht.[1] In der letzten Spalte ist angegeben, ob in der jeweiligen Zeitreihe ein signifikanter linearer Trend (je nach Richtung + bzw. -) vorliegt.[2]

Variable	1970	1974	1980	1985	1990	Trend
Fernsehen						
Nutzung: regelmäßig / häufig (%)[3]	84,6	85,5	83,3*	71,2*	77,6	-
Tagesreichweite (%)[4]	72,5*	78,5	79,6*	74,8	78,7	
Nutzungsdauer (Minuten)[5]	—	127,2	132,9	127,5	134,3	
Verweildauer (Minuten)[6]	—	162,0	166,9	170,4	170,6	
Einstellung (Index, z-Wert)[7]	0,206*	0,060*	-0,020*	-0,150	-0,140	-
Vermissen: sehr stark / stark (%)[8]	60,8*	54,2	49,8*	44,2*	50,2	-
Tageszeitung						
Tagesreichweite (%)[4]	70,7	66,7	64,3	63,7*	54,2	-
Nutzungsdauer (Minuten)[5]	34,5	38,4	37,7	34,7*	29,4	-
Verweildauer (Minuten)[6]	55,1	57,7	58,7	54,4	54,3	
Einstellung (Index, z-Wert)[7]	0,046	0,017	-0,010*	-0,093*	-0,013	-
Vermissen: sehr stark / stark (%)[8]	48,4	54,0	59,5	58,4	63,8	+
Radio						
Nutzung: regelmäßig / häufig (%)[3]	61,4	65,4*	72,4	71,5	75,0	+
Tagesreichweite (%)[4]	65,5	67,7	68,6*	76,4	77,8	+
Nutzungsdauer (Minuten)[5]	—	113,3*	135,5*	157,5*	181,4	+
Verweildauer (Minuten)[6]	—	167,4*	197,6	206,0*	233,3	+
Einstellung (Index, z-Wert)[7]	0,095	0,034	-0,020*	-0,092	-0,075	-
Vermissen: sehr stark / stark (%)[8]	42,4	47,6*	54,1	56,2	58,3	+
Alle drei tagesaktuellen Medien						
Tagesreichweite (mind. 1) (%)[9]	94,4	95,7	96,8	96,4	96,2	
Einstellung (Index, z-Wert)[10]	0,133*	0,050*	-0,010*	-0,106	-0,068	-

1 Zweiseitiger t-Test; $\alpha = 0{,}05$. α bezieht sich auf alle Tests der Tabelle simultan. Die Einzeltests wurden nach dem Bonferroni-Ansatz (vgl. Miller 1981) mit $\alpha_i = 0{,}05/91$ durchgeführt.

2 F-Test bei linearer Regression auf das Erhebungsjahr; $\alpha = 0{,}05$ (vgl. zu α Fußnote 1).

3 Subjektive Häufigkeit der Nutzung („im allgemeinen"). Hier: Anteil der obersten Antwortkategorien „regelmäßig" und „häufig". Basis: Personen mit Empfangsgerät im Haushalt.

4 Reichweite an einem ϕ Werktag (Mo. - Sa.). Als Nutzer gilt hier nur, wer bei der Erhebung des Tagesablaufs am Stichtag die Nutzungszeit angeben konnte. Basis: Gesamtstichprobe.

5 Mittlere Dauer der Nutzung an einem ϕ Werktag (Mo. - Sa.). Basis: Gesamtstichprobe.

6 Mittlere Dauer der Nutzung nur der Stichtagnutzer an einem ϕ Werktag (Mo. - Sa.).

7 Index der subjektiven Funktionalität des Mediums aus 15 Items. Angegeben sind Mittelwerte (Gesamtmittelwert aller Befragten 1970-1990 = 0). Basis: Gesamtstichprobe.

8 Bindung an das Medium, erhoben durch die Frage, wie sehr es vermißt würde. Hier: Anteil der beiden obersten Antwortkategorien „sehr stark" und „stark". Basis: Gesamtstichprobe.

9 Reichweite aller drei Medien zusammen an einem ϕ Werktag (Mo. - Sa.). Als Nutzer gilt hier, wer mindestens eines der Medien am Stichtag genutzt hat.

10 Index der subjektiven Funktionalität aller drei Medien aus 45 Items (vgl. auch Fußnote 7).

obachtungszeitraums möglicherweise gerade den Höhepunkt seines Erfolges erreicht hatte (vgl. für die USA ähnlich Bower 1973, 1985). Die Trendwende bei der Bindung nach 1985 ging offenbar auf eine erhöhte *Häufigkeit* der Nutzung zurück, während die mittlere Verweildauer konstant blieb. Ähnliches gilt — mit umgekehrtem Vorzeichen — auch für die Entwicklung zwischen 1980 und 1985.[117]

Bei der *Zeitung* lag die Verweildauer zwischen 1970 und 1990 ohne große Veränderungen bei durchschnittlich 55 Minuten. Die beiden anderen über die Zeit hinweg vergleichbaren Nutzungsmaße zeigen eine deutlich negative Entwicklung (vgl. Anhang 1.11 zur Diskussion der hier stark rückläufigen Tagesreichweite). Die Bindung ging nur zwischen 1980 und 1985 leicht zurück — dem Zeitraum mit dem stärksten Rückgang sowohl der Verweildauer als auch der Einstellungswerte. Und ein weiterer Unterschied zu den anderen Medien: Bei der Tageszeitung fällt die Verschlechterung der Einstellung insgesamt deutlich geringer aus.[118]

Beim *Radio* sind fast durchweg positive lineare Trends und monoton ansteigende Entwicklungen der Nutzung und Bindung zu konstatieren.[119] Die Veränderung zwischen 1970 und 1974 war auch bei der Nutzungsdauer — die hier für 1970 nicht vergleichbar angegeben werden konnte — positiv. Kiefer (1978, S. 51) weist darauf hin, daß die Entwicklung der Radionutzung durch die Langzeitstudie Massenkommunikation erst seit 1964[120] abgebildet wird, einem Zeitpunkt, zu dem die Nutzung des Radios durch das bereits weit verbreitete Fernsehen schon beeinträchtigt war. Die sogenannte Renaissance des Hörfunks komme infolge dieses relativ späten Einsetzens der Langzeitstudie

117 Hier ist zu beachten, daß 1990 bedingt durch die leichte saisonale Abweichung des Erhebungszeitraums gegenüber den anderen Erhebungen die Werte für Tagesreichweite, Nutzungsdauer und Verweildauer eher zu niedrig ausfallen, die tatsächliche Fernsehnutzung 1990 also unterschätzt wird. Außerdem sind auch die Werte für Nutzungs- und Verweildauer 1980 und 1985 von Vergleichbarkeitsproblemen betroffen (vgl. Anhang 1).

118 Bei der Tageszeitung war schon zwischen 1964 und 1970 eine deutliche Verschlechterung der Einstellung des Publikums zu verzeichnen; bei den Medien Fernsehen und Radio war dagegen die Tendenz in diesem Zeitraum nur leicht negativ (vgl. re. 1972c). Im Falle der Tageszeitung hat sich dabei möglicherweise zum Teil die funktionale Konkurrenz durch das — damals noch neue — Medium Fernsehen ausgewirkt. In den Analysen dieser Arbeit, die sich auf die Daten ab 1970 beschränken mußten, ist dieser frühe Rückgang in der subjektiven Funktionalität der Tageszeitung ausgeblendet.

119 Auch hier — wie bei der Fernsehnutzung — sind jedoch die Werte für die Nutzungsdauer und die Verweildauer nicht frei von Vergleichbarkeitsproblemen (vgl. Anhang 1.7).

120 In den Analysen dieser Arbeit sogar erst ab 1970.

markant zum Ausdruck; der davor liegende Rückgang hingegen werde nicht erfaßt.[121]

Im Vergleich der Entwicklungen der subjektiven Nutzungshäufigkeit, der Verweildauer und der Bindung einerseits und der Tagesreichweite andererseits zeigt sich beim Hörfunk eine Inkonsistenz: Die Entwicklung bei den erstgenannten Variablen deutet übereinstimmend auf eine Expansion der Radionutzung und eine Zunahme der Bindung primär während der 70er Jahre — aber nicht in der ersten Hälfte der 80er Jahre — hin. Dies stimmt mit den in der Kommunikationswissenschaft verbreiteten Erkenntnissen über die Entwicklung der Hörfunknutzung in den letzten Jahrzehnten gut überein. Im Gegensatz dazu nahm die Tagesreichweite nach den Daten der Langzeitstudie in den 70er Jahren kaum zu, während zwischen 1980 und 1985 ein starker Zuwachs zu verzeichnen war (vgl. auch Kiefer 1992, S. 305). Diese Daten zur Reichweitenentwicklung stehen außerdem im Widerspruch zu anderen Datenquellen, die auch für die Tagesreichweite eine Zunahme nur in den 70er Jahren zeigen (vgl. etwa Franz, Klingler und Jäger 1991). Eine Erklärung für diese Inkonsistenz konnte nicht gefunden werden.[122]

Von der allgemeinen positiven Tendenz weicht beim Hörfunk lediglich die Einstellung ab: Wie bei den anderen beiden Medien ist hier der Trend negativ, wenn auch nicht so deutlich wie beim Fernsehen.[123] Das Auseinanderfallen

---

121 So wurde nach den Angaben von Pfifferling (1974, S. 550) im Jahr 1974 der Spitzenwert der Radionutzungsdauer von 1960 wieder erreicht.

122 Wären die Abweichungen zu anderen Datenquellen nicht, so könnte man die Unterschiede in den Entwicklungen bei den einzelnen Nutzungsmaßen möglicherweise mit einer Intensivierung der Nutzung zunächst nur bei den bisherigen Hörfunknutzern erklären; damit vereinbar wäre auch, daß der Anteil der Bevölkerung mit zwei oder mehr Radiogeräten im Haushalt zwischen 1974 und 1980 besonders stark anstieg (vgl. Kapitel 4.2.3.1 und Kiefer 1992, S. 21). Auch mit Vergleichbarkeitsproblemen innerhalb der Langzeitstudie ist die Inkonsistenz nicht zu erklären. Die Prüfung der Daten auf Vergleichbarkeit, die für die vorliegende Arbeit durchgeführt wurde (vgl. Anhang 1), ergab zwar Hinweise auf Probleme, von denen auch die Stichtagnutzung betroffen ist. Aber die Verschiebungen müßten dann für die Daten von 1980 *und* 1985 gelten, und neben der Tagesreichweite müßte dann auch die Verweildauer betroffen sein. Beides ist hier jedoch offensichtlich nicht der Fall.

123 Dieser Befund widerspricht — allerdings auf der aggregierten Ebene — der Hypothese von der Gleichläufigkeit der Einstellung gegenüber einem Medium und der Nutzung dieses Mediums (vgl. etwa Bentele 1988, auch die dort angegebene Literatur). Kiefer (1978, S. 156 ff.; 1992, S. 239 ff.) stellt fest, daß die Einstellung bei allen Medien weitgehend unabhängig von der Nutzung sei. Diese Aussage basiert jedoch auf der Betrachtung von Entwicklungen auf aggregierter bzw. semi-aggregierter Ebene (in einzel-

der Trends von Nutzung und Einstellung beim Radio ist möglicherweise eine Folge des inhaltlichen Wandels dieses Mediums und der veränderten Hörgewohnheiten: Im Programm dominiert insgesamt mehr und mehr die Musik, das Medium wird stärker als früher begleitend genutzt. Demgegenüber beziehen sich die meisten der Aussagen (Items), aus denen der Einstellungsindex gebildet wurde, auf die Wortanteile, auf Information, nicht auf Musik (vgl. die Liste der Items in Anhang 1.13). Von daher wird es verständlich, daß die Beurteilung des Radios bei den meisten wortbezogenen Items — und aufgrund ihrer Dominanz unter den Items auch insgesamt — rückläufig ist.[124]

Alles in allem gehen die teilweise sehr starken Veränderungen der Mediennutzung zwischen 1985 und 1990 offensichtlich weitgehend auf den Wandel im Rundfunksystem zurück (vgl. Kiefer 1992, S. 69). Daß die Bindung an alle drei tagesaktuellen Medien und die Einstellung gegenüber den drei Medien 1990 gegenüber 1985 höher lag bzw. in diesem Zeitraum überproportional stieg, hat offenbar auch mit den politischen Ereignissen um 1989/90 zu tun (vgl. Kiefer 1992, S. 229 ff.).

Die Betrachtung der Tagesreichweite aller drei Medien zusammen und der Einstellung zu diesen Medien (vgl. Tabelle 3) ergibt folgendes Bild: Die Gesamtreichweite der drei tagesaktuellen Medien an einem durchschnittlichen Werktag nahm bis 1980 noch etwas zu; danach gab es so gut wie keine Veränderungen mehr. Insgesamt war nach diesen Zahlen der Kontakt mit den tagesaktuellen Medien ausgesprochen stabil zwischen 1970 und 1990, wobei auch ein Plafondeffekt zu berücksichtigen ist (die Werte liegen bereits nahe bei 100 %). Hier wirken außerdem die teilweise deutlichen Trends der Reichweiten der Einzelmedien gegenläufig zusammen.

Die Gesamteinstellung zu allen drei Medien wurde demgegenüber im Laufe dieser 20 Jahre deutlich negativer, mit leichter — nicht signifikanter — Trendumkehr zwischen 1985 und 1990. Im Gegensatz zur Reichweite sind aber hier die Entwicklungen bei den Einzelmedien gleichläufig. Dabei muß auch bei

---

nen soziodemographischen Gruppen). Demgegenüber ergaben eigene Auswertungen, daß durchweg sehr wohl deutliche positive Korrelationen zwischen Einstellung und Verhalten *auf der Individualebene* im Querschnitt bestehen. Im Unterschied zu den Auswertungen von Kiefer, die sich auf das jeweilige „weiteste Publikum" (Kiefer 1992, S. 25) — also Personen mit nach eigenen Angaben zumindest „seltener" Nutzung des Mediums — beschränkten, gingen hierbei jedoch *alle* Personen in die Analyse ein.

124 Tatsächlich ist die Beurteilung auch nur bei den Einzelitems „Lokale Information" und „Entspannung/Ablenkung" im Zeitverlauf nicht schlechter geworden (vgl. Kiefer 1992, S. 242).

diesem Index die inhaltliche Bedeutung der zusammengefaßten Items beachtet werden. Die Items beziehen sich überwiegend auf den Informationsbereich, und so ist auch diese Indexvariable zu interpretieren: als subjektive Einschätzung der Funktionalität mit Schwerpunkt auf Informationsfunktionen.

Dies könnte auch erklären, warum bei allen drei Medien die Bewertung zwischen 1970 und 1990 im Trend schlechter geworden ist. Die Zeitung, so könnte man argumentieren, hat im Informationsbereich — gerade bei den aktuellen Informationen — an das Radio und besonders an das Fernsehen verloren, zwar schon seit längerer Zeit, aber möglicherweise auch in den 70er und 80er Jahren noch etwas. Vor allem bei den elektronischen Medien wäre die Verschlechterung vielleicht mit den Veränderungen im inhaltlichen Angebot (stärkere Unterhaltungsorientierung) zu erklären. Andererseits zeigen die Einstellungen zu den drei Medien weitgehend ähnliche Muster im Zeitverlauf. Dies verweist auch auf Zeiteinflüsse, welche die gesamte Mediennutzung berühren (etwa besondere politische Ereignisse). Dafür sprechen auch die jeweiligen (durch den Negativtrend der Einstellung durchscheinenden) Zusammenhänge zwischen der Entwicklung der Einstellung gegenüber dem betreffenden Medium und der Entwicklung der Nutzung und Bindung.

Die Betrachtung der Gesamttrends zwischen 1970 und 1990 läßt auch erste Aussagen über die Existenz von Kohorten- und Periodeneffekten zu. Ein linearer Trend im Zeitverlauf kann nämlich allein durch altersbedingte Unterschiede in den Daten dieser Serie von Querschnitterhebungen nicht erklärt werden, es muß also ein Periodeneffekt oder ein Kohorteneffekt (oder beides) existieren. Liegt dagegen kein deutlicher Trend im Beobachtungszeitraum vor, so ist die Wahrscheinlichkeit, daß wesentliche trendförmige Unterschiede zwischen den Kohorten bestehen, geringer.

Welche Implikationen ergeben sich nun aus den dargestellten Entwicklungen für die Kohortenanalysen? Bei der Mehrzahl der Variablen ist mit einem Periodeneffekt und/oder einem Kohorteneffekt zu rechnen. Dabei sind die Veränderungen der Radionutzung — vor allem bei der Nutzungsdauer — so stark, daß sie wohl kaum durch einen Kohorteneffekt allein zustandegekommen sein dürften. Dafür ist der hier betrachtete Zeitraum zu kurz; zwischen 1970 und 1990 rückten lediglich vier 5-Jahres-Kohorten nach. Es muß also ein recht starker Periodeneffekt auf die Hörfunknutzung aller Altersgruppen bzw. Kohorten vorliegen. Ähnliche Überlegungen gelten für die Bindung an alle drei Medien. Bei den Einstellungen sprechen verschiedene oben genannte Indizien für deutliche Periodeneffekte.

4.3.2 Abweichungen der Fernsehgeneration im Kohortentrend

Im empirischen Teil dieser Arbeit wird nicht durchgehend mit einer zeitlich fest abgegrenzten Fernsehgeneration und entsprechend zusammengefaßten Kohorten gearbeitet. Dafür gibt es im wesentlichen zwei Gründe. Erstens: Die Entscheidung wäre willkürlich, denn es existiert keine klare Trennlinie, mit der die Fernsehgeneration abgegrenzt werden könnte. Sondern es kann nur grob ein Bereich (ungefähr zwischen den Geburtsjahren 1950 und 1970) angegeben werden, innerhalb dessen sich ein gradueller Übergang vollzieht. Eine genauere Grenze könnte allenfalls mit Hilfe von Kohortenanalysen bestimmt werden.[125] Der zweite Grund ist technischer Natur: Bei Kohortenanalysen von Standard-Kohortentabellen mit statistischen Modellen sind die geschätzten Parameter der jüngsten (und der ältesten) Kohorten aufgrund der für sie schmaleren Datenbasis anfällig für Verzerrungen. Eine „sichere" Abgrenzung der Fernsehgeneration (die man angesichts der oben erwähnten Unklarheit vorziehen müßte) würde bedeuten, daß nur die zwei oder drei jüngsten Kohorten dieser Analyse dazu zählen.[126] Die empirische Untersuchung von Abweichungen der Fernsehgeneration anhand des Kohorteneffektes bei durchweg entsprechend zusammengefaßten Kohorten wäre daher mit einer höheren Fehlerwahrscheinlichkeit behaftet.

Es wird also nicht grundsätzlich von einer exakt abgrenzbaren Fernsehgeneration ausgegangen, sondern statt dessen davon, daß sich besondere Eigenschaften der Fernsehgeneration (starke Wirkungen des Aufwachsens mit dem Fernsehen, die unter den Einflüssen der kohortenbezogenen Faktoren dominieren) in der Kohortenabfolge *graduell* bemerkbar machen müßten, also auch schon bei denjenigen Kohorten, die nur teilweise mit dem Fernsehen aufgewachsen sind bzw. das Fernsehen erst als Jugendliche erlebt haben. Dabei würde man also Unterschiede zwischen aufeinanderfolgenden Kohorten erwarten, die ungefähr bei den Jahrgängen um 1945 oder 1950 einsetzen, in der Folge immer stärker werden, ab etwa Jahrgang 1965 aber nur noch schwächer sind und schließlich bei den Jahrgängen ab 1970 (aufgewachsen bei so gut wie vollständiger Verbreitung des Fernsehens) verschwinden. Insgesamt entspräche dieser Verlauf des Kohorteneffektes der klassischen S-Form der Diffusionstheorie.

---

125 Doch auch hier wäre die Genauigkeit eingeschränkt durch die Breite der Gruppen von Geburtsjahrgängen, welche die Basis dieser Analyse bilden.

126 Bei einer „sicheren" Abgrenzung würde man etwa die Geburtsjahrgänge ab 1966 (über 50 % der Bevölkerung in der BRD verfügten damals über ein Fernsehgerät) als Fernsehgeneration bezeichnen (vgl. Neumann 1986 sowie Kapitel 1.1.2 dieser Arbeit).

Dennoch wurde zunächst versucht, einen möglichst rigorosen, objektiven Test auf Abweichungen „der Fernsehgeneration" von den anderen Kohorten durchzuführen. Nach der Auffassung, die der Fernsehgeneration eine starke Affinität zum Fernsehen und eine geringere Neigung zur Tageszeitung zuschreibt, müßten ja ganz bestimmte Unterschiede zwischen den Kohorten der Fernsehgeneration einerseits und allen anderen Kohorten andererseits (jeweils im Durchschnitt) bestehen, und zwar unabhängig davon, ob man die untere Grenze der Fernsehgeneration bei 1950 oder bei 1970 ansetzt und ob auch innerhalb der Fernsehgeneration noch — graduelle — Unterschiede zwischen den Kohorten in ihrem Rezipientenverhalten existieren. Danach wäre bei der Fernsehgeneration eine tendenziell höhere Nutzung und Bewertung des Fernsehens, dagegen aber eine tendenziell niedrigere Nutzung und Bewertung der Zeitung zu erwarten. Für die Radionutzung bestehen hingegen keine so klaren Erwartungen im Sinne dieser Auffassung. Ein solcher statistischer Test auf Unterschiede zwischen der Fernsehgeneration und den älteren Kohorten hat hier vor allem deshalb Bedeutung, weil die Ergebnisse der differenzierten Kohortenanalysen (ohne eine Zusammenfassung der Kohorten) aufgrund des Identifikationsproblems nicht in der Weise statistisch abgesichert werden können.

Zu diesem Zweck wurden die drei jüngsten Kohorten (Jahrgänge 1961 bis 1975) als Fernsehgeneration betrachtet und der Gruppe der anderen Kohorten gegenübergestellt. Die Abweichung der Fernsehgeneration vom Durchschnitt der anderen Kohorten wurde jeweils in einem APK-Modell (also unter Kontrolle von Alters- und Periodeneffekt) mit zusammengefaßten Kohorten getestet.[127] Dabei mußte die Modellannahme getroffen werden, daß der Kohorteneffekt bei den Kohorten der Fernsehgeneration und bei allen anderen Kohorten jeweils gleich ausfällt. Normalerweise ist eine solche Zusammenfassung in statistischen Modellen nicht sehr problematisch; es wird auf diese Weise eben die Differenz zwischen den Mittelwerten zweier Gruppen getestet. Genau dies entspricht ja der These der systematischen Abweichung der Fernsehgeneration von den

127 Die Einbeziehung der drittjüngsten Kohorte, über deren Zugehörigkeit zur Fernsehgeneration diskutiert werden könnte, gewährleistet eine größere Datenbasis für die Schätzung des Modellparameters dieser Gruppe. Die Ergebnisse sind damit weniger anfällig für Verzerrungen. Außerdem mußte zur Absicherung der Befunde eine weitere Serie von Tests ohne die Daten von 1990 und damit ohne die jüngste Kohorte durchgeführt werden (siehe unten). Dabei umfaßte die Fernsehgeneration also nur noch zwei Kohorten; wäre von Anfang an die drittjüngste Kohorte nicht einbezogen worden, so hätte die Fernsehgeneration bei dieser weiteren Serie von Tests nur noch aus einer einzigen Kohorte bestanden — mit der Konsequenz einer extrem hohen Fehleranfälligkeit der Ergebnisse.

älteren Kohorten. Bei APK-Modellen liegen die Dinge aufgrund des Identifikationsproblems jedoch anders.[128]

Das Ergebnis des Tests bleibt zwar „objektiv", erhält hier aber eine andere Bedeutung: Ermittelt wird eine etwaige Abweichung der Fernsehgeneration im Kohorten*trend*. Wenn also für die Gruppe der älteren Kohorten eine ganz bestimmte Entwicklung von Kohorte zu Kohorte (beginnend mit der ältesten) gilt, so diagnostiziert der Test, ob die Fernsehgeneration von diesem Muster (genauer: vom linearen Trend dieser Entwicklung) abweicht, ob sie sich von der Tendenz, die in der Abfolge der älteren Kohorten beobachtbar ist, entfernt. Über die relative vertikale Position der Fernsehgeneration — im Vergleich zu den anderen Kohorten — ist damit noch nicht viel gesagt. Bei einem insgesamt positiv gerichteten Kohorteneffekt beispielsweise kann die Fernsehgeneration vom Trend nach *unten* hin abweichen, aber dennoch *über* den anderen Kohorten liegen. Daher mußte in weiteren Analysen zusätzlich versucht werden, den vollständigen Kohorteneffekt zu bestimmen (vgl. Kapitel 4.3.3). Diese Ergebnisse sind jedoch viel weniger „objektiv" bzw. statistisch abgesichert.

Der rigorose Test wurde für alle hier betrachteten Variablen des Rezipientenverhaltens, für die vollständige Daten vorlagen, durchgeführt. Sofern keine andere Basis aus Vergleichbarkeitsgründen notwendig war, lagen dabei die Gesamtstichproben der Erhebungen zugrunde. Auch weitere Kontrollvariablen wurden nicht berücksichtigt (vgl. auch die Ausführungen in Kapitel 4.2.1). Diese Vorgehensweise entspricht der ja auch nicht weiter eingeschränkten bzw. präzisierten These, die Fernsehgeneration weiche (so, wie sie ist) in ganz bestimmter Richtung von den älteren Kohorten (ebenfalls ohne Einschränkung) ab. Eine bedeutsame Ausnahme war jedoch nicht zu vermeiden: Die subjektive Häufigkeit der Fernsehnutzung konnte nur bei Beschränkung auf die Personen aus Fernsehhaushalten über die Jahre vergleichbar ausgewertet werden (vgl. Anhang 1.10).

---

128 Durch die Zusammenfassung der Kohorten wird das APK-Modell identifiziert, die Gleichheit innerhalb der Gruppen der Kohorten wird daher zur Bedingung für die Gültigkeit des ermittelten Unterschiedes zwischen den Gruppen. Mit einer derart starken Zusammenfassung von Kohorten wird nun der Kohorteneffekt in seiner Richtung verzerrt, sofern er einen deutlichen linearen Trend enthält. Der lineare Trend wird auf diese Weise weitgehend aus dem Kohorteneffekt eliminiert, so daß der Test in erster Linie auf systematische Nichtlinearitäten im Kohorteneffekt (die identifizierbar sind) reagiert. Eine *vorherige* Identifikation des APK-Modells — etwa durch eine Restriktion auf dem Alterseffekt — würde hier auch keine Verzerrungen verhindern können; die Veränderungen wären dann sogar weniger gut durchschaubar.

Unter anderem deswegen wurde der Test für die übrigen Variablen zur Nutzung und Bewertung des *Fernsehens* vergleichend auch auf der eingeschränkten Basis aller Personen aus Fernsehhaushalten durchgeführt. Die Ergebnisse des Vergleichs der Fernsehgeneration mit dem Durchschnitt aller anderen Kohorten sind nämlich durch die unterschiedlich starke Diffusion des Fernsehens in den einzelnen Kohorten beeinflußt.[129] Diese zusätzlichen Tests können also auch zur Erklärung der Ergebnisse für die Gesamtstichproben dienen. Sie werden aber nicht wie die anderen Tests im Hinblick auf die zentrale Fragestellung dieser Untersuchung interpretiert, denn die bezieht sich auf die Kohorten ohne eine solche Einschränkung.

Unter dem Gesichtspunkt möglicherweise temporär überhöhter Werte für die Fernsehnutzung der Jugendlichen 1990 (vgl. Kapitel 2.2.6 und Anhang 1.4) sind auch die Ergebnisse von Kohortenanalysen grundsätzlich vorsichtig zu interpretieren. Auch die rigorosen Tests auf der Basis aller Querschnitterhebungen könnten durch den Bruch zwischen 1985 und 1990 beeinflußt werden. Die höhere Fernsehnutzung der 15- bis 19jährigen 1990 ist ja nicht unbedingt Ausdruck des dauerhaft angelegten Verhaltens dieser jüngsten Kohorte, sondern stellt vielleicht nur eine temporäre Erscheinung dar. Weil die jüngste Kohorte in den rigorosen Tests als eine von nur drei Kohorten die Fernsehgeneration repräsentiert, könnte sich eine solche temporäre Abweichung verzerrend auf die Ergebnisse auswirken. Alle Tests wurden daher zum Vergleich auch unter Ausschluß der Daten von 1990 durchgeführt. In diesem Fall umfaßt die Fernsehgeneration die zweit- und die drittjüngste Kohorte der Gesamtanalyse (also die Jahrgänge 1961 bis 1970). Auf diese Weise ist ausgeschlossen, daß der jeweilige Kohorteneffekt — und damit das Ergebnis des Tests — durch temporäre Veränderungen im Alterseffekt bzw. durch einen altersspezifischen Periodeneffekt 1990 verfälscht wird. Stimmen die Ergebnisse beider Analysevarianten ungefähr überein, so kann dies dahingehend interpretiert werden, daß das Ergebnis des jeweiligen Tests auf der Basis der Gesamtdaten durch den Bruch zwischen 1985 und 1990 nicht beeinflußt ist. Was dagegen die APK-Analysen

---

129 Dies zeigte eine — hier nicht weiter dokumentierte — APK-Analyse der Verfügbarkeit eines Fernsehgerätes im Haushalt. Danach fand die Diffusion des Fernsehens sowohl periodenbezogen als auch kohortenbezogen statt. Vor allem zwischen 1970 und 1974 sowie (schwächer) zwischen 1974 und 1980 erhöhte sich einerseits die Versorgung mit Fernsehgeräten in allen Kohorten (Periodeneffekt). Andererseits war die Ausstattung bei den ältesten Kohorten dauerhaft niedriger; im Kohortenvergleich zeigt sich bei den jüngeren Kohorten eine ceteris paribus zunehmend höhere Versorgungsquote (degressiv steigender Kohorteneffekt). Somit fand die Diffusion auch über den Mechanismus der Kohortensukzession statt.

mit ungruppierten Kohorten betrifft (vgl. Kapitel 4.3.3), so schienen separate Auswertungen auf der Basis der Querschnitte 1970 bis 1985 weitgehend unnötig.[130] Dennoch wurden sie (angesichts der Ergebnisse auf der Basis der Gesamtdaten) für die Variablen des Fernsehverhaltens zur Absicherung der Befunde vorgenommen.

Tabelle 4 faßt die Ergebnisse der rigorosen Tests für alle Variablen der Mediennutzung und Medienbewertung zusammen. Betrachtet man die Koeffizienten (vor allem die signifikanten), so stellt man zunächst fest, daß die Einengung der Datenbasis auf den Zeitraum 1970 bis 1985 keinen wesentlichen Unterschied ausmacht. Die folgende Interpretation konzentriert sich daher auf die Tests auf der Basis der Gesamtdaten. Auf einige Abweichungen der Ergebnisse ohne die Daten von 1990 wird dann abschließend kurz eingegangen. Auch die in Klammern stehenden Werte werden zunächst nicht beachtet.

Alle signifikanten Koeffizienten weisen ein negatives Vorzeichen auf. Bei den betreffenden Variablen weicht die Fernsehgeneration also vom Kohortentrend (von der Tendenz innerhalb der Gruppe der älteren Kohorten) nach unten hin ab. Generell bestehen offenbar beim Fernsehen kaum Unterschiede zwischen der Fernsehgeneration und den übrigen Kohorten. Beim Radio und bei der Tageszeitung sind überwiegend negative Abweichungen festzustellen, auch wenn sie mehrheitlich nicht statistisch abgesichert sind. Diese Ergebnisse sprechen im Falle des Fernsehens zunächst einmal eher gegen als für einen steilen Anstieg des jeweiligen Kohorteneffektes bei den Kohorten der Fernsehgeneration und damit auch eher gegen als für eine überproportional hohe Nutzung und Bewertung des Fernsehens durch die Fernsehgeneration. Die gleiche Aussage kann man aber auch — sogar mit größerer Sicherheit — für die Medien Tageszeitung und Hörfunk formulieren.

Es wurde bereits darauf hingewiesen, daß der Test für die subjektive Häufigkeit der Fernsehnutzung nur bezogen auf die Personen aus Fernsehhaushalten durchgeführt werden konnte. Insofern ist in diesem Fall kein echter Test auf Abweichung der Fernsehgeneration von den anderen Kohorten (jeweils insgesamt, ohne weitere Einschränkung) gegeben. Aus dem Vergleich der Ergebnisse mit bzw. ohne die Beschränkung auf alle Personen aus Fernsehhaushalten

130 Denn es sind im wesentlichen nur die 15- bis 19jährigen, die in den analysierten Daten von 1990 eine gegenüber 1985 extrem erhöhte Fernsehnutzung aufweisen. Dies wirkt sich in APK-Analysen ohne eine Gruppierung der Kohorten aber fast ausschließlich im Kohorteneffekt (vor allem im Koeffizienten der jüngsten Kohorte) aus, kann von daher also relativ einfach bei der Interpretation berücksichtigt werden. Die anderen Effekte (und der Rest des Kohorteneffektes) bleiben dagegen weitgehend unberührt.

Tabelle 4: Ergebnisse der Tests auf Abweichung der Fernsehgeneration vom Trend aller anderen Kohorten. Angegeben ist jeweils nur der Schätzwert für den Modellparameter[1], mit dem die Fernsehgeneration gegen alle anderen Kohorten getestet wird; erste Spalte: auf der Basis der Gesamtdaten (Fernsehgeneration: Jahrgänge 1961-1975), zweite Spalte: mit eingeschränkter Datenbasis (Fernsehgeneration: Jahrgänge 1961-1970).

Variable	Erhebungen 1970 bis 1990	Erhebungen 1970 bis 1985
Fernsehen		
Nutzung: regelmäßig / häufig[2]	0,003	-0,201
Tagesreichweite	-0,270	-0,322
dito, Basis: Pers. aus TV-Haushalten[2]	(-0,125)	(-0,136)
Einstellung (Index, z-Wert)	0,038	0,010
dito, Basis: Pers. aus TV-Haushalten[2]	(0,058)	(0,036)
Vermissen: sehr stark / stark	0,142	-0,070
dito, Basis: Pers. aus TV-Haushalten[2]	(0,255)	(0,084)
Tageszeitung		
Tagesreichweite	-0,381*	-0,549*
Nutzungsdauer (Minuten)	-4,732	-8,156
Verweildauer (Minuten)	-1,481	-3,091
Einstellung (Index, z-Wert)	0,013	-0,015
Vermissen: sehr stark / stark	-0,414*	-0,442*
Radio		
Nutzung: regelmäßig / häufig	-0,324	-0,284
Tagesreichweite	-0,637*	-0,803*
Einstellung (Index, z-Wert)	-0,006	0,009
Vermissen: sehr stark / stark	-0,096	-0,050
Alle drei tagesaktuellen Medien		
Tagesreichweite (mind. ein Medium)	-0,321	-0,202
Einstellung (Index, z-Wert)	0,020	0,002

[1] Es handelt sich um unstandardisierte Regressionskoeffizienten (Nutzungsdauer, Verweildauer, Einstellung) bzw. Logit-Koeffizienten (übrige Variablen). Die Koeffizienten sind daher (und weil sie aus verschiedenen Modellen stammen) nicht in der Größe vergleichbar.

[2] Basis: Personen, die ein Fernsehgerät im Haushalt zur Verfügung haben. (Zu den Definitionen der anderen Variablen vgl. Tabelle 3.)

* Signifikant bei $\alpha = 0{,}05$ (zweiseitig). Das Signifikanzniveau bezieht sich auf alle Tests dieser Tabelle simultan. Die Einzeltests wurden nach dem Bonferroni-Ansatz (vgl. Miller 1981) mit $\alpha_i = 0{,}05/36$ durchgeführt. Dadurch wird die erwartete Zahl von α-Fehlern nach oben durch den Wert 0,05 begrenzt; bei konventioneller Vorgehensweise wäre diese Obergrenze hier 1,8 (α-Inflation). Bei einer so großen Anzahl von Tests ergibt sich mit diesem Ansatz eine sehr konservative Korrektur (und damit ein erhöhtes β-Risiko); von daher erschien ein simultanes Signifikanzniveau von 0,05 völlig ausreichend.

bei den Tests der drei anderen Fernsehvariablen (vgl. Tabelle 4) geht jedoch die Richtung der Veränderung des Koeffizienten hervor, die aus dieser erzwungenen Einschränkung der Basis bei der subjektiven Häufigkeit der Fernsehnutzung resultiert haben dürfte.

In den drei anderen Fällen (Tagesreichweite, Einstellung, Vermissen) weicht die Fernsehgeneration nämlich durchweg stärker nach unten bzw. weniger stark nach oben ab, wenn man die Gesamtstichproben als Basis verwendet (jeweils obere der beiden Zeilen in Tabelle 4), im Vergleich zur Einschränkung der Basis auf die Personen aus Fernsehhaushalten (jeweils untere der beiden Zeilen; Koeffizient in Klammern). Insofern wäre analog bei Vorliegen der subjektiven Nutzungshäufigkeit nicht allein für Personen aus Fernsehhaushalten, sondern für die Gesamtstichproben eher eine Veränderung des Koeffizienten nach unten — d. h. in den negativen Bereich — zu erwarten. Es wäre dann also wahrscheinlich kein Ergebnis zustandegekommen, das mit der hier festgestellten Tendenz (beim Fernsehen weicht die Fernsehgeneration jedenfalls nicht nach oben hin ab) nicht übereingestimmt hätte.

Ein Ansatz zur Erklärung der Resultate der Tests bei den Fernsehvariablen könnte sich also aus der unterschiedlichen Versorgung der Kohorten mit Fernsehgeräten ergeben: Die Koeffizienten für die Fernsehgeneration liegen in allen drei Fällen höher, wenn nur Personen aus Fernsehhaushalten die Basis bilden (vgl. Tabelle 4).[131] Durchweg bleiben die Koeffizienten allerdings unterhalb der Signifikanzschwelle. Und wie bereits erwähnt: *Warum* die Fernsehgeneration von den anderen Kohorten abweicht, interessiert hier nur in zweiter Linie. Die Ausstattung mit Fernsehgeräten kann als eine von mehreren Determinanten der Fernsehnutzung einer Kohorte angesehen werden — und damit auch als legitimer Bestandteil des entsprechenden Kohorteneffektes. Zur Prüfung der

---

131 Das hängt damit zusammen, daß bei der Versorgung mit Fernsehgeräten ein positiv gerichteter Kohorteneffekt besteht. Weil die Haushalte der ältesten hier betrachteten Kohorten unterdurchschnittlich mit Fernsehgeräten ausgestattet waren, haben diese Kohorten im Vergleich zu den mittleren und jüngeren Kohorten auch geringere Nutzungs- und Bindungswerte (Ähnliches gilt übrigens für das Radio). Durch diesen graduellen Rückstand der älteren Kohorten ergibt sich insgesamt ein degressiv (und bei den ältesten Kohorten ziemlich steil) steigender Kohorteneffekt auf die Verfügbarkeit eines Fernsehgerätes im Haushalt — und damit ein entsprechender Beitrag zum jeweiligen Kohorteneffekt auf die Nutzung und Bewertung des Fernsehens, von dessen Trend die Fernsehgeneration in der Tendenz (jedenfalls bei der Nutzung) eher nach unten abweicht. Betrachtet man nur Personen aus Fernsehhaushalten, so wird dieser deutliche Anstieg im unteren Bereich des Kohorteneffektes offenbar weitgehend ausgeglichen, und die Steigung des gesamten Effektes fällt schwächer aus. Dadurch verschiebt sich auch die Abweichung der jüngsten Kohorten vom Kohortentrend tendenziell nach oben hin.

zentralen Fragestellung dieser Arbeit sind die vollständigen Kohorten zu betrachten; auf sie beziehen sich die Aussagen über das Verhalten der Fernsehgeneration im Vergleich zu den älteren Kohorten.

Was ändert sich nun an den Ergebnissen, wenn nur die Daten der Erhebungen 1970 bis 1985 in die Analyse eingehen? Nichts wesentliches (vgl. Tabelle 4). Bei den Medien Zeitung und vor allem Radio sind die Resultate — was Vorzeichen und Signifikanz der Koeffizienten betrifft — überwiegend kaum verändert. Bei den Fernsehvariablen weichen nun insgesamt gesehen die Kohorten der Fernsehgeneration (sowohl auf der Basis der Gesamtstichproben als auch bei Beschränkung auf Personen aus Fernsehhaushalten) erwartungsgemäß etwas stärker nach unten — bzw. weniger stark nach oben — vom Trend der anderen Kohorten ab. Auf der Basis der Daten von 1970 bis 1985 zeigen sich nun bei fast allen untersuchten Variablen des Fernsehverhaltens der Gesamtstichproben Abweichungen der Fernsehgeneration in die negative Richtung, wobei die Stärke der Koeffizienten jedoch weiterhin unterhalb der Signifikanzschwelle liegt.

Alles in allem geben die Resultate dieser rigorosen Tests wenig Hinweise darauf, daß die Nutzung und Bewertung des Fernsehens in der Fernsehgeneration deutlich nach oben tendiert, gemessen an den Verhältnissen in der Gruppe der älteren Kohorten. Für die Tageszeitung gilt das Gegenteil, hier entsprechen die Ergebnisse also der verbreiteten Annahme von der tendenziellen Zeitungsabstinenz der Fernsehgeneration. Gleiches läßt sich allerdings auch für das Radio feststellen. Die weniger einheitlichen und statistisch nicht gesicherten Werte für das Fernsehen, die aber auch eher auf eine Abweichung der Fernsehgeneration in die negative als in die positive Richtung verweisen (dies gilt jedenfalls für die Fernseh*nutzung* sowie bei Beschränkung auf die Daten von 1970 bis 1985), können in diesem Kontext betrachtet werden. Insgesamt erscheinen dann die tendenziell negativen Abweichungen bei den Medien Radio und Fernsehen nicht dazu geeignet, eine mögliche Interpretation der überwiegend ebenfalls negativen Abweichungen bei der Zeitung als Folge des Aufwachsens mit dem Fernsehen zu stützen. Die Befunde deuten eher darauf hin, daß die Fernsehgeneration im Vergleich zum Trend in der Abfolge der älteren Kohorten *allen* tagesaktuellen Medien etwas zurückhaltender gegenübersteht.

Die Ergebnisse dieser rigorosen Tests geben aber noch keine Auskunft über Abweichungen der Fernsehgeneration von den anderen Kohorten im *Niveau* des Kohorteneffektes. Daher mußte in weiteren Analysen versucht werden, durch möglichst unverzerrte Schätzung von APK-Modellen nähere Aufschlüsse über den jeweiligen Kohorteneffekt zu gewinnen. Außerdem konnte auf diese Weise festgestellt werden, wie bei Abweichungen der jüngeren Kohorten von den älteren der Übergang zwischen ihnen ausfällt. Zu erwarten wäre ja, daß die häufig vermuteten systematischen Abweichungen der Fernsehgeneration in der Kohortenabfolge eher graduell einsetzen, wenn sie überhaupt existieren. Und bei den rigorosen Tests wurde die Fernsehgeneration exakt abgegrenzt.

4.3.3 Unterschiede zwischen den Kohorten (insbesondere Abweichungen der Fernsehgeneration) in ihrer Nutzung und Bewertung der Medien

Es wurde bereits darauf hingewiesen, daß in dieser Untersuchung in erster Linie Aussagen relevant sind, die sich jeweils auf die gesamten Kohorten (ohne Einschränkung) beziehen. Daher dienen auch bei den differenzierten Kohortenanalysen zusätzliche Auswertungen auf eingeschränkter Basis (wie in diesem Fall Personen aus Fernsehhaushalten) lediglich der Erklärung bestimmter Ergebnisse. Gezeigt werden also grundsätzlich nur die Resultate, die sich auf die Gesamtbevölkerung beziehen. Sofern die Ergebnisse für Personen aus Fernsehhaushalten in bedeutsamer Weise davon abweichen, wird bei der Interpretation darauf jeweils hingewiesen.

Grundlegende technische Daten zu den APK-Modellen für die einzelnen Medien (einbezogen wurden nur Variablen mit vollständigen Daten) sind in Tabelle 5 zusammengefaßt. Die Anpassung ist zumeist gut bis zufriedenstellend, bei einigen Modellen allerdings schlechter. Auch in diesen Fällen überwiegen jedoch offenbar unsystematische Schwankungen, größere Fehlspezifikationen konnten nicht festgestellt werden. Im übrigen entspricht das jeweils geschätzte Modell — nur die drei Haupteffekte, keine Erweiterungen — dem hier verfolgten Analyseziel.

Die Interpretation der Ergebnisse konzentriert sich auf die Kohorteneffekte. Auf die Alterseffekte wird nur insofern eingegangen, als sie hier eine hohe Bedeutung für die möglichst unverzerrte Identifikation der Modelle haben. Die Periodeneffekte sind den Entwicklungen der Gesamtmittelwerte (vgl. Kapitel 4.3.1) meistens relativ ähnlich; die Ausführungen dazu werden hier nicht wiederholt. Es werden im folgenden primär diejenigen Eigenschaften der Ergebnisse hervorgehoben, die relativ robust gegenüber kleineren Verzerrungen der Modellschätzungen (die aufgrund von Identifikations- oder Zufallsfehlern auftreten können) sind.

Tabelle 5: Technische Informationen zu den einzelnen APK-Modellen[1]

Variable	Gleichsetzung der Altersgruppen	Anpassungsgüte			Konstante
		R^2	χ^2 (df)	p =	
Fernsehen					
Nutzung: regelmäßig / häufig[2]	9 und 10	0,90	66,9 (33)	< 0,01	0,64
Tagesreichweite	7 und 8	0,90	41,3 (33)	0,15	-1,95
Einstellung (Index, z-Wert)	4 und 5	0,96			-0,01
Vermissen: sehr stark / stark	8 und 9	0,91	45,0 (33)	0,08	-1,32
Tageszeitung					
Tagesreichweite	10 und 11	0,91	28,9 (33)	0,67	0,35
Nutzungsdauer (Minuten)	7 und 8	0,91			24,45
Verweildauer (Minuten)	4 und 5	0,88			44,50
Einstellung (Index, z-Wert)	4 und 5	0,91			-0,02
Vermissen: sehr stark / stark	6, 7 und 8	0,90	44,2 (34)	0,11	-0,22
Radio					
Nutzung: regelmäßig / häufig[3]	6, 7 und 8	0,86	58,5 (34)	< 0,01	0,18
Tagesreichweite	4 und 5	0,90	42,5 (33)	0,12	0,38
Einstellung (Index, z-Wert)	8 und 9	0,83			0,23
Vermissen: sehr stark / stark	4 und 5	0,95	27,0 (33)	0,76	0,05

[1] Der Anpassungstest ist nur für die Logit-Modelle verfügbar. Weil die Tests hier auf konventionelle Weise (ohne α-Korrektur) durchgeführt wurden, kann bereits bei einem p-Wert von 0,1 von einer brauchbaren Modellanpassung gesprochen werden. Bei den Logit-Modellen ist unter R^2 der Anteil erklärter Devianz angegeben.

[2] Basis: Personen mit Fernsehgerät im Haushalt.

[3] Basis: Personen mit Radiogerät im Haushalt.

4.3.3.1 Fernsehen

In den Abbildungen 1 bis 4 sind die Parameterschätzwerte der Modelle für die Nutzung und Bewertung des Fernsehens dargestellt. Die Regressionskoeffizienten und die Logit-Koeffizienten sind im Prinzip ähnlich zu interpretieren: Je höher der Koeffizient einer Altersgruppe liegt, um so höher ist auch die Nutzung (Einstellung, Bindung) in diesem Alter, wenn man Perioden- und Kohorteneffekt berücksichtigt. Analoge Aussagen gelten für die Koeffizienten der einzelnen Jahre und Kohorten. Der Koeffizient der ersten Altersgruppe, des ersten Erhebungsjahres bzw. der ältesten Kohorte ist aus statistischen Gründen jeweils auf den Wert Null gesetzt. Diese Festlegung ist willkürlich, beeinträchtigt die hier relevanten Vergleiche zwischen den Koeffizienten je eines Effektes jedoch nicht. Das gilt sowohl für die Regressionskoeffizienten als auch für die Logit-Koeffizienten.[132]

Die *Alterseffekte* zeigen — so wurden die Modelle identifiziert — durchweg die zu erwartenden aufwärts gerichteten Entwicklungen im Lebensverlauf. Die Phase des Ruhestands ist meistens nach oben hin abgesetzt. Dabei erscheint es plausibel, daß die Bindung an das Fernsehen vor allem im höheren Alter stark ist.[133] Mehr oder weniger deutlich ausgeprägt ist auch die Phase erhöhter Nutzung des Fernsehens bei jungen Erwachsenen (Familien mit kleinen Kindern) zu erkennen. Die Abweichung der Jugendlichen nach unten fällt bei der subjektiven Nutzungshäufigkeit am größten aus. Daß die Fernsehnutzung in diesem Alter entwicklungsbedingt einen Tiefstand erreicht, wird hier nicht so deutlich, weil die Daten dieser Untersuchung den davor liegenden Altersbereich nicht einschließen.

Zwei ergänzende Bemerkungen zur Interpretation der Alterseffekte erscheinen noch angebracht. Wenn hier von „dem" Alterseffekt die Rede ist, so handelt es sich dabei um eine Verkürzung. Eigentlich wäre immer auf den Beobachtungszeitraum und die Kohorten, die das betreffende Altersintervall in diesem Zeitraum durchlaufen haben, Bezug zu nehmen. Man müßte also etwa wie folgt formulieren: Zwischen 1970 und 1990 hat die Fernsehnutzung der Kohorten, die in diesem Zeitraum das Rentenalter erreichten, im Durchschnitt stark zugenommen, und zwar unabhängig von den durchschnittlichen Veränderungen bei *allen* Kohorten in diesem Zeitraum sowie unter Berücksichtigung dauerhafter Unterschiede *zwischen* den Kohorten. Zu beachten ist ferner, besonders beim Vergleich von Ergebnissen und Interpretationen, daß bei vielen der in Teil 3 referierten Kohortenanalysen eine etwas andere Betrachtungsweise vorherrschte: Es wurden meistens die Entwicklungen innerhalb der Kohorten pauschal betrachtet, wobei Alterseffekt und Periodeneffekt oft nur unvollkommen auseinandergehalten werden konnten.

---

132 Dabei beziehen sich die Regressionskoeffizienten im Unterschied zu den Logit-Koeffizienten unmittelbar auf die Skala der abhängigen Variablen (beispielsweise den Einstellungsindex). Die Logit-Koeffizienten dagegen geben nicht direkt Veränderungen der Anteilswerte an (z. B. des Anteils regelmäßiger oder häufiger Nutzer), sondern beziehen sich auf eine transformierte Skala. Auf die genauen Unterschiede zwischen beiden Arten von Koeffizienten kommt es hier jedoch nicht an.

133 Offenbar erfaßt die Vermissensfrage (vgl. Anhang 1.14) nicht ausschließlich das Image des betreffenden Mediums, sondern doch auch die subjektiv empfundene Abhängigkeit.

Abbildung 1: Subjektive Häufigkeit der Fernsehnutzung von Personen aus Fernsehhaushalten (Anteil regelmäßiger oder häufiger Nutzer) — Ergebnis der Kohortenanalyse

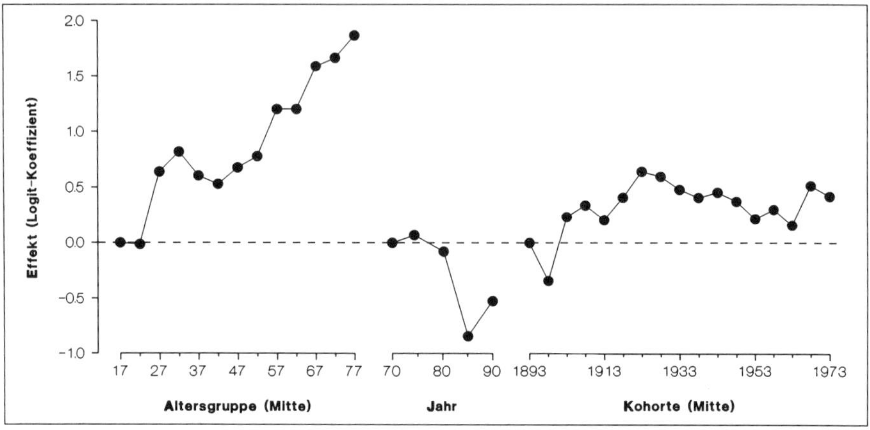

Abbildung 2: Reichweite des Fernsehens an einem durchschnittlichen Werktag (Montag bis Samstag) — Ergebnis der Kohortenanalyse

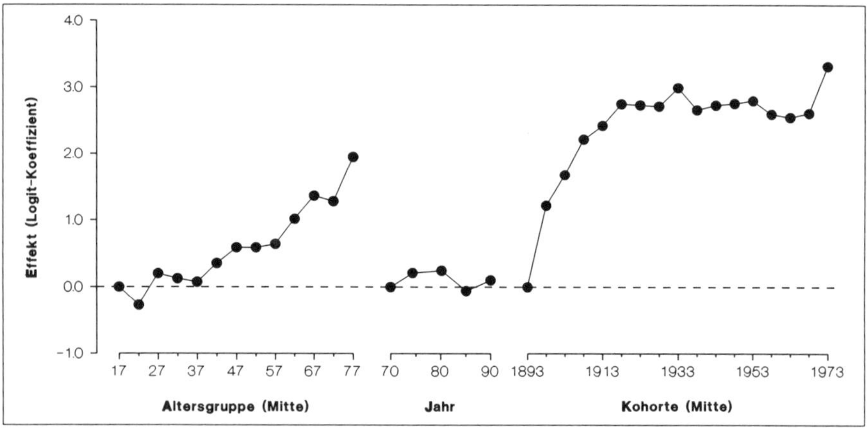

Abbildung 3: Einstellung gegenüber dem Fernsehen (Index der subjektiven Funktionalität) — Ergebnis der Kohortenanalyse

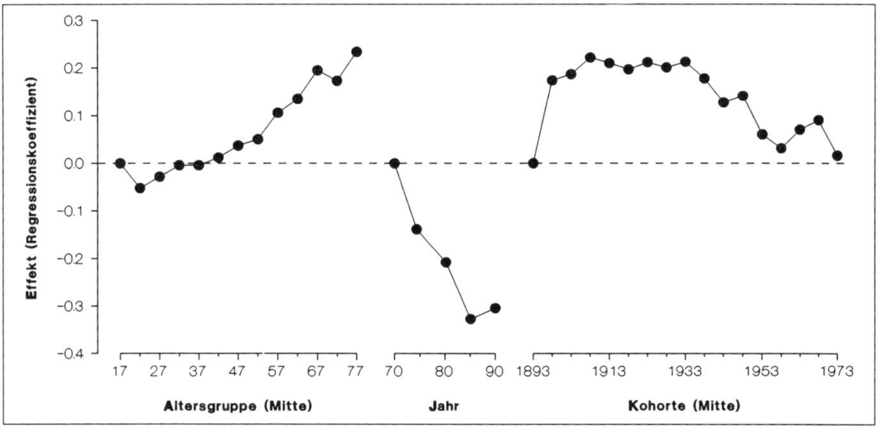

Abbildung 4: Bindung an das Fernsehen (Anteil der Befragten, die das Fernsehen sehr stark oder stark vermissen würden) — Ergebnis der Kohortenanalyse

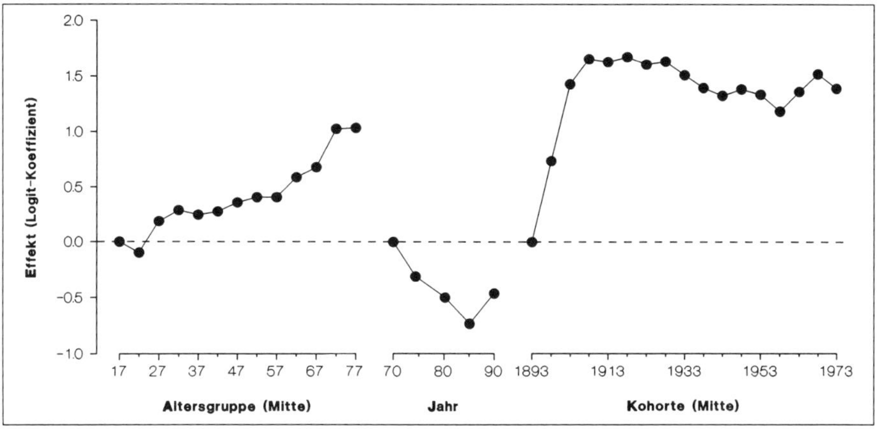

In den *Periodeneffekten* zeigen sich mehr oder weniger deutliche negative Trends, mit einer Trendwende zwischen 1985 und 1990. Eine Ausnahme bildet hier die Reichweite, für die Zeit bis 1980 auch die subjektive Nutzungshäufigkeit.[134] Die anfangs noch positive Entwicklung der Reichweite geht — dies zeigte eine zusätzliche Analyse — auf die damals noch nicht vollständige Verbreitung des Fernsehens zurück.[135] Analog erklärt die noch nicht abgeschlossene Diffusion auch, daß der Rückgang der Bindung zwischen 1970 und 1974 nicht noch viel stärker ausfiel.

Die markanteste Eigenschaft der *Kohorteneffekte* besteht darin, daß die ältesten Kohorten mehr oder weniger deutlich unter dem Durchschnitt liegen (eine Ausnahme bildet dabei die Einstellung insofern, als hier nur die älteste Kohorte deutlich nach unten abweicht).[136] Diese relative Position der ältesten Kohorten konnte in weiterführenden Analysen in unterschiedlichem Maße mit der geringeren Verbreitung von Fernsehgeräten in diesen Kohorten erklärt werden, und zwar bei der Einstellung fast vollständig, bei Reichweite und Bindung dagegen nur teilweise. Bei der subjektiven Nutzungshäufigkeit, für die ja nur Personen aus Fernsehhaushalten die Basis bilden, liegen die Werte der ältesten Kohorten ebenfalls noch niedriger.

Insgesamt ergibt sich daraus folgender Befund: Die Verbreitung des Fernsehens war in den ältesten Kohorten unterdurchschnittlich.[137] Aber auch dann, wenn man die differentielle Diffusion von Fernsehgeräten (neben Alters- und Periodeneffekt) berücksichtigt, zeigt sich noch, daß die ältesten Kohorten das neue Medium Fernsehen mit größerer Zurückhaltung als die jüngeren Kohorten aufgenommen haben. Dies stimmt mit einigen Hinweisen in der Literatur gut überein (vgl. Eurich und Würzberg 1983 sowie Kapitel 2.2).

---

134 Wie schon am Alterseffekt zu erkennen ist, scheint die Reagibilität der subjektiven Nutzungshäufigkeit besonders hoch zu sein. Die Frage nach der subjektiven Nutzungshäufigkeit (vgl. Anhang 1.10) erfaßt offenbar auch den subjektiven Stellenwert des Mediums und gibt daher Verhaltensänderungen deutlicher akzentuiert wieder.

135 Zu beachten ist beim Periodeneffekt der Reichweite ferner, daß der Wert für das Jahr 1990 aufgrund differentieller Saisoneffekte wahrscheinlich unterschätzt wird (vgl. Anhang 1.2).

136 Beim Kohorteneffekt auf die Einstellung ist zwar eine mögliche Verzerrung des betreffenden Koeffizienten zu beachten (der Koeffizient der ältesten bzw. jüngsten Kohorte kann jeweils Zufallsfehler und Interaktionseffekte enthalten). Die Richtung der Abweichung ist jedoch die gleiche wie bei den anderen Kohorteneffekten (dies gilt vor allem für Reichweite und Bindung).

137 Auch in den USA war die ältere Bevölkerung in den Anfangsjahren des Fernsehens etwas schlechter mit Fernsehgeräten ausgestattet (vgl. Meyersohn 1961, S. 264).

Für die zentrale Fragestellung dieser Arbeit ist jedoch vor allem jeweils der obere Bereich des Kohorteneffektes relevant. Auf den ersten Blick unterscheiden sich die Kohorten der Fernsehgeneration nicht wesentlich von den anderen Kohorten (mit Ausnahme der ältesten Kohorten der Analyse). Das spricht gegen die These einer stärkeren Fernsehneigung speziell der Fernsehgeneration. Auf den zweiten Blick fällt allerdings auf, daß die Werte der jüngsten zwei oder drei Kohorten (bei der Reichweite nur der jüngsten Kohorte) wieder etwas höher liegen im Vergleich zu den Kohorten unmittelbar davor. Gerade dieser Befund ist jedoch ziemlich unsicher.

In den Daten der Langzeitstudie Massenkommunikation, die hier analysiert wurden, sind nämlich infolge des Umbruchs im Mediensystem Interaktionseffekte zu erwarten. So ist ja zwischen 1985 und 1990 die Fernsehnutzung gerade bei den Jüngeren deutlich gestiegen (vgl. Kiefer 1992). Dabei spielten wahrscheinlich Angebotsfaktoren die entscheidende Rolle: Die unteren Altersgruppen stellen die Hauptzielgruppe der privaten Fernsehprogramme dar (vgl. auch Kiefer 1992, S. 76 ff.). Da nach der grundlegenden Veränderung des Rundfunksystems nur ein Querschnitt (1990) analysiert werden konnte, ist bei einer solchen Interaktion momentan noch nicht zu sagen, wodurch sie bedingt ist, ob sie fortdauern wird, ob hier ein altersspezifischer oder ein kohortenspezifischer Periodeneffekt vorliegt.

Es erschien daher auch nicht sinnvoll, im APK-Modell nun einen Interaktionsterm für die Daten der untersten Altersgruppen im Jahr 1990 hinzuzufügen. Ob die stark abweichenden Werte der jüngsten Altersgruppe von 1990 Kohortenverhalten reflektieren, ist noch nicht klar; und so lange, bis das geklärt ist, sollte das Modell *ohne* zusätzlichen Interaktionseffekt als das einfachere Modell grundsätzlich vorgezogen werden. Es muß nur bei der Interpretation beachtet werden, daß die (möglicherweise nur temporären) Veränderungen der Relationen zwischen den Altersgruppen dann zu einem großen Teil in den Kohorteneffekt eingehen. In extremer Weise gilt dies jeweils für den Koeffizienten der jüngsten Kohorte, der dadurch möglicherweise stark verändert ist. Welchen Einfluß das auf die Interpretation haben kann, wird unmittelbar am Kohorteneffekt auf die Reichweite ersichtlich (vgl. Abbildung 2).

Gerade bei der Analyse der Fernsehnutzung ist also in den Kohorteneffekten auf Diskontinuitäten zu achten. Der jeweilige Kohorteneffekt wird hier auch die erstmals 1990 beobachteten veränderten Nutzungsmuster der Jüngeren (teilweise) aufnehmen. Dies betrifft in besonderem Maße die jüngsten zwei oder drei Kohorten, deren Koeffizienten am stärksten von den neuesten Daten mitbestimmt sind. Es kommt daher darauf an, ob sich Aufwärtstendenzen im Kohorteneffekt bereits bei der drittjüngsten und der viertjüngsten Kohorte zeigen. Ist dies der Fall, so haben die entsprechenden Kohortendifferenzen wahrscheinlich bereits 1985 und 1980 bestanden, und die Interpretation der Koeffizienten der jüngsten Kohorten als Ausweis dauerhaft angelegten Kohortenverhaltens wird gestärkt.

Betrachtet man die Kohorteneffekte in den Abbildungen 1 bis 4 unter diesem Aspekt, so stellt man fest, daß sich vor der 15. (also der drittletzten) Kohorte in praktisch keinem der Fälle eine Trendänderung abzeichnet. Das deutet eher nicht auf eine dauerhafte Abweichung der Fernsehgeneration nach oben (und damit auch nicht auf einen entsprechenden dominanten Einfluß des Aufwachsens mit dem Fernsehen) hin; in dem Fall wäre nämlich schon vorher eine graduelle Aufwärtsbewegung zu erwarten. Vielmehr wäre es bei den hier sichtbaren Mustern möglich, daß die Abweichung der jüngsten Kohorten allein auf Veränderungen zwischen 1985 und 1990 zurückgeht. Die Größenordnungen der Unterschiede zwischen den Koeffizienten der jeweils letzten fünf oder sechs Kohorten (in den Diagrammen sind das die *vertikalen* Abstände) erlauben teilweise jedoch nur recht vorsichtige Aussagen.

Nähere Aufschlüsse darüber, ob die Fernsehnutzung 1990 in der jüngsten Kohorte vielleicht nur temporär so hoch lag, lassen sich möglicherweise auch dadurch gewinnen, daß man die Fernsehnutzung dieser Kohorte zu einem früheren Zeitpunkt vergleichend betrachtet. Zu diesem Zweck wurden den Daten mehrerer jüngerer Kohorten ihre entsprechenden Werte von 1984 aus einer anderen Studie gegenübergestellt (vgl. Tabelle 6). Weil die Alterseinteilung der Daten von 1984 nicht verändert werden konnte (außer durch Zusammenfassung), mußten die Daten der Langzeitstudie angepaßt und daher die Kohorten auch anders als bisher abgegrenzt werden. Für die subjektive Nutzungshäufigkeit, die Einstellung und die Bindung standen allerdings keine vergleichbaren Daten von 1984 zur Verfügung. Es wurde für diese Gegenüberstellung daher außer der Reichweite auch die Nutzungsdauer herangezogen, so daß eine zweite Vergleichsvariable vorliegt.

Die Gegenüberstellung zeigt, daß Nutzungsdauer und Tagesreichweite der jüngsten vergleichbaren Kohorte 1984 so hoch wie 1990 oder sogar höher lagen. Nun muß man aber beachten, daß nach den bisherigen Erkenntnissen der Forschung die Fernsehnutzung bei den 14- bis 19jährigen altersbedingt niedriger ist als in der Altersphase davor (vgl. Kapitel 2.2.6). Das wird auch in der Querschnitterhebung von Bonfadelli et al. (1986) deutlich (vgl. Tabelle 6). Man würde also in der jüngsten vergleichbaren Kohorte, den Jahrgängen 1969 bis 1972, einen merklichen Rückgang der Nutzung zwischen 1984 und 1990 erwarten. Berücksichtigt man den jeweils deutlichen Zuwachs der Nutzung in den anderen Kohorten (was auf einen generellen Trend — zumindest in der jüngeren Bevölkerung — in der zweiten Hälfte der 80er Jahre hindeutet), so muß man die Stabilität der Nutzungsdauer bei der jüngsten vergleichbaren Kohorte als relativen Rückgang interpretieren. Von daher besteht die Möglichkeit, daß wir es hier (teilweise) mit einem Kohortenphänomen zu tun haben: Die 1990 14- bis 19jährigen mit ihrer relativ hohen Fernsehnutzung könnten schon zum Zeitpunkt der vorigen Erhebung der Langzeitstudie 1985 (damals im Alter von 9-14 Jahren) sehr starke Fernsehnutzer gewesen sein; sie waren damals eben nur nicht in der Erhebung erfaßt.

Tabelle 6: Die Fernsehnutzung jüngerer Kohorten 1984 und 1990[1]

Kohorte (Jahrgänge)	Jugend und Medien (Frühjahr 1984)			Langzeitstudie Massenkommunikation (Herbst 1990)		
	Altersgruppe	Tagesreichweite in Prozent	Nutzungsdauer in Minuten	Tagesreichweite in Prozent	Nutzungsdauer in Minuten	Altersgruppe
1973-1976	—	—	—	81	117	14-17 J.
1969-1972	12-15 J.	81	118	74	118	18-21 J.
1965-1968	16-19 J.	67	91	72	108	22-25 J.
1960-1964	20-24 J.	59	86	73	113	26-30 J.
1955-1959	25-29 J.	71	113	79	125	31-35 J.

[1] Die Daten erscheinen in etwa vergleichbar, jedenfalls was die Definition der Nutzungsmerkmale und die Art der Erhebung angeht. Auch die Abweichung der Erhebungsmonate (Jugend und Medien: März bis Mai 1984; Langzeitstudie: September bis November 1990) ist nicht so problematisch, denn beide Erhebungszeiträume liegen etwa gleich weit vom Sommer-Tief der Fernsehnutzung entfernt (März bis Mai liegt die Fernsehnutzung saisonal bedingt eher etwas niedriger als September bis November). Allerdings wurde die Feldarbeit der Studie Jugend und Medien von zwei anderen Instituten durchgeführt. Abweichend von der Vorgehensweise bei den anderen Auswertungen der Langzeitstudie Massenkommunikation in dieser Arbeit (vgl. dazu Anhang 1) wurde hier der Sonntag als Stichtag mit ausgewertet, so daß die Nutzung sich einheitlich auf einen durchschnittlichen Tag (nicht Werktag) bezieht. Außerdem wurden die Daten der Langzeitstudie mit dem Infratest-Gewicht gewichtet (vgl. dazu Anhang 2), weil dessen Konstruktion eher den auch in anderen Instituten üblichen Gewichtungsprozeduren entspricht.

Quelle der Daten von 1984: Bonfadelli et al. 1986, S. 139 und S. 143

Dies wird jedoch relativiert durch eine Betrachtung der Fernsehnutzung derjenigen Kohorten, die in der Langzeitstudie noch überhaupt nicht erfaßt wurden. Solche Daten liegen — in weitgehend mit der Langzeitstudie vergleichbarer

Form — für die Dauer der Fernsehnutzung von Kindern zwischen 6 und 13 Jahren in Deutschland (West) an einem durchschnittlichen Tag (Montag bis Sonntag) 1990 vor (vgl. Klingler und Groebel 1994, S. 126): Die Nutzung betrug im Durchschnitt dieser Altersgruppe 95 Minuten, die Zeiten für die Altersbereiche 6-7, 8-9, 10-11 und 12-13 Jahre lagen bei 69, 89, 106 und 117 Minuten. Im Vergleich dazu betrug im Jahr 1990 die Dauer der Fernsehnutzung der 14- bis 17jährigen an einem durchschnittlichen Tag ebenfalls 117 Minuten (vgl. Tabelle 6).[138] Demnach lag die Nutzung der älteren Kinder nicht über den Werten der 14- bis 17jährigen Jugendlichen, wie man es im Falle des Nachrückens nutzungsstarker Kohorten eigentlich erwarten müßte.

Sieht man sich die Daten in Tabelle 6 etwas genauer an, so kann man mehrere Effekte ausmachen: Einerseits ist ein (wahrscheinlich angebotsbedingter) Zuwachs zwischen 1984 und 1990 in den meisten Kohorten zu erkennen. Zweitens deutet die einzige Ausnahme davon (die Abnahme bei den Jahrgängen 1969-1972) darauf hin, daß die charakteristische altersbezogene Tendenz — negative Einflüsse auf die Fernsehnutzung in der Jugendphase — auch für die zweite Hälfte der 80er Jahre noch gilt. Und drittens sieht man, daß die Relationen zwischen den Kohorten zu beiden Zeitpunkten ähnlich sind: Die Werte der beiden mittleren unter den im Zeitverlauf vergleichbaren Kohorten (Jahrgänge 1960-1968) liegen jeweils tiefer, die der beiden äußeren Kohorten höher. Das könnte darauf hindeuten, daß hier zusätzlich auch Kohortendifferenzen bestehen: Die mittleren beiden Kohorten sehen durchweg etwas weniger fern. Man könnte nun spekulieren, daß die 1960 bis 1968 Geborenen den fernsehkritischen Einflüssen der 70er und 80er Jahre vielleicht besonders stark ausgesetzt waren.[139] In diesem Zusammenhang wäre beispielsweise die damals noch weitgehend restriktive Haltung der Eltern zu nennen, aber auch die Postman-Rezeption in den Gymnasien in der zweiten Hälfte der 80er Jahre.

Eine weitere Lesart der Daten in Tabelle 6 wäre folgende: Das bislang typische Tief der Fernsehnutzung in der Jugend bzw. Adoleszenz ist 1990 einerseits offenbar weniger stark ausgeprägt, andererseits hat es sich anschei-

138 Dabei ist jedoch zu berücksichtigen, daß der Erhebungszeitraum der Studie, aus der die Daten der Kinder stammen, etwa drei Wochen später im Jahr lag als bei der Erhebung 1990 der Langzeitstudie Massenkommunikation (vgl. Klingler und Groebel 1994, S. 236). Von daher dürften in diesem Vergleich die Werte der Kinder saisonbedingt eher zu hoch liegen (vgl. auch Anhang 1.2).

139 Dabei ist zu beachten, daß sich diese Jahrgänge im Beobachtungszeitraum ja noch in einem Alter befanden, in dem die Empfänglichkeit gerade solchen Einflüssen gegenüber groß ist.

nend in ein etwas höheres Alter verschoben. Eine einfache Erklärung dafür findet sich nicht ohne weiteres. Bonfadelli et al. (1986, S. 38 f.) weisen auf den Strukturwandel der Jugend in der vorangegangenen Dekade hin. Besonders auffällig ist dabei die Verlängerung der Bildungskarrieren. Im Zuge der Bildungsexpansion befinden sich von den jungen Erwachsenen einer bestimmten Altersgruppe (z. B. 20–24 Jahre) im Laufe der Zeit immer größere Teile noch in der Ausbildung. Dies ist wichtig für die Einkommens- und Wohnverhältnisse und für die Bindung an den Wohnort. Das Mediennutzungsverhalten der unteren Altersgruppen könnte sich durch diese kohortenbezogenen Entwicklungen in der letzten Zeit verändert haben.

Es kann jedenfalls nicht ausgeschlossen werden, daß in den Werten der untersten in der Langzeitstudie 1990 erfaßten Altersgruppe (14–19 Jahre) zumindest teilweise das abweichende Fernsehverhalten der nachgerückten Kohorte zum Ausdruck kommt. Die — im Vergleich dazu niedrigere — Fernsehnutzung der Jugendlichen der 80er Jahre wäre aber nicht unbedingt als der Normalfall, sondern vielleicht eher als Kohortenverhalten der „Null-Bock-Generation“ zu interpretieren (vgl. auch Kapitel 2.2.5).

Im Prinzip sind also zwei Interpretationen für die hier primär interessierende Kohorte der Jahrgänge 1969–1972 in Tabelle 6 möglich, wobei auch Mischformen denkbar erscheinen. Die erste wäre sozusagen halb im Sinne von Kiefer (1992): Es gibt doch einen charakteristischen Verlauf der Fernsehnutzung in der Kindheit und Jugend, aber der entwicklungsbedingte Rückgang im Jugendalter wurde zwischen 1985 und 1990 kompensiert durch die „neue Attraktivität des Fernsehens“ im Zuge von Veränderungen in der Angebotsstruktur. Die andere mögliche Deutung bezieht sich auf Kohortendifferenzen: Das angeblich charakteristische Muster der Fernsehnutzung in Kindheit und Jugend, so wie es sich in Querschnittdaten — hier in den Daten von Bonfadelli et al. (1986) — zeigt, war damals schon Ausdruck eines *kohortenspezifischen* Verhaltens. Die betreffende Kohorte (1984 im Alter 12–15 Jahre) ist als eine der ersten Kohorten *vollständig* mit dem Fernsehen aufgewachsen. Gegen diese Interpretation aber spricht, daß der charakteristische altersbezogene Verlauf in ganz ähnlicher Form in vielen Ländern festgestellt wurde. Und die betreffenden Länder unterscheiden sich darin, wann und wie schnell sich das Fernsehen ausbreitete. Es können daher in diesen Ländern nicht gleichartige Kohortendifferenzen bestehen. Insgesamt erscheint somit die erste Interpretation plausibler (vgl. auch die Diskussion in Kapitel 2.2.6).

Aufgrund dieser letzten Überlegungen und vor allem angesichts der davor getroffenen Feststellung, daß es in den Kohorteneffekten der APK-Analysen *vor* den zwei bis drei jüngsten Kohorten kaum Anzeichen für Abweichungen der Fernsehgeneration nach oben gibt, erschien es sinnvoll, diese APK-Analysen auch einmal nur auf der Basis der Querschnitte 1970 bis einschließlich 1985 vorzunehmen. Unter diesen Umständen können sich Interaktionen (Veränderungen des Alterseffektes), die auf den Wandel im Mediensystem zwischen 1985 und 1990 zurückgehen, nicht im Kohorteneffekt niederschlagen. Die Frage ist dann, ob sich bei den jüngsten Kohorten nun die gleichen Tendenzen wie bei der Analyse der gesamten Daten zeigen. Solche zusätzlichen Auswertungen wurden daher für alle Fernsehvariablen durchgeführt. Ein praktisches Problem bestand darin, eine mit dem jeweiligen Modell auf der Basis der Gesamtdaten vergleichbare Identifizierung und damit dann erst die Vergleichbarkeit der Kohorteneffekte zu erreichen. Die Vorgehensweise orientierte sich hierbei vornehmlich an Übereinstimmungen im Alterseffekt und im Periodeneffekt.

Es zeigte sich bei allen Variablen recht deutlich, daß die Abweichungen der jüngsten Kohorten wesentlich geringer ausfallen, wenn die Daten von 1990 — und damit auch die jüngste Kohorte — aus der Analyse genommen werden. Die verbliebenen zwei der drei vorher maximal als abweichend festgestellten jüngsten Kohorten weisen in einigen der Fälle zwar noch leichte Aufwärtstendenzen auf. Dies gilt jedoch nur im Vergleich zu den ein bis zwei Kohorten unmittelbar davor. Außerdem verhalten sich in den betreffenden Fällen die Koeffizienten der beiden jüngsten Kohorten im Hinblick auf diese Aufwärtstendenz untereinander inkonsistent: Die jüngste Kohorte hat durchweg einen deutlich niedrigeren Wert als die zweitjüngste Kohorte (ähnlich wie beispielsweise in Abbildung 4). Auch dabei ist zwar eine mögliche Verzerrung des Koeffizienten der jüngsten Kohorte in Rechnung zu stellen. Aber insgesamt bleiben die Abweichungen in der Gruppe der vier bis fünf jüngsten Kohorten im Rahmen der lokalen Schwankungen, wie sie auch sonst in den Kohorteneffekten auftreten, so daß selbst bei entsprechend vorsichtiger Interpretation dieser Ergebnisse wenig auf eine eindeutige Trendwende hinweist. Die Befunde dieser Analysen ohne die Daten von 1990 bestätigen somit die Vermutung, daß die Koeffizienten der jüngsten Kohorten in den Abbildungen 1 bis 4 im wesentlichen aufgrund neuer, erstmals in den Daten von 1990 sichtbarer Nutzungsmuster nach oben abweichen.

Insgesamt sind also die beobachtbaren Aufwärtstendenzen, die sich bei den jüngsten Kohorten in den Ergebnissen der Kohortenanalysen auf der Basis aller Querschnitte zeigen, zu einem großen Teil auf Veränderungen zwischen 1985 und 1990 zurückzuführen. Nun sind diese Aufwärtstendenzen bereits nicht einmal eindeutig und auch nicht sehr stark (vgl. Abbildungen 1 bis 4). Durch den letzten Befund kommt nun hinzu, daß diese Tendenzen 1985 praktisch noch nicht existierten, daß es sich hierbei also um eine neue — und möglicherweise auch lediglich temporäre — Erscheinung handelt. Alles in allem erscheint es somit wenig angebracht, die Werte der jüngsten Kohorten in den Kohorteneffekten als Tendenz der Fernsehgeneration zu höherer Nutzung und Bewertung des Fernsehens zu interpretieren.

Anhand der hier ermittelten Effekte läßt sich im übrigen auch die Zunahme der Differenzen zwischen den Altersgruppen in der Fernsehnutzung zwischen 1970 und 1974 bzw. 1980 (vgl. dazu Neverla 1992 und Kapitel 2.2.2 dieser Arbeit) weitgehend erklären. Diese Erklärung betrifft im wesentlichen nur die Tagesreichweite. Nutzungsdauer und Verweildauer wurden nicht untersucht; für die subjektive Nutzungshäufigkeit — hier bilden nur Personen aus Fernsehhaushalten die Basis — gilt das beobachtete Phänomen bei weitem nicht in so starker Ausprägung, und auch die Erklärung kommt weniger zum Tragen.

Die Ausstattung mit Fernsehgeräten war in den ältesten Kohorten der Analyse erheblich niedriger als in den anderen Kohorten (vgl. die Ausführungen vorne in diesem Kapitel). 1970 befanden sich daher Kohorten mit unterdurchschnittlicher Fernsehnutzung im oberen Altersbereich (in dem die Fernsehnutzung altersbedingt hoch ist). 1974 und 1980 kamen dann Kohorten, in denen Fernsehgeräte bereits deutlich stärker verbreitet waren (und deren Fernsehnutzung auch unabhängig davon etwas höher als bei den ältesten Kohorten lag), in dieses Alter. Den Sachverhalt kann man technisch folgendermaßen ausdrücken: 1970 wurden die alterungsbedingten Unterschiede (hier vor allem der Alterseffekt im oberen Bereich) noch weitgehend durch den Kohorteneffekt kompensiert. Es kommt also darauf an, welche der Kohorten in der jeweiligen Querschnitterhebung erfaßt wurden. Zwischen den 1970 erfaßten Kohorten (vgl. die ältesten 13 Kohorten in Abbildung 2) bestanden noch große Differenzen, so daß der Alterseffekt weitgehend ausgeglichen wurde. 1974 und vor allem 1980/85 dagegen wurden Kohorten erfaßt, die sich nicht mehr so stark voneinander unterschieden; so trat dann der Alterseffekt stärker hervor.

Die Ergebnisse dieser Kohortenanalysen stimmen zumindest ungefähr mit den Befunden von Kiefer (1987, 1988, 1992) überein, sofern sie sich auf die gleichen Variablen der Nutzung und Bewertung beziehen. Dies gilt vor allem für die zentralen Schlußfolgerungen. Abweichungen ergeben sich jedoch im Hinblick auf die Frage, ob die Differenzen zwischen den Altersgruppen in den Querschnitterhebungen weitgehend Alterseffekte oder aber vorwiegend Kohorteneffekte widerspiegeln. Diese Abweichungen sind allerdings erklärlich, und zwar vor allem mit der methodischen Vorgehensweise bzw. den Eigenheiten der verwendeten Verfahren.

Anders als APK-Modelle erlaubt die von Kiefer vorgenommene unmittelbare Interpretation der Kohortentabellen keine klare analytische Trennung von Alters-, Perioden- und Kohorteneffekten. Was die Fernsehnutzung betrifft, so weisen die älteren Kohorten in den Tabellen tatsächlich überdurchschnittliche Werte auf. Aber diese Kohorten werden nur in höherem Alter beobachtet. Mit Tabellen, in denen die Daten kohortenweise angeordnet sind (wie bei Kiefer und wie hier in Tabelle 6), gelangt man eher zu einer Interpretation von Unterschieden zwischen den Kohorten als Kohorteneffekt (denn die zwischen den Kohorten zu jedem Zeitpunkt bestehenden Altersunterschiede geraten dann leicht aus dem Blick), während hier bei der Analyse mittels APK-Modell eher ein positiv gerichteter Alterseffekt ermittelt wird.[140]

Auf starke positiv gerichtete Alterseffekte (anstelle kohortenbedingt hoher Fernsehaffinität der Älteren) verweisen auch Befunde von Kübler, Burkhardt und Graf (1991). In ihren abschließenden Folgerungen aus den Ergebnissen ihrer Untersuchung der Mediennutzung älterer Menschen charakterisieren Kübler, Burkhardt und Graf die Mediennutzung der Älteren als stark habitualisiert, alltäglich und meistens unentbehrlich, aber im Vergleich zu anderen Aktivitäten nur zweitrangig. Und das Fernsehen diene eher zur Ablenkung, zum Zeitfüllen, zum Vertreiben von Langeweile oder Einsamkeit, sei eher eine Verlegenheitslösung (vgl. Kübler, Burkhardt und Graf 1991, S. 276 f.). Nach ihrem Eindruck ist das Fernsehen für die untersuchten älteren Menschen *nicht* das große Faszinosum (geblieben), von dem Kiefer (1987, 1988, 1992) so oft spricht. Andersherum hat man bei der Lektüre der Protokolle der Interviews mit den älteren Mediennutzern der Studie (vgl. Kübler, Burkhardt und Graf 1991) eher den Eindruck deutlich *alterungs*bedingter Mediennutzungsmuster. Wesentliche, immer wieder genannte Punkte sind die Lebenssituation (Pensionierung, Einsamkeit), der Mangel an Alternativen (so ist vielen das Verlassen der Wohnung abends zu unsicher) und die Gesundheit (viele sind an die Wohnung gebunden; das Lesen wird häufig aufgrund von Sehschwierigkeiten reduziert oder aufgegeben). Inwieweit sich hier die spezifischen Alterungsbedingungen bestimmter Kohorten zeigen, ist dabei eine andere Frage.

---

140 Ein negativ gerichteter Kohorteneffekt (bei entsprechend schwachem Alterseffekt) wäre zwar rein technisch auch möglich, würde jedoch einen ziemlich starken positiv gerichteten Periodeneffekt voraussetzen (der den negativen Einfluß des Kohorteneffektes auf die Entwicklung des Bevölkerungsdurchschnitts der Fernsehnutzung ausgleichen würde). Solche extrem starken positiven Zeiteinflüsse sind aber nicht nur wenig plausibel, sondern vor allem auch schlecht mit einem Abwärtstrend bei den Kohorten zu vereinbaren (vgl. dazu allgemein Glenn 1976, S. 901; 1977, S. 52 f.).

An dieser Stelle muß nochmals ausdrücklich darauf hingewiesen werden, daß sich die — im Falle des Fernsehens — positiv gerichteten Alterseffekte in den Ergebnissen dieser Untersuchung auf die Alterungsprozesse der jeweils beobachteten Kohorten beziehen. Die starken Zuwächse im Zuge der Pensionierung und im höheren Alter können daher zunächst nur für die betreffenden Kohorten der Vorkriegsgeneration konstatiert werden. Möglicherweise wirkt sich hier primär die Sozialisation — besonders die Freizeit- und Mediensozialisation — dieser Kohorten aus (vgl. Kiefer 1988), möglicherweise wird sich das Fernsehverhalten der jüngeren Kohorten deutlich anders verändern, wenn sie in die betreffende Lebensphase eintreten.

4.3.3.2 Tageszeitung

Auch bei der Nutzung und Bewertung der Tageszeitung sind die *Alterseffekte* — entsprechend den bisherigen Forschungsergebnissen — positiv gerichtet (vgl. Abbildungen 5 bis 9). Bei der Reichweite (und damit auch der Nutzungsdauer) fällt der Anstieg besonders im untersten Altersbereich stark aus. Dabei ist die relativ hohe Reichweite in der zweiten Altersstufe allerdings etwas unklar; vielleicht machen sich hier einige alterstypische Nutzungsanlässe (Berufseinstieg, Stellensuche, Wohnungssuche, Orientierung am neuen Wohnort, Gebrauchtwagenkauf) gehäuft bemerkbar. Ein großer Zuwachs im Zuge der Pensionierung läßt sich für die Verweildauer und damit — abgeschwächt — auch für die Nutzungsdauer feststellen. Hier spielt möglicherweise nicht nur das größere Freizeitbudget älterer Menschen, sondern auch ein im Alter größerer Zeitbedarf für ein bestimmtes Lektürepensum eine Rolle. Dafür spricht auch der Umstand, daß die Verweildauer auch *im* Rentenalter noch stark zunimmt. Sowohl bei der Tagesreichweite als auch bei der Bindung zeigt sich im oberen Bereich des Alterseffektes dagegen Stagnation bzw. sogar ein Rückgang.[141] Diese Effektverläufe ergeben im Kontext der Resultate für die anderen Nutzungsvariablen und im Lichte ergänzender Auswertungen Sinn. Die mit höherem Alter wieder nachlassende Nutzung und (damit) Bindung der Kohorten ist offensichtlich nicht mit geschlechtsbezogener selektiver Mortalität zu erklären, wie entsprechende Analysen ergaben. Dafür ist der Unterschied zwischen den

---

141 Die Bindung (der Leser) an die Tageszeitung nimmt im Zuge der Pensionierung offenbar noch einmal etwas zu; der altersbezogene Rückgang (jeweils in der gesamten Kohorte) wird dadurch etwas verzögert.

Geschlechtern in der Zeitungsnutzung anscheinend zu schwach.[142] Es muß vielmehr von echten alterungsbezogenen negativen Einflüssen auf der Individualebene ausgegangen werden. Vor allem dürften hier Probleme mit den Augen ausschlaggebend sein; aber auch nachlassendes politisches Interesse und wegfallende berufsbedingte Informationsbedürfnisse, vielleicht auch die höhere Attraktivität des Fernsehens können hier eine Rolle spielen. In jedem Fall sind der Rückgang der Bindung und der Rückgang der Tagesreichweite miteinander verknüpft. Die Zunahme der Nutzungsdauer mit der Pensionierung geht ausschließlich auf den starken Anstieg der Verweildauer zurück. Ob die Reichweite der Tageszeitung und die Bindung an die Zeitung mit zunehmendem Alter rückläufig sind, weil die individuelle Lesehäufigkeit abnimmt oder weil Leser vollständig verloren gehen, kann mit den vorliegenden Daten nicht festgestellt werden.

Abbildung 5: Reichweite der Tageszeitung an einem durchschnittlichen Werktag (Montag bis Samstag) — Ergebnis der Kohortenanalyse

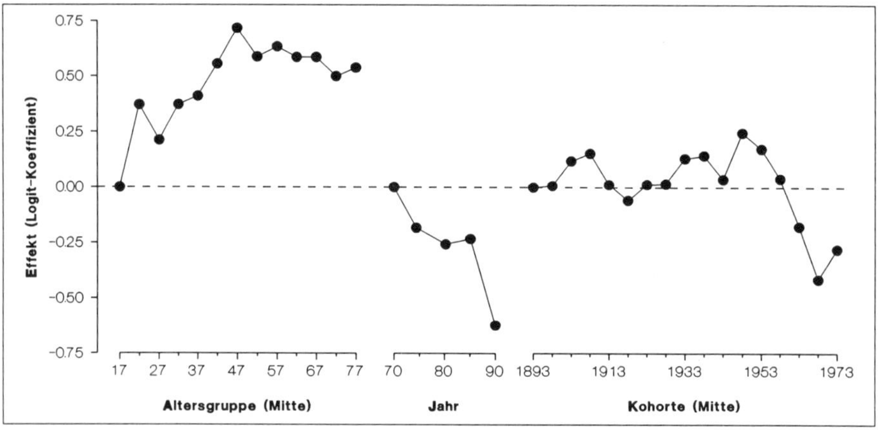

142 Ebensowenig hat bildungsbezogene selektive Mortalität hier einen wesentlichen entgegengesetzten Einfluß auf die Entwicklung der Zeitungsnutzung der Kohorten im Alter.

Abbildung 6: Dauer der Zeitungsnutzung an einem durchschnittlichen Werktag (Montag bis Samstag) — Ergebnis der Kohortenanalyse

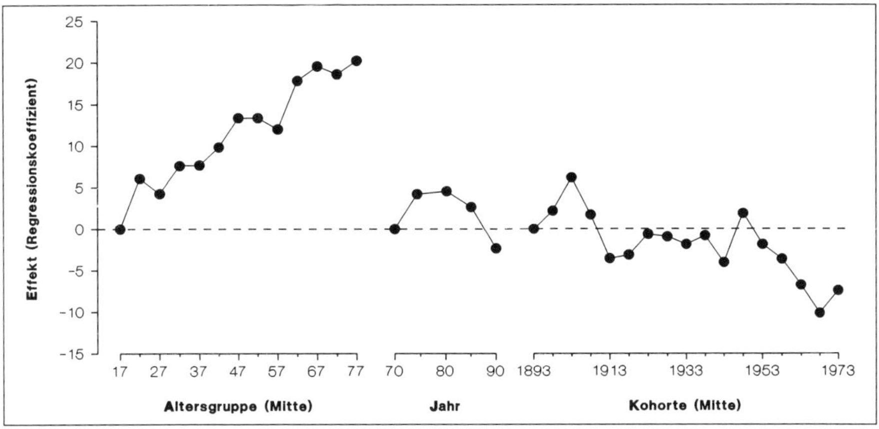

Abbildung 7: Dauer der Zeitungsnutzung bei den Stichtagnutzern (Verweildauer) an einem durchschnittlichen Werktag (Montag bis Samstag) — Ergebnis der Kohortenanalyse

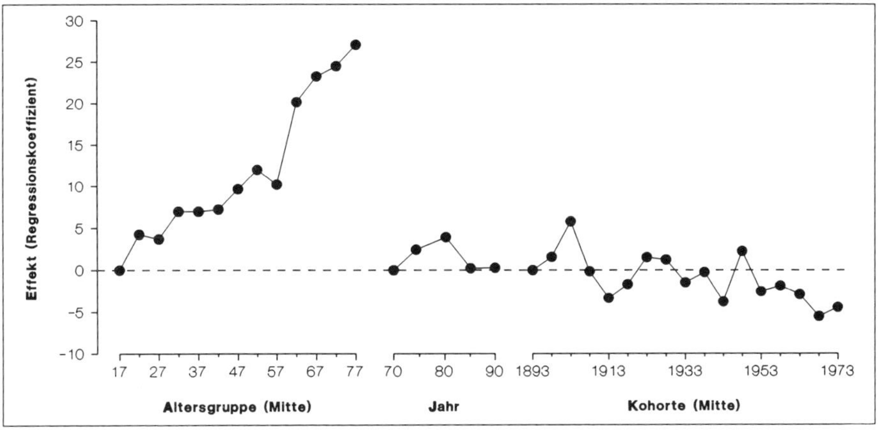

Abbildung 8: Einstellung gegenüber der Tageszeitung (Index der subjektiven Funktionalität) — Ergebnis der Kohortenanalyse

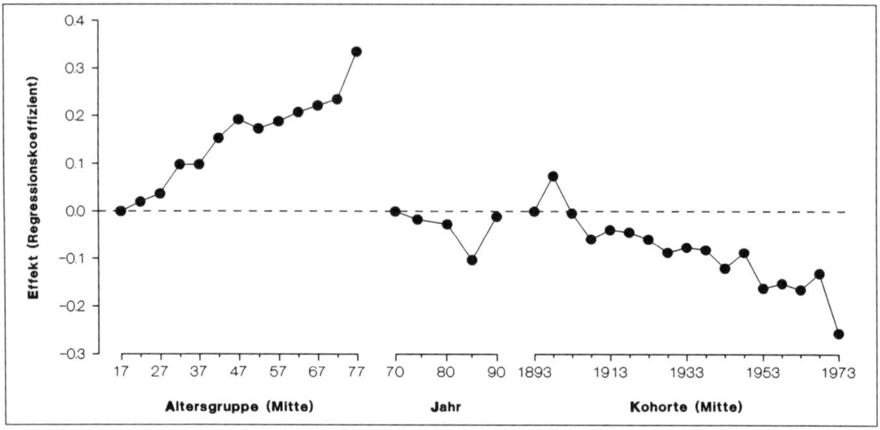

Abbildung 9: Bindung an die Tageszeitung (Anteil der Befragten, die die Zeitung sehr stark oder stark vermissen würden) — Ergebnis der Kohortenanalyse

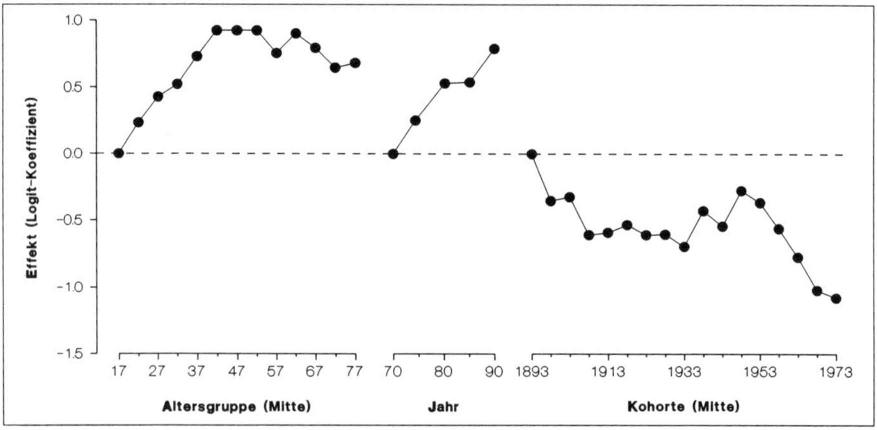

Die deutlich negative Entwicklung der Zeitungsreichweite im Beobachtungszeitraum spiegelt sich auch im betreffenden *Periodeneffekt.*[143] Im Periodeneffekt auf die Verweildauer liegt 1980 ein Maximum vor, das entsprechend auch bei der Nutzungsdauer auftritt; insgesamt zeigen sich hier jedoch nur geringe Veränderungen. Alles in allem sind die Periodeneffekte nicht sehr gut interpretierbar. Dies gilt vor allem für die Bindung, bei der im Gegensatz zu allen anderen Variablen — und insbesondere ungefähr spiegelbildlich zur Reichweite — im Periodeneffekt ein deutlicher positiver Trend vorliegt.[144] Außer bei den Variablen Reichweite und Bindung sind die Periodeneffekte aber eher schwach. Ob in den negativen Entwicklungen Verdrängungseffekte zum Ausdruck kommen, die von den elektronischen Medien ausgehen (vor allem beim Hörfunk sind die Periodeneffekte deutlich positiv gerichtet), soll hier nicht weiter diskutiert werden.

In den *Kohorteneffekten* zeigen sich insgesamt eher negative Trends, und zwar offenbar besonders bei den jüngsten Kohorten — also auch bei den Kohorten der Fernsehgeneration. Dies ist konsistent mit der negativen Entwicklung, wie sie im Periodeneffekt der Reichweite zum Ausdruck kommt: Die jüngeren Kohorten sind in einer Zeit aufgewachsen, in der die Nutzung der Tageszeitung zurückging. Vor allem bei der Reichweite und bei der Bindung deutet sich in den Kohorteneffekten überdies eine höhere Affinität der Generation der 68er zur Tageszeitung an.[145] Man könnte also den Negativtrend der Zeitungsreichweite und Zeitungsbindung bei den jüngsten sechs Kohorten zum Teil auch auf die außergewöhnlich hohen Reichweiten- und Bindungswerte der ersten zwei bis drei dieser sechs Kohorten zurückführen. Bei der Verweildauer läßt sich allerdings nur eine leichte Abwärtstendenz im Kohorteneffekt feststellen.[146]

---

143 Zu beachten ist hierbei die zugrundeliegende Stichtagnutzer-Definition: Als Stichtagnutzer wurden alle Befragten gewertet, die genaue Angaben über ihre Nutzungszeit am Stichtag machen konnten. Kürzere, flüchtigere, beiläufigere Nutzung der Tageszeitung — alle Tendenzen im Nutzungsverhalten, welche die Fähigkeit zur Erinnerung an die genaue Uhrzeit der Nutzung beeinträchtigen, schlagen sich somit negativ in der Reichweite und damit hier im Periodeneffekt nieder.

144 Daraus wird erneut der mehrdeutige Charakter der Vermissensfrage ersichtlich, die hiernach offenbar zumindest *auch* das Medienimage erfaßt (vgl. Kiefer 1992, S. 228 f.).

145 Die Erklärung dafür könnte (zumindest teilweise) in einem höheren politischen Interesse dieser Kohorten liegen.

146 Es sei aber darauf hingewiesen, daß die Verweildauer aus erhebungstechnischen Gründen eine relativ träge Größe darstellt (vgl. Anhang 1.12). Dies gilt auch auf der Kohortenebene. Und weil die Stichtagnutzung in der hier verwendeten Definition (vgl. Anhang 1.11) von der Erfassung der Dauer der Nutzung abhängt, ist es möglich, daß bei

Insgesamt ergibt sich daraus: Die jüngeren Kohorten lesen vor allem *seltener* Zeitung und haben — wohl damit einhergehend — eine geringere Bindung an dieses Medium.[147]

Der Kohorteneffekt erklärt auch zumindest teilweise das Phänomen des „Abbröckelns" der Reichweite an den Altersrändern (vgl. R. Schulz 1990, 1991). Entwicklungsbedingt liegt die Zeitungsreichweite bei den unteren und (weniger ausgeprägt) bei den oberen Altersgruppen niedriger; beides kommt hier im Alterseffekt zum Ausdruck. In der Erhebung von 1970 befanden sich die *ersten* 13 der hier insgesamt betrachteten 17 Kohorten im Alter zwischen 15 und 79 Jahren. Ihr Kohortenverhalten führte damals zu einer teilweisen Kompensation der altersbedingten Unterschiede: Die Werte der jüngsten dieser Kohorten waren überdurchschnittlich hoch, die der mittleren Kohorten lagen niedriger. Demgegenüber kamen in den Ergebnissen von 1990 die Ausprägungen der *letzten* 13 Kohorten zum Tragen. Hier wirken nun Alters- und Kohorteneffekt in die gleiche Richtung: Die Werte der mittleren Kohorten liegen am höchsten, und diese Kohorten befanden sich 1990 auch in dem Altersbereich mit der entwicklungsbedingt höchsten Reichweite. Bei den ältesten und den jüngsten Kohorten von 1990 verhält es sich genau umgekehrt: Hier wirken eine altersbedingt unterdurchschnittliche Nutzung und niedrige Werte im Kohorteneffekt zusammen.

4.3.3.3 Radio

Im Falle des Hörfunks lagen relativ wenige Anhaltspunkte für die Orientierung des jeweiligen *Alterseffektes* vor (vgl. Kapitel 4.2.3.2). Das Radio gilt eher als Medium der Jüngeren; dies entspricht den in Querschnittuntersuchungen beobachtbaren Unterschieden in der Radionutzung zwischen den Altersgruppen. Hier wurde jedoch (mit Kiefer 1987) davon ausgegangen, daß diese Unterschiede weitgehend Kohortenverhalten widerspiegeln, während die Nutzung und

---

den jüngeren Kohorten eine tatsächliche Tendenz zur Kürzernutzung — verbunden mit Schwierigkeiten, genaue Zeitangaben zu machen — besteht, aber in den Werten der Verweildauer nicht zum Ausdruck kommt, dagegen jedoch die Stichtagnutzung nach unten verfälscht.

147 Auch hier kann aber nicht gesagt werden, ob der Anteil der Nichtleser im Kohortentrend zunimmt oder ob die Zeitung auf der Individualebene von Kohorte zu Kohorte immer seltener gelesen wird. Nach amerikanischen Erkenntnissen liegt in der jüngeren Bevölkerung weniger der Anteil der Nichtleser als vielmehr der Anteil der unregelmäßigen Leser höher (vgl. Newspaper Advertising Bureau 1978, S. 2 f.).

Bindung mit zunehmendem Alter allenfalls leicht zurückgeht. Dementsprechend wurden auch die APK-Modelle identifiziert (vgl. Abbildungen 10 bis 13). Danach weicht die Nutzung und Bewertung des Hörfunks altersbedingt vor allem bei den Jugendlichen und jungen Erwachsenen (nach oben) und bei den 75- bis 79jährigen (nach unten) ab. Diese Tendenzen stellen zwar einigermaßen sichere — weil von der Identifikationsproblematik wenig beeinflußte — Befunde dar.[148] Dennoch ist hier aufgrund weitgehend fehlender Erkenntnisse über die Entwicklung der Hörfunknutzung im Lebensverlauf die Identifikation im Vergleich zu den Modellen für die Medien Fernsehen und Tageszeitung insgesamt weniger fundiert. Von daher müssen die Ergebnisse in diesem Fall besonders vorsichtig interpretiert werden. Im Anschluß an die Darstellung und Erläuterung der Befunde wird deshalb die Frage nach ihrer grundsätzlichen Richtigkeit noch einmal aufgegriffen.

Mit einer Ausnahme sind alle *Periodeneffekte* hier erwartungsgemäß positiv gerichtet. Eine Erklärung für die Abweichung der Einstellung zum Hörfunk wurde bereits in Kapitel 4.3.1 gegeben. Auch die miteinander inkonsistenten Entwicklungen der Reichweite einerseits und der subjektiven Nutzungshäufigkeit und Bindung andererseits wurden dort bereits diskutiert.

Wie die Periodeneffekte, so sind auch die *Kohorteneffekte* positiv gerichtet — wiederum mit Ausnahme der Einstellung. Auch hier liegt es nahe, als Erklärung für die Abweichung den Funktionswandel des Hörfunks (vgl. auch Kapitel 4.3.1) heranzuziehen: Die jüngeren Kohorten haben eine tendenziell höhere Affinität zum Hörfunk, aber sie schreiben ihm seine alten — mittlerweile nicht mehr in dem Maße wie früher erfüllten — Funktionen weniger zu als die älteren Kohorten. Und es dürfte hier auch eine Rolle spielen, daß den jüngeren Kohorten der neue Hörfunk (mit seiner anderen Funktionalität) gut gefällt. Möglicherweise schlagen sich auch unterschiedliche Nutzungsweisen der verschiedenen Kohorten in ihren Antworten zu den Items der Einstellungsskala (vgl. Anhang 1.13) nieder.

Bei den drei anderen Kohorteneffekten trägt — ähnlich wie beim Fernsehen — offenbar die bessere Ausstattung der jüngeren Kohorten mit Radiogeräten (auch mit mehreren Geräten pro Haushalt) zum positiven Trend bei. In diesen Kohorten dürften sich Radiogeräte, speziell Transistorgeräte, Autoradios und damit das Hören im Auto, der Mehrfachbesitz von Radiogeräten, das Hören am

148 Die genannten Abweichungen in den Alterseffekten betreffen vor allem die jeweilige nichtlineare Komponente des Effektes, und diese ist unabhängig von der richtigen Identifikation des Gesamtmodells eindeutig bestimmbar (vgl. Rodgers 1982a).

Abbildung 10: Subjektive Häufigkeit der Radionutzung von Personen aus Radiohaushalten (Anteil regelmäßiger oder häufiger Nutzer) — Ergebnis der Kohortenanalyse

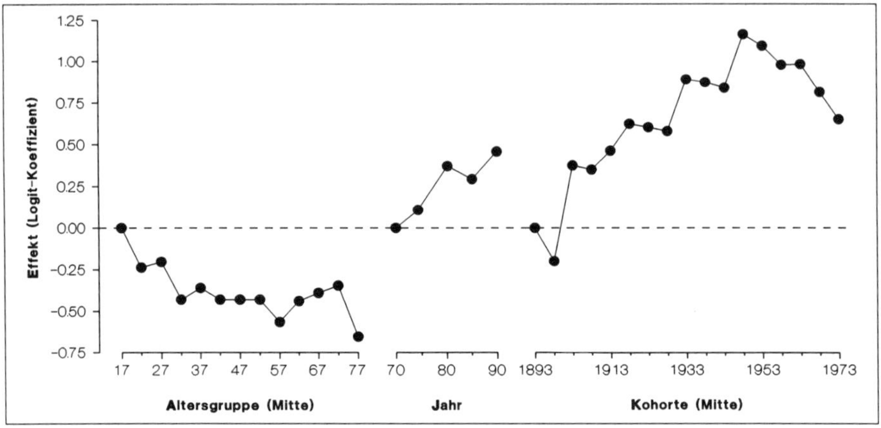

Abbildung 11: Reichweite des Radios an einem durchschnittlichen Werktag (Montag bis Samstag) — Ergebnis der Kohortenanalyse

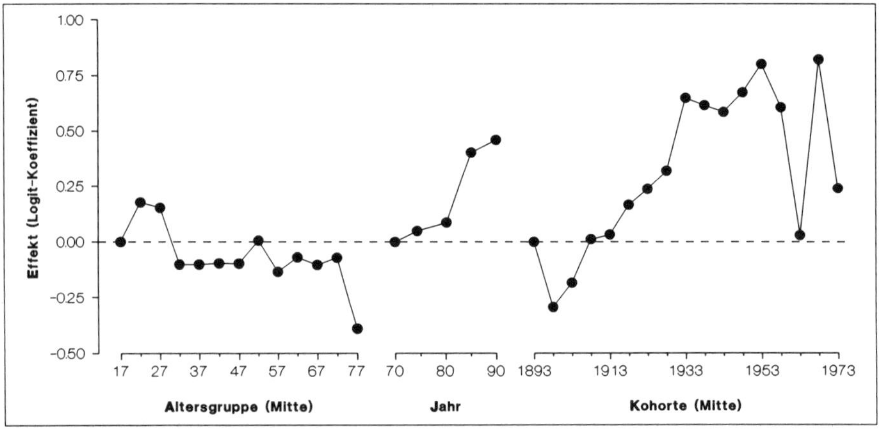

Abbildung 12: Einstellung gegenüber dem Radio (Index der subjektiven Funktionalität) — Ergebnis der Kohortenanalyse

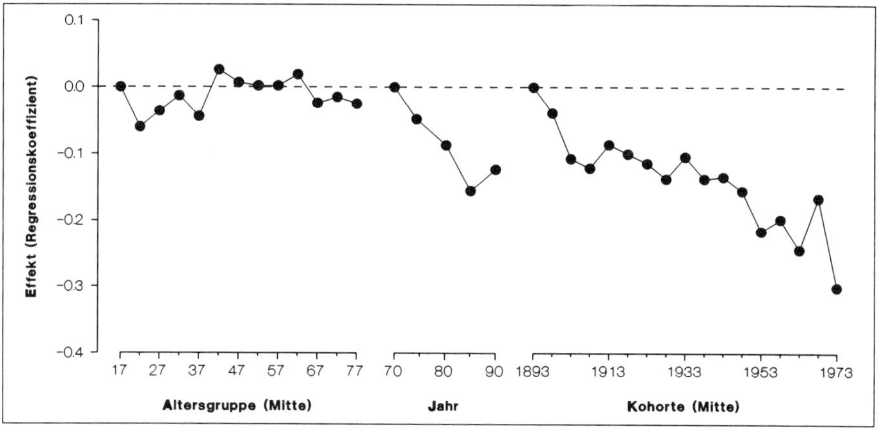

Abbildung 13: Bindung an das Radio (Anteil der Befragten, die das Radio sehr stark oder stark vermissen würden) — Ergebnis der Kohortenanalyse

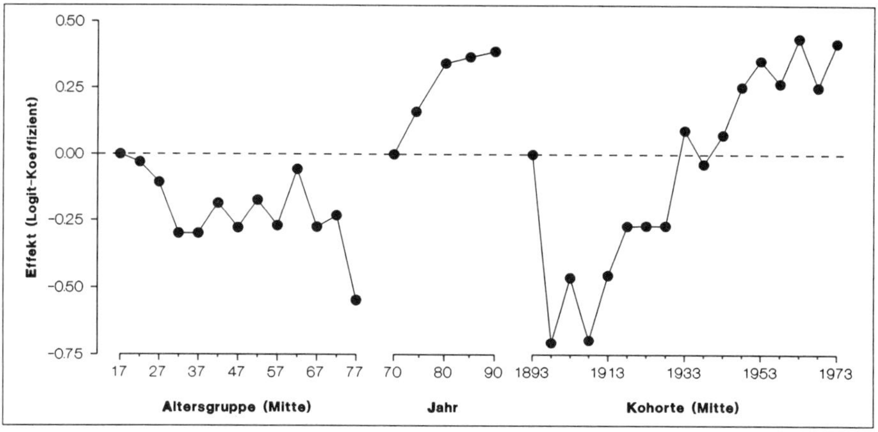

Arbeitsplatz und andere neuere Hörgewohnheiten (Radiowecker, Hören im Bad, bei den Schulaufgaben usw.) früher bzw. stärker verbreitet haben. Bei den älteren Kohorten könnte umgekehrt die Radionutzung durch das Fernsehen auf Dauer beeinträchtigt sein. Diese Kohorten haben ja den alten Hörfunk noch gekannt, haben die Nutzung dieses Mediums eingeschränkt und haben möglicherweise den Hörfunk als unterlegenes Medium wahrgenommen (vgl. Kapitel 2.2.2). Die Steigung dieser drei Kohorteneffekte ist im Gesamtverlauf tendenziell degressiv, die Zuwächse fallen bei den jüngeren Kohorten im Durchschnitt also eher kleiner aus, teilweise treten sogar Rückgänge auf. An diesen drei Kohorteneffekten wird auch die Interpretation der rigorosen Tests (vgl. Kapitel 4.3.2) besonders deutlich: Die Kohorten der Fernsehgeneration liegen zusammengenommen teilweise deutlich über dem Durchschnitt, weichen aber vom Trend der übrigen Kohorten nach unten ab. Insgesamt sind die Koeffizienten hier jedoch vorsichtig zu interpretieren, vor allem aufgrund teilweise starker Schwankungen in den Effekten (bei der Reichweite vor allem unter den jüngsten Kohorten).[149] Hier macht sich offensichtlich bemerkbar, daß bei der Nutzung und Bewertung des Hörfunks im Zeitraum zwischen 1970 und 1990 generell stärkere Veränderungen stattfanden als bei den anderen tagesaktuellen Medien.[150] Man kann sich bei der Interpretation der Kohorteneffekte auf die Radionutzung jedoch an den Merkmalen orientieren, in denen die Effekte für die Nutzungshäufigkeit und die Stichtagnutzung (Reichweite) übereinstimmen. Demnach bleiben jedenfalls negative Tendenzen bei den jüngsten Kohorten festzuhalten.

Abschließend soll nochmals auf mögliche Fehlspezifikationen der Modelle eingegangen werden (es wurde ja jeweils ein relativ schwacher, eher negativ orientierter Alterseffekt *angenommen*). Die Kernfrage lautet: Wie ist der starke negative Zusammenhang zwischen Radionutzung und Alter, der in Querschnitt-

149 Dabei scheint die zweitjüngste Kohorte (Jahrgänge 1966 bis 1970) nach oben abzuweichen. Die hier sichtbaren Schwankungen zeichnen sich auch in der sehr ungleichmäßigen Entwicklung der Reichweite innerhalb der untersten Altersgruppe ab. In diesem Zusammenhang ist nochmals auf die statistische Instabilität der Koeffizienten für die extremen Kohorten hinzuweisen. Besonders die Werte der jüngsten und der ältesten Kohorte können verzerrt sein (zumindest im Falle der Bindung ist dies bei der ältesten Kohorte auch zu vermuten). Auch die teilweise schlechtere Modellanpassung ist hier zu erwähnen; vereinzelt waren hohe Residuen festzustellen. Hinweise auf Interaktionseffekte ergaben sich aus der Residuenanalyse jedoch nicht.

150 Auch in den von Franz, Klingler und Jäger (1991) zusammengestellten Daten zeigen sich bei einzelnen Altersgruppen und Jahren einige außergewöhnlich hohe bzw. niedrige Werte.

erhebungen beobachtet wird, zu erklären: eher mit einem Alterseffekt oder — wie hier — vorwiegend mit einem Kohorteneffekt? Es fällt schwer, sich vorzustellen, daß jüngere Hörer ihre Radionutzung im Zuge des Älterwerdens altersbedingt deutlich reduzieren (so würde man einen starken negativen Alterseffekt deuten). Ein schwacher (negativ gerichteter) Alterseffekt dagegen bedeutet ja nicht, daß der Hörfunk für jüngere Menschen nicht wichtig ist, sondern nur, daß er mit dem Älterwerden nicht viel weniger wichtig wird.

Andererseits ist zu beachten, daß keine Kohorte in den verfügbaren Daten über ihr gesamtes Leben hinweg verfolgt werden kann. Die Erkenntnisse über Veränderungen im Laufe des Älterwerdens setzen sich somit aus Beobachtungen an verschiedenen Kohorten zusammen. Bei einem insgesamt deutlich negativ orientierten Alterseffekt — stärker als hier — würde ein Rückgang nach der mittleren Lebensphase daher zunächst nur für die ältesten der Kohorten gelten, von denen hier Daten vorliegen. Eine weitere Frage wäre dann, worauf dieser Rückgang zurückzuführen sein könnte. *Daß* die Radionutzung im Verlauf des Lebens zurückgehen kann (warum auch immer), hat man in der Zeit nach der Einführung des Fernsehens beobachten können (vgl. Bessler 1980).[151] Möglicherweise muß man ja von altersspezifischen Substitutionseffekten ausgehen, derart, daß im Alter das Fernsehen zunehmend und auf Kosten des Radios genutzt wird (oder daß die Radionutzung im Alter weniger steigt als in den anderen Lebensphasen, weil die Fernsehnutzung an Bedeutung gewinnt). Hier ist also auch die Frage nach der Konsistenz mit den Befunden zur Fernsehnutzung von Bedeutung. Wenn man einmal akzeptiert, daß (wieder zunächst nur bei den älteren Kohorten) die Fernsehnutzung im Alter altersbedingt stark zugenommen hat, könnte dann nicht die Radionutzung darunter gelitten haben? Vielleicht haben die Programmreformen der frühen 70er Jahre das Medium für die ältesten Kohorten im Alter sogar weniger attraktiv gemacht. Dies könnte einen deutlichen negativen Alterseffekt erklären — allerdings vorwiegend im oberen Altersbereich.

Ein starker positiv gerichteter Kohorteneffekt (wie hier) erklärt die Unterschiede zwischen den Altersgruppen in den Querschnitterhebungen ebenfalls. Aber wie kann ein solcher Kohorteneffekt zustandegekommen sein? Das Medium Radio ist nicht neu, seine Einführung liegt lange zurück. Was also soll derartige Kohortendifferenzen herbeigeführt haben? Vielleicht kann man die

151 Dafür war damals aber wohl ein starker negativ gerichteter Periodeneffekt maßgeblich. In den vorliegenden Ergebnissen wird demgegenüber der negative Alterstrend durch einen positiv orientierten Periodeneffekt kompensiert.

sogenannte Renaissance des Hörfunks Anfang der 70er Jahre als Neueinführung begreifen, welche die damals jüngeren Kohorten besonders beeinflußt haben könnte. Dies wäre allerdings nur dann plausibel, wenn man bei den jüngsten Kohorten der Analyse, die nur das „neue“ Radio kennen, ein Abflachen des Kohorteneffektes — wenn nicht sogar einen Rückgang — feststellen würde. Genau diese Tendenz aber besteht nach den Ergebnissen der Kohortenanalysen (wenngleich sie möglicherweise auch anders gedeutet werden kann).

Und der Kohorteneffekt erfaßt ja hier nur solche dauerhaften Unterschiede zwischen den Kohorten (unabhängig von alterungsbedingten Entwicklungen und Zeiteinflüssen), die im Zeitraum zwischen 1970 und 1990 bestanden. Alle zeitlich davor liegenden Entwicklungen gehen nicht unbedingt in den Kohorteneffekt, so wie er auf der Basis der vorliegenden Daten ermittelt werden kann, ein. Nun könnte die Radionutzung bei den älteren Kohorten durch das neue Medium Fernsehen bereits vor 1970 stärker beeinträchtigt worden — und geblieben — sein (vgl. auch Kapitel 2.2.2). Außerdem haben die älteren Kohorten möglicherweise die Renaissance des Hörfunks in den 70er Jahren in geringerem Maße mitvollzogen. Insgesamt spricht damit mehr für das Vorliegen starker positiver Kohorteneffekte als für grundsätzlich andere Richtungen der Effekte der APK-Modelle.

Die Ergebnisse der bisherigen Analysen lassen sich wie folgt zusammenfassen: Sowohl in den rigorosen Tests als auch in den einzelnen APK-Analysen hat sich gezeigt, daß die Fernsehgeneration das Fernsehen nicht stärker nutzt und auch nicht höher schätzt als die älteren Kohorten (mit Ausnahme der ältesten, vor dem 1. Weltkrieg geborenen und heute größtenteils nicht mehr lebenden Jahrgänge). Überhaupt tendiert die Mediennutzung und Medienbewertung in den jüngeren Kohorten (und damit auch in der Fernsehgeneration) im Durchschnitt offenbar eher nach unten als nach oben (im Vergleich zum generellen Kohortentrend bzw. zum Gros der anderen Kohorten). Die Fernsehgeneration läßt bei *allen* tagesaktuellen Medien, wenn sie nicht unter dem Durchschnitt liegt, zumindest Anzeichen für eine rückläufige Entwicklung im Kohortentrend erkennen. Insgesamt sprechen diese Resultate gegen die Existenz starker (dominanter) Wirkungen des Aufwachsens mit dem Fernsehen sowohl auf das Fernsehverhalten selbst als auch auf den Umgang mit den Konkurrenzmedien. Es stellt sich nun vor allem die Frage nach den Gründen für diese negative Tendenz der jüngsten Kohorten bei allen untersuchten Medien.

4.3.4 Das Bildungsniveau als Erklärungsfaktor der kohortenspezifischen Einstellungen zu den Medien

In Kapitel 2.1 wurden bereits verschiedene Faktoren diskutiert, die generell zwischen Kohorten differenzieren und die auch das Rezipientenverhalten beeinflussen. So erwies sich in den Analysen dieser Untersuchung als einer der Erklärungsfaktoren des Fernsehverhaltens der verschiedenen Kohorten ihre Ausstattung mit Fernsehgeräten (vgl. Kapitel 4.3.3.1). Von Interesse sind hier jedoch eher solche kohortenbezogenen Variablen, in denen sich vorwiegend die jüngeren Kohorten von den mittleren und älteren unterscheiden. Die Medien- und Freizeitsozialisation (vgl. Kapitel 2.2.3 und 2.2.4) konnte aufgrund der Datenlage nicht in die Analyse einbezogen werden.[152] Ein solches Kohortenmerkmal — mit oftmals hohem Einfluß auf das Rezipientenverhalten — ist aber auch das Bildungsniveau (vgl. Kapitel 2.1.4).

Die Einflüsse der Bildung auf die *Nutzung* der Medien (und damit auch auf die entsprechenden Kohorteneffekte) gehen jedoch bei den einzelnen Medien auseinander. Dies gilt vor allem für die Medien Fernsehen (tendenziell geringere Nutzung bei höherer Bildung) und Tageszeitung (tendenziell stärkere Nutzung bei höherer Bildung). Eine einheitliche Erklärung von Kohortendifferenzen in der Nutzung der tagesaktuellen Medien — insbesondere der Abweichungen der Fernsehgeneration — mit Bildungsunterschieden ist von daher nicht möglich. Ähnliches gilt für die Bindung an die Medien. Anders liegen die Dinge jedoch bei der Einstellung zu den Medien: Mit einem höheren Bildungsniveau dürfte generell — unabhängig vom betreffenden Medium — eine zurückhaltendere Beurteilung einhergehen. Dies war auch das Ergebnis einiger (hier nicht näher dokumentierter) vorbereitender Analysen der Einstellungen gegenüber den einzelnen Medien und der Gesamteinstellung. Es wurde daher der Einfluß des Bildungsniveaus auf die Unterschiede untersucht, die zwischen den Kohorten im Hinblick auf ihre Einstellung gegenüber den tagesaktuellen Medien (im Sinne einer subjektiven Beurteilung ihrer Funktionalität) bestehen.

---

152 Mediensozialisation und Freizeitsozialisation werden in der Langzeitstudie überhaupt nicht erfaßt, jedenfalls nicht unmittelbar; allenfalls ließen sich aus dem jeweils erhobenen gegenwärtigen Verhalten Informationen darüber gewinnen. Das Freizeitverhalten wurde jedoch in der Langzeitstudie erst ab 1980 erhoben. Zudem würden sich bei der Integration in ein APK-Modell — zur Ermittlung von Veränderungen der Effekte — Schwierigkeiten ergeben, die derzeit noch nicht lösbar sind. Im Gegensatz etwa zu Bildung ist Freizeit- und Rezipientenverhalten nämlich mit allen drei Dimensionen der APK-Analyse verknüpft, ist also auch periodenbezogen (vgl. Kapitel 4.2.1 und Anhang 2.3 zur Problematik der Aufnahme weiterer Variablen in ein APK-Modell).

Die Entwicklungen der Einstellungen zu den einzelnen Medien verliefen einerseits unterschiedlich (vgl. auch nochmals Abbildungen 3, 8 und 12). So fiel beim Fernsehen die „Normalisierungsphase“ im Anschluß an die Phase der Einführung in den Beobachtungszeitraum (1970 bis 1990). Von daher war beim Fernsehen im Vergleich zu Radio und Tageszeitung auch ein stärkerer Rückgang der subjektiv empfundenen Funktionalität zu erwarten. In diesem Zeitraum nahm übrigens auch die öffentliche Kritik am Fernsehen tendenziell zu; auch dies könnte zu einem deutlichen negativen Trend der Einstellung gegenüber dem Fernsehen beigetragen haben.

Andererseits weisen die Entwicklungen der Einstellungen auch deutliche Gemeinsamkeiten auf. Bei allen drei Medien dürfte ein gewisser „Veralltäglichungseffekt“ grundsätzlich in Richtung eines Rückgangs der subjektiven Nützlichkeit gewirkt haben. Ein langfristiger Rückgang der Nutzeneinschätzung könnte nämlich zumindest teilweise mit Veralltäglichung bzw. „Hintergrundserfüllung“ (vgl. Gehlen 1986) erklärt werden: Die Leistungen der Medien sind nichts Besonderes mehr, nachdem sie seit Jahren bzw. Jahrzehnten konstant (eher vermehrt) und zu eher geringeren Kosten (im weitesten Sinne) zur Verfügung gestanden haben und nachdem die Nutzung immer stärker habitualisiert wurde und insofern an Bedeutung verlor (z. B. Nebenbei-Nutzung des Radios und immer mehr auch des Fernsehens). Hier erscheint jedoch — bedenkt man die wiederholt erwähnte Natur der Funktionalitätsitems — die Erklärung mit dem Funktionswandel der Medien ebenfalls wichtig.

Die bei allen drei Medien festgestellte Trendumkehr zwischen 1985 und 1990 war zu erwarten, und zwar aus zwei Gründen: Erstens hat sich in diesem Zeitraum die Medienlandschaft deutlich verändert, zumindest was Radio und Fernsehen betrifft. Für viele hat hier sicherlich die Funktionalität „des Fernsehens“ bzw. „des Radios“ zugenommen, da einzelne subjektiv funktionalere Angebote hinzugekommen sind. Zweitens haben wahrscheinlich auch die politischen Ereignisse der Jahre 1989 und 1990 die Funktionalität aller drei tagesaktuellen Medien (vor allem im Hinblick auf ihre Informationsfunktionen) in dem Zeitraum vor der Erhebung 1990 deutlicher hervortreten lassen und die Bedeutung der Medien unterstrichen.

Angesichts dieser Gemeinsamkeiten in den Entwicklungen, aufgrund der Gleichläufigkeit der Bildungseinflüsse bei allen drei Medien und wegen der durchweg deutlichen positiven Zusammenhänge zwischen den Einstufungen der drei Medien auch auf der Individualebene erschien hier auch eine erweiterte Kohortenanalyse der Gesamteinstellung (Index aus den Items aller Medien) möglich. Die These ist ja, daß Personen mit höherer Bildung die Medien auch *generell*, also unabhängig vom einzelnen Medium, kritischer beurteilen. Diese grundsätzliche Beurteilung der Medien wird durch den Gesamtindex besser erfaßt. In dem Einstellungsindex für ein einzelnes Medium hingegen kommen auch Spezifika dieses Mediums zum Tragen. Der Gesamtindex korreliert positiv und recht hoch mit jedem einzelnen medienspezifischen Index (jeweils r = 0,8). Die Beurteilung jedes einzelnen Mediums enthält also offenbar eine relativ schwache medienspezifische und eine relativ starke medienunabhängige Komponente — und um letztere geht es hier. Das Ergebnis der erweiterten Kohortenanalyse wird daher nur für den Gesamtindex dargestellt, zumal die entsprechenden Resultate für die drei einzelnen Medien in den hier wesentlichen Punkten kaum davon abweichen.

Außer der Bildung wurde auch das Geschlecht der Befragten in das APK-Modell aufgenommen (vgl. zur technischen Vorgehensweise Kapitel 4.2.1). Auch dieser Faktor kann hier von Bedeutung für den Kohorteneffekt sein. Die Funktionalitätsbeurteilung bezieht sich stärker auf Aussagen über die Informationsfunktionen; in Anbetracht der traditionellen Geschlechterrollen könnte sich daher ein Unterschied zwischen Frauen und Männern ergeben. Auf den Kohorteneffekt kann sich das zunächst insofern auswirken, als in einigen der älteren Kohorten infolge der Ausfälle der beiden Weltkriege ein deutlicher Frauenüberschuß besteht. Dies führt zwar nicht zu Veränderungen in den Kohorten der Fernsehgeneration, jedoch können die Relationen zwischen der Fernsehgeneration und älteren Kohorten betroffen sein. Außerdem unterscheiden sich in der Gesamtbevölkerung Männer und Frauen im Hinblick auf ihr durchschnittliches Niveau formaler Bildung, wobei dieser Unterschied zwischen den Kohorten stark variiert (bei den jüngsten Kohorten besteht er nicht mehr).

Abbildung 14 zeigt die Ergebnisse der Kohortenanalyse für die Gesamteinstellung. Im Ausgangsmodell wurden die Koeffizienten der Altersgruppen 7 und 8 gleichgesetzt. Es resultierten daraus Effektschätzungen, die im großen und ganzen mit den entsprechenden Effekten der Analysen der drei einzelnen Einstellungsvariablen konsistent sind (vgl. dazu Abbildungen 3, 8 und 12): starker positiv gerichteter Alterseffekt (wie bei den Medien Fernsehen und Tageszeitung), starker negativ gerichteter Periodeneffekt, schwacher Kohorteneffekt mit ebenfalls negativem Trend. Die Koeffizienten der jüngsten Kohorten schwanken etwas stärker und sollten daher auch hier vorsichtig interpretiert werden.

Im erweiterten Modell weisen sowohl Geschlecht als auch Bildung einen signifikanten statistischen Einfluß auf; die Einstellung ist bei den Frauen positiver und — wie erwartet — bei Personen mit höherer formaler Bildung negativer. Von besonderem Interesse sind hier jedoch die Veränderungen der Effekte des APK-Modells nach Aufnahme dieser zusätzlichen Faktoren. Die Veränderung des Alterseffektes erwies sich als minimal und graphisch nicht mehr darstellbar, daher beschränkt sich die Darstellung auf die Veränderung des Kohorteneffektes. Durch die Berücksichtigung des Bildungsniveaus (das Geschlecht hat auf den Kohorteneffekt kaum Einfluß) verändern sich die Werte der jüngeren Kohorten zunehmend nach oben; die negativere Einstellung der jüngeren Kohorten wird demnach zumindest teilweise durch den Bildungsfaktor erklärt.

Abbildung 14: Einstellung gegenüber den tagesaktuellen Medien (Gesamtindex der subjektiven Funktionalität) — Ergebnis der Kohortenanalyse. Die Koeffizienten des Kohorteneffektes nach Aufnahme von Bildung und Geschlecht in das Modell sind durch das Symbol ▾ dargestellt.

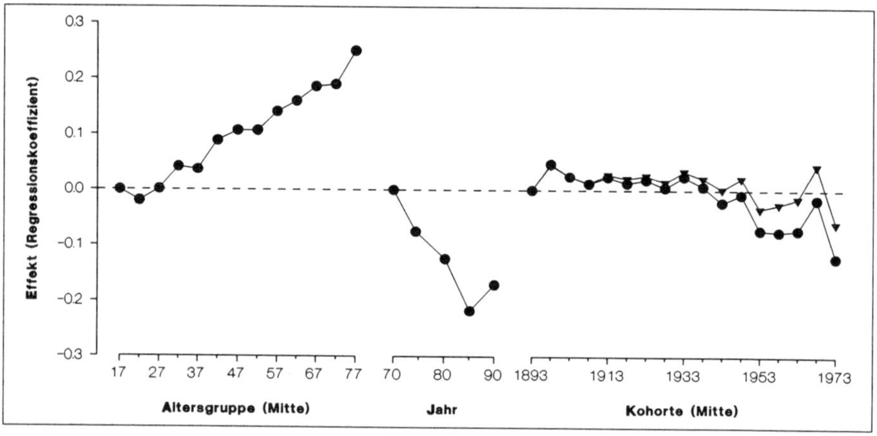

Trotzdem bleibt hier die Beurteilung der Medien bei den jüngeren Kohorten immer noch etwas zurückhaltender. Dies ist angesichts des starken negativen Periodeneffektes im Zeitraum zwischen 1970 und 1990 auch recht plausibel. Insgesamt können allerdings in diesem Fall über die Orientierung des Kohorteneffektes wegen seiner weitgehenden Linearität nicht so sichere Aussagen gemacht werden. Wäre der Kohorteneffekt in Wirklichkeit stärker negativ gerichtet, so würde der Faktor Bildung diese Tendenz nur zu einem kleineren Teil erklären. In jedem Fall aber trägt das Bildungsniveau dazu bei, daß die Funktionalität der Medien von den jüngeren Kohorten weniger positiv beurteilt wird.

Diese (teilweise) Erklärung beschränkt sich nicht auf die Kohorten der Fernsehgeneration, sondern gilt auch schon für die mittleren Kohorten — aber in deutlich geringerem Maße. Weil vor allem die Kohorten der Fernsehgeneration von der Bildungsexpansion erfaßt wurden, läßt sich insgesamt wohl dennoch folgende These formulieren: Die — graduell — abweichende generelle Einstellung der Fernsehgeneration zu den Medien (und damit auch zu jedem einzelnen Medium) ist offenbar zum Teil auf ihr höheres Bildungsniveau zurückzuführen. Für die Nutzung und Bindung gilt dies nicht unbedingt, jedenfalls nicht einheitlich für alle Medien. Insgesamt bleibt damit die Analyse von Ursachen für die Abweichung der Kohorten der Fernsehgeneration in ihrem Rezipientenverhalten unvollständig.

5 Die Fernsehgeneration — ein Fazit

Die Befunde dieser Untersuchung bestätigen die geläufige Annahme, die Fernsehgeneration neige sehr zum Fernsehen (und habe *daher* eine schwächere Affinität zur Tageszeitung), insgesamt nicht. Die Ergebnisse sprechen tendenziell gegen die vorherrschenden Vermutungen oder Behauptungen zum Fernsehverhalten der Fernsehgeneration. Eine Mehrnutzung, eine höhere Bindung ließ sich — im Vergleich zum Gros der älteren Kohorten — nicht feststellen. Sieht man einmal von den ältesten Kohorten der Analyse als Sonderfall ab (vgl. Kapitel 4.3.3.1), so hätte sich eine stärkere Fernsehneigung der Fernsehgeneration jedenfalls im Vergleich zu den mittleren Kohorten (Jahrgänge 1916 bis 1945) zeigen müssen. Dies war jedoch nicht der Fall.

Bei der Zeitungsnutzung ergab sich zwar die vielfach vermutete bzw. teilweise auch schon festgestellte negative Tendenz: Die jüngeren Kohorten nutzen die Tageszeitung sukzessive weniger (genauer gesagt, offenbar seltener), auch ihre Bindung ist schwächer. Dennoch erscheint die Schlußfolgerung, dies sei — allein oder in erster Linie — die Folge ihres Aufwachsens mit dem Fernsehen, wohl nicht angebracht (vgl. auch Kiefer 1987). Dagegen spricht vor allem, daß die Fernsehgeneration das Fernsehen selbst nicht stärker nutzt und nicht stärker vermissen würde als die Kohorten vor ihr, bei denen im Durchschnitt auch die Nutzung der Zeitung und die Bindung an die Zeitung höher liegen. Zudem ist ein ähnliches Phänomen bei der Radionutzung festzustellen. Auch hier besteht — bei insgesamt positiv gerichtetem Kohorteneffekt — unter den jüngsten Kohorten wieder eine negative Tendenz. Man könnte dies zusammengenommen als Entfernung der jüngsten Kohorten von allen drei tagesaktuellen Medien interpretieren.

Nach den vorliegenden Ergebnissen besitzt der Begriff „Fernsehgeneration“ also kaum Informationsgehalt über den eines Etiketts für die mit dem Fernsehen aufgewachsenen Kohorten hinaus. Der Begriff — so wie er meistens gebraucht wird — ist sogar eher als irreführend zu bezeichnen. Die dominierende Implikation, die Fernsehgeneration sei sehr auf das Fernsehen fixiert und nutze das Fernsehen viel, erscheint jedenfalls unbegründet; dafür gibt es keine — jedenfalls keine sichere — empirische Basis. Die Befunde zum Fernsehverhalten sprechen insgesamt eher für eine etwas höhere Fernsehneigung der *nicht* mit dem Fernsehen aufgewachsenen Kohorten (sofern sie nicht damals, in den 60er Jahren und Anfang der 70er Jahre, schon über 50 oder 60 Jahre alt waren).

Bei näherer Betrachtung könnte man allerdings meinen, diese Schlußfolgerung müsse zumindest etwas differenziert werden. Denn die Fernsehnutzung (jedenfalls die subjektive Nutzungshäufigkeit), die Einstellung zum Fernsehen und die Bindung an das Fernsehen scheinen bei den jüngsten zwei bis drei Kohorten im Vergleich zu den unmittelbar vorausgehenden Kohorten wieder etwas höher zu liegen. Und gerade bei den letzten Kohorten handelt es sich ja um diejenigen, die vollständig mit dem Fernsehen aufgewachsen sind. Ihre Abweichung im Fernsehverhalten könnte also dadurch bedingt sein.

In zusätzlichen Analysen (vgl. Kapitel 4.3.3.1) zeigte sich jedoch, daß die Abweichung der letzten Kohorten in den Kohorteneffekten offenbar vorwiegend auf Veränderungen des Fernsehverhaltens der jüngeren Bevölkerung in der zweiten Hälfte der 80er Jahre zurückgeht (vgl. auch Kapitel 2.2.6). In den Daten bis einschließlich 1985 konnte eine solche Abweichung noch nicht festgestellt werden; das Aufwachsen mit „dem Fernsehen" kann sie also nicht hervorgebracht haben.[153] Aber selbst wenn man die Ergebnisse der Kohortenanalysen auf der Basis der gesamten Daten von 1970 bis 1990 zum Maßstab nimmt, ist festzuhalten, daß die Kohorten der Fernsehgeneration in ihrem Fernsehverhalten im Durchschnitt wenig von den sechs oder sieben Kohorten davor abweichen — und wenn, dann doch eher nach unten. Und die etwas höheren Werte der letzten zwei oder drei Kohorten beim Fernsehen sind kaum mit ihren (relativ) nach unten abweichenden Werten bei den Medien Tageszeitung und Hörfunk in Verbindung zu bringen. Denn in den Kohorteneffekten auf die Nutzung und Bewertung dieser beiden Medien treten ja nicht erst bei den jüngsten zwei oder drei Kohorten Abwärtstendenzen zutage. Allerdings haben die Kohorten, die der Generation der 68er zuzurechnen sind, offenbar eine überdurchschnittliche Zeitungsnutzung und Zeitungsbindung.

So bleibt es alles in allem bei dem Fazit, daß die Kohorten der Fernsehgeneration in ihrer Fernsehnutzung und Fernsehbewertung eher etwas nach unten als

---

153 Denkbar gewesen wäre sonst auch eine andere Erklärung dafür, daß die jüngsten Kohorten in der Fernsehnutzung und Fernsehbewertung wieder leicht nach oben hin abweichen: Die Nutzung, Einstellung und Bindung der zwei bis drei Kohorten davor (also der Jahrgänge 1946 bis 1960) könnte aus bestimmten Gründen besonders niedrig liegen. Zumindest die ersten dieser Kohorten könnte man noch der Generation der 68er zuordnen. Bei ihnen könnten Nutzung, Bindung und Einstellung aufgrund einer im Vergleich zu den anderen Kohorten besonders fernsehkritischen Grundhaltung niedriger sein.

nach oben abweichen. Gleiches gilt — ausgeprägter noch — für die Tageszeitung, und auch beim Hörfunk deuten sich solche Tendenzen an. In den Ergebnissen zeigen sich also anscheinend erste Anzeichen einer Abwendung der jüngsten Kohorten von *allen* tagesaktuellen Medien. Weitgehend offen bleibt dabei aber die Frage nach den Ursachen. Nur in einem Fall konnte mit dem Bildungsniveau ein wesentlicher Erklärungsfaktor für solche gleichartigen Abweichungen bei allen drei tagesaktuellen Medien festgestellt werden.

Eine andere Ursache für generelle, medienübergreifende Negativtendenzen bei den jüngsten Kohorten könnte in ihrer Freizeit- und Mediensozialisation liegen. Warum nämlich sollte sich nicht in der Nutzung (und Bewertung) aller drei älteren Medien niederschlagen, daß die jüngeren Kohorten im Vergleich zu den älteren Kohorten im Durchschnitt ein breiteres Spektrum medialer (Tonträger, Video, Computer) und nichtmedialer Freizeitaktivitäten haben (vgl. auch Kiefer 1988)? Es wäre also nicht verwunderlich, wenn diese kohortenbezogene Ausdifferenzierung des (medialen) Freizeitverhaltens bei der Fernsehgeneration im Vergleich zu den älteren Kohorten zu einem dauerhaften Weniger an Zuwendung zu jedem einzelnen Medium — in diesem Langzeitvergleich eben zu den *älteren* Medien — geführt haben sollte. Die negative Tendenz beim Hörfunk wäre — im Unterschied zum Fernsehen und vor allem zur Tageszeitung (vgl. dazu Kapitel 2.2.5) — anders auch nur schwer zu erklären.

Diese Deutung der Unterschiede zwischen den Kohorten entspricht auch der Überlegung aus Kapitel 2.2.3, die Kosten (Opportunitätskosten) der Nutzung eines einzelnen Mediums müßten bei der Fernsehgeneration im Vergleich zu den älteren Kohorten aufgrund der bei ihnen größeren Konkurrenz durch andere Freizeitaktivitäten höher liegen. Daher sei bei diesen Kohorten eine *seltenere* Nutzung zu erwarten. Daraus würde sich auch erklären, warum eine Abweichung der Fernsehgeneration bei der Verweildauer (hier nur für die Tageszeitung untersucht; vgl. für das Fernsehen aber Kiefer 1987) praktisch nicht zu beobachten ist.

Viele der in Kapitel 1.1.3 dargestellten Vermutungen und Behauptungen über die Fernsehgeneration, nämlich diejenigen, die den außermedialen Bereich betreffen, konnten hier allerdings gar nicht geprüft werden. Und vielleicht äußern sich die vermuteten Abweichungen der Fernsehgeneration auch überhaupt nicht in der hier untersuchten generellen Mediennutzung und Medienbewertung, sondern etwa nur in den Präferenzen für bestimmte Medieninhalte. Diese Punkte müssen hier weitgehend ungeklärt bleiben. Allenfalls kann man in diesem Zusammenhang geltend machen, etwaige Abweichungen der Fernsehgeneration müßten sich in ihrem Rezipientenverhalten, besonders aber in ihrem

Fernsehverhalten, eher bzw. stärker zeigen (vgl. Kapitel 1.3). Angesichts der Negativbefunde für das Fernsehverhalten wäre dann zu folgern, daß starke Auswirkungen des Aufwachsens mit dem Fernsehen auch in anderen Bereichen unwahrscheinlich sind.

Aber eine solche Schlußfolgerung wäre nicht zwingend. Es ist nämlich theoretisch möglich, daß folgende Tendenzen, die einander nur bei jeweils extremer Ausprägung mit Sicherheit ausschließen würden, nebeneinander bestehen: Einerseits sind die Kohorten der Fernsehgeneration vom Medium Fernsehen weniger stark angezogen als die älteren Kohorten. Andererseits konnte das Medium bei den jüngeren Kohorten, die mit ihm aufgewachsen sind, eine stärkere Sozialisationswirkung entfalten als bei den älteren Kohorten (vgl. Meyrowitz 1985). Dies wäre für die meisten der vermuteten langfristigen Sozialisationswirkungen des Fernsehens noch zu prüfen. Was allerdings die Nutzung und Bewertung der beiden anderen tagesaktuellen Medien betrifft, so ist eine Beeinträchtigung durch das Aufwachsen mit dem Fernsehen nach den theoretischen und empirischen Ergebnissen der vorliegenden Untersuchung offenbar nicht gegeben.

Anhang 1: Prüfung und Aufbereitung der Daten

1.1 Die Problematik der Vergleichbarkeit

Die einzelnen Erhebungen der Langzeitstudie Massenkommunikation sind auf Vergleichbarkeit hin angelegt. Veränderungen gehen zum größten Teil auf Erweiterungen des Erhebungsprogramms, teilweise aber auch auf Modifikationen des Erhebungsinstrumentes zurück.[154] Ob letztere nun im Einzelfall durch Fortschritte in der Methodik der Umfrageforschung bedingt sind oder nicht, für die Zwecke dieser Untersuchung, bei der es auf maximale Vergleichbarkeit der einzelnen Erhebungen ankommt, sind alle Veränderungen zunächst einmal zumindest potentiell problematisch.

Es wird an dieser Stelle auf eine umfassende Darstellung des Erhebungsprogramms der Langzeitstudie Massenkommunikation verzichtet. Dafür sei auf die jeweiligen Ergebnis-Dokumentationen (vgl. DIVO-Institut/Infratest 1966; ki. 1975a, 1975b, 1975c, 1975d, 1975e; Kiefer 1978, 1982, 1987, 1991, 1992; re. 1971, 1972a, 1972b, 1972c, 1972d) verwiesen, in denen auch ausführlich auf die Erweiterungen des Erhebungsprogramms eingegangen wird. In diesem Anhang geht es vielmehr darum, die Punkte zu identifizieren, in denen die Vergleichbarkeit der einzelnen Erhebungen in Frage zu stellen oder überhaupt nicht gegeben ist. Es wird erläutert, wie die Variablen der einzelnen Erhebungen durch Datenmodifikationen vergleichbar gemacht wurden (und warum bestimmte Variablen im Anschluß an die Vergleichbarkeitsprüfungen von der Analyse ausgeschlossen wurden).[155]

Kiefer (1987, S. 11 ff.; 1992, S. 271) geht selbst auf die Problematik, Vergleichbarkeit über einen so langen Zeitraum hinweg zu wahren, ein (vgl. auch Bessler 1986). Ausgangspunkt ihrer Diskussion: Ein unverändertes Erhebungsinstrument (bis in die Formulierung von Fragen und Antwortvorgaben) könne dazu führen, daß Veränderungen von Wortbedeutungen (infolge soziokul-

---

154 Inwieweit Erweiterungen bzw. Modifikationen des Fragebogens die Antworten auf einzelne laufend (und bis auf den Fragebogen-Kontext unverändert) gestellte Fragen (die hier über die Zeit verglichen werden sollen) beeinflußt haben, ist kaum zu beurteilen. Möglichen Reihenfolge-Effekten, etwa bei der Beurteilung jedes Mediums für sich, wurde vom Institut durch systematische Variation der Abfolge (Verwendung entsprechend unterschiedlicher Fragebogen-Versionen zu gleichen Teilen) Rechnung getragen.

155 Vgl. zur Vergleichbarkeitsproblematik bei Kohortenanalysen Glenn (1977, S. 27 ff.), Hyman (1972, S. 274 ff.) und Riley, Johnson und Foner (1972, S. 585 ff.).

turellen Wandels) sich in den Antworten niederschlügen und insofern indirekt doch die Vergleichbarkeit beeinträchtigten. Dem ist vor allem entgegenzuhalten, daß die Situation bei identischen Erhebungsinstrumenten wahrscheinlich einfacher zu handhaben ist:[156] Zumindest die Richtung des Effektes, den die Veränderung der Bedeutung etwa einer bestimmten Frageformulierung hat, dürfte meistens klar zu bestimmen sein. Damit wäre auch die Richtung der Verzerrung bekannt. Anders dagegen in dem Fall, in dem man sich bemüht, eine bestimmte Bedeutung mit Hilfe einer jeweils anderen Frageformulierung umzusetzen. Ob die Vergleichbarkeit (d. h. Identität) auf der Bedeutungsebene tatsächlich erzielt werden konnte, wird man in aller Regel nicht sicher sagen können. Statt wie oben mit einer Konstanten (Frageformulierung) und einer Variablen (Bedeutung) hat man es dann mit *zwei* Variablen zu tun; entsprechend schwer fällt die Bestimmung der *Richtung* der Verzerrung, auch wenn man vielleicht geltend machen kann, daß man ihre *Größe* reduziert hat.

Offenbar hat in der Langzeitstudie bei der Konstruktion des jeweiligen Fragebogens durchgehend folgende Überlegung eine Rolle gespielt: Man müsse das Erhebungsinstrument dem sich wandelnden Umgang mit den Medien anpassen. Dies zeigt sich beispielsweise in Zusätzen zu einzelnen Fragen, wie „auch wenn nur ganz kurz oder im Auto" (hier bezogen auf die Radionutzung). Hierbei tritt das Problem auf, daß man nicht mehr klar sagen kann, ob zeitliche Veränderungen der Nutzungswerte „echte" Periodeneffekte sind oder ob sie auf solche Modifikationen der Fragestellung zurückgehen. Oder es ist gar keine Veränderung zu beobachten — aber möglicherweise nur deshalb nicht, weil ein tatsächlich vorhandener Periodeneffekt durch die Auswirkung einer Veränderung der Fragestellung kompensiert wurde.

Man weiß ja beispielsweise, daß die Mediennutzung im Beobachtungszeitraum fragmentierter geworden ist, beiläufiger, ein weniger bedeutsames „Ereignis". Und weil man diese Entwicklungen kennt, kann man sie bei der Interpretation von Trends berücksichtigen. Bei konstantem Erhebungsinstrument heißt das: Die Nutzung (Häufigkeit, Dauer) wird im Laufe der Zeit immer weniger gut erfaßt. Und damit wird die Mediennutzung heute tendenziell *unter*schätzt (wobei ja andererseits dem Weniger an erfaßter Nutzung auch ein tatsächliches Weniger an Bedeutung, an Aufmerksamkeit entspricht). Jedenfalls

156 Kiefer argumentiert hingegen mit der Lazarsfeldschen Regel von der Austauschbarkeit der Indizes, deren Anwendung auf diesen Fall zu der Aussage führt, daß die Beziehungen zu (thematisch) anderen Variablen von solchen Bedeutungsverschiebungen weitgehend unbeeinflußt bleiben dürften (vgl. Kiefer 1987, S. 13 f.).

kann man diese systematische Verzerrung bei der Interpretation berücksichtigen. Wird nun das Instrument kompensatorisch verändert (z. B. Interviewer-Hinweis auf kurzzeitige Nutzungen; Nachfassen), so bleibt letztlich unklar, ob damit die im Zeitverlauf (im Zuge von Veränderungen des Umgangs mit Medien) nachlassende „Reichweite" des alten Erhebungsinstrumentes gerade ausgeglichen wird — oder mehr als ausgeglichen wird — oder aber immer noch nicht ausgeglichen wird.

Als allgemeine, medienvergleichende Untersuchung erbringt die Langzeitstudie Nutzungswerte, die eher *unter* denjenigen liegen, die im Rahmen von Spezialerhebungen für einzelne Mediengattungen ermittelt werden (vgl. Kiefer 1987, S. 25 ff.). Insofern, als es bei der Langzeitstudie aber primär um *Entwicklungen* der Mediennutzung und um ihre *Zusammenhänge* mit anderen Variablen geht, und weniger um ihre absolute Höhe, ist dies nicht sehr problematisch. Dieser Aspekt ist auch im Zusammenhang mit der Datenaufbereitung von Bedeutung. Ziel ist es hierbei ja, maximale Vergleichbarkeit der Daten zwischen den einzelnen Erhebungen herzustellen. Im Einzelfall kann dies zu eher unrealistischen absoluten Nutzungswerten führen. Ein Beispiel dafür sind die Werte für die Tagesreichweite der Tageszeitung (vgl. dazu die Ausführungen zu den Vergleichbarkeitsproblemen bei Stichtagnutzungsvariablen in Abschnitt 1.11 dieses Anhangs).

1.2 Saisonale Schwankungen der Fernsehnutzung

Die einzelnen Erhebungen der Langzeitstudie hatten folgende Feldzeiten (vgl. Infratest 1970; Infratest Kommunikationsforschung 1986, 1991; Infratest Medienforschung 1975, 1981): 1970: 4. April bis 30. April und 9. Mai bis 16. Mai; 1974: 3. November bis 30. November; 1980: 3. November bis 12. Dezember; 1985: 3. November bis 8. Dezember; 1990: 16. September bis 11. November. Die zeitlichen Abstände zwischen den Erhebungen sind also nicht genau gleich: 4,5 Jahre, 6 Jahre, 5 Jahre, 5 Jahre. Damit können Standard-Kohortentabellen (vgl. Glenn 1977, S. 10 f.) nicht mehr exakt konstruiert werden; die Kohorten überschneiden sich etwas (vgl. zu diesen und ähnlichen Schwierigkeiten vor allem Hyman 1972, S. 278 ff.). Trotzdem kann die Datenbasis in dieser Beziehung noch als vergleichsweise gut bezeichnet werden, denn die Abweichungen vom Idealfall sind relativ gering.[157]

---

157 Vgl. hierzu auch die Ausführungen zur Neugewichtung in Anhang 2.

Eher bedenklich erscheint dagegen, daß zwischen den Erhebungen auch teilweise Unterschiede in der Jahreszeit der Feldphase bestehen. Die Erhebungen 1970 und 1990 weichen hierbei von den anderen, die weitgehend gleiche Feldzeiten hatten, ab.[158] Wenn die abhängige Variable saisonalen Einflüssen unterliegt, so sind diese Saisoneffekte in einer Kohortenanalyse wie denjenigen dieser Arbeit mit dem Periodeneffekt konfundiert.[159] Das bedeutet, ein Periodeneffekt kann ganz oder teilweise auf die unterschiedlichen Erhebungszeiten im Jahr zurückgehen bzw. durch diesen Einfluß verzerrt werden. Es fragt sich daher, inwieweit dies im Zusammenhang mit der vorliegenden Untersuchung von Bedeutung ist. Gibt es Saisoneffekte bei der Nutzung der Medien?

Für das Fernsehen ist es ein international (zumindest für Westeuropa und die USA) gesicherter Befund der Zuschauerforschung, daß die Nutzung in den Sommermonaten deutlich unter, in den Wintermonaten dagegen deutlich über dem Jahresdurchschnitt liegt (vgl. Barnett, Chang, Fink und Richards 1991; Barwise und Ehrenberg 1988, S. 13; Eckert und Niehus 1963, S. 202 f.; Gehmacher 1980; Sang, Schmitz, Bretz, Stanat und Tasche 1994; Sang, Schmitz und Tasche 1992).[160] Der typische saisonale Verlauf der Tagesreichweite des Fernsehens ist folgender (vgl. Gehmacher 1980, S. 12 ff.): Die Kurve fällt zunächst bis zur Jahresmitte und steigt dann wieder an, bis am Jahresende das alte Niveau erreicht ist; die Monate mit den höchsten Reichweiten (Dezember und Januar) liegen dabei rund 10 Prozentpunkte über dem Jahrestief in den Monaten Juni und Juli. Diese Angaben beziehen sich auf mittlere Tagesreichweiten in Österreich und stammen aus der zweiten Hälfte der 70er Jahre. Auf

---

158 Die Abweichung läßt sich für 1990 wohl mit der Verdoppelung des Stichprobenumfangs erklären (eine Ausdehnung der Feldphase gegenüber den Erhebungen davor war vielleicht aus organisatorischen Gründen unvermeidlich).

159 Vgl. zu Saisoneffekten im Kontext von Längsschnittstudien Goldstein (1979, S. 37 ff.).

160 Saisoneffekte bei der Nutzung anderer Medien werden in der Literatur zur Publikumsforschung kaum thematisiert. Jedoch dürfte für das Radio ein ähnlicher saisonaler Verlauf gelten — bzw. zumindest in den 50er und frühen 60er Jahren gegolten haben. Damals hatte die Radionutzung nämlich — ähnlich wie heute die Fernsehnutzung — noch einen Schwerpunkt am Abend, in der Zeit zwischen 18 und 22 Uhr (vgl. Bessler 1980, S. 116 ff.). Genau in diesen Stunden des Tages aber ist es im Sommer hell, im Winter dagegen dunkel. Und üblicherweise werden Saisoneffekte bei der Fernsehnutzung mit den Faktoren Tageslicht, Temperatur und allgemein Wetter und deren Einflußnahme auf die Wahl zwischen verschiedenen Freizeitaktivitäten erklärt (vgl. Barnett, Chang, Fink und Richards 1991). Hinweise auf einen Saisoneffekt bei der Radionutzung finden sich jedenfalls in den Ergebnissen der Hörerforschung aus dieser Zeit (vgl. Bessler 1980, S. 81 ff. und S. 135). Erhebliche saisonale Unterschiede in der Radionutzung lassen sich danach jedoch nur für das Wochenende feststellen.

die Sehdauer bezogen, ist der Saisoneffekt eher stärker ausgeprägt. Barwise und Ehrenberg (1988, S. 13) zufolge liegt in den USA und in England die Sehdauer im Hochsommer gut 10 % unter und im Winter mindestens 10 % über dem Jahresdurchschnitt; und in nordischen Ländern ist der Unterschied wesentlich stärker, nämlich die Sehdauer im Winter gut doppelt so hoch wie im Sommer. Außerdem ist zwischen Werktagen und dem Wochenende zu differenzieren: Die jahreszeitlichen Nutzungsunterschiede sind am Wochenende offenbar etwas stärker ausgeprägt (vgl. Frank 1984, S. 172). Der Saisoneffekt fällt überdies von Jahr zu Jahr etwas anders aus, abhängig vor allem vom Wetter (etwa davon, ob der Sommer besonders schön ist) und von besonderen Programmattraktionen (z. B. Übertragungen von mehrwöchigen Sportveranstaltungen).

Speziell interessieren hier Daten für die Jahre 1970 und 1990 aus der BRD. Für das Jahr 1970 kann zu diesem Zweck auf die Ergebnisse einiger Tagesablauf-Erhebungen zurückgegriffen werden, die 1970 in verschiedenen Jahreszeiten durchgeführt wurden und mit der Langzeitstudie weitgehend vergleichbar sind (vgl. zu diesen Untersuchungen Frank 1973; Unholzer 1973). Davon sind hier nur die Erhebungen im Frühjahr (Feldzeit 6. April bis 19. April) und im Winter (Feldzeit 30. November bis 13. Dezember) wichtig. Vergleicht man diese Feldzeiten mit denjenigen der Langzeitstudie, so ergeben sich nur leichte Abweichungen: Die Intervallmitte der Erhebung im Frühjahr liegt etwa eineinhalb Wochen früher als die entsprechende Intervallmitte bei der Langzeitstudie (Erhebung 1970); und bei der Erhebung im Winter liegt die Intervallmitte ungefähr zwei Wochen später als diejenigen der Erhebungen der Langzeitstudie 1974, 1980 und 1985 (mit deren Feldzeiten hier zu vergleichen ist). Diese Unterschiede sind ungefähr gleich groß und zudem symmetrisch im Hinblick auf die Verlaufsform des typischen Saisoneffektes (beide hier zum Vergleich verwendeten Erhebungen liegen in theoretisch etwas nutzungsstärkeren Zeiten).

Orientiert man sich am typischen Verlauf des Saisoneffektes bei der Fernsehnutzung, so ist zu erwarten, daß eine Erhebung im April zu deutlich niedrigeren Werten führt als eine Erhebung Anfang Dezember. Auf die Erhebung 1970 der Langzeitstudie bezogen, würde dies eine Unterschätzung der Nutzung bedeuten, die bei einer Erhebung schwerpunktmäßig im November (wie in den anderen Jahren) ermittelt worden wäre. Tatsächlich aber ist bei einer Gegenüberstellung der beiden Vergleichsuntersuchungen von Frühjahr und Winter 1970 eher das Gegenteil festzustellen (vgl. Frank 1973, S. 139): Die Nutzungsdauer im Durchschnitt von Montag bis Samstag beträgt nämlich im Frühjahr 116 und im

Winter 104 Minuten.[161] Die von Frank (1973) vergleichend betrachteten telemetrischen Daten für 1970 bestätigen dies (vgl. Tabelle A1).

Tabelle A1: Durchschnittliche monatliche Einschaltquote der Abendprogramme von ARD und ZDF, 1970 (Angaben in Prozent)

Jan.	Feb.	März	April	Mai	Juni	Juli	Aug.	Sept.	Okt.	Nov.	Dez.
53	53	49	52	47	47	41	42	45	49	49	51

Quelle der Daten: Frank 1973, S. 141

Auch hier liegt die April-Quote über der November-Quote, und sie liegt über der März-Quote (vgl. auch ZDF 1971, S. 161).[162] Die Mai-Quote ist dann wieder deutlich niedriger; die Juni-Quote fällt infolge der Fußball-Weltmeisterschaft in dieser Zeit außergewöhnlich hoch aus. Die Nutzung im April 1970 ist demnach atypisch hoch gewesen. Zurückführen läßt sich dies wohl auf eine Häufung massenattraktiver Programmangebote (in Abweichung vom normalen Programm) in diesem Monat (vgl. Frank 1973, S. 142 und S. 150, Fußnote 27).[163] Insgesamt kann auf der Basis der vorhandenen Vergleichsdaten davon

161 Zum Vergleich: Die in der Langzeitstudie ermittelte Fernsehnutzungsdauer 1970 wird von Kiefer (1992, S. 308) mit 113 Minuten angegeben. Bei diesen beiden Werten (116 und 104 Minuten) muß berücksichtigt werden, daß in der Erhebung im Frühjahr der Tagesablauf stärker eingeschränkt erfaßt wurde, nämlich werktags von 16.00 bis 24.00 Uhr und am Wochenende von 12.00 bis 24.00 Uhr, als in der Erhebung im Winter (durchgehend von 5.00 bis 1.00 Uhr) (vgl. Frank 1973, S. 71). Daher würden die Frühjahrswerte eher noch höher liegen, wenn sie wie im Winter erfaßt worden wären. Ferner ist zu beachten, daß sich beide Erhebungen (Frühjahr und Winter) nur auf Personen aus Fernsehhaushalten beziehen (vgl. Unholzer 1973, S. 53 f.). Das führt gegenüber der Langzeitstudie zu höheren Werten für die stichtagbezogene Fernsehnutzung; von daher müßten die Nutzungswerte der Erhebung im Frühjahr also wieder nach unten korrigiert werden, wenn sie mit der Langzeitstudie verglichen werden sollen. Insgesamt ist daher ein *direkter* Vergleich mit der Langzeitstudie nur bedingt möglich.

162 Diese damals von Infratam (vgl. Bessler 1980, S. 199 ff.) ermittelten Einschaltquoten beziehen sich allerdings auf eingeschaltete Geräte und spiegeln daher das Verhalten von Haushalten, nicht von Personen. Somit sind diese Daten mit Reichweiten auf der Personenebene, so wie sie etwa in der Langzeitstudie erhoben wurden, nur bedingt vergleichbar (vgl. auch Frank 1973, S. 141, Fußnote 21). Außerdem beziehen sich die Einschaltquoten nur auf das Abendprogramm.

163 Im zeitlichen Umfeld der Erhebung Anfang Dezember 1970 gab es dagegen kaum außergewöhnliche Programmangebote (vgl. Frank 1973, S. 151, Fußnote 27). Frank zieht jedoch hier keinen Vergleich zu den saisonalen Verläufen in anderen Jahren und setzt den (hohen) April-Wert nur in Relation zu den Werten der anderen Monate des

ausgegangen werden, daß 1970 jedenfalls keine Verzerrung infolge *typischer* saisonaler Unterschiede besteht. Eher läßt sich im Gegenteil sagen, daß die im Frühjahr (April und Mai) 1970 stattgefundene Erhebung der Langzeitstudie eine — geringfügige — *Über*schätzung der im Herbst (November) 1970 beobachtbaren Fernsehnutzung liefert. Wegen der verbleibenden Vergleichbarkeitsprobleme ist dies aber nicht sicher.

Für das Jahr 1990 können Daten der GfK-Fernsehforschung herangezogen werden (vgl. Tabelle A2). Das arithmetische Mittel aus diesen Monatswerten liegt bei 156 Minuten; damit gilt auch hier die von Barwise und Ehrenberg (1988) angegebene Größenordnung, nach der das Maximum im Winter mindestens 10 % über und das Minimum im Sommer gut 10 % unter dem Jahresmittel liegt. Der atypisch hohe Wert im Juni ist damit zu erklären, daß in dieser Zeit die Fußball-Weltmeisterschaft stattfand.

Tabelle A2: Durchschnittliche monatliche Sehdauer von Personen in Fernsehhaushalten, 14 Jahre und älter (alte BRD), 1990. Basis: Montag bis Sonntag, 6.00 bis 6.00 Uhr[1] (Angaben in Minuten)

Jan.	Feb.	März	April	Mai	Juni	Juli	Aug.	Sept.	Okt.	Nov.	Dez.
183	172	156	151	132	156	135	127	149	156	172	181

[1] Bedingt durch die von dem Erhebungsmodus der Langzeitstudie abweichenden Abgrenzungen sind die *absoluten* Werte mit denjenigen der Langzeitstudie nicht vergleichbar. Interpretiert werden sollen hier aber nur die Veränderungen von Monat zu Monat.

Quelle der Daten: GfK-Fernsehforschung

Wenn man einmal die Erhebungen der Jahre 1974, 1980 und 1985, die weitgehend gleiche Feldzeiten hatten, als Bezugspunkt nimmt, so lassen sich Aussagen über das Ausmaß der Verzerrung 1990 treffen. Geschätzt werden dabei die Werte, die sich für die Fernsehnutzung ergeben hätten, wenn die Feldzeit 1990 im November und in der ersten Dezemberwoche gelegen hätte (wie in den Jahren 1974, 1980 und 1985; mit geringfügigen Unterschieden). Grundsätzlich gilt die Tendenz, daß (bezogen auf diese „vergleichbare" Feldzeit) die Fernsehnutzung 1990 durch die Daten der Langzeitstudie *unterschätzt* wird. Dies dürfte nicht nur für die Nutzungsdauer, sondern auch für die Tagesreichweite gelten.

Jahres 1970. Er interpretiert daher die Nutzung im April nicht als atypisch hoch für diesen Monat. Im übrigen sind die Tagesablaufuntersuchungen, deren Ergebnisse Frank darstellt, aufgrund der mit jeweils zwei Wochen relativ kurzen Feldzeiten besonders empfindlich für solche Programmeinflüsse (vgl. Frank 1973, S. 142).

Nach den vorliegenden Daten zu urteilen (vgl. dazu auch Tabelle A3), liegt die Unterschätzung der *Tagesreichweite* ungefähr in der Größenordnung von 5 Prozentpunkten (bei Reichweiten-Angaben in Prozent). Setzt man diesen Wert einmal in Beziehung zu der bei Kiefer (1992, S. 28) dokumentierten Entwicklung der Fernsehreichweite zwischen 1970 und 1990 (72, 78, 77, 72 und 81 %), so erscheint die Höhe der Verzerrung beachtlich.

Für die *Nutzungsdauer* kann anhand der in Tabelle A2 angegebenen Daten eine Abschätzung vorgenommen werden. Aus den mittleren Sehdauern pro Monat der GfK-Fernsehforschung errechnet sich (unter der Annahme einer Gleichverteilung innerhalb der Monate) ein Mittelwert für die tatsächliche Feldphase 1990 (16. September bis 11. November) von 157 Minuten. Für die Zeit zwischen dem 3. November und dem 8. November (entspricht genau der Feldphase 1985) ergibt sich dagegen eine mittlere Sehdauer von 174 Minuten. Hätte die Untersuchung 1990 im gleichen Zeitraum wie 1985 stattgefunden, so wäre dieser Abschätzung zufolge also eine rund 11 % höhere Fernsehnutzungsdauer ermittelt worden.

Dieser Wert von 11 % überschätzt jedoch die tatsächliche Verzerrung etwas, weil sich die GfK-Zahlen auf die gesamte Woche beziehen (einschließlich des Sonntags mit seiner überdurchschnittlichen Sehdauer), während in den Analysen der vorliegenden Arbeit bei den Daten der Langzeitstudie von 1990 (um die Vergleichbarkeit zu den anderen Jahren zu wahren) nur die Stichtage Montag bis Samstag berücksichtigt wurden. Selbst wenn man dies in Rechnung stellt (nach den Ergebnissen der Erhebung 1990 der Langzeitstudie liegt die Nutzungsdauer sonntags rund 11 % über der für die Tage Montag bis Samstag ermittelten Nutzungsdauer) und berücksichtigt, daß der Saisoneffekt für den Sonntag etwas stärker sein kann als für die anderen Tage, liegt die Verzerrung immer noch bei knapp 10 %. Auch hier also der Vergleich mit der bei Kiefer (1992, S. 308) dokumentierten Entwicklung: Die Fernsehnutzungsdauer betrug in den einzelnen Erhebungsjahren von 1970 bis 1990 demnach 113, 125, 125, 121 und 133 Minuten. Addiert man zu dem Wert von 1990 einmal die oben genannten 10 %, so ergibt sich eine korrigierte Nutzungsdauer von rund 146 Minuten. Auch hier ist die Höhe der Verzerrung beachtlich.[164]

Zu bedenken ist allerdings, daß diese Abschätzungen zwangsläufig sehr grob sind. So unterstellt die Übertragung der oben errechneten Werte auf die Lang-

---

164 Inwieweit 1990 die Sehdauer bedingt durch die außergewöhnlichen politischen Ereignisse zu dieser Zeit besonders hoch war, ist dabei eine andere Frage (vgl. dazu auch Abschnitt 1.3 dieses Anhangs).

zeitstudie auch, daß in der Feldphase der jeweiligen Erhebung die Interviews zeitlich gleichverteilt sind (was nicht der Fall sein wird). Gleichwohl trifft zumindest die Richtung der Verzerrung, wahrscheinlich aber auch ihre Größenordnung zu. Bei der Interpretation des Periodeneffektes in einer Kohortenanalyse der Fernsehreichweite muß diese Verzerrung berücksichtigt werden.[165] Allgemein ist damit zu rechnen, daß sich Saisoneffekte stärker bei den stichtagbezogenen Variablen des Rezipientenverhaltens bemerkbar machen, kaum dagegen bei den Variablen, die Gewohnheitsnutzung oder Bewertungen erfassen. Dabei scheint sicher, daß die Nutzungsdauer gegenüber saisonal bedingten Verzerrungen wesentlich anfälliger ist als die Stichtagnutzung (Tagesreichweite).[166] Neben anderen Gründen, die weiter hinten diskutiert werden (vgl. vor allem Abschnitt 1.16 dieses Anhangs), spricht auch dies dafür, auf eine Kohortenanalyse zumindest der Fernsehnutzungsdauer zu verzichten.

Nicht sicher ist schließlich, ob und inwieweit solche saisonalen Variationen in einzelnen Altersgruppen unterschiedlich ausfallen. Im Zusammenhang mit Kohortenanalysen sind solche differentiellen Verzerrungen von besonderem Interesse. Zu vermuten wäre am ehesten, daß die Stärke von Saisoneffekten mit zunehmendem Lebensalter geringer wird, in dem Maße, in dem die Freizeit abends ohnehin vermehrt zu Hause verbracht wird. Erste Aufschlüsse lassen sich aus den Daten in Tabelle A3 gewinnen.

Die Zahlen zeigen für 1990 sowohl bei der Tagesreichweite als auch bei der Nutzungsdauer in allen Altersbereichen einen Saisoneffekt. Der Effekt fällt bei der Sehdauer deutlich stärker aus. Jedoch weder in den Reichweiten noch in den Sehdauern kann man eine systematische Altersabhängigkeit eindeutig erkennen.

---

165 Auf die Gefahr möglicher Fehlschlüsse in Längsschnittuntersuchungen des Fernsehnutzungsverhaltens bei jährlichen Erhebungen zu unterschiedlichen Jahreszeiten weisen auch Sang, Schmitz, Bretz, Stanat und Tasche (1994) hin. Rechnerische Korrekturen, etwa durch statistische Kontrolle des genauen Erhebungszeitpunktes, sind im vorliegenden Fall nicht möglich, da das jeweilige Erhebungsdatum in den verfügbaren Datensätzen nicht enthalten ist.

166 Bedenkenswert ist in diesem Zusammenhang auch, daß sich im Falle der Fernsehnutzung offenbar die Erhebungsmethode 1990 gegenüber den Erhebungen davor in anderer Weise ausgewirkt hat (vgl. auch Abschnitt 1.4 dieses Anhangs). Dies legt jedenfalls der Vergleich der in der Langzeitstudie erhobenen Nutzung mit den entsprechenden Werten aus der kontinuierlichen Zuschauerforschung nahe: Wurden vorher in Relation zu den telemetrischen Daten der GfK-Fernsehforschung Reichweite und vor allem Nutzungsdauer in der Langzeitstudie tendenziell unterschätzt (vgl. Kiefer 1987, S. 25 ff.), so war 1990 eher das Gegenteil festzustellen: Die telemetrisch erhobenen Werte für ungefähr denselben Zeitraum im Jahr 1990 lagen niedriger (vgl. Kiefer 1991, S. 258 f.).

Tabelle A3: Durchschnittliche Fernsehnutzung pro Quartal von Personen in Fernsehhaushalten (alte BRD), 1990. Basis: Montag bis Sonntag, 6.00 Uhr bis 6.00 Uhr

	Tagesreichweite in Prozent				Sehdauer in Minuten			
Altersgruppe	I	II	III	IV	I	II	III	IV
14-29 Jahre	54	50	46	51	94	86	78	97
30-49 Jahre	75	68	65	74	164	139	129	162
50 und mehr J.	85	78	76	82	227	191	181	223
alle (14+)	73	67	65	71	170	146	137	170

Quelle der Daten: GfK-Fernsehforschung

Betrachtet man jeweils die relative Abweichung des Quartals mit dem höchsten Wert von dem Quartal mit dem niedrigsten Wert, so läßt sich immerhin bei der Reichweite ein monotoner Rückgang mit zunehmendem Alter feststellen.[167] Auch einige Ergebnisse von Sang, Schmitz und Tasche (1992) deuten auf altersspezifische Saisoneffekte hin.

1.3 Besondere Ereignisse im Umfeld der Erhebungen

Einen weiteren mit dem Erhebungszeitpunkt verbundenen Störeffekt stellen besondere Ereignisse im Umfeld der jeweiligen Erhebung dar. Es handelt sich hier vor allem um die Frage, inwieweit sich die besonderen politischen Ereignisse (deutsche Wiedervereinigung, Golfkrise u. a.), die der Erhebung 1990 unmittelbar vorausgingen bzw. die mit der Feldphase dieser Erhebung zusammenfielen, im 1990 erfaßten Mediennutzungsverhalten niedergeschlagen haben (vgl. die entsprechenden Überlegungen bei Kiefer 1991, S. 244 und S. 246; 1992, S. 20 und S. 273 f.). Es ist mit Kiefer zu vermuten, daß im Herbst 1990 ereignisbedingt eine verstärkte Zuwendung zu den Medien zu verzeichnen war.[168] Bei Kohortenanalysen würde auch diese temporäre Mehrnutzung den

167 Da hier ein Querschnitt betrachtet wird, ist es allerdings nicht ausgeschlossen, daß hinter den Unterschieden zwischen den Altersgruppen tatsächlich kohortenspezifische Saisoneffekte stehen. Dies ist jedoch eher unwahrscheinlich.

168 Das Erhebungsdatum liegt in den verfügbaren Datensätzen nicht vor, sonst könnte diese Vermutung durch einen wochenweisen Vergleich der Mediennutzung mit der Nachrichtenlage zumindest ansatzweise geprüft werden.

Periodeneffekt beeinflussen und dort mit anderen, längerfristigen periodenbezogenen Einflüssen (vor allem Veränderungen, die auf das erweiterte Angebot im Bereich der elektronischen Medien zurückgehen) zusammenfallen. Weil in Kohortenanalysen in der Regel nur längerfristige Entwicklungen interessieren, sind solche kurzzeitigen Einflüsse problematisch (vgl. Glenn 1970, S. 89).

Kiefer (1992, S. 273) weist aber mit Recht darauf hin, daß hiervon ganz bestimmte Angebotskategorien (politische Informationen) besonders betroffen sein dürften. Dagegen kann man erwarten, daß die Nutzung der Medien jeweils insgesamt, also unabhängig von bestimmten Inhalten, in weniger hohem Maße durch die Ereignisse während bzw. vor der Erhebungszeit beeinflußt ist. Dennoch sollen hier einmal für alle Erhebungen der Langzeitstudie die außergewöhnlichen (medienwirksamen) Ereignisse betrachtet werden, die in die jeweilige Feldphase — oder kurz davor — fielen. Im Vergleich der Jahre kristallisiert sich auf diese Weise vielleicht heraus, in welche Richtung (wenn überhaupt) solche Ereignisse die in der Langzeitstudie erfaßte Entwicklung der Mediennutzung beeinflußt haben. Von Interesse sind in diesem Zusammenhang vorwiegend solche politischen Ereignisse, die zu vermehrter Zuwendung zu allen Medien geführt haben müßten, aber auch andere Abweichungen von den „Normalangeboten" einzelner Medien. Dies betrifft vor allem Sondersendungen oder besonders attraktive Programmpunkte des Fernsehens, wie z. B. Sportübertragungen.

Während der Erhebung im Frühjahr 1970 liefen zwei von drei Teilen eines Durbridge-Krimis (zu der Zeit ein sogenannter „Straßenfeger"). Anfang April sorgte die Ermordung des zuvor entführten deutschen Botschafters in Guatemala für Aufsehen. Am stärksten medienwirksam (vor allem fernsehwirksam) aber war wohl der Mondflug von Apollo 13 Mitte April. Während der insgesamt sechstägigen Mission gab es zahlreiche Direktübertragungen. Durch eine Havarie des Raumschiffs (im Anschluß an eine Explosion mit Schäden im Versorgungssystem) erhielt dieses Ereignis besonderen Nachrichtenwert. Die geplante Mondlandung mußte aufgegeben werden, aber die Astronauten kehrten wohlbehalten zurück. Auf besonders fernsehwirksame Ereignisse im Frühjahr 1970 wurde auch bereits im Zusammenhang mit den Saisoneffekten hingewiesen (vgl. Abschnitt 1.2 dieses Anhangs).

1974 war die Zeit während der Erhebung im Herbst ereignisärmer. Besondere Attraktionen in den Medien waren zum einen zwei Fußball-Übertragungen: ein Europapokalspiel von Bayern München und ein Länderspiel im Rahmen der Europameisterschaft. In der Politik hoben sich lediglich die Kongreßwahlen in den USA Anfang November (wenige Monate nach der Watergate-Krise) sowie Ende November Razzien in der RAF-Szene vom Alltagsgeschehen ab.

Während der Erhebung 1980 gab es wieder mehr außergewöhnliche Ereignisse. Am 4. November fand in den USA die Präsidentschaftswahl statt (hierzu gab es mehrere Sondersendungen im Fernsehen). Mitte November war der Papst fünf Tage lang in Deutschland; auch dieses Ereignis fand viel Aufmerksamkeit in den Medien (auch hier brachte das Fernsehen zahlreiche Sondersendungen). Ende November reiste Bundeskanzler Schmidt in die USA und traf sich mit dem neu gewählten Präsidenten Reagan. Einziges bedeutsames Sportereignis mit Fernsehübertragung in diesem Zeitraum war ein Qualifikationsspiel zur Fußball-Weltmeisterschaft.

1985 fand Ende November das Gipfeltreffen zwischen Reagan und Gorbatschow in Genf statt. Sonst gab es in der Feldphase oder kurz davor keine nennenswerten außergewöhnlichen — und medienwirksamen — Ereignisse, weder in der Politik noch im Sport. Die Erhebungszeit dieses Jahres war (vor derjenigen im Jahr 1974) also die weitaus ereignisärmste.

Selbst wenn man berücksichtigt, daß die Feldphase 1990 doppelt so lang war wie in den Erhebungen davor, muß man feststellen, daß die Ereignisse, bei denen man eine deutliche Wirkung auf die Mediennutzung erwarten darf, in diesem Jahr nach Anzahl und Nachrichtenwert die entsprechend herausragenden Ereignisse während der Feldphasen der anderen Erhebungen weit übertrafen.[169] In die Erhebungszeit fielen 1990 nicht weniger als elf direkt übertragene internationale Fußballspiele mit deutscher Beteiligung (Europapokalspiele und Länderspiele) sowie ein Tennis-Grand-Prix. Viel prominenter noch waren aber die politischen Ereignisse: Am 2. und am 3. Oktober wurde der Tag der Wiedervereinigung mit zahlreichen Veranstaltungen begangen (es gab viele Sondersendungen im Fernsehen). Ebenfalls Anfang Oktober stellte sich der Doppelagent Kuron den Behörden; auch dieses Ereignis sorgte für Aufsehen. Am 12. Oktober wurde das Attentat auf den damaligen Bundesinnenminister Schäuble verübt. Am 14. Oktober fanden in sechs Ländern (in den neuen Bundesländern sowie in Bayern) Wahlen statt. Hier fiel jeweils auch der letzte Monat des Wahlkampfes vollständig in die Erhebungszeit. Ebenfalls Mitte Oktober hielt sich Gorbatschow in Deutschland auf und erhielt Gorbatschow den Friedensnobelpreis (auch hierzu gab es Sondersendungen). Im Oktober spitzte

---

169 Im allgemeinen ist die Gefahr, daß die erhobenen Nutzungswerte durch besondere Ereignisse während der Erhebungszeit beeinflußt werden, um so geringer, je länger der Erhebungszeitraum gewählt wird (vgl. auch Unholzer 1973). Eine Häufung von Ereignissen kann diesen Vorteil allerdings ausgleichen.

sich auch die Golfkrise zu, die Anfang August begonnen hatte. Unter anderem wurden amerikanische Truppen in Nahost zusammengezogen. Anfang November unternahm Willy Brandt eine Reise in den Irak, um dort die Freilassung deutscher Geiseln zu erwirken; diese diplomatische Mission hatte (teilweise) Erfolg. Vor allem in den ersten beiden Novemberwochen machte sich auch die bevorstehende Bundestagswahl (die am 2. Dezember stattfand) bereits in den Medien bemerkbar.

Nach dieser Auflistung von medienwirksamen Besonderheiten im Umfeld der einzelnen Erhebungen wäre mit ereignisbedingten Periodeneffekten zu rechnen, und zwar vor allem bei der Fernsehnutzung. Der positive Effekt 1970 hebt tendenziell einen gegengerichteten Saisoneffekt auf (darauf wurde bereits in Abschnitt 1.2 dieses Anhangs eingegangen). Es weichen dann die Jahre 1980 und vor allem 1990 vom Durchschnitt nach oben ab, während die Nutzung 1985 negativ beeinflußt worden sein dürfte.

1.4 Altersspezifische Veränderungen der Fernsehnutzung zwischen 1985 und 1990

Nach den Ergebnissen der Langzeitstudie haben sich vor allem bei der Fernsehnutzung zwischen 1985 und 1990 die Verhältnisse zwischen den Altersgruppen verschoben: Das Fernsehen wurde 1990 von den Jüngeren intensiver genutzt, so daß sich der Abstand zu den Älteren, deren Fernsehnutzung immer noch deutlich höher liegt, gegenüber 1985 verringert hat (vgl. Kiefer 1992). Der Anstieg der Fernsehnutzung in diesem Zeitraum insgesamt (in allen Altersgruppen) wurde von Kiefer einerseits auf das erhöhte Programmangebot und andererseits auf die besonderen Ereignisse der Jahre 1989 und 1990 zurückgeführt; für die erhöhte Nutzung der Jüngeren bot sich am ehesten die Erklärung mit dem Hinzutreten der für sie besonders attraktiven neuen Fernsehprogramme an (vgl. Kiefer 1992). Im Hinblick auf mögliche Trendverzerrungen wäre es wichtig zu wissen, im welchem Umfang die genannten Faktoren die 1990 erhobene Fernsehnutzung beeinflußt haben.

Noelle-Neumann und Schulz (1993) stellen einen deutlichen Anstieg des politischen Interesses zwischen 1989 und 1990 fest. Nach 1990 ist der Anteil politisch Interessierter aber wieder auf das vorherige Niveau zurückgegangen (vgl. Noelle-Neumann und Schulz 1993, S. 11). Diese temporäre Zunahme des politischen Interesses gilt auch für die unteren Altersgruppen zwischen 14 und 29 Jahren (vgl. Noelle-Neumann und Schulz 1993, S. 22 f.). Und Daten aus der Allensbacher Werbeträger-Analyse zeigen, daß die Reichweite regionaler Abonnementzeitungen in diesen unteren Altersgruppen 1990 und 1991 offenbar *temporär* höher war als zuvor (verglichen mit dem langfristigen Abwärtstrend in diesen Altersgruppen). Demnach dürfte 1990 zumindest die Zeitungsnutzung durch die Ereignislage und das dadurch bedingt zeitweilig erhöhte politische Interesse positiv beeinflußt worden sein (vgl. Noelle-Neumann und Schulz 1993, S. 14 ff.; R. Schulz 1991). Ein solcher temporärer Effekt könnte in ähnlicher Weise auch bei der Nutzung der anderen tagesaktuellen Medien aufgetreten sein. Der von Noelle-Neumann und Schulz (1993) festgestellte temporäre Effekt gilt jedoch generell: Das politische Interesse war 1990 nicht nur bei den Jüngeren höher als zuvor, sondern auch in den anderen Altersgruppen (vgl. auch Kiefer 1992).

Die 1990 höhere Fernsehnutzung der Jüngeren ist von daher wohl kaum mit den besonderen Ereignissen der Jahre 1989 und 1990 zu erklären. Zunächst wäre nicht einzusehen, warum die Nachrichtenlage bei den jüngeren Kohorten einen überproportionalen Einfluß auf die Fernsehnutzung gehabt haben sollte — im Vergleich etwa zu den älteren Kohorten, die sich noch an den Bau der Berliner Mauer erinnern können. Außerdem haben die unteren Altersgruppen auch 1990 politische Informationen deutlich unterdurchschnittlich genutzt (vgl. Kiefer 1992). Und schließlich spricht auch ihre Präferenz für die privaten Fernsehprogramme und deren Unterhaltungsangebote eher gegen einen starken Einfluß der Nachrichtenlage (vgl. Kiefer 1991, S. 259).

Die Einführung des Privatfernsehens dürfte sich grundsätzlich positiv auf die Tagesreichweite des Fernsehens ausgewirkt haben (vgl. Kiefer 1992, S. 34). Und dieser positive Einfluß ist vermutlich bei den Jüngeren als der Hauptzielgruppe der privaten Programme stärker gewesen (vgl. auch Kiefer 1992, S. 70 f.). So zeigt denn auch eine entsprechende Aufgliederung (vgl. Kiefer 1992, S. 35), daß die Reichweite der privaten Programme 1990 (alte Bundesländer) in den untersten Altersgruppen am höchsten war. In dieser Querschnittbetrachtung gilt für den Vergleich zwischen den Altersgruppen: Je höher das Alter, um so niedriger die Reichweite des Privatfernsehens.

Es könnte demnach die Veränderung des Programmangebots für die Ausweitung der Fernsehnutzung in der jüngeren Bevölkerung verantwortlich sein. Der Reiz der Innovation Privatfernsehen könnte 1990 noch sehr stark gewesen sein. Denn vor der Zuweisung von Frequenzen für die terrestrische Verbreitung im Jahr 1988 war die technische Reichweite der neuen Programme gering. So war in der Media-Analyse 1988 der Weiteste Seherkreis von RTL plus für 1986/87 noch mit 9,3 % ausgewiesen, in der Media-Analyse 1989 für 1988/89 bereits mit 38,9 %, in der Media-Analyse 1990 für 1989/90 mit 55,1 % und in der Media-Analyse 1991 für 1990/91 mit 61,8 %. Demnach waren erst in den zwei bis drei Jahren vor der Erhebung 1990 der Langzeitstudie die neuen Fernsehangebote größeren Teilen der Bevölkerung zugänglich.

Die Langzeitstudie selbst eignet sich aber kaum zur Ursachenanalyse. Daten für die Zeit nach 1990 liegen noch nicht vor, und zwischen 1985 und 1990 besteht eine zu große zeitliche Lücke. Es können jedoch Daten aus der kontinuierlichen Zuschauerforschung zur genaueren Prüfung eines möglichen temporären Effektes herangezogen werden. Kiefer stellt in diesem Zusammenhang fest, daß die Langzeitstudie 1990 eine deutlich höhere Fernsehnutzung (Reichweite) ausweist als die telemetrischen Daten der GfK-Fernsehforschung, daß aber die Nutzungswerte der Media-Analyse 1990 genauso hoch liegen wie die Werte der Langzeitstudie (vgl. Kiefer 1991, S. 258 f.). Bei den Daten der Erhebung von 1985 war das übrigens ganz anders: Damals stimmte die Tagesreichweite des Fernsehens nach den Daten der Langzeitstudie mit der telemetrisch erhobenen Reichweite gut überein; bei der Nutzungsdauer lagen die GfK-Zahlen gut eine Viertelstunde höher, was aber mit Unterschieden in den Bezugszeiten (Tageszeit, Wochentage) erklärt werden konnte (vgl. Kiefer 1987, S. 25 f.). Hier geht es jedoch nicht um *absolute* Unterschiede zwischen den Werten der verschiedenen Datenquellen. Solche Differenzen können bereits durch die unterschiedliche Erhebungsweise bedingt sein. Es interessieren vielmehr die *Relationen* zwischen den Altersgruppen und die Frage, ob und inwieweit sich diese im Zeitverlauf verändert haben.

Nach den Zahlen über die Fernsehnutzung in den einzelnen Altersgruppen aus der kontinuierlichen Zuschauerforschung haben sich jedoch die Relationen zwischen den Altersgruppen zwischen 1985 und 1990 nicht so verschoben, wie es der Vergleich der Erhebungen 1985 und 1990 der Langzeitstudie Massenkommunikation nahelegt (vgl. Tabellen A4, A5 und A6). Wie die Betrachtung der Indexwerte zeigt, haben sich im Zuschauerpanel die Abstände zwischen den Altersgruppen in ihrer Fernsehnutzung kaum verändert. Nicht einmal ein *temporärer* Anstieg der Nutzung bei den Jüngeren ist für 1990 zu beobachten. Eher im Gegenteil ist die Nutzung bei den unteren Altersgruppen zwischen 1985 und 1991 sogar tendenziell zurückgegangen. Auch eine differenziertere Betrachtung der telemetrischen Daten nach einzelnen Quartalen liefert keine Anhaltspunkte für einen deutlichen relativen Zuwachs der Fernsehnutzung in der jüngeren Bevölkerung, ebensowenig eine separate Betrachtung der Personen in Kabelhaushalten innerhalb des Zuschauerpanels.

Es könnte jedoch sein, daß diese Diskrepanzen zwischen den telemetrischen Daten und den Daten der Langzeitstudie Massenkommunikation ganz oder teilweise auf die leichten Unterschiede in den Erhebungsprozeduren der Erhebungen 1985 und 1990 der Langzeitstudie zurückzuführen sind. Für die Analysen dieser Arbeit wurden die Daten aller Erhebungen ja im Hinblick auf möglichst exakte Vergleichbarkeit aufbereitet und neu gewichtet (vgl. Anhang 2). Daher soll abschließend noch ein Vergleich der neu aufbereiteten Daten der Langzeitstudie mit den telemetrischen Daten vorgenommen werden. Es zeigt sich zunächst, daß infolge der anderen Datenaufbereitung praktisch nur Unterschiede im absoluten Niveau zu den bei Kiefer (1992) aufgeführten Werten bestehen (vgl. Tabellen A6 und A7). Der Zuwachs zwischen 1985 und 1990 ist nach Maßgabe der neu aufbereiteten Daten geringer. Die Relationen zwischen den Altersgruppen bleiben hingegen im Vergleich zu den ursprünglichen, bei Kiefer (1992) ausgewiesenen Werten weitgehend unverändert.

Tabelle A4: Durchschnittliche Tagesreichweite des Fernsehens bei Personen in Fernsehhaushalten (alte BRD). Basis: Montag bis Sonntag, 6.00 Uhr bis 6.00 Uhr (1987: 8.00 Uhr bis 8.00 Uhr, 1985 und 1986: 15.00 bis 1.00 Uhr)

	Netto-Reichweite in Prozent							Index (Gesamtreichweite = 100)						
Altersgruppe	1985	1986	1987	1988	1989	1990	1991	1985	1986	1987	1988	1989	1990	1991
14-29 Jahre	58	56	56	54	53	50	51	82	79	78	77	76	72	74
30-49 Jahre	73	73	73	72	71	71	71	103	103	101	103	101	103	103
50 u. mehr J.	79	80	81	80	81	80	80	111	113	113	114	116	116	116
alle (14+)	71	71	72	70	70	69	69	100	100	100	100	100	100	100

Quelle der Grundzahlen: GfK-Fernsehforschung

Tabelle A5: Durchschnittliche Fernsehnutzungsdauer von Personen in Fernsehhaushalten (alte BRD). Basis: Montag bis Sonntag, 6.00 Uhr bis 6.00 Uhr (1987: 8.00 Uhr bis 8.00 Uhr, 1985 und 1986: 15.00 Uhr bis 1.00 Uhr)

	Sehdauer in Minuten							Index (Gesamtdurchschnitt = 100)						
Altersgruppe	1985	1986	1987	1988	1989	1990	1991	1985	1986	1987	1988	1989	1990	1991
14-29 Jahre	95	89	97	93	88	89	93	69	65	63	61	58	57	58
30-49 Jahre	129	131	146	147	147	149	152	94	96	95	97	96	96	95
50 u. mehr J.	171	175	200	198	203	205	210	125	128	130	130	133	131	131
alle (14+)	137	137	154	152	153	156	160	100	100	100	100	100	100	100

Quelle der Grundzahlen: GfK-Fernsehforschung

Tabelle A6: Durchschnittliche Fernsehnutzung der Bevölkerung (alte BRD) nach den Ergebnissen der Langzeitstudie Massenkommunikation. Basis: Montag bis Samstag, 5.30 Uhr bis 24.00 Uhr (1985) bzw. 5.00 Uhr bis 24.00 Uhr (1990)

	Tagesreichweite				Nutzungsdauer			
	in Prozent		Index		in Minuten		Index	
Altersgruppe	1985	1990	1985	1990	1985	1990	1985	1990
14-19 Jahre	58	83	81	102	69	125	57	94
20-29 Jahre	59	69	82	85	88	107	73	80
30-39 Jahre	68	78	94	96	108	121	89	91
40-49 Jahre	74	80	103	99	129	120	107	90
50-59 Jahre	82	83	114	102	145	134	120	101
60-69 Jahre	84	90	117	111	161	170	133	128
70 und mehr J.	80	90	111	111	156	172	129	129
alle (14+)	72	81	100	100	121	133	100	100

Quelle der Grundzahlen: Kiefer 1992, S. 305 und S. 308

Tabelle A7: Durchschnittliche Fernsehnutzung der Bevölkerung (alte BRD) nach den Ergebnissen der Langzeitstudie Massenkommunikation, neu gewichtet und im Hinblick auf bessere Vergleichbarkeit aufbereitet. Basis: Montag bis Samstag, 5.30 Uhr bis 24.00 Uhr (1985) bzw. 5.00 Uhr bis 24.00 Uhr (1990)

	Tagesreichweite				Nutzungsdauer			
	in Prozent		Index		in Minuten		Index	
Altersgruppe	1985	1990	1985	1990	1985	1990	1985	1990
15-19 Jahre	64	81	85	103	82	124	64	92
20-29 Jahre	62	67	82	85	92	110	72	82
30-39 Jahre	70	76	93	96	110	122	86	91
40-49 Jahre	77	78	103	100	135	125	106	93
50-59 Jahre	84	82	112	104	149	135	117	101
60-69 Jahre	88	89	117	113	171	176	134	131
70-79 Jahre	84	86	112	110	164	166	129	124
alle (15-79)	75	79	100	100	128	134	100	100

Vergleicht man nun die neu aufbereiteten Daten der Langzeitstudie Massenkommunikation mit den entsprechenden telemetrischen Daten, so stellt man fest, was oben bereits angedeutet wurde: Die Relationen zwischen den Altersgruppen sind 1985 noch weitgehend identisch, erst 1990 treten Unterschiede zwischen den beiden Datenquellen auf (vgl. Tabellen A4, A5 und A8). Während die telemetrisch erfaßte Fernsehnutzung der Jüngeren zwischen 1985 und 1990 im Verhältnis zum jeweiligen Gesamtwert immer weiter zurückging, war es in der Langzeitstudie umgekehrt: Die Jüngeren nutzten nach diesen Daten das Fernsehen 1990 weniger unterdurchschnittlich als 1985.

Tabelle A8: Durchschnittliche Fernsehnutzung der Bevölkerung (alte BRD) nach den Ergebnissen der Langzeitstudie Massenkommunikation, neu gewichtet und im Hinblick auf bessere Vergleichbarkeit aufbereitet. Basis: Montag bis Samstag, 5.30 Uhr bis 24.00 Uhr (1985) bzw. 5.00 Uhr bis 24.00 Uhr (1990)

	Tagesreichweite				Nutzungsdauer			
	in Prozent		Index		in Minuten		Index	
Altersgruppe	1985	1990	1985	1990	1985	1990	1985	1990
15-29 Jahre	62	71	83	90	88	114	69	85
30-49 Jahre	74	77	98	98	123	123	97	92
50-79 Jahre	85	85	114	108	160	157	126	117
alle (15-79)	75	79	100	100	128	134	100	100

Die Ergebnisse dieses Datenvergleichs sprechen eher gegen die Vermutung, in der höheren Nutzung der Jüngeren 1990 — die die Langzeitstudie ausweist — zeige sich die besondere Attraktivität der Privatprogramme für diese Altersgruppen. Dennoch besitzt diese Vermutung eine hohe Plausibilität. Die Daten der Langzeitstudie sollten daher nicht generell angezweifelt oder relativiert werden. Ebenso könnte man ja fragen, ob nicht vielleicht die Vergleichbarkeit der Paneldaten für diesen (ja vergleichsweise langen) Zeitraum zu wünschen übrig läßt. Aber etwaige Verschiebungen müßten ja für die Altersgruppen unterschiedlich sein, damit solche Trendabweichungen, wie sie hier festgestellt wurden, auftreten können. Im Grunde bleiben daher vor allem Erklärungen für diese unterschiedlichen Trends in den telemetrischen Daten und in der Langzeitstudie wie die, daß Jugendliche (auch in den Panelhaushalten) 1990 häufiger als 1985 außer Haus — und zwar nicht in anderen Privathaushalten — ferngesehen haben könnten. In den Ergebnissen der Langzeitstudie (vgl. Kiefer 1992) finden sich dafür jedoch keine Hinweise. Oder: Jugendliche könnten das Fernsehen

1990 nur wenig mehr als 1985 genutzt haben; sie könnten ihre Nutzung in der Befragung aber bereitwilliger bzw. vollständiger angegeben haben, da sie Fernsehen 1990 möglicherweise als weniger verpönt empfunden haben.

Und es gibt kaum weitere über die Zeit vergleichbare Datenquellen, mit deren Hilfe man hier Klarheit gewinnen könnte. Die Werbeträgeruntersuchungen beziehen sich meistens nur auf das Sehen zu Werbung tragenden Zeiten; außerdem steht bei ihnen die Vergleichbarkeit über mehrere Jahre hinweg nicht im Vordergrund. Andere Untersuchungen sind methodisch teilweise noch weniger mit den hier betrachteten Daten vergleichbar. Obwohl also nur eine Datenquelle dagegen gehalten worden ist, sollten die Daten der Langzeitstudie, soweit sie die Veränderungen der Fernsehnutzung in der jüngeren Bevölkerung betreffen, jedenfalls vorsichtig interpretiert werden.

1.5 Die Veränderung der Grundgesamtheit BRD West zwischen 1985 und 1990

Die Erhebung wurde 1990 erstmals auch in den neuen Bundesländern durchgeführt; aber die Auswertung beschränkt sich in dieser Untersuchung aus Gründen der Vergleichbarkeit mit den früheren Jahren auf die in den alten Bundesländern durchgeführte Teilstudie. Von daher entsteht hier also kein Bruch zwischen 1985 und 1990. Ein Vergleichbarkeitsproblem im Zusammenhang mit der Wiedervereinigung Deutschlands ergibt sich aber möglicherweise dadurch, daß sich die Struktur der Grundgesamtheit BRD West zwischen dem Fall der Mauer und der Erhebung 1990 durch die Übersiedlung Ostdeutscher nach Westdeutschland verändert hat. Qualitativ ist diese Veränderung der Struktur der Grundgesamtheit aus folgendem Grund bedeutsam: Bezogen auf den Untersuchungsgegenstand Mediennutzungsverhalten existieren deutliche Unterschiede zwischen alten und neuen Bundesbürgern (vgl. Kiefer 1992), die sich zumindest teilweise auf die (damals) andere Sozialisation in den neuen Bundesländern zurückführen lassen.

Die Frage ist aber, ob das 1990 in der BRD West ermittelte Nutzungsverhalten durch die Zuwanderungen quantitativ stark beeinflußt sein kann. Dagegen spricht, daß die Zahl der Übersiedlungen, bezogen auf die Größe der Bevölkerung in den alten Bundesländern, relativ klein war: Sie betrug etwa 644.000 in den Jahren 1989 und 1990 zusammen (vgl. Trometer 1992, S. 624).[170] Über-

170 Die Unklarheit über die genaue Zahl ergibt sich vor allem daraus, daß die Übersiedlerstatistik nur bis einschließlich Juni 1990 geführt wurde (vgl. Trometer 1992, S. 624).

siedlungen Deutscher[171] hat es auch vor 1989 schon (in kleinerem Umfang) gegeben, dies aber kontinuierlich und mit Schwerpunkt auf der älteren Bevölkerung. An der Übersiedlungswelle 1989/1990 waren jedoch die jüngeren Bevölkerungsschichten überproportional beteiligt.[172] Das heißt, etwaige Strukturveränderungen können in einzelnen Altersgruppen beträchtlich stärker werden als im Gesamtdurchschnitt.

Insgesamt bleibt aber unklar, inwieweit es durch diese Strukturveränderungen der Grundgesamtheit zu Verzerrungen der Ergebnisse gekommen ist. Es kann sich jedenfalls nur um geringfügige Verschiebungen handeln: Selbst wenn sich die Übersiedlungen der Jahre 1989 und 1990 auf eine soziodemographische Schicht konzentriert haben sollten, die nur ein Viertel der Gesamtbevölkerung (14 Jahre und älter) der BRD West ausmacht, so wäre dies immer noch lediglich ein Anteil von rund 5 % an dieser Schicht.[173]

1.6 Unterschiede in den Tagesablauf-Zeiträumen der Erhebungen

In den einzelnen Erhebungen wurden bei der Erfassung des Tagesablaufs am Stichtag teilweise unterschiedliche Zeiträume zugrundegelegt (vgl. Infratest 1970; Infratest Kommunikationsforschung 1986, 1991; Infratest Medienforschung 1975, 1981): 1970: 5.00 bis 1.00 Uhr; 1974, 1980 und 1985: 5.30 bis 24.00 Uhr; 1990: 5.00 bis 24.00 Uhr (die Nacht wurde 1990 separat erfaßt). Hier stellte sich die Frage, ob diese Bezugszeiträume vor einer Auswertung der Tagesablaufdaten vereinheitlicht werden mußten. Da eine Angleichung die Neuauswertung der betreffenden individuellen Tagesablaufdaten und damit erheblichen zusätzlichen Aufwand bedeutet hätte, galt es abzuwägen, ob diesem

---

171 In der Langzeitstudie zählten in den letzten Erhebungen nur Deutsche zur Grundgesamtheit (vgl. Anhang 2.5 zum Wechsel der Definition der Grundgesamtheit in der Langzeitstudie).

172 Vgl. auch Trometer (1992), der anhand von Daten aus dem ALLBUS 1991 zeigt, daß die Bereitschaft, in die alten Bundesländer überzusiedeln, bei jüngeren und bei höher gebildeten Ostdeutschen überdurchschnittlich war. Der ALLBUS wurde im Frühjahr 1991 erhoben, also nur wenig später als der hier relevante Zeitraum.

173 Zukünftige deutsche Langzeituntersuchungen werden es insoweit stärker mit dieser Problematik zu tun bekommen, als die kumulative Zahl der Übersiedlungen in den Westen bzw. in den Osten (seit 1989) bald ein beachtliches Ausmaß erreicht haben dürfte. Die Herkunft (operationalisiert etwa als Wohnort im Alter von 15 oder 20 Jahren) könnte dann zu einer wichtigen Erhebungs- und Kontrollvariablen werden.

Mehraufwand überhaupt ein nennenswerter Gewinn an Vergleichbarkeit gegenübersteht.

Zu diesem Zweck wurde zunächst festgestellt, wie hoch die Tagesreichweiten der drei tagesaktuellen Medien denn in den Zeitintervallen ungefähr waren, in denen sich die Tagesablauf-Zeiträume der Jahre 1970 und 1990 von dem Zeitraum der Jahre 1974, 1980 und 1985 (jeweils 5.30 bis 24.00 Uhr) unterscheiden. Es handelt sich dabei um die Zeit zwischen 5.00 und 5.30 Uhr (1970 und 1990) und die Zeit zwischen 24.00 und 1.00 Uhr (1970). Die Reichweiten aller drei Medien sind zu diesen Tageszeiten extrem niedrig (vgl. Kiefer 1987, S. 38; Kiefer 1992, S. 59): Bei der Tageszeitung lag die Reichweite in beiden Jahren zu diesen Zeiten bei ca. 1 %. Beim Fernsehen lag die Reichweite in beiden Jahren zwischen 5.00 und 5.30 Uhr bei Null, 1970 zwischen 24.00 und 1.00 Uhr bei etwa 3 %. Beim Radio lag die Reichweite zwischen 5.00 und 5.30 Uhr bei 2 bis 3 % (1970) bzw. bei 2,5 bis 3 % (1990) und 1970 zwischen 24.00 und 1.00 Uhr bei 1 bis 2 %.

Diesen niedrigen Werten nach zu urteilen, dürfte die Vernachlässigung der Unterschiede in den Tagesablauf-Zeiträumen der einzelnen Erhebungen selbst für Untergruppen (z. B. Aufbruch nach Alter oder Geschlecht) nur zu minimalen Abweichungen in den Reichweiten bzw. Nutzungsdauern insgesamt führen. Die dadurch gegebene Verzerrung von Veränderungen zwischen den Erhebungen wird allenfalls die Größenordnung von einigen Zehntel-Prozentpunkten erreichen und demnach nicht ins Gewicht fallen. Die geringe Größe möglicher Verzerrungen ergibt sich bei den Gesamtreichweiten allein aus dem Umstand, daß die meisten derjenigen, die das betreffende Medium zwischen 5.00 und 5.30 Uhr nutzen, auch nach 5.30 Uhr noch Nutzer sind; und daß entsprechend die meisten derjenigen, die das Medium zwischen 24.00 Uhr und 1.00 Uhr nutzen, seit vor 24.00 Uhr zu den Nutzern gehören. Für die Nutzungsdauer insgesamt ergibt sich am Beispiel der Radionutzung 1990 auf der Basis des bei Kiefer (1992) genannten Mittelwertes von 177 Minuten und einer Reichweite zwischen 5.00 und 5.30 Uhr von rund 3 % eine maximale Verzerrung von knapp einer Minute.

Eine Vernachlässigung der Unterschiede in den Bezugszeiträumen der Tagesablaufdaten erscheint daher alles in allem gerechtfertigt. Bei anderen als den im Rahmen dieser Untersuchung vorgenommenen Analysen wäre dies jedoch nicht notwendigerweise der Fall, so etwa, wenn Zeitintervalle am Morgen oder am Spätabend separat untersucht werden sollten (z. B. frühmorgendliche Radionutzung) oder wenn es um die Nutzung bestimmter Medieninhalte ginge, bei denen auch ohne Einschränkung auf bestimmte Tageszeiten die fraglichen Zeiträume (5.00 bis 5.30 Uhr und 24.00 Uhr bis 1.00 Uhr) stärker ins Gewicht fallen.

1.7 Die Durchführung von Sonntag-Interviews an Montagen in den Erhebungen 1980 und 1985

Eine weitere grundsätzliche Quelle von Verzerrungen besteht darin, daß bei den Erhebungen 1980 und 1985 jeweils ein Großteil der Interviews, die sich auf den Samstag als Stichtag beziehen, nicht am Sonntag (also am Tag darauf), sondern am folgenden Montag durchgeführt wurde. A priori sind zwischen den Befragten dieser beiden Gruppen von Interviews (bezogen auf den gestrigen Samstag bzw. auf den vorgestrigen Samstag) zweierlei Unterschiede zu erwarten.

Erstens kann mit Abweichungen im Mediennutzungsverhalten gerechnet werden, und zwar bei allen Größen, die mit dem Tagesablaufschema erhoben werden, also stichtagbezogen sind, besonders aber bei den Nutzungs*dauern*. Folgender Effekt ist dabei zu vermuten: Wenn der Bezugstag weiter zurückliegt, dann ergeben sich insgesamt niedrigere Nutzungsdauern, da ein Teil der Befragten sich nicht mehr an alle Viertelstunden mit Nutzung erinnert.[174] Möglicherweise wird unter solchen Umständen auch eher das *übliche* Nutzungsverhalten angegeben, und das liegt in diesem Fall bei den für Montag bis Freitag zutreffenden Werten, also meistens niedriger als der (richtige) Wert für Samstag. Beim Radio als Nebenbei-Medium, das häufig, meistens beiläufig, oftmals jeweils nur kurz und über den Tag verteilt genutzt wird, sind solche Effekte einer verspäteten Abfrage am ehesten zu erwarten. Die Nutzung des Hörfunks erscheint im Vergleich zu den anderen tagesaktuellen Medien am schwierigsten rekonstruierbar.

Zweitens sind Unterschiede in den soziodemographischen Strukturen zu erwarten, die darauf zurückgehen, daß Interviewer vor allem mit Personen aus ganz bestimmten Bevölkerungskreisen (nämlich mit den montags gut erreichbaren Personen) Termine an Montagen statt Sonntagen vereinbaren. Abweichungen zwischen den beiden Gruppen im Mediennutzungsverhalten können folglich auch durch solche Strukturunterschiede zustandekommen.

---

174 Solche Effekte sind auch in der Leserschaftsforschung bekannt (vgl. Hess 1974, S. 274). Die Verlagerung des Großteils der Sonntag-Interviews auf den Montag in den Erhebungen 1980 und 1985 der Langzeitstudie erscheint vor diesem Hintergrund besonders unverständlich.

Ob solche Abweichungen tatsächlich bestehen (und wie stark sie sind), wurde empirisch untersucht. Diese empirische Prüfung traf jedoch auf das Problem, daß die Gruppe der Sonntag-Interviews in beiden Jahren, vor allem aber 1980, sehr klein ist (1980 wurden rund 95 %, 1985 rund 74 % der Interviews mit Samstag als Stichtag an Montagen statt Sonntagen durchgeführt).[175] Zu achten war daher besonders auf solche Unterschiede, die 1980 und 1985 in gleicher Richtung auftreten. Folgende Befunde ergaben sich zunächst:

Bei den subjektiven Nutzungshäufigkeiten gibt es keine systematischen Unterschiede (die Differenzen sind hier nur sehr schwach und stimmen oft 1980 und 1985 nicht in der Richtung überein). Die Nutzungsdauern der drei tagesaktuellen Medien dagegen sind bei den montags Interviewten durchweg etwas niedriger als bei den sonntags Befragten.[176] Nur für die Radionutzung 1985 ist dieser Unterschied allerdings statistisch signifikant ($t_{135} = 1,87$; $p < 0,05$ bei einseitigem Test).[177] Trotzdem kann eine schwache systematische Verzerrung der Nutzungsdauer wohl für alle drei Medien und beide Jahre angenommen werden, zumal die Befunde (wenn man die statistische Signifikanz einmal vernachlässigt) in jeder Beziehung mit den theoretisch zu erwartenden Ergebnissen übereinstimmen. Was die vermuteten Unterschiede in der soziodemographischen Struktur betrifft, so sind unter den montags Befragten Männer und Berufstätige[178] anteilig seltener vertreten als unter den sonntags Befragten, und die montags Befragten sind im Durchschnitt etwas jünger.

Die nächste Frage war nun, ob die Unterschiede zwischen beiden Gruppen in der Mediennutzungsdauer durch die festgestellten Abweichungen in der soziodemographischen Struktur erklärt werden können. Für diese Auswertung wurden

---

175 Diese Angaben und auch die folgenden Auswertungen zu dieser Verzerrung beziehen sich auf die mit dem Infratest-Gewicht gewichteten Daten ohne die im Rahmen dieser Untersuchung sonst verwendete Altersbegrenzung. Der Grund für diese abweichende Vorgehensweise besteht darin, daß bei der Beschränkung auf das Altersintervall 15-79 Jahre die hier interessierenden Gruppen noch etwas kleiner geworden wären. Weil das neue Gewicht nur in Verbindung mit dieser Altersabgrenzung verwendet werden kann (vgl. Anhang 2), mußte ausnahmsweise das ursprüngliche Gewicht von Infratest eingesetzt werden. Die Befunde dürften davon aber wenig beeinflußt sein.

176 Die Abweichungen zwischen den jeweiligen Mittelwerten im einzelnen: beim Fernsehen 1980 10, 1985 21 Minuten; beim Radio 1980 27, 1985 41 Minuten; bei der Tageszeitung 1980 5 Minuten, 1985 weniger als eine Minute.

177 Berücksichtigt man, daß hier mehrere Tests durchgeführt wurden, kann diese Abweichung allerdings nicht mehr als statistisch abgesichert angesehen werden.

178 Zu den „Berufstätigen“ wurden hier auch alle diejenigen Personen gezählt, die einer Teilzeitbeschäftigung nachgehen oder eine Ausbildung absolvieren.

nur soziodemographische Variablen herangezogen, die zugleich Gewichtungsvariablen sind (vgl. Anhang 2). Verschwindet nämlich ein Effekt des Befragungstages nach Kontrolle dieser Variablen, so kann man schlußfolgern, daß eine entsprechende Verzerrung durch die Gewichtung eliminiert wird. Umgekehrt ist es wenig hilfreich, hier auch Variablen zu kontrollieren, nach denen nicht gewichtet wurde. So wäre es zwar inhaltlich naheliegend, das Merkmal Berufstätigkeit zu kontrollieren. Aber wenn sich zeigen sollte, daß ein Effekt des Befragungstages erst nach Kontrolle der Berufstätigkeit (und nicht bereits nach Kontrolle der Merkmale, nach denen auch gewichtet wurde) verschwindet, so wäre auch in den gewichteten Daten noch eine Verzerrung zu erwarten. Dies wäre nur dann ohne Folgen für die Ergebnisse dieser Arbeit, wenn in allen Kohortenanalysen derjenigen Mediennutzungsvariablen, bei denen hier eine Verzerrung festgestellt wurde, die nur bei Kontrolle von Berufstätigkeit verschwindet, wiederum Berufstätigkeit kontrolliert werden könnte. Eben dies ist aber bei den in dieser Arbeit durchgeführten Tabellenanalysen mit APK-Modellen ausgeschlossen, da die Zellen auch ohne weitere Kontrollvariablen schon schwach genug besetzt sind.

Das Ergebnis dieser Auswertung ist folgendes:[179] Fast durchweg bleibt der Unterschied zwischen den sonntags und den montags Interviewten (zumindest in der Richtung) bestehen. Insbesondere bleibt der Unterschied bei der Radionutzungsdauer 1985 erhalten, dabei ist der entsprechende Effekt jedoch nicht mehr signifikant, wenn Alter als Kontrollvariable eingeführt wird (alle Tests einseitig).

Eine Abschätzung der Größenordnung der Verzerrung kann am ehesten für die Radionutzungsdauer 1985 vorgenommen werden. Bei dieser Variablen ist das Vorliegen einer Verzerrung statistisch gesichert (bei konventionellem Vorgehen), und die Verzerrung ist hier am stärksten. Allerdings ist die Existenz einer Verzerrung bei Kontrolle des Merkmals Alter nicht mehr statistisch gesichert. Eine Verzerrung des Gesamtwertes müßte demnach durch die Gewichtung der Stichprobe nach Alter (bzw. unter anderem nach Alter) tendenziell ausgeglichen werden. Aber dies kann wegen der unzureichenden Möglichkeiten, die Verzerrung zu prüfen (das Problem der kleinen Kontrollstichproben wurde bereits angesprochen), nicht als sicher gelten. Daher soll dennoch eine Abschätzung der Größenordnung der Verzerrung für die Radionutzungsdauer durchgeführt werden. Die Abschätzung anhand dieser Variablen liefert auch

179 Die Kontrolle erfolgte mit Hilfe einer multiplen linearen Regression mit Dummy-Variablen.

eine Art Obergrenze für die potentielle Verzerrung der Nutzungsdauern auch der beiden anderen tagesaktuellen Medien.

Zu diesem Zweck wurde die Gesamtnutzungsdauer berechnet, indem für die montags Interviewten der Durchschnittswert der sonntags Interviewten eingesetzt wurde. Es ergab sich ein korrigierter Durchschnittswert für die Radionutzungsdauer 1985 von 158,8 Minuten, gegenüber 153,6 Minuten unkorrigiert. Die tatsächliche Radionutzungsdauer wird also dieser Berechnung zufolge durch die Verlagerung des Großteils der Sonntag-Interviews auf den Montag um etwa 5 Minuten unterschätzt. Diese Unterschätzung dürfte 1980 eher noch stärker ausfallen, denn 1980 wurden ja fast alle auf den Samstag als Stichtag bezogenen Interviews montags durchgeführt, während es 1985 nur rund 75 % waren.

Abschließend ist zu sagen, daß sich auch diese Verzerrung nicht beheben läßt (die vollständige Korrektur im Zuge der Gewichtung kann nicht als gesichert gelten). Eine durchgehende statistische Kontrolle des Stichtages bei allen Analysen würde nicht weiterhelfen, da die Verzerrung ja kein Stichtag-Effekt ist. Man müßte vielmehr für die Montag-Interviews 1980 und 1985 die Werte schätzen, die entstanden wären, wenn diese Interviews am Sonntag stattgefunden hätten. Für diese Abschätzung aber können nur diejenigen Interviews der Jahre 1980 und 1985 herangezogen werden, die tatsächlich sonntags stattgefunden haben. Und deren Anzahl ist für eine derartige Korrektur zu gering.

Eine komplette Herausnahme der Montag-Interviews würde zugleich die Mehrzahl der Samstag-Stichtage in den Jahren 1980 und 1985 betreffen und ist daher mit Rücksicht auf die Vergleichbarkeit mit den anderen Jahren nicht ratsam. Man müßte sonst schon durchgehend in allen Jahren auf den Stichtag Samstag verzichten. Dies würde aber nicht nur Vergleiche der Ergebnisse dieser Untersuchung mit den bereits von Kiefer publizierten Daten noch weiter beeinträchtigen, sondern auch die jeweilige Stichprobe um rund 1/6 reduzieren.

Diese und andere kleine Verzerrungen müssen daher in Kauf genommen und bei der Durchführung von Analysen sowie bei der Interpretation der Ergebnisse berücksichtigt werden. In diesem Fall löst sich das Problem insofern, als die am stärksten betroffenen Nutzungsdauer-Variablen — vor allem aus anderen Gründen (vgl. Abschnitt 1.16 dieses Anhangs) — ohnehin nicht in die zentralen Auswertungen dieser Untersuchung einbezogen wurden. Eine zusammenfassende Beurteilung der Vergleichbarkeitsprobleme wird am Schluß dieses Anhangs gegeben (vgl. Abschnitt 1.17).

1.8 Zur Behandlung von Fällen ohne Angabe in den Auswertungen

Eine nicht unwichtige Frage bei der Datenaufbereitung ist es, wie mit den Restkategorien „weiß nicht", „keine Angabe" und „keine Meinung" verfahren wird. Grundsätzlich wurden im Rahmen dieser Untersuchung solche Fälle aus der Auswertungsbasis entfernt, soweit es möglich war. Im Falle der Tagesablaufdaten wäre die Entfernung von Fällen ohne Angabe aus der Basis problematisch, weil dort fehlende Werte nicht separat abgelocht sind. Es hätte nun sein können, daß die fehlenden Werte — wie in der Praxis der Umfrageforschung verbreitet — auf den Wert Null[180] gesetzt wurden, um für alle Variablen die volle Fallzahl für Auswertungen zu erhalten. Eine Prüfung ergab aber, daß in den Datensätzen keine Befragten existieren, die in allen Kategorien des Tagesablaufschemas den Wert Null aufweisen. Da das Schema Restkategorien enthält, sind fehlende Angaben nur für einzelne Viertelstunden oder für einzelne Tätigkeitskategorien wohl nicht denkbar. Wahrscheinlich gibt es daher überhaupt keine Interviews mit komplett fehlenden Angaben zum Tagesablauf, oder diese Interviews wurden bereits vom Institut als nicht auswertbare Fälle herausgenommen. Für Nutzungsdauer und Stichtagnutzung der drei tagesaktuellen Medien bildet hier also immer die Gesamtzahl der Fälle die Basis.

1.9 Die Verfügbarkeit von Empfangsgeräten

Die Ausstattung der Haushalte der Befragten mit Radio- und Fernsehgeräten wurde in den einzelnen Jahren teilweise unterschiedlich erhoben. So wurden in den neueren Erhebungen Gerätearten differenzierter erfaßt, und es wurde auch die *Anzahl* der jeweils im Haushalt vorhandenen Radio- bzw. Fernsehgeräte erhoben. Hier konnte für Radio- und Fernsehgeräte jeweils eine dichotome Variable (mindestens ein Gerät im Haushalt vorhanden oder nicht vorhanden) erzeugt werden, bei der die Vergleichbarkeit zwischen den einzelnen Jahren gewährleistet ist.

---

180 In den Datensätzen (so auch in den hier analysierten) werden oftmals die Datenfelder bei fehlenden Werten und Nullen gleichermaßen leer gelassen. Konvertiert man die Leerzeichen in Nullen, so resultieren „echte" Nullen und „falsche".

1.10 Die Nutzungshäufigkeit

Die Frage nach der subjektiven Häufigkeit der Fernsehnutzung bzw. Radionutzung (für das Fernsehen: „Wie häufig sehen Sie im allgemeinen fern?“) wurde unter Vorgabe der folgenden fünf Antwortkategorien gestellt: „regelmäßig“, „häufig“, „gelegentlich“, „selten“, „nie“. Obwohl (auch gestützt durch die Vorlage einer Liste) hier eine eindeutige Rangfolge impliziert ist, erscheint die Verwendung der Kategorie „regelmäßig“ problematisch: Auch eine einmal wöchentliche Nutzung ist ja „regelmäßig“. Anders ausgedrückt: Für eine unbekannte Zahl von Befragten mag „häufig“ eine größere Nutzungshäufigkeit zum Ausdruck bringen als „regelmäßig“.[181] Dieses Problem dürfte zwar aufgrund der durch die Listenvorlage eindeutigen Rangfolge der Kategorien nicht allzu groß sein bzw. sich vorwiegend auf die Kategorien „regelmäßig“ und „häufig“ beziehen. Es ist also beispielsweise nicht anzunehmen, daß jemand mit seltener, aber regelmäßiger Nutzung hier „regelmäßig“ angibt.

Dennoch erschien eine Zusammenfassung der Kategorien der Antwortskala sinnvoll.[182] Für diese Vorgehensweise sprachen auch andere Gründe. So sind leichte Abweichungen in der Abfrage der Radionutzung festzustellen: 1970 und 1974 wurde die Frage nach der Nutzungshäufigkeit durch den Zusatz „Ich meine auch Nachrichten und Musiksendungen“ ergänzt, in den anderen Jahren dagegen durch den Zusatz „auch wenn dies nur mal ganz kurz der Fall ist“. Auch die möglichen Effekte solcher Unterschiede in der Frageformulierung dürften bei zusammengefaßten Antwortkategorien weniger zum Tragen kommen. Gleiches gilt für die Auswirkungen etwaiger Bedeutungsverschiebungen der Antwortalternativen im Zeitverlauf. Schließlich spielten bei der Entscheidung, die Kategorien zusammenzufassen, auch statistische Überlegungen eine Rolle: Die Schätzung ordinaler Logit-Modelle wäre wegen der großen Zahl schwach besetzter bzw. leerer Zellen, die sich bei einer mehrstufigen abhängigen Variablen im vorliegenden Fall (unabhängige Variablen mit vielen Kategorien) ergeben, problematisch.

---

181 Diese Verbalskala wurde auch in der Leser-Analyse bis zur LA 1964 verwendet (dort mit den ersten vier Stufen) und in diesem Zusammenhang bereits „vielfach als diskontinuierlich und sprachlogisch unsauber kritisiert: ‚Regelmäßig‘ und ‚gelegentlich‘ einerseits und ‚häufig‘ bzw. ‚selten‘ andererseits gehören jeweils als antinome Eigenschaftswortpaare zueinander. Aus beiden Paaren fügt sich keine kontinuierliche Skala zusammen“ (Koschnick 1988, S. 313).

182 Eine Behandlung als metrische Skala ist praktisch ausgeschlossen, da den verbalen Kategorien kaum in sinnvoller Weise quantitative Werte zugeordnet werden können. Die Kategorienbezeichnungen sind dafür zu vage.

Unter zusätzlicher Berücksichtigung der jeweiligen Häufigkeitsverteilung wurde also eine Dichotomisierung gewählt, und zwar für Fernsehen und Radio in die beiden Gruppen „regelmäßig"/„häufig" und „gelegentlich"/„selten"/„nie". Zwar wäre eine gleichmäßigere Häufigkeitsverteilung jeweils zustandegekommen, wenn man die Kategorien geteilt hätte in „regelmäßig" und „häufig"/„gelegentlich"/„selten"/„nie". Diese Trennung von „regelmäßig" und „häufig" erschien aber aus den oben genannten Gründen nicht sinnvoll. Außerdem dürfte (im Kontext der vorgelegten Liste) der subjektiv stärkste „Sprung" in dieser Skala zwischen den Kategorien „häufig" und „gelegentlich" liegen.

Zu beachten ist hier auch, daß die Frage nach der Häufigkeit der Radionutzung in den Jahren 1970 und 1974 nur den Personen mit Radiogerät im Haushalt gestellt wurde. Die Antwortkategorie „nie" ist dann als „nie, obwohl ein Radiogerät im Haushalt vorhanden ist" zu interpretieren. Daher dürfen auch in den anderen Jahren nur diejenigen Personen die Auswertungsbasis bilden, die ein Gerät im Haushalt zur Verfügung haben. Diese Korrektur wurde für die Jahre 1980 bis 1990 mit Hilfe der Angaben zum Gerätebesitz vorgenommen. Die veränderte Bezugsbasis gilt in gleicher Weise dann für die dichotome Variable.

Auch bei der Häufigkeit der Fernsehnutzung wurde der Filter „Gerät im Haushalt vorhanden" nur in einigen Erhebungen eingesetzt: 1970 und 1980 wurden auch Personen ohne Fernsehgerät im Haushalt nach der Nutzungshäufigkeit gefragt.[183] Um auch hier Vergleichbarkeit herzustellen, wurde für diese beiden Jahre eine Korrektur mit Hilfe der Angaben zum Gerätebesitz vorgenommen: Alle Personen ohne Gerät im Haushalt wurden bei der Nutzungshäufigkeit nicht mit ausgewertet.[184]

---

183 Im Falle der Erhebung 1970 ist das leicht zu verstehen, weil damals das Fernsehen bei Freunden oder in Lokalen quantitativ bedeutsam war. Bei denjenigen ohne eigenes Gerät im Haushalt wurde dies dementsprechend 1970 auch anschließend abgefragt. Wer danach „regelmäßig" oder „häufig" zum Fernsehen zu Freunden oder in Lokale ging, wurde weiter (wie die Personen mit eigenem Gerät im Haushalt) nach der Nutzungshäufigkeit gefragt.

184 Dabei wurde davon ausgegangen, daß Angaben der „Auswärtsnutzer" zur Nutzungshäufigkeit nicht mit den Angaben derjenigen, die ein Gerät im eigenen Haushalt haben, vergleichbar sind („häufig" auswärts bedeutet wahrscheinlich in den meisten Fällen objektiv seltenere Nutzung als „häufig" zu Hause). Also wurden hier auch solche Personen aus der Analyse ausgeschlossen, die 1970 angaben, „regelmäßig" oder „häufig" zum Fernsehen zu Freunden oder in Lokale zu gehen, die aber zu Hause kein Gerät zur Verfügung hatten.

Inhaltlich bedeutet diese Definition der Variablen als „Häufigkeit der Nutzung des *vorhandenen* Fernsehers bzw. Radios“, daß sich die im Beobachtungszeitraum gestiegene Haushaltsabdeckung (vor allem bei der Ausstattung mit Fernsehgeräten) nicht in der Entwicklung der aggregierten Nutzungshäufigkeit niederschlagen kann.[185] Bei allen anderen Variablen der Nutzung und Bewertung von Radio und Fernsehen (außer der Verweildauer) sind die Personen ohne Radio- bzw. Fernsehgerät im Haushalt demgegenüber grundsätzlich nicht aus der Analyse ausgeschlossen.[186] Etwaige Abweichungen davon werden bei den betreffenden Analysen angegeben. Je nachdem, wie man hier verfährt, ergeben sich mehr oder weniger deutlich andere zeitliche Trends und Unterschiede zwischen den Altersgruppen bzw. Kohorten. Dies gilt nicht nur für die Stichtagnutzung oder die Nutzungsdauer (hier liegt es auf der Hand, daß die mittlere Nutzungsdauer derjenigen, die ein Gerät im Haushalt zur Verfügung haben, höher ist), sondern auch für die Bewertung des betreffenden Mediums. Personen *mit* Fernseh- bzw. Radiogerät im Haushalt haben eine stärkere Bindung an das betreffende Medium und eine positivere Einstellung ihm gegenüber.

Für die Tageszeitung (global) wurde keine subjektive Nutzungshäufigkeit erhoben, sondern nur, ob überhaupt Zeitung gelesen wird oder ob nie Zeitung gelesen wird. In den Jahren 1970 bis 1985 wurde dies — vor der Erfassung der gelesenen Zeitung(en) mit Hilfe einer Titelliste — *direkt* erfragt.[187] 1990 dagegen wurde eine solche Frage nicht gestellt.[188] Statt dessen wurde der Tatbestand des Nie-Lesens *nach* der Vorlage der Liste mit Zeitungstiteln[189]

---

185 Im anderen Falle würde mit dieser Variablen ein anderer Sachverhalt erfaßt, nämlich Besitz und Nutzungshäufigkeit (hier dagegen nur Nutzungshäufigkeit).

186 Auf diese Weise bleibt auch die Vergleichbarkeit zwischen den tagesaktuellen Medien besser gewahrt. Für die Tageszeitung liegt nämlich ein entsprechendes Kriterium (Ausstattung des Haushalts mit einem Abonnement oder einer regelmäßig gekauften Zeitung) nicht für alle Querschnitte vor und kann daher nicht als Filter verwendet werden.

187 „Lesen Sie irgendeine Tageszeitung? Ich meine eine der täglich erscheinenden Zeitungen, auch dann, wenn Sie nur ab und zu mal reinsehen.“ (Ja; Nein, lese nie Zeitung)

188 Es wurde nur — wie in den anderen Jahren auch — die Nutzungshäufigkeit der einzelnen schon irgendwann einmal genutzten Titel erfaßt. Diese titelspezifischen Nutzungshäufigkeiten sind jedoch nicht exakt aggregierbar (unter anderem deshalb nicht, weil oft mehrere Titel als schon einmal genutzt angegeben wurden).

189 Die vorgelegte Liste enthielt jeweils nur überregional erscheinende Blätter einschließlich Kaufzeitungen. Die Frage lautete: „Ich habe hier eine Liste mit Titeln von Tageszeitungen. Welche davon haben Sie persönlich irgendwann schon einmal gelesen oder durchgeblättert? Bitte denken Sie auch an das Lesen außer Haus, also unterwegs oder im Café,

sozusagen als Restkategorie ermittelt. Es stellt sich die Frage, welchen Einfluß auf die Höhe des Anteils der Nie-Nutzer diese indirekte Form der Erfassung hat. Wahrscheinlich fällt dieser Anteil dann eher niedriger aus. Während nämlich die direkte Frage auf die Gegenwart bezogen war („Lesen Sie ...?"), wurde 1990 viel weiter gefaßt gefragt, welche Zeitung(en) „irgendwann schon einmal gelesen oder durchgeblättert" wurden. Außerdem wurde die Nutzung 1990 (bis auf die regionalen Blätter) gestützt und unter Hinweis auf Lektüre außer Haus usw. erhoben.[190] Bei der Variablen, die angibt, ob die Tageszeitung überhaupt genutzt wird, wäre also zu beachten, daß der Anteil der Nutzer 1990 bedingt durch die Art der Erhebung eher zu hoch ausfällt. Auch die Betrachtung der Gesamtanteile 1970 bis 1990 legt diesen Schluß nahe: Demnach beträgt der Anteil derjenigen, welche die Tageszeitung überhaupt nutzen, in den einzelnen Jahren 88, 89, 92, 89 und 96 %.[191] Daher wurde diese Variable hier nicht verwendet.

Damit liegt die subjektive Nutzungshäufigkeit nicht für alle drei tagesaktuellen Medien vor. Vergleichbare Variablen waren auch durch Transformationen nicht zu erzeugen. Nur Fernsehen und Radio können also bezüglich der subjektiven Nutzungshäufigkeit verglichen werden.

1.11 Die Stichtagnutzung bzw. Tagesreichweite

Grundsätzlich werden bei allen stichtagbezogenen Variablen aggregierte Werte betrachtet, also in aller Regel Mittelwerte. Im Falle der Stichtagnutzung (hier codiert mit 1, falls am Stichtag genutzt wurde, sonst mit 0) resultiert dann infolge der gleichmäßigen Verteilung der Interviews auf die Tage Dienstag bis Sonntag die Reichweite an einem durchschnittlichen Werktag (Montag bis Samstag) als Mittelwert. In der vorliegenden Arbeit wird für die Stichtagnutzung, wenn es um aggregierte Daten geht, daher auch der Begriff Tagesreichweite verwendet. Die Basis bilden hier grundsätzlich (falls nicht im Einzelfall

---

im Wartezimmer usw. und denken Sie auch an die Exemplare, die Sie nicht selbst kaufen, sondern von anderen bekommen haben." Für alle anderen Zeitungen wurde dann offen weitergefragt: „Welche anderen Tageszeitungen, die hier in der Gegend gelesen werden, haben Sie persönlich irgendwann schon einmal gelesen oder durchgeblättert?"

190 Generell ist offenbar auch die Bereitschaft der Nichtleser, sich als solche zu erkennen zu geben, je nach Abfragemodell unterschiedlich stark ausgeprägt (vgl. Haller 1985).

191 Andererseits war aber auch beim Fernsehen und beim Radio zwischen 1985 und 1990 jeweils ein deutlicher Anstieg der subjektiven Nutzungshäufigkeit zu verzeichnen.

anders angegeben) die Gesamtstichproben, also auch Befragte ohne Fernseh- bzw. Radiogerät im Haushalt.

Einige Vergleichbarkeitsprobleme, die alle stichtagbezogenen Variablen betreffen, wurden bereits weiter vorne in diesem Anhang angesprochen. Ein weiteres Vergleichbarkeitsproblem bei den Variablen der Stichtagnutzung und Nutzungsdauer resultiert daraus, daß in den Erhebungen 1970, 1974 und 1990, nicht aber 1980 und 1985, die viertelstundenweise Erfassung der Tagesablaufdaten durch Nachfaßfragen mit nachfolgender Korrektur kontrolliert und somit verbessert wurde. Im Verlauf des Interviews wurde im Anschluß an die Bearbeitung des Tagesablaufschemas, mit dem unter anderem die Mediennutzung am Stichtag erfaßt wurde, für jedes der drei tagesaktuellen Medien separat wie folgt nachgefaßt (hier anhand des Fragebogens von 1974 für das Radio): Frage 36 (Interviewerfeststellung): „Hat der Befragte lt. Stichtag gestern Radio gehört?“ (Ja/Nein; falls ja: weiter mit Frage 38; falls nein: weiter mit Frage 37); Frage 37: „Und Sie haben gestern nicht Radio gehört, auch nicht Autoradio oder bei Bekannten oder vielleicht mal die Nachrichten und das Wetter?“ (Ja, doch Radio gehört / Nein, bestimmt nicht Radio gehört; falls ja: Stichtag ergänzen, dann weiter mit Frage 38).

Die erste Frage ist nun, ob durch dieses Nachfassen die Tagesablaufdaten überhaupt modifiziert werden, ob Tagesreichweite sowie Nutzungsdauer dadurch erhöht werden. Dazu müßte zunächst die Zahl der Interviewten, welche die Nachfaßfrage bejahen, größer als Null sein. Eine entsprechende Nachprüfung[192] zeigte, daß zwischen 0,1 % und 2,6 % der Interviewten die Antwort „Ja“ auf die Nachfaßfrage gaben, mit einer wesentlichen Ausnahme: 1990 antworteten bei der Zeitungsnutzung nicht weniger als 20,8 % mit „Ja“. In diesem Umfang (in Prozentpunkten) erhöht sich also die Tagesreichweite, wenn bei ihrer Berechnung die Antwort auf die Nachfaßfrage unmittelbar berücksichtigt wird.

Mit Rücksicht auf die Vergleichbarkeit zwischen den Erhebungen durfte die Nachfaßfrage bei der Bestimmung der Stichtagnutzung jedoch nicht herangezogen werden. Formal gilt dann für alle Jahre einheitlich folgende Reichweitendefinition: Anteil der Befragten (bezogen auf einen durchschnittlichen Werktag), bei denen die Dauer der Nutzung (gemäß Tagesablauferhebung, ohne Nachfas-

192 Untersucht wurden die Verteilungen der Antworten bei den Nachfaßfragen für die drei Medien Tageszeitung, Radio und Fernsehen in den Erhebungen 1970, 1974 und 1990. Die Basis bildeten jeweils alle Befragten, nicht nur diejenigen, denen die Nachfaßfrage gestellt wurde. Einbezogen wurden bei dieser Auswertung nur die Stichtage Montag bis Samstag und nur Befragte im Altersbereich 15 bis 79 Jahre.

sen) über Null liegt. Daß sich auf diese Weise für die Tageszeitung 1990 eine Tagesreichweite von nur 54 % ergibt, erscheint zwar merkwürdig, ist aber offenbar richtig.[193] Der Wert gewinnt auch eher an Plausibilität, wenn man die Entwicklung der so definierten Reichweite von 1970 bis 1990 betrachtet: 71, 67, 64, 64 und 54 %. Diese auf vergleichbare Weise ermittelten Werte sind durchweg niedriger als Reichweitenangaben aus anderen Untersuchungen; außerdem vergrößert sich der Abstand im Laufe der Zeit. Bei letzterem Phänomen ist aber zu beachten, daß andere Datenquellen (z. B. die Media-Analyse) meistens keine Vergleichbarkeit über längere Zeiträume gewährleisten.

Ein anderer Grund dafür, daß die in der Langzeitstudie ermittelten Zeitungsreichweiten generell niedriger ausfallen als bei den meisten anderen Studien, besteht in der „harten" Abfrage: In der Langzeitstudie wird bei der Erfassung des Tagesablaufs erhoben, ob und wann die Tageszeitung *gelesen* wurde. Dies gilt auch für die Nachfaßfrage. Demgegenüber ist es in der Leserschaftsforschung (vor allem bei vergleichenden Werbeträgeranalysen) allgemein üblich zu fragen, ob eine Zeitung *gelesen oder durchgeblättert* wurde (vgl. Hess 1981, S. 91).[194] Diese weite Leserdefinition liegt aber nicht nur beispielsweise der Media-Analyse zugrunde, sondern auch anderen Mediennutzungsstudien, die keine Werbeträgeranalysen sind, so etwa der Studie von Saxer, Langenbucher und Fritz (1989). Von daher überrascht es nicht, daß die Zeitungsreichweiten in der Langzeitstudie — selbst wenn sie mit der Nachfaßfrage bestimmt werden — unter den Werten bleiben, wie sie aus anderen Studien bekannt sind.

Eine weitere Frage ist, inwieweit auf der Basis der Nachfaßfrage denn nun das Tagesablaufschema in der Erhebung ergänzt wurde. Denn nicht alle Interviewten mögen ja in der Lage gewesen sein, über die Erinnerung an die Nutzung am Stichtag (aufgrund der Nachfrage) hinaus die betreffenden Viertelstunden im Tagesverlauf anzugeben. Und nur insoweit diese Ergänzung (bei einem größeren Teil der Befragten) stattgefunden hat, ist es ja angezeigt, die in den Daten für 1970, 1974 und 1990 vorliegenden — durch diese Nachfaßfrage erhöhten — Nutzungsdauer-Werte im Hinblick auf Vergleichbarkeit mit den

---

193 Auch in der Medienstudie der Schweizerischen Radio- und Fernsehgesellschaft, bei deren Erhebung auf ähnliche Weise verfahren wird, ergaben sich Ende der 80er bzw. Anfang der 90er Jahre für die Deutschschweiz Zeitungsreichweiten am durchschnittlichen Werktag (hier Montag bis Freitag) in der Größenordnung um 50 % (vgl. Bonfadelli 1990, S. 83 f.; SRG Forschungsdienst 1993, S. 61).

194 In diesem Zusammenhang ist es interessant, daß in der Leseforschung deren bislang starke Orientierung an der Werbeträgerforschung durchaus auch kritisch gesehen wird (vgl. Stiftung Lesen 1994b, S. 35 f.).

Werten der Jahre 1980 und 1985 zu korrigieren. Wegen der hier verwendeten Definition der Stichtagnutzer als Befragte mit einer Nutzungsdauer größer als Null (siehe oben) ist davon auch die Stichtagnutzung betroffen. Zu vergleichen ist also die durchschnittliche Nutzungsdauer bzw. die Stichtagnutzung (Tagesreichweite) vor und nach der Ergänzung durch die Interviewer; dabei ergeben sich die Werte vor der Ergänzung dadurch, daß man die Nutzungsdauer bzw. Stichtagnutzung derjenigen Befragten auf Null setzt, denen die Nachfaßfrage gestellt wurde und die demnach ursprünglich gemäß Tagesablaufschema keine Nutzung am Stichtag angegeben hatten.

Es zeigen sich 1974 erwartungsgemäß geringe Unterschiede, die bei der Nutzungsdauer weniger als eine Minute und bei der Stichtagnutzung weniger als einen Prozentpunkt betragen.[195] 1990 lassen sich jedoch überhaupt keine Unterschiede feststellen. Dies erscheint wiederum merkwürdig. Denn es bedeutet ja, daß die Interviewer trotz entsprechender Anweisung bei keinem der Befragten mit positiver Antwort auf die Nachfaßfrage (bei der Tageszeitung immerhin fast 21 % von rund 3.400 Befragten; hier ohne Gewichtung) korrigiert haben bzw. daß keiner der im Anschluß an das Nachfassen dazu aufgeforderten Befragten die Nutzung des betreffenden Mediums am Stichtag im Tagesablauf verorten konnte.

Man könnte nun darüber spekulieren, ob dieses Unvermögen nicht vielleicht kennzeichnend für das Nutzungsverhalten Ende der 80er Jahre bzw. Anfang der 90er Jahre — und von daher äußerst plausibel — sei. Jedenfalls ist hier der Konflikt zwischen dem Herstellen methodischer Vergleichbarkeit und der Ermittlung realistischer Nutzungswerte für die einzelne Querschnitterhebung besonders ausgeprägt. So könnte man die Nachfaßfrage bei der Bestimmung der Stichtagnutzung bewußt berücksichtigen wollen, um auf diese Weise eine vielleicht eher realistische Zeitungsreichweite für 1990 zu erhalten. Es ist aber unbekannt, in welchem Maße die für 1980 und 1985 ermittelten Zeitungsreichweiten höher ausgefallen wären, wenn auch in diesen Erhebungen Nachfaßfragen gestellt und bei der Auswertung berücksichtigt worden wären. Daß die Differenz in diesen beiden Jahren kaum 21 Prozentpunkte erreicht haben dürfte, ist angesichts von Reichweiten jeweils um 64 % allerdings zu vermuten.

Es wurde hier schließlich einheitlich zugunsten methodischer Vergleichbarkeit entschieden; daher wurden entsprechende Korrekturen der Rohdaten vorgenom-

---

195 1970 dagegen resultieren sehr hohe Unterschiede, die allerdings auf die an anderer Stelle diskutierten Datenfehler zurückzuführen sein müssen (vgl. Abschnitt 1.16 dieses Anhangs).

men. Die Tagesablaufdaten der Jahre 1970, 1974 und 1990 wurden durchweg mit Hilfe der Nachfaßfragen in der oben beschriebenen Weise korrigiert, so daß wieder die Werte resultierten, die vor der jeweiligen Nachfaßfrage im Verlauf des Interviews erfaßt waren.[196] Diese Korrektur wirkt sich nicht nur auf die Stichtagnutzung (Tagesreichweite) aus, sondern auch auf die Variablen der Nutzungsdauer und der Verweildauer (vgl. auch Abschnitt 1.12 dieses Anhangs).

Wie sieht es nun bei den Variablen aus, die mit dem Ziel gebildet werden können, die stichtagbezogene Nutzung aller drei tagesaktuellen Medien zusammenzufassen? Hier geht es zum einen um die Stichtagnutzung (mindestens eines der drei Medien am Stichtag genutzt), zum anderen um die Dauer der Nutzung (der drei Medien insgesamt). Solche zusammenfassenden Variablen sind von den gleichen Problemen betroffen wie die Variablen der Nutzung der einzelnen Medien. Insbesondere konnte die Stichtagnutzung nicht mehr wie bei den Einzelmedien aus der (zusammengefaßten) Nutzungsdauer bestimmt werden. Denn aufgrund der fehlerhaften Nutzungsdauer-Variablen für Radio und Fernsehen 1970 (vgl. Abschnitt 1.16 dieses Anhangs) wäre nicht nur die zusammengefaßte Nutzungsdauer, sondern damit auch die zusammengefaßte Stichtagnutzung für 1970 unbrauchbar. Daher wurde diese Stichtagnutzung (mindestens eines der drei Medien Tageszeitung, Radio und Fernsehen am Stichtag genutzt) aus den Variablen der Stichtagnutzung der drei einzelnen tagesaktuellen Medien bestimmt.

Fazit: Nach dieser Vorgehensweise werden Befragte also nur dann als Stichtagnutzer identifiziert, wenn sie das Medium am Stichtag nicht nur genutzt haben, sondern wenn sie auch die Nutzungszeit haben angeben können (und zwar direkt, ohne Nachfassen). Diese Definition mag zwar übermäßig restriktiv erscheinen. Sicherlich resultieren auf diese Weise noch niedrigere Reichweiten, als dies in der Langzeitstudie Massenkommunikation gegenüber Spezialunter-

---

196 1990 trat hier noch eine zusätzliche Komplikation auf, da in dieser Erhebung erstmals auch die Nutzung während der Nachtzeit mit Hilfe eines separaten Tagesablaufschemas erfaßt wurde, wobei die Interviewerfeststellung und die Nachfaßfrage sich aber auf beide Tagesablaufschemata zusammen bezogen. Im Hinblick auf die hier vorzunehmende Korrektur ist dies jedoch letztlich unerheblich. Wer eine Nutzung tagsüber und/oder nachts angegeben hatte, dem wurde die Nachfaßfrage nicht gestellt. In diesen Fällen ist also eine Korrektur gegenstandslos. Nur wenn jemand weder für den Tag noch für die Nacht Nutzungszeiträume angegeben hatte, wurde die Nachfaßfrage gestellt. Wird nun anhand dieser Frage die Nutzung tagsüber korrigiert, so entsteht dabei in jedem Fall kein Fehler. Allenfalls könnte die nachträglich erfaßte Nutzung in der Nacht gelegen haben, so daß diese Korrektur der Nutzung tagsüber überflüssig wäre.

suchungen einzelner Medien ohnehin der Fall ist. Aber nur auf diese Weise ist die methodische Vergleichbarkeit der einzelnen Erhebungen gesichert. Und es besteht so eine weitgehende Konsistenz zwischen den verschiedenen stichtagbezogenen Nutzungsmaßen. Schließlich ist nochmals darauf hinzuweisen, daß es in dieser Untersuchung nicht darauf ankommt, für jedes Jahr die „richtigen" absoluten Nutzungswerte anzugeben. Im Gegenteil ist die absolute Höhe der Nutzung jeweils eher zurückhaltend zu interpretieren. Vielmehr steht die valide Ermittlung von Relationen und Entwicklungen im Vordergrund.

1.12 Nutzungsdauer und Verweildauer

Die Dauer der Nutzung der tagesaktuellen Medien am Stichtag wird in der Langzeitstudie mittels Tagesablaufschema viertelstundenweise erfaßt. Auch hier beziehen sich Mittelwerte von Personengruppen also auf den „durchschnittlichen Werktag". Bei der Nutzungsdauer werden in diesem Mittelwert *alle* Befragten berücksichtigt, bei der Verweildauer nur die Stichtagnutzer. Zu der Berechnungsbasis gehören bei der durchschnittlichen Nutzungsdauer also etwa im Falle der Fernsehnutzung auch solche Personen, die am Stichtag gar nicht ferngesehen haben, die vielleicht generell nur „selten" fernsehen oder die sogar keinen Fernsehapparat im Haushalt zur Verfügung haben.[197] Insofern ist die mittlere Nutzungsdauer nicht nur durch die Verweildauer, sondern auch noch durch andere Aspekte des Nutzungsverhaltens bestimmt.[198]

In der durchschnittlichen Verweildauer kommen im Unterschied dazu diese anderen Aspekte des Nutzungsverhaltens nicht zum Tragen. Bei der mittleren Verweildauer wirken sich also solche Einflußfaktoren, wie beim Fernsehen etwa die zunehmende Versorgung der Haushalte mit Fernsehgeräten oder wie Veränderungen der generellen Nutzungshäufigkeit, nicht auf die Entwicklung im Zeitverlauf aus. Die Verweildauer-Variablen sind aber von den gleichen Vergleichbarkeitsproblemen wie die Nutzungsdauern betroffen.

Einige dieser Probleme, nämlich diejenigen, die auch für die anderen stichtagbezogenen Variablen gelten, wurden bereits vorne in diesem Anhang (vor

197 Gleiches gilt analog für die Personen, die kein Radiogerät im Haushalt zur Verfügung haben. Etwaige Abweichungen von der Vorgehensweise, als Basis für die Bestimmung der Nutzungsdauer grundsätzlich die Gesamtstichproben zu verwenden, werden im Einzelfall angegeben.

198 Rechnerisch ist die durchschnittliche Nutzungsdauer als Produkt aus der durchschnittlichen Verweildauer und dem Anteil der Stichtagnutzer zusammengesetzt.

allem in Abschnitt 1.11) diskutiert. Auch die dort dargestellten Korrekturen der Daten, besonders die Nichtberücksichtigung der Nachfaßfrage, beziehen sich in gleicher Weise auf die Nutzungs- und Verweildauern. In diesem Abschnitt geht es daher nur noch um spezifische Vergleichbarkeitsprobleme dieser Variablen.

Durch die viertelstundenweise Erhebung des Tagesablaufs wird die Mediennutzung nur relativ grob erfaßt. Dabei wird auch jede angefangene Viertelstunde als ganze Viertelstunde gezählt. Die Variable, welche die Nutzungsdauer der Stichtagnutzer (also die Verweildauer) angibt, erfaßt daher genaugenommen die Anzahl der Viertelstunden-Intervalle, in denen genutzt wurde. Wer also am Tag vor der Erhebung nur 5 Minuten Nachrichten gehört hat, der hat nach dieser Erhebungsmethode das Radio 15 Minuten lang genutzt. Im Ergebnis bedeutet das eine systematische Überschätzung der Verweildauer (einmal abgesehen von anderen, möglicherweise entgegengesetzt wirkenden Faktoren, etwa mangelnder Erinnerungsfähigkeit). Besonders macht sich diese Verzerrung (relativ gesehen) bei der Tageszeitung bemerkbar, bei der ja die Verweildauer unter allen drei tagesaktuellen Medien am niedrigsten ist. Eine generelle Überschätzung erscheint zunächst unproblematisch, da sie bei gleichbleibender Erhebungsweise für alle Erhebungen gilt. Dennoch kann die grobe Erfassung der Verweildauer Konsequenzen für Vergleiche über die Zeit haben, wenn die durchschnittliche Verweildauer im Verhältnis zu der Viertelstunden-Einteilung des Tagesablaufs relativ kurz ist: Veränderungen der Verweildauer — und damit auch der Nutzungsdauer — im Vergleich zweier Erhebungen werden „geglättet".

Mit Hilfe einiger kleiner Auswertungen wurde versucht, die Wahrscheinlichkeit systematischer Verzerrungen bei der Zeitungsnutzung etwas besser abzuschätzen. Weil die *wahre* Nutzungsdauer nicht bei jeder angegebenen Viertelstunde bekannt ist (das gilt vor allem für die erste und die letzte Viertelstunde eines längeren zusammenhängenden Nutzungszeitraums), waren allerdings nur *indirekte* Prüfungen möglich. Hinweise auf potentielle Verzerrungen können vor allem Veränderungen des Anteils derjenigen Stichtagnutzer geben, die nur kurze Zeit (eine oder zwei Viertelstunden) nutzen. Gleiches gilt für Veränderungen der durchschnittlichen Zahl der zusammenhängenden Nutzungszeiträume je Stichtagnutzer. Dabei kann die Überschätzung der Verweildauer tendenziell um so größer ausfallen, je mehr Befragte *viele* und *kurze* zusammenhängende Nutzungszeiträume pro Tag aufweisen.[199]

199 Freilich kommt dann auch ein entgegengesetzt wirkender Einfluß immer stärker zum Tragen: Bei zunehmender Fragmentierung dürfte die Fähigkeit zur Erinnerung an die Nutzung und an den genauen Nutzungszeitpunkt tendenziell abnehmen.

Es ergab sich zunächst, daß die Verteilung der Verweildauer im unteren Bereich in allen Jahren sehr ähnlich ist. Der Anteil der Stichtagnutzer mit Nutzung in einem Viertelstunden-Intervall beträgt dabei im Mittel rund 10 %, der Anteil der Stichtagnutzer mit Nutzung in zwei Intervallen rund 28 %. Von daher ist keine erhebliche *differentielle* Überschätzung der Zeitungsnutzung in den einzelnen Jahren zu erwarten. Die durchschnittliche Zahl der zusammenhängenden Nutzungszeiträume hat sich zwischen 1970 (1,33) und 1990 (1,27) ebenfalls nur wenig verändert. Der Rückgang in diesem Zeitraum war insgesamt monoton, konzentrierte sich aber auf die Phase zwischen 1970 (1,33) und 1974 (1,29). Auch dieser Befund spricht gegen eine erhebliche Veränderung der Überschätzung der Zeitungsnutzung im Untersuchungszeitraum.

Eine Simulation der Stärke einer möglichen Verzerrung infolge der Überschätzung der Nutzungsdauer konnte daher auch kein anderes Ergebnis liefern. Bei dieser Simulation wurde unterstellt, daß jeder zusammenhängende Nutzungszeitraum eines Befragten (der ja aus mehreren Viertelstunden-Intervallen bestehen kann) *eine* „angefangene" Viertelstunde (zu Beginn oder am Ende des Nutzungszeitraums) enthält, in der die tatsächliche Nutzungsdauer nur 5 Minuten betrug. Auf der Basis dieser Annahme wurden korrigierte mittlere Verweildauern pro Erhebung berechnet: Die Verweildauer eines Stichtagnutzers wurde für jeden seiner zusammenhängenden Nutzungszeiträume um 10 Minuten vermindert. Ein Vergleich der unkorrigierten mit der korrigierten mittleren Verweildauer zeigt, daß die korrigierte Verweildauer in allen Jahren ziemlich konstant um rund 13 Minuten niedriger liegt. Dieser Wert ist das Produkt aus den unterstellten 10 Minuten Überschätzung pro Nutzungszeitraum und der mittleren Zahl der Nutzungszeiträume (siehe oben). Insgesamt gesehen spricht also nichts für eine Veränderung der Überschätzung im Zeitverlauf. Auf die gleiche Weise wurde auch die Möglichkeit von Veränderungen in soziodemographischen Gruppen (Alter, Geschlecht, Bildung) geprüft — ebenfalls mit negativem Ergebnis.

Es gibt in diesem Zusammenhang aber noch eine weitere Quelle von Verzerrungen. Bisher wurde nämlich davon abgesehen, daß eine nur kurze Nutzung am Stichtag (beispielsweise fünf Minuten Zeitungsnutzung) wahrscheinlich häufiger dazu führt, daß die genaue Nutzungszeit nicht mehr anhand des Tagesablaufschemas angegeben werden kann, als dies bei einer längeren Nutzung am Stichtag der Fall ist. Solche Kurznutzer fallen daher mit größerer Wahrscheinlichkeit wegen mangelnder Erinnerungsfähigkeit aus dem Personenkreis heraus, für den die Verweildauer vorliegt. Daraus ergibt sich, daß die Verweildauer im Vergleich zur Nutzungsdauer bei Trendbetrachtungen bestenfalls ein relativ träges, schlimmstenfalls ein irreführendes Maß der Mediennutzung der Bevölkerung ist. Das Prinzip läßt sich anhand eines konstruierten Beispiels (Trend zur Kürzernutzung) leicht nachvollziehen.

Zur Vereinfachung wird dabei eine Tagesablauferhebung in Intervallen von je einer Minute unterstellt; damit spielt die oben diskutierte Problematik der möglicherweise zu breiten Intervalle hier keine Rolle. Angenommen wird für 1985 folgende einfache Verteilung der tatsächlichen Nutzung am Stichtag: 50 % haben genau 60 Minuten, 20 % genau 15 Minuten, die restlichen 30 % gar nicht am Stichtag Zeitung gelesen. Für 1990 wird folgende Verteilung angenommen: Nach wie vor 50 % haben genau 60 Minuten, nur noch 10 % genau 15 Minuten, 10 % nun genau 5 Minuten, nach wie vor 30 % gar nicht am Stichtag Zeitung gelesen. Die Hälfte der 10 % 5-Minuten-Nutzer von 1990, so wird weiter angenommen, hat sich nicht mehr an die genaue Tageszeit erinnern können. Man ermittelt dann also tatsächlich nur 5 % 5-Minuten-Nutzer; die restlichen 5 % gehen in die Berechnungsbasis für die mittlere Nutzungsdauer, aber nicht in die Berechnungsbasis für die mittlere Verweildauer ein. Wie verhalten sich also die beiden Nutzungsmaße?

Die durchschnittliche Nutzungsdauer geht in diesem konstruierten Fall zurück: von 33 auf 31,75 Minuten (30 % bzw. 35 % gehen hier mit 0 Minuten in das arithmetische Mittel ein[200]). Die durchschnittliche Verweildauer dagegen steigt in diesem Fall sogar: von 47,14 auf 48,85 Minuten (das liegt unter anderem daran, daß die 50 % 60-Minuten-Nutzer unverändert bleiben). In anderen Fällen würde die Verweildauer zwar zurückgehen, aber absolut betrachtet weniger stark als die Nutzungsdauer. Fazit: Sehr kleine Verweildauern werden durch die Tagesablaufmethode wahrscheinlich unzureichend erfaßt; wenn sie bei einer Tendenz zur Kürzernutzung häufiger auftreten, kann dies zu einer überhöhten mittleren Verweildauer führen. Diese Kürzernutzung macht sich eher bzw. zuverlässiger in der mittleren Nutzungsdauer bemerkbar, dort allerdings nur zusammen mit Veränderungen der Nutzung überhaupt (die ihren Niederschlag in der Stichtagnutzung finden). Ob und inwieweit eine solche Tendenz zur kürzeren Nutzung für den hier ermittelten Trend der Zeitungsreichweite (vgl. Abschnitt 1.11 dieses Anhangs) verantwortlich ist, bleibt offen.

---

200 Dementsprechend verändert sich nach der in dieser Untersuchung verwendeten Definition der Anteil der Stichtagnutzer: von 70 % auf 65 %.

1.13 Die Einstellung gegenüber den Medien

Mit einer Itembatterie wird in der Langzeitstudie erfaßt, wie gut die Medien für die Befragten verschiedene Funktionen erfüllen. Die Fragestellung im Wortlaut (hier für das Fernsehen): „Wenn Sie bitte nochmal an das Fernsehen denken: Auf diesen Kärtchen hier stehen verschiedene Sätze über das Fernsehen. Bitte sagen Sie mir zu jedem Satz, ob er Ihrer Meinung nach für das Fernsehen zutrifft, nur teilweise zutrifft oder überhaupt nicht zutrifft. Sie können die Karten hier jeweils in das entsprechende Kästchen legen." Auf der Basis dieser Items wurden hier insgesamt vier Einstellungsskalen gebildet. Einbezogen wurden dabei 15 Aussagen, die in allen in dieser Untersuchung verwendeten Erhebungen der Langzeitstudie identisch vorgelegt wurden[201] (hier in der Formulierung für das Fernsehen; analog für Radio und Tageszeitung):

1. Das Fernsehen berichtet nicht nur einfach, was sich alles ereignet hat, sondern gibt bei allen wichtigen Fragen klar und deutlich hierzu vertretene Meinungen wieder.
2. Das Fernsehen gibt einen vollständigen Überblick über alle wichtigen Entwicklungen in der Politik und im Zeitgeschehen.
3. Das Fernsehen bringt viele Dinge, über die man sich mit Freunden und Bekannten unterhalten kann.
4. Das Fernsehen sorgt für Entspannung und Ablenkung.
5. Das Fernsehen bringt die neuesten Nachrichten besonders schnell.
6. Das Fernsehen berichtet wahrheitsgetreu und gibt die Dinge immer so wieder, wie sie in Wirklichkeit sind.
7. Das Fernsehen berichtet klar und verständlich über politische Ereignisse.
8. Das Fernsehen berichtet ausführlich über alle Ereignisse innerhalb meiner näheren Umgebung.
9. Das Fernsehen hilft manchmal, die Sorgen und Probleme des Alltags zu vergessen.
10. Das Fernsehen hat für fast alle Gebiete hervorragende Fachleute.

---

201 Aus Gründen der Vergleichbarkeit sind bei Kiefer (ki. 1975d; Kiefer 1978, 1982, 1987, 1991, 1992; re. 1972c) immer nur die Ergebnisse für diejenigen 14 Items ausgewiesen, die bereits im Ergebnisbericht der ersten Erhebung aufgeführt sind (vgl. DIVO-Institut/Infratest 1966, S. 63). Ein 16. Item, das erst seit 1985 Bestandteil der Itembatterie ist, wurde hier nicht in die Auswertung einbezogen.

11. Das Fernsehen bringt viele interessante Dinge, über die man anderswo kaum etwas erfahren kann.

12. Das Fernsehen gibt einem Anregungen und Stoff zum Nachdenken.

13. Das Fernsehen hilft vielen Menschen, sich in der heutigen Welt zurechtzufinden.

14. Das Fernsehen ist oft eine wertvolle Hilfe, wenn man sich eine eigene Meinung bilden will.

15. Das Fernsehen trägt dazu bei, daß man die Sorgen und Probleme anderer Menschen kennenlernt.

Eine hier noch erwähnenswerte Besonderheit besteht darin, daß es in der Fragestellung einleitend heißt: „die Tageszeitung, die Sie am häufigsten lesen", dagegen aber „das Fernsehen" bzw. „das Radio".[202] Im Gegensatz zu Fernsehen und Radio wurde also nicht die Beurteilung der Mediengattung Tageszeitung generell erhoben, sondern die Beurteilung des jeweils individuell meistgenutzten Vertreters dieser Mediengattung. Die möglichen Einflüsse dieses Unterschiedes auf das jeweils gemessene Einstellungsniveau sollen hier nicht weiter diskutiert werden. In diesem Fall erscheint diese Präzisierung des Mediums relativ unproblematisch: Erstens wurde die Einschränkung in allen Jahren (auf die gleiche Weise) getroffen; zweitens erfolgte jeweils kein direkter Vergleich zu den beiden anderen Medien, so daß hier allenfalls die Werte für die Tageszeitung berührt sind, und zwar wahrscheinlich in weitgehend gleicher Weise in allen Jahren.[203]

---

202 In der Erhebung 1990 im Plural: „die Tageszeitungen, die Sie am häufigsten lesen". Auch dies bedeutet einen (wenn auch geringfügigen) Unterschied.

203 Wenn jedoch eine solche Veränderung des Bezuges in manchen, aber nicht allen Erhebungen vorgenommen wird, so kann das die Vergleichbarkeit stark beeinträchtigen. Ein Beispiel dafür ist die Frage danach, welchem der Medien man im Falle unterschiedlicher bzw. widersprüchlicher Informationen am ehesten glauben würde. Es handelt sich dabei um eine Adaption der vom Roper-Institut stammenden Frage zur relativen Glaubwürdigkeit von Medien (vgl. dazu kritisch Carter und Greenberg 1965). Die (vorgelesenen) Antwortvorgaben waren in den Erhebungen 1970 bis 1985: „dem Radio", „dem Fernsehen", „den Tageszeitungen", „den Zeitschriften" (1980: Zeitschriften/Wochenzeitungen). 1990 erhielt die Frage folgende zusätzliche Einleitung: „Denken Sie doch einmal an das Radioprogramm und das Fernsehprogramm sowie an die Tageszeitung und die Zeitschrift, die Sie am häufigsten nutzen." Und in den Antwortvorgaben hieß es nun „der Tageszeitung" und „der Zeitschrift". Nach dieser Veränderung bezieht sich die Frage ganz offensichtlich weniger als in den Jahren davor auf die *Institution* Tageszeitung, die *Institution* Fernsehen usw. als vielmehr stärker auf individuell verschiedene Vertreter der

Der Grad der Zustimmung zu den Aussagen wurde jeweils mit einer dreistufigen Skala erhoben, mit den Antwortvorgaben: „trifft zu", „trifft nur teilweise zu", „trifft überhaupt nicht zu". Hinzu kommt die Kategorie „keine Meinung". Antworten, die in diese Kategorie fielen, wurden bei der Item-Analyse und bei der Skalenbildung nicht berücksichtigt. Diese dreistufige Skala wurde hier als metrische Skala behandelt, da in diesem Fall die Annahme gleicher Abstände hinreichend gut erfüllt sein dürfte. Und wie sich zeigte, führen Skalenanalysen mit dichotomisierten Items zu weitgehend identischen Ergebnissen.

Ziel der Skalenbildung war es, zuverlässige und vor allem im Zeitverlauf stabile und vergleichbare Einstellungsdimensionen zu finden. Die einzelnen Items erschienen für Kohortenanalysen nur bedingt geeignet. Es wurden daher Faktorenanalysen (Hauptkomponentenmethode) zur Untersuchung der Itemstrukturen durchgeführt, und zwar zunächst für alle Erhebungsjahre einzeln. Die Skalen der einzelnen Medien wurden dabei zunächst getrennt analysiert. Die folgenden Ausführungen gelten (soweit nicht anders angegeben) für alle drei Medien, weil die jeweiligen Ergebnisse weitgehend identisch sind.

Die Korrelationen zwischen den einzelnen Items sind schwach ($r = 0{,}2$ bis $0{,}4$), es existiert jedoch ein Generalfaktor, der etwa ein Drittel der Gesamtvarianz erklärt. Theoretisch zu erwarten wären vier bis fünf Faktoren, da die Items um ungefähr so viele Funktionen von Massenmedien thematisch gruppiert sind: Anregung / sozialer Nutzen; (politische) Berichterstattung/Information; Orientierung; Unterhaltung.[204] Dieser Struktur entsprechen auch die Ergebnisse, die man bei Extraktion mehrerer Faktoren und nach Rotation am eindeutigsten interpretieren kann. Bei der Extraktion von drei Faktoren wird dagegen schon zu vieles zusammengefaßt, was inhaltlich nicht zusammengehört. Allerdings ist bei vier oder mehr Faktoren das Faktorenmuster über die Zeit hinweg nicht sehr stabil. Dies ist mit den statistischen Eigenschaften der hier vorliegenden Faktorenstrukturen — vor Rotation — gut zu erklären: Der erste Faktor dominiert jeweils, die deutlich schwächeren folgenden Faktoren unter-

---

jeweiligen Mediengattung. Wenn nun die Glaubwürdigkeit, die man einem Medium zuschreibt, etwas mit der individuellen Nutzung dieses Mediums zu tun hat (und dafür gibt es Hinweise; vgl. im Überblick Bentele 1988), dann ist diese Veränderung problematisch.

204 Die Anlage der Itembatterie ist mehrdimensional. Aus dem Bericht über die Ergebnisse der ersten Erhebung (vgl. DIVO-Institut/Infratest 1966, S. 37 ff.) geht hervor, daß die Itembatterie vor allem auf die beiden Grundfunktionen Information und Unterhaltung hin ausgerichtet war; beide sollten durch jeweils mehrere Dimensionen erfaßt werden (vgl. auch Kiefer 1978).

scheiden sich dagegen in der Stärke nur unwesentlich voneinander. Das heißt, schon die Dimensionalität ist bei mehr als einer Dimension statistisch kaum eindeutig zu bestimmen und ist instabil.

Bei Lösungen mit vier oder fünf Faktoren, die inhaltlich plausibel sind, läßt also die zeitliche Stabilität zu wünschen übrig. Noch relativ stabile Lösungen mit zwei oder drei Faktoren bündeln dagegen inhaltlich schlecht zusammenpassende Items; diese Lösungen sind daher kaum interpretierbar. Angesichts der Existenz eines eindeutigen Generalfaktors erschien es daher sinnvoller, die Items zu einem eindimensionalen Index zu verdichten. Dieser Generalfaktor ist stark genug und daher stabil. Außerdem kann man erwarten, daß er weitgehend unabhängig ist von einem etwaigen Bedeutungswandel bei einzelnen Aussagen, der ja auch zu Verschiebungen der Korrelationen zwischen den Items und damit zu zeitlicher Instabilität in der Faktorenstruktur geführt haben kann.

Da alle Items positiv und alle etwa mittelhoch auf dem ersten Faktor (vor Rotation) laden, brauchte die Skala nicht faktorenanalytisch bestimmt zu werden; es genügte in diesem Fall eine einfache (ungewichtete) Summenskala[205] der z-transformierten[206] Items. Item-Analysen (nach z-Transformation) zeigten, daß alle Items jeweils ungefähr gleichwertig sind und daß sich durch die Entfernung eines Items die Skalenreliabilität nur minimal verbessern lassen würde. Um die Skalen so einheitlich wie möglich zu halten (die Verbesserungsmöglichkeit bestand nicht bei allen drei Medien), wurde in diesem Fall auf eine Herausnahme einzelner Items verzichtet. Die Reliabilität, gemessen durch Cronbachs Alpha, beträgt bei allen drei Skalen knapp über 0,85. Die korrigierte Item-Gesamtwert-Korrelation liegt bei den meisten Items um 0,5.

---

205 Konkret berechnet wurde jede Skala allerdings nicht als Summe, sondern als Mittelwert aller für die jeweilige Person vorliegenden Itemwerte. Auf diese Weise konnte die Skala auch für diejenigen Personen richtig bestimmt werden, bei denen nicht für alle Items gültige Antworten vorlagen (dies betraf hier jeweils rund 30 % aller Personen). Ein Ausschluß dieser Personen hätte die Stichprobe zu stark dezimiert. Die hier gewählte Vorgehensweise erschien insbesondere angesichts der relativ großen Zahl von 15 Items und der Gleichwertigkeit der Items (nach den Ergebnissen von Faktoren- und Item-Analyse) gerechtfertigt. Denn dabei wird ja für jeden fehlenden Wert der Mittelwert der Items eingesetzt, bei denen gültige Antworten vorliegen. Die Frage ist dann, ob fehlende Werte bei den betreffenden Personen „zufällig“ auftreten.

206 Für die Standardisierung der Items wurden die Daten aller fünf Erhebungen zusammengelegt. Bei separater Standardisierung würde der Skalenmittelwert jeder Erhebung bei Null liegen; dies käme einer Entfernung des Periodeneffektes aus den Daten gleich. Auch bei einer Indexkonstruktion mittels Hauptkomponentenanalyse müßten aus diesem Grunde die Daten zusammengelegt werden.

Eine Summenskala wurde auch für alle drei Medien zusammen konstruiert. Die Faktorenanalyse der insgesamt 45 Items ergab auch hier einen Generalfaktor, auf dem alle Items positiv und zumeist mittelhoch laden und der rund ein Viertel der Gesamtvarianz erklärt. Auch hier wurde im Anschluß an eine z-Transformation eine Item-Analyse durchgeführt. Und auch bei dieser Skala sind alle Items ungefähr gleichwertig. Wieder wurde auf marginale Verbesserungen des Reliabilitätswertes (hier 0,93) verzichtet. Die korrigierte Item-Gesamtwert-Korrelation liegt bei den meisten Items zwischen 0,4 und 0,5.

Wie ist nun der jeweilige Generalfaktor und damit die additive Skala zu interpretieren? Die einzelnen Aussagen beziehen sich auf Funktionen der Medien, auf Nutzwerte (vgl. auch DIVO-Institut/Infratest 1966, S. 38). Die Antwort zu einer Aussage gibt daher an, in welchem Maße die befragte Person dem Medium die betreffende Funktion zuschreibt. Die gesamte Skala erfaßt, insoweit die wesentlichen Funktionen durch die Itembatterie abgedeckt sind, die allgemeine Einstellung gegenüber dem Medium (bzw. bei der Skala mit 45 Items gegenüber „den Medien"), und zwar Einstellung im Sinne von subjektiver Funktionalität, subjektiver Nutzeneinschätzung.

Bei der Interpretation der Einstellungsskalen der drei Einzelmedien ist zu beachten, daß hier (anders als bei den ursprünglichen Items) kein Vergleich zwischen den Medien hinsichtlich der absoluten Einstellungswerte möglich ist. Dies ist eine Folge der z-Transformation, die bei der Skalenkonstruktion jeweils vorgenommen wurde. Formal sind die Einstellungsskalen also z-Werte, genauer gesagt: Mittelwerte von z-Werten. Es können demnach nur *relative* Unterschiede medienvergleichend analysiert werden (also etwa zeitliche Entwicklungen oder Differenzen zwischen einzelnen Altersgruppen). Für die Zwecke dieser Untersuchung genügt dies; es kommt hier auf die *absoluten* Unterschiede zwischen den drei Medien nicht an (siehe dazu Kiefer 1992, S. 239 ff.).

Die Verteilungen aller hier beschriebenen Skalen sind unimodal und nur leicht schief; sie weichen nicht stark, aber doch signifikant von der Normalverteilung ab, wie entsprechende Tests ergaben. Insgesamt kann die Qualität der Skalen aber als sehr gut bezeichnet werden.

1.14 Die Bindung an die Medien

Der Grad der Bindung an die einzelnen Medien wurde in der Langzeitstudie auf zwei verschiedene Arten erfaßt (vgl. auch Kiefer 1992, S. 228 f.). Zum einen ist dies die Vermissensfrage (hier für das Radio): „Nehmen wir [...] einmal an,

Sie könnten durch technische Umstände oder durch einen Streik längere Zeit überhaupt nicht mehr Radio hören. Wie stark würden Sie das Radiohören vermissen? Sagen Sie es bitte anhand dieser Liste." (Antwortvorgaben: „sehr stark", „stark", „ein wenig", „überhaupt nicht")[207]

Da hier die Skalen nicht so gut als metrisch (mit gleichen Intervallen) angenommen werden können und weil auch hier die oben angesprochene Problematik schwach besetzter bzw. leerer Zellen bei der Tabellenanalyse besteht, wurden auch diese Variablen für die Auswertung dichotomisiert, und zwar jeweils genau an der Skalenmitte. Dies dürfte auch dem subjektiv stärksten „Sprung" in dieser Skala entsprechen. In der Regel weisen die beiden Kategorien „stark" und „ein wenig" hier die größten Häufigkeiten auf.

Die Medienbindung wurde außerdem erfaßt durch eine simulierte Entscheidung für eines der Medien.[208] Die Frage im Wortlaut (1990): „Angenommen, Sie könnten in Zukunft nur noch eins haben — ich meine entweder Radio oder Fernsehen oder Tageszeitung oder Zeitschriften — wofür würden Sie sich entscheiden? Was würden Sie am liebsten behalten?" Abgesehen von leichten Veränderungen im Wortlaut, gibt es bei dieser Frage folgendes Vergleichbarkeitsproblem: Wie bei einigen anderen Fragen (beispielsweise bei der Vermissensfrage) wurde hier in den Jahren 1980 und 1985 die Kategorie „Zeitschriften" erweitert zu „Zeitschriften/Wochenzeitungen".

Während eine solche Modifikation in anderen Fällen (etwa bei der Vermissensfrage) kaum zu Verzerrungen führen kann, wenn die betreffende Kategorie nicht selbst ausgewertet wird, ist dies hier schon weniger eindeutig auszuschließen. Denn bei der vorliegenden Frage geht es um einen unmittelbaren Vergleich der vier Medien, bei dem nur eine Angabe möglich ist. Die Veränderung einer Kategorie berührt daher — auch wenn diese selbst nicht ausgewertet wird — zumindest theoretisch auch die Verteilung der Antworten auf die anderen Kategorien. Diese Verzerrung dürfte hier zwar nicht sehr stark sein, weil es sich bei der veränderten Kategorie um die in den Häufigkeitsverteilungen durchweg mit Abstand am schwächsten besetzte Kategorie handelt. Dennoch wurde auf eine Auswertung dieser Entscheidungsfrage verzichtet.[209]

---

207 1970 und 1974 wurden diese Vorgaben zusätzlich in der Frage vorgelesen.

208 Auch diese Frage wurde zuerst von Roper verwendet.

209 Wenn die beiden Bindungsfragen (Vermissen bzw. hypothetische Entscheidung) gleichwertig wären, fiele dieser Verzicht leicht. Durch beide Fragen werden Kiefer (1992, S. 228 f.) zufolge aber offenbar unterschiedliche Aspekte der Medienbindung erfaßt: Die Vermissensfrage, die für jede Mediengattung separat und an einem jeweils anderen Punkt

1.15 Soziodemographische Variablen

Die einzige hier wichtige Variable, bei der leichte Vergleichbarkeitsprobleme auftraten, ist die formale Bildung. Es wurde versucht, diese Schwierigkeiten durch eine geeignete Zusammenfassung der Bildungsklassen zu beheben. Für die Zwecke dieser Untersuchung sollte Bildung einerseits differenziert genug vorliegen; andererseits würde eine zu differenzierte Bildungsvariable bei den Analysen das Problem zu schwach besetzter bzw. leerer Zellen mit sich bringen. Als idealer Kompromiß erschienen vier Bildungskategorien, obwohl eine noch stärkere Zusammenfassung die verbleibenden geringfügigen Vergleichbarkeitsprobleme gelöst hätte (vgl. Tabelle A9).

Wie sich zeigt, ist die Einordnung der Bildungsklassen der Erhebungen in die vier Kategorien nicht in allen Fällen eindeutig. So können etwa in den Jahren 1974 und 1980 diejenigen, welche die Mittelschule ohne Abschluß verlassen haben, aufgrund der unpräzisen Frageformulierung auch einer der Volksschulkategorien zugeordnet sein, während sie in den anderen Jahren (1985 und 1990 durch die vorgenommene Zusammenfassung) in die Realschulkategorie fallen. Mögliche systematische Abweichungen zwischen den einzelnen Erhebungen dürften aber jeweils nur Minderheiten betreffen. Eine weitere Modifikation der Bildungsvariablen ist in Anhang 2 (Abschnitte 2.6 und 2.8) beschrieben.

Die Variable Alter gibt hier wie üblich nicht das exakte Lebensalter an, sondern die Zahl der vollendeten *ganzen* Lebensjahre. Bei Personengruppen liegt daher das tatsächliche mittlere Lebensalter ungefähr ein halbes Jahr über dem auf herkömmliche Weise errechneten Wert (vgl. Chaffee 1991, S. 68). Weil das Merkmal Alter immer gleich erhoben wird und folglich immer so definiert ist, wurde keine Verschiebung auf das exakte Lebensalter vorgenommen.

Die Einteilung in Altersgruppen bzw. Kohorten von jeweils fünf Jahren Breite war hier durch die Intervalle zwischen den einzelnen Erhebungen quasi vorgegeben. Auf diese Weise konnten Standard-Kohortentabellen (vgl. Glenn 1977) konstruiert und analysiert werden. Man kann bei Kohortenanalysen zwar von diesem Format abweichen, aber das hätte hier eher Nachteile als Vorteile mit sich gebracht. Eine Verkleinerung der Altersgruppen bzw. Kohorten würde

---

im Verlauf des Interviews gestellt wird, messe eher die allgemeine Unentbehrlichkeit (im Sinne von Image bzw. Meinungsklima) als die subjektive individuelle Unentbehrlichkeit. Demgegenüber erfasse die unmittelbar vergleichende Entscheidungsfrage eher die subjektive Bedeutung der einzelnen Medien für die Befragten, ihren Gebrauchswert im Alltag (vgl. auch die auf Sonderauswertungen gestützte ausführlichere Diskussion in Kiefer 1982, S. 90 ff.).

Tabelle A9: Zusammenfassung der Bildungsklassen aus den Erhebungen der Langzeitstudie in vier Kategorien. Die jeweiligen Antwortkategorien (weitgehend wörtlich) stehen in den Zellen.

neu gebildete Kategorie Fragestellung	Volksschule ohne Lehre	Volksschule mit Lehre	Realschule	Abitur/FH-Reife oder mehr
1970: „Haben Sie nach der Volksschule noch eine andere Schule besucht? (Haben Sie eine abgeschlossene Lehre oder Berufsausbildung?)“	Volksschule (und Berufssch.) o. abgeschl. Lehre oder Berufsausbildung	Volksschule mit abgeschlossener Lehre oder Berufsausbildung	Mittelschule/ Oberschule ohne Abitur, mehrjährige Fachschule	Oberschule mit Abitur Hochschule/ Universität
1974: „Welche Schule wurde zuletzt besucht, ich meine, welchen Schulabschluß haben Sie? Haben Sie eine abgeschlossene Lehre oder Berufsausbildung?“	Volksschule ohne abgeschlossene Lehre oder Berufsausbildung	Volksschule mit abgeschlossener Lehre oder Berufsausbildung	Mittelschule, Oberschule ohne Abitur, Fachschule, Handelsschule	Abitur Hochschule, Universität
1980: „Welche Schule wurde zuletzt besucht, ich meine, welchen Schulabschluß haben Sie? (Wenn Volksschule:) Haben Sie eine abgeschlossene Lehre oder Berufsausbildung?“	Volksschule ohne abgeschlossene Lehre oder Berufsausbildung	Volksschule mit abgeschlossener Lehre oder Berufsausbildung	Mittelschule, Oberschule ohne Abitur, Fachschule, Handelsschule	Abitur Hochschule, Universität
1985: „Welche Schule haben Sie zuletzt besucht, ich meine, welchen Schulabschluß haben Sie? Falls Sie sich gerade in einer Schulausbildung befinden, nennen Sie mir bitte den von Ihnen bisher erreichten Abschluß.“	Haupt-/ Volksschule ohne abgeschlossene Lehre oder Berufsausbildung	Haupt-/ Volksschule mit abgeschlossener Lehre oder Berufsausbildung	Mittel-/Realschule oder Gymnasium/ Oberschule o. Abschluß verlassen Mittl. Reife	Abitur/Fachhochschulreife Hochschulstudium mit Abschluß
1990: „Welche Schule haben Sie zuletzt besucht, ich meine, welchen Schulabschluß haben Sie? Falls Sie sich gerade in einer Schulausbildung befinden, nennen Sie mir bitte den von Ihnen bisher erreichten Abschluß.“	Haupt-/ Volksschule ohne abgeschlossene Lehre oder Berufsausbildung	Haupt-/ Volksschule mit abgeschlossener Lehre oder Berufsausbildung	Mittel-/Realschule oder Gymnasium/ Oberschule o. Abschluß verlassen Mittl. Reife	Abitur/Fachhochschulreife Hochschulstudium mit Abschluß

zu kleineren Zellen und wesentlich mehr Nullzellen und damit zu schlechteren Parameterschätzungen führen. Umgekehrt hätte eine Vergrößerung der Altersgruppen bzw. Kohorten zwar den Vorteil, daß Zufallsschwankungen gegenüber systematischen Variationen stärker zurücktreten würden (Glättungseffekt) und daß die Parameterschätzungen stabiler wären. Aber eine zu geringe Differenzierung von Alters- und Kohorteneffekten ist unter inhaltlichen Gesichtspunkten problematisch. So fallen z. B. wesentliche Übergänge im Lebensverlauf, die von Bedeutung für die Mediennutzung sind, nicht unbedingt mit Dekaden zusammen, nach denen in der empirischen Forschung Altersgruppen oftmals gebildet werden (vgl. Chaffee 1991, S. 64). Ungünstigstenfalls werden Entwicklungen im Alterseffekt verdeckt.

1.16 Zur Problematik der Fehler in den Daten von 1970

Eine erste Grundauszählung der auf Magnetbändern vorliegenden Daten aller Erhebungen der Langzeitstudie von 1970 bis 1990 ergab verschiedene Abweichungen zu den von Kiefer (ki. 1975a, 1975b, 1975c, 1975d, 1975e; Kiefer 1978, 1982, 1987, 1991, 1992; re. 1971, 1972a, 1972b, 1972c, 1972d) veröffentlichten Werten. Für diesen Vergleich wurde die Gewichtungsvariable von Infratest verwendet und wurden bestimmte im Rahmen der eigenen Datenaufbereitung getroffene Maßnahmen — z. B. Beschränkung des Altersbereichs auf das Intervall 15 bis 79 Jahre (vgl. dazu Anhang 2) — aufgehoben. Zahlreiche (kleinere) Abweichungen lassen sich erklären durch möglicherweise im Detail unterschiedliche Definitionen von Nutzungsvariablen. Wie bereits dargelegt, wurden die Daten im Rahmen dieser Sekundäranalyse mit dem Ziel maximaler Vergleichbarkeit der Querschnitte untereinander aufbereitet.

Es blieben jedoch einige sehr deutliche Diskrepanzen, deren Zustandekommen nicht erklärt werden konnte. Davon betroffen sind die Nutzungsdauern von Radio und Fernsehen 1970. In den vorliegenden Daten ergaben sich hier Werte, die teilweise mehrfach so hoch liegen wie die von Kiefer veröffentlichten. Man muß hierbei beachten, daß die Auswertungen der Studie von 1970 nunmehr über zwei Jahrzehnte zurückliegen und daß die Daten vielleicht erst zu einem späteren Zeitpunkt in der nun vorliegenden Form auf Magnetband gespeichert wurden. Die Urdaten waren jedenfalls nicht verfügbar; insofern mußten vorliegende Fehler als irreparabel angesehen werden.

Aufgrund dessen wurden die Variablen Nutzungsdauer und Verweildauer für die Medien Fernsehen und Radio von den zentralen Analysen ausgeschlossen.

Stichtagnutzung ist hier zwar als Nutzungsdauer am Stichtag > 0 definiert und insofern ebenfalls von dem Datenfehler betroffen. In diesem Fall konnte aber eine Korrektur mit Hilfe der Interviewer-Feststellung (Hat der Befragte gemäß ausgefülltem Tagesablaufschema am Stichtag genutzt?), die in der Erhebung auf das Ausfüllen des Tagesablaufschemas folgt[210] und zur Kontrolle — und zur Vorbereitung einer Nachfaßfrage — dient, vorgenommen werden. Die Ergebnisse dieser Feststellungen (Stichtagnutzer oder nicht) sind unabhängig von der weiteren Verarbeitung der Tagesablaufdaten und liegen für alle Jahre offenbar fehlerfrei auf den Datenbändern vor.

Man hätte zwar die betroffenen Variablen zumindest für den Zeitraum 1974 bis 1990 auswerten können, es sprachen aber zwei Gründe dagegen. Vor allem wäre das Nebeneinander von zwei Analysezeiträumen bei der Interpretation problematisch; es bestünden dann keine bzw. nur noch eingeschränkte Möglichkeiten, die Ergebnisse dieser Analysen mit denjenigen für andere Nutzungsvariablen zu vergleichen. Und deswegen grundsätzlich das Jahr 1970 aus der Analyse zu nehmen, erschien nicht sinnvoll: Dadurch würde nicht nur der Untersuchungszeitraum um fast fünf Jahre verkürzt, gerade der erste der fünf überhaupt nur verfügbaren Querschnitte ist besonders wichtig, weil sich zu dieser Zeit das Fernsehen noch in der Phase der Ausbreitung befand. Schließlich war eine weitere Überlegung in diesem Zusammenhang, daß gerade bei den betroffenen Nutzungsdauer-Variablen die Verzerrungen, die auf die Verlagerung eines Großteils der Sonntag-Interviews auf den Montag in den Jahren 1980 und 1985 zurückgehen, am größten sind (vgl. Abschnitt 1.7 dieses Anhangs).

1.17 Abschließende Bemerkungen zu den Vergleichbarkeitsproblemen

Eine Untersuchung der möglichen *kumulativen* Effekte verschiedener hier diskutierter Verzerrungen führte zu folgendem Ergebnis: Es handelt sich um Verzerrungen, die (jede für sich genommen) relativ schwach sind. Sie können jedoch — in einzelnen Jahren und bei einzelnen Mediennutzungsvariablen — in der gleichen Richtung zusammenwirken. Im Extremfall können sich auf diese Weise deutliche Verzerrungen ergeben, etwa bei der Radionutzungsdauer in der Größenordnung von 10 Minuten.[211]

---

210 Diese Nachfaßfrage wurde 1980 und 1985 nicht gestellt.

211 Ausgehend von dem Wert für das Jahr 1970, ist für die Radionutzungsdauer der Jahre 1974 bis 1990 mit einer Verzerrung *nach unten* zu rechnen. Diese Verzerrung ist 1990 sehr schwach, 1974 schwach, 1980 und 1985 aber recht deutlich.

Versucht man die Darstellung der einzelnen Fehler, Verzerrungen und Ungenauigkeiten in den Daten zusammenzufassen, so ergibt sich folgendes Bild: Fast alle feststellbaren Verzerrungen beziehen sich auf stichtagbezogenes Mediennutzungsverhalten. Besonders betroffen sind offenbar die Nutzungsdauern. Dagegen sind die subjektiven Angaben zur Nutzungshäufigkeit weitgehend frei von Vergleichbarkeitsproblemen und Verzerrungen. Gleiches gilt für die meisten Variablen der Medienbewertung. Der Verzicht auf Kohortenanalysen der Nutzungsdauer und Verweildauer bei den Medien Fernsehen und Radio (vgl. Abschnitt 1.16 dieses Anhangs) betrifft also Variablen, bei denen ohnehin Vergleichbarkeitsprobleme bestehen. Daß die Stichtagnutzung hier aus eben dieser (in mehrfacher Hinsicht verzerrten) Nutzungsdauer abgeleitet wurde, bedeutet aber nicht, daß deshalb auch auf ihre Auswertung verzichtet werden müßte: In vielen Fällen wäre die Stichtagnutzung auch bei anderer Definition von der jeweiligen Verzerrung betroffen (dies gilt z. B. für Saisoneffekte), in anderen Fällen konnte von einer Verzerrung der Dauer der Nutzung nur im Bereich > 0 ausgegangen werden (die Stichtagnutzung nach der Definition „Nutzungsdauer > 0“ bleibt dann unberührt). Insgesamt muß auch festgehalten werden, daß es nur bei der Stichtagnutzung überhaupt möglich ist, alle drei tagesaktuellen Medien anhand eines einheitlichen Nutzungsmaßes zu vergleichen. Die subjektive Nutzungshäufigkeit fehlt für die Tageszeitung; andererseits ist nur die Tageszeitung von den fehlerhaften Nutzungsdauer-Werten 1970 (vgl. Abschnitt 1.16 dieses Anhangs) nicht betroffen.

Anhang 2: Die Neugewichtung der Daten

2.1 Grundsätzliches zur Stichprobengewichtung

Für die einzelnen Querschnitterhebungen der Langzeitstudie Massenkommunikation existiert jeweils eine Gewichtungsvariable, die von Infratest, in dessen Händen die Durchführung der Erhebungen lag, konstruiert wurde. Im folgenden werden (weitgehend unabhängig von der konkreten Gewichtung der Daten der Langzeitstudie) zunächst einige allgemeine Grundlagen der Stichprobengewichtung skizziert (vgl. dazu Kirschner 1984; Rothe 1990).[212]

Das Stichprobengewicht enthält bei mehrstufigen Auswahlverfahren in einfachen Fällen typischerweise zwei (multiplikativ verknüpfte) Komponenten: zum einen das Transformationsgewicht für die Umwandlung der Random-Haushaltsstichprobe in eine Personenstichprobe, zum anderen das Anpassungsgewicht, mit dem die so transformierte Stichprobe der Grundgesamtheit bezüglich ausgewählter soziodemographischer Merkmale strukturgleich gemacht wird. Das Transformationsgewicht soll die unterschiedlichen Auswahlchancen ausgleichen, die Personen in Haushalten mit einer Person aus der Grundgesamtheit (1/1), in Haushalten mit zwei Personen aus der Grundgesamtheit (1/2) usw. auf der letzten Auswahlstufe haben. Es entspricht daher einfach der Anzahl der Haushaltsmitglieder, die zur Grundgesamtheit gehören (sogenannte reduzierte Haushaltsgröße).

Aber auch die nach der Transformation (d. h. Gewichtung mit dem Transformationsgewicht) vorliegende Personenstichprobe bildet in der Regel die Grundgesamtheit nicht unverzerrt ab. Abweichungen von den Strukturen der Grundgesamtheit ergeben sich vor allem durch selektive Ausfälle. Im Rahmen der Anpassung werden nun Grundgesamtheit und Stichprobe (erstere anhand von Daten der amtlichen Statistik) in soziodemographische Schichten zerlegt und schichtweise miteinander verglichen. Man spricht hier auch von Soll- bzw. Ist-Tabelle(n) (vgl. Rothe 1990). Jede Schicht der Stichprobe (d. h. jede Zelle der Ist-Tabelle) erhält einen Gewichtungsfaktor, der ihre relative Häufigkeit derjenigen der entsprechenden Schicht der Grundgesamtheit (d. h. der betreffenden Zelle der Soll-Tabelle) gleich macht. Dieser Faktor ist der Quotient von Soll-Anteil und Ist-Anteil.

---

212 Kirschners Darstellung bezieht sich primär auf den ALLBUS; die Stichprobenanlage der Langzeitstudie ist jedoch relativ ähnlich.

Üblicherweise werden hierzu die Merkmale Alter (gruppiert) und Geschlecht herangezogen, oft auch weitere Variablen, wie z. B. Bundesland und Ortsgrößenklasse. In der Regel werden dabei mindestens jeweils zwei Merkmale kombiniert; es werden also nicht nur die Randverteilungen, sondern mindestens bivariate Verteilungen angepaßt. Wenn nach vielen Merkmalen angepaßt wird bzw. wenn die Anpassungsmerkmale jeweils viele Ausprägungen haben, weist die vollständige Ist-Tabelle oft viele schwach besetzte oder leere Zellen auf. Da dies zu stärkeren Verzerrungen in der Gewichtung führen kann, werden in solchen Fällen meistens mehrere niedriger dimensionierte Ist-Tabellen den entsprechenden Soll-Tabellen iterativ im Wechsel angepaßt (vgl. Rothe 1990). Nicht selten wird in einem vorgelagerten Gewichtungsschritt bereits die Haushaltsstichprobe den Strukturen in der Grundgesamtheit angepaßt (vgl. etwa Kirschner 1984).[213]

In der Wissenschaft besteht kein Konsens darüber, ob Umfragedaten grundsätzlich in dieser Weise gewichtet werden sollten oder nicht (vgl. Fienberg 1989; Gabler, Hoffmeyer-Zlotnik und Krebs 1994; Groves 1989; Hoem 1989; Kalton 1989; Pfeffermann 1993; Rothe 1990; Rothe und Wiedenbeck 1987; Schnell 1993). Befürworter verweisen darauf, daß bei Wahrscheinlichkeitsauswahlen mit systematischen Ausfällen nur so eine exakte Repräsentativität bezüglich wichtiger Merkmale gesichert werden kann und ausfallbedingte Verzerrungen der Verteilungen von Untersuchungsmerkmalen (teilweise) korrigiert werden können. Andererseits läßt sich oft feststellen, daß Ergebnisse von Auswertungen ohne Gewichtung sich kaum von denjenigen mit Gewichtung unterscheiden (vgl. Schnell 1993). Zudem kann die Anpassung bezüglich einiger (meistens soziodemographischer) Merkmale unter bestimmten Umständen sogar zu *Verstärkungen* der Stichprobenverzerrungen bei anderen Merkmalen führen.[214] Ein weiteres Argument, das grundsätzlich gegen die Gewichtung vorgebracht wird: Strukturgleichheit mit der Grundgesamtheit sei gar nicht nötig, wenn man nicht deskriptive Aussagen über Verteilungen oder deren Kennwerte in der Grundgesamtheit, aus der die Stichprobe stammt, machen wolle.

Es handelt sich hierbei letztlich um einen Konflikt zwischen einem deskriptiven und einem analytischen Ansatz bzw. zwischen „Beschreibern" und „Model-

---

213 Diese Anpassung bereits der Haushaltsstichprobe wurde auch zumindest bei einigen der Erhebungen der Langzeitstudie vorgenommen. Insofern ist die hier gegebene Darstellung etwas vereinfacht.

214 Vgl. hierzu Rothe (1990) und vor allem die Simulationen von Andreß und Popken (1992) und Schnell (1993).

lierern“ (vgl. Groves 1989). Letzteren geht es um die Analyse von Zusammenhängen. Sofern das Modell richtig spezifiziert ist, wenn also alle für die Erklärung der abhängigen Variablen relevanten Faktoren erfaßt sind und die Form des jeweiligen Einflusses (z. B. linear) richtig bestimmt ist, spielt das Stichprobendesign (vgl. dazu auch Anhang 3) keine Rolle mehr; der zu analysierende Zusammenhang wird unverzerrt ermittelt (vgl. Groves 1989; Pfeffermann 1993). Gleiches gilt für systematische Ausfälle, deren Ursachen mit der abhängigen Variablen zusammenhängen können. Denn sollte die Struktur der Stichprobe in solchen Merkmalen gegenüber der Grundgesamtheit verzerrt sein, die mit der abhängigen Variablen assoziiert sind, so müßten diese Merkmale in einem richtig spezifizierten Modell zur Erklärung der abhängigen Variablen ja als Erklärungsfaktoren enthalten sein. Die Inferenz ist hier somit modellabhängig: Ist z. B. Bildung die einzige Ausfallursache bei einer einstufigen Stichprobe und untersucht man die Zeitungsnutzung, so bestimmt man den Zusammenhang zwischen Geschlecht und Zeitungsnutzung unverzerrt, wenn auch die Variable Bildung im Modell berücksichtigt ist. Anderenfalls kann es zu Verzerrungen kommen, da sowohl Bildung und Zeitungsnutzung als auch Geschlecht und Bildung miteinander assoziiert sind.

Das Problem besteht nun darin, daß es (neben den Variablen des Stichprobendesigns) unbekannte oder nicht erhobene Variablen geben kann, die einerseits mit der abhängigen Variablen korrelieren und die andererseits selbst Ausfallursachen oder mit Ausfallursachen assoziiert sind, also stichprobenbedingt verzerrt sind (vgl. Kalton 1983). Die Stichprobengewichtung, die dem Stichprobendesign und systematischen Ausfällen Rechnung trägt, bietet insofern vor allem eine gewisse Sicherheit gegenüber Fehlspezifikationen des Modells.[215] Diese Robustheit ist ein grundsätzliches Merkmal von Zufallsstichproben (vgl. T. M. F. Smith 1983).[216] Und die Gewichtung ist ja letztlich nichts anderes als eine Korrektur der design- bzw. ausfallbedingten

215 Eine Entscheidungshilfe bei der Frage, ob ein Regressionsmodell *ohne* Stichprobengewichtung richtig spezifiziert ist, kann der Vergleich der Parameterschätzungen mit denjenigen des entsprechenden Modells *mit* Gewichtung liefern (vgl. DuMouchel und Duncan 1983). Auch bei der Schätzung eines Populationsmittelwertes kann man im übrigen von einem Schätzmodell sprechen, das nur unter entsprechenden Annahmen richtig spezifiziert ist (vgl. Kalton 1983).

216 Der Umstand, daß für die Inferenz bei der Analyse von Zusammenhängen eine repräsentative Stichprobe unter der Bedingung einer richtigen Modellspezifikation nicht erforderlich ist, wird in der angewandten Forschung offenbar verkürzt kolportiert. Es wird häufig so getan, als sei bei der Analyse von Zusammenhängen eine repräsentative Stichprobe *generell* nicht notwendig.

systematischen Abweichungen vom Idealfall gleicher Auswahlwahrscheinlichkeit aller Elemente der Grundgesamtheit. Außerdem wirkt die Stichprobengewichtung als Korrektiv im Falle starker *zufallsbedingter* Abweichungen der Stichprobe von der Struktur der Grundgesamtheit (vgl. Holt und Smith 1979).

Der Erfolg einer Stichprobengewichtung (im Sinne einer Korrektur von Verzerrungen) ist jedoch an bestimmte Voraussetzungen gebunden: „Die durch die Gewichtungsvariablen [...] gebildeten Klassen müssen entweder in Hinsicht auf alle interessierenden Variablen homogen sein oder innerhalb einer solchen Klasse dürfen sich die Antwortwahrscheinlichkeiten von Respondenten und Nichtrespondenten nicht unterscheiden" (Schnell 1993, S. 29). Sofern mindestens eine der beiden Voraussetzungen exakt erfüllt ist, korrigiert die Stichprobengewichtung etwaige Verzerrungen vollständig. Die zweite Bedingung ist nicht empirisch prüfbar, weil immer nur Daten der Respondenten vorliegen. Schnell (1993) hält es nach allem, was über das Teilnahmeverhalten bekannt ist, für wenig wahrscheinlich, daß sie bei Verwendung der gängigen Gewichtungsmerkmale auch nur annähernd erfüllt sein kann.

Ob bzw. inwieweit die erste Bedingung, die sich auf die Stärke der Zusammenhänge zwischen den Gewichtungsvariablen und den Untersuchungsvariablen bezieht, erfüllt ist, kann jedoch empirisch geprüft werden (vgl. Schnell 1993). Daß diese Assoziationen zwischen den üblichen Gewichtungsmerkmalen und den meisten Untersuchungsvariablen generell hoch seien, wird in der Praxis der Stichprobengewichtung durchweg (implizit) unterstellt. Bei mittelhohen Zusammenhängen kann man immerhin noch eine teilweise Korrektur etwaiger Stichprobenverzerrungen erwarten, also jedenfalls eine Verbesserung gegenüber der Verwendung der ungewichteten Stichprobe geltend machen. Schnell (1993) prüfte die Stärke der Zusammenhänge der gängigen Gewichtungsmerkmale Alter, Geschlecht und Bundesland (einzeln und in Kombination) mit typischen sozialwissenschaftlichen Untersuchungsvariablen und stellte dabei fest, daß diese drei Gewichtungsvariablen in den meisten Fällen (bis auf oftmals relativ triviale Ausnahmen) sehr wenig Varianz des jeweiligen Untersuchungsmerkmals erklären. Demnach wäre von einer Gewichtung in den meisten Fällen kaum eine Reduktion möglicher Stichprobenverzerrungen zu erwarten.

Die Frage der generellen Notwendigkeit einer Stichprobengewichtung soll an dieser Stelle nicht weiter diskutiert werden. Im folgenden ist jedoch kurz zu begründen, warum eine Gewichtung im Rahmen dieser Untersuchung sinnvoll erschien und warum sogar eine Neugewichtung für notwendig erachtet wurde.

2.2 Zur Notwendigkeit der Stichprobengewichtung

Aus verschiedenen Gründen wurden hier alle Analysen grundsätzlich mit Gewichtung durchgeführt. Erstens handelt es sich bei den Stichproben um Haushaltsstichproben, die nicht unmittelbar Aussagen über die Bevölkerung zulassen, sondern erst in Personenstichproben umgewichtet werden müssen (Transformation). Zweitens ist die Ausfallquote und damit das Verzerrungspotential bei allen Erhebungen nicht unbeträchtlich (die Höhe der systematischen Ausfälle beträgt zwischen 22,2 % und 32,5 %). Erschwerend kommt dabei hinzu, daß der Anteil der Ausfälle und damit das Verzerrungspotential im Zeitverlauf größer geworden ist.[217] Bei Kohortenanalysen kann dies zu systematischen Verzerrungen der ermittelten Periodeneffekte führen.

Und schließlich kommt es bei den hier durchgeführten Kohortenanalysen auf möglichst exakte Repräsentativität der Stichproben bezüglich des Merkmals Alter an (und damit zugleich bezüglich der Kohortendimension). Ähnliches gilt für die Merkmale Bildung und Geschlecht, die in vielen Fällen mit den Kohorten- und Alterseffekten zusammenhängen und die hier teilweise auch zur Erklärung dieser Effekte herangezogen werden. Alle diese Variablen könnten zwar laufend mitanalysiert und damit kontrolliert werden. Damit wären negative Auswirkungen von etwaigen stichprobenbedingten Verzerrungen dieser Variablen ausgeschlossen bzw. wären wesentliche Gründe für eine Gewichtung nach diesen Merkmalen hinfällig. Bei den Kohortenanalysen befindet sich das Merkmal Alter in jedem Fall im Modell. Aber eine ständige Kontrolle von Bildung und Geschlecht ist nicht angebracht, denn beide Merkmale hängen mit der Kohortendimension zusammen, und das primäre Interesse bei der Interpretation gilt dem *gesamten* Kohorteneffekt.

Valide Aussagen über Alters- und Kohorteneffekte insgesamt (ohne Kontrolle von Bildung und Geschlecht) sind nur bei hinreichender Repräsentativität der Stichproben bezüglich dieser beiden Merkmale möglich.[218] Die Stichproben der Langzeitstudie sind aber bezüglich des Merkmals Bildung verzerrt (vgl.

---

217 Der Anteil systematischer Ausfälle liegt 1970 und 1974 noch bei 22,2 bzw. 22,8 %, 1980, 1985 und 1990 dagegen bei 28,0 bzw. 32,5 bzw. 29,1 % (vgl. Infratest 1970; Infratest Kommunikationsforschung 1986, 1991; Infratest Medienforschung 1975, 1981).

218 Dies gilt auch für vergleichende Analysen ohne und mit Kontrolle von Bildung und Geschlecht. Mit solchen Vergleichen kann man etwa zu Aussagen darüber gelangen, inwieweit der ermittelte Alterseffekt bei den oberen Altersgruppen durch eine Verschiebung der Geschlechterproportionen bedingt ist bzw. inwieweit der ermittelte Kohorteneffekt durch Unterschiede zwischen den Kohorten in ihrer Bildungsstruktur bedingt ist.

dazu Abschnitt 2.3 dieses Anhangs), und Bildung hat Einfluß auf die meisten Variablen des Rezipientenverhaltens. Ein Modell ohne Bildung wäre also nicht richtig spezifiziert im Sinne des oben angesprochenen analytischen Ansatzes mit modellabhängiger Inferenz.[219] Selbst dann, wenn der Zusammenhang zwischen Bildung und einer bestimmten Rezipientenverhaltensvariablen nur schwach ist, besteht eine deutliche Assoziation zwischen Bildung und der Kohortendimension. Daher beeinträchtigen Verzerrungen bezüglich des Merkmals Bildung in jedem Fall die korrekte Ermittlung von Kohorteneffekten.

2.3 Zur Notwendigkeit der Neugewichtung

Der erste Grund für die *Neu*gewichtung bezieht sich auf die Einheitlichkeit der Gewichtung. Bei Kohortenanalysen muß auf maximale Vergleichbarkeit der Querschnitterhebungen untereinander geachtet werden. Dies betrifft nicht nur die jeweiligen Erhebungsinstrumente, sondern vor allem auch die Stichproben — und damit eben auch die Stichprobengewichtung. Nun steht zwar fest, daß alle fünf hier analysierten Querschnitte von Infratest bezüglich Alter und Geschlecht angepaßt wurden (vgl. Infratest 1970; Infratest Kommunikationsforschung 1986, 1991; Infratest Medienforschung 1975, 1981). Darüber hinaus jedoch weichen die jeweiligen Gewichtungsverfahren teilweise voneinander ab. Oder es sind — dies gilt vor allem für die älteren Erhebungen — Einzelheiten der Gewichtung nicht mehr zu rekonstruieren. Davon betroffen sind vor allem die Fragen, mit welchen amtlichen Daten die Anpassung jeweils vorgenommen wurde und mit welcher Altersgruppeneinteilung jeweils gearbeitet wurde. Idealerweise sollten untereinander vergleichbare amtliche Daten verwendet werden; die Altersgruppeneinteilung sollte bei allen Gewichtungen identisch sein und möglichst der in den Kohortenanalysen verwendeten Einteilung entsprechen (hier: 5-Jahres-Intervalle). Bei den vorliegenden Gewichten ist das nicht sicher. Außerdem wurden von Infratest bei einigen, aber offenbar nicht bei allen Erhebungen neben Alter und Geschlecht weitere Variablen in der Gewichtung

219 Dies gilt allgemein, wenn zwei Modelle mit Gewichtungsvariablen als erklärenden Variablen — wobei das eine Modell die Erweiterung des anderen darstellt und beide inhaltlich sinnvoll sind — miteinander verglichen werden sollen. Ohne Gewichtung wäre das größere der beiden Modelle (potentiell) besser spezifiziert (im Sinne des Ansatzes mit modellabhängiger Inferenz). Beide Modelle könnten sich dann im Grad der stichprobenbedingten Verzerrung der Parameterschätzwerte unterscheiden. Damit wäre aber auch der beabsichtigte Vergleich verfälscht.

berücksichtigt (vgl. Infratest 1970; Infratest Kommunikationsforschung 1986, 1991; Infratest Medienforschung 1975, 1981).

Der zweite Grund für die Neugewichtung ist der, daß von Infratest nicht auch nach dem Merkmal Bildung gewichtet wurde. Nun ist Bildung im vorliegenden Zusammenhang eine zentrale Variable, die mit vielen Aspekten des Rezipientenverhaltens sowie vor allem mit der Kohortendimension zusammenhängt und durch die oftmals Kohorteneffekte teilweise erklärt werden können. Um so schwerer wiegt hier der Umstand, daß die Querschnitte der Langzeitstudie Massenkommunikation nicht repräsentativ bezüglich des Merkmals Bildung sind, ob mit Gewichtung (mit dem Infratest-Gewicht) oder ohne.

Niedriger gebildete Bevölkerungsschichten sind systematisch unterrepräsentiert. So liegt der Anteil der Personen mit Volksschulabschluß in der Erhebung 1990 etwa 9 Prozentpunkte unter dem entsprechenden Anteil in der Grundgesamtheit.[220] Dieses Phänomen tritt bei so gut wie allen (deutschen) Bevölkerungsumfragen auf; auch ALLBUS und Media-Analyse sind beispielsweise davon betroffen (vgl. Hartmann 1990; Hartmann und Schimpl-Neimanns 1992; siehe auch Rothe 1990).[221]

Hinzu kommt, daß diese Verzerrung der Bildungsstruktur nicht in allen fünf Querschnitten und auch nicht in allen Altersgruppen ungefähr gleich ausfällt. Die Verzerrung ist 1980, 1985 und 1990 deutlich größer als 1974; 1980 ist sie am größten (für 1970 liegen keine brauchbaren amtlichen Vergleichsdaten vor). Daß die Verzerrung der Bildungsstruktur periodenbezogen ist, fiel erst bei einigen vorbereitenden — hier nicht näher dokumentierten — Kohortenanalysen der Anteile der einzelnen Bildungsgruppen in den Daten der Langzeitstudie auf: Bei den Periodeneffekten war die nichtlineare Komponente jeweils hochsignifikant von Null verschieden.[222] Ohne diese Analyse zur Trennung der ver-

---

220 Die Struktur der Grundgesamtheit wird dabei (wie allgemein üblich) mit Hilfe der Ergebnisse des Mikrozensus (vgl. Hartmann 1989) bestimmt.

221 Hartmann und Schimpl-Neimanns (1992) untersuchten die Diskrepanzen zwischen den Stichproben von Mikrozensus und ALLBUS (letzterer ungewichtet und mit der reduzierten Haushaltsgröße gewichtet) daraufhin, bezüglich welcher soziodemographischen Merkmale die ALLBUS-Stichprobe am stärksten verzerrt ist. Es zeigte sich in beiden Fällen, daß die Verzerrung der Bildungsstruktur auch unter Kontrolle der Abweichungen bei den Merkmalen Alter, Geschlecht, Erwerbstätigkeit und Stellung im Beruf dominiert. Siehe auch Pötter und Rendtel (1993) zur Kritik an den Analysen von Hartmann und Schimpl-Neimanns.

222 Fienberg und Mason (1978) analysierten Bildung als abhängige Variable mit einem APK-Modell. Der Grund für den Einsatz der Kohortenanalyse war dabei, daß der Kohorteneffekt durch die Kontrolle des Alterseffektes und des Periodeneffektes genauer und

schiedenen Effekte wäre dies nicht leicht zu erkennen gewesen, denn Veränderungen der Gesamtanteile der einzelnen Bildungsgruppen im Zeitverlauf können sich ja auch im Zuge der Kohortensukzession und infolge anderer Veränderungen der Altersstruktur der Bevölkerung ergeben. Ein Vergleich mit Daten aus dem Mikrozensus erbrachte dann die Bestätigung und zeigte zugleich, daß die Verzerrung auch altersbezogen ist.

Was das Alter betrifft, so ist die Verzerrung in der jüngeren Bevölkerung am größten: Bei den untersten drei Altersgruppen sind die höher Gebildeten (Mittelschule oder mehr) noch stärker überrepräsentiert als im Gesamtdurchschnitt der jeweiligen Erhebung bzw. als bei den Altersgruppen darüber; die Abweichungen zu den amtlichen Daten betragen hier 10 bis 40 Prozentpunkte. Weiterhin variiert die Struktur der Verzerrung auch in den einzelnen Altersgruppen: Die verschiedenen Bildungsklassen sind nicht etwa immer in ungefähr gleichem Maße unter- bzw. überrepräsentiert. Vielmehr geht beispielsweise die Überrepräsentierung von Personen mit Abitur unsystematisch einmal zu Lasten der Personen mit Volksschulabschluß, einmal dagegen zu Lasten derjenigen mit Mittelschulabschluß. Die Konsequenz daraus ist: Das Merkmal Bildung muß so differenziert wie möglich (zwei Klassen genügen nicht) kontrolliert bzw. in die Stichprobengewichtung einbezogen werden.

Als Ursache für die Verzerrung der Bildungsstruktur in den Stichproben kommen vor allem selektive Ausfälle in Betracht (Nichtantreffbarkeits- bzw. Verweigerungsquote höher bei den weniger Gebildeten). Eine nähere Betrachtung der Ausfallquote und der Verzerrung zeigt denn auch deutliche Parallelen zwischen beiden: So fällt die Verzerrung 1970 und 1974 schwächer aus als 1980, 1985 und 1990, und auch die Ausfallquote liegt 1970 und 1974 niedriger. Ferner ist die Verzerrung (in Richtung höhere Bildung) in den unteren drei bis vier Altersgruppen am größten, und auch die Ausfallquote ist offenbar in diesen Altersgruppen überproportional hoch.

Die Verzerrung der Stichproben bezüglich der Bildungsstruktur ist vor allem deshalb problematisch, weil Bildung hier nicht laufend im APK-Modell kontrolliert werden soll und weil in weiteren Kohortenanalysen Bildungsstruktur-Effekte als Teile von Kohorteneffekten (und Alterseffekten) bzw. Geschlechterstruktur-Effekte als Teile von Alterseffekten (und Kohorteneffekten) ermittelt werden sollen. Zur Bestimmung solcher Bildungsstruktur-Effekte sind jeweils

---

weniger verzerrt zu schätzen ist. In diesem Zusammenhang diskutieren die Autoren auch, warum bei der APK-Analyse von Bildung neben dem (theoretisch dominierenden) Kohorteneffekt auch Alters- und Periodeneffekte auftreten können (vgl. Fienberg und Mason 1978, S. 50 ff.).

Modelle mit und ohne Kontrolle von Bildung zu berechnen, und der Vergleich dieser Modelle wird durch die Verzerrung beeinträchtigt.

Zwei Arten von Struktureffekten können nämlich unterschieden werden: Die eine Art von Struktureffekten sind diejenigen, um deren Quantifizierung es eigentlich geht, also Effekte von Bildungsstruktur-Unterschieden zwischen den Kohorten, geschlechtsbezogene Mortalitätseffekte, etwaige bildungsbezogene Mortalitätseffekte usw.[223] Alle diese Effekte sind „legitime", „echte" Bestandteile von Kohorten- bzw. Alterseffekten (vgl. Glenn 1977, S. 39; Hyman 1972, S. 276; Jennings und Niemi 1975, S. 1319) insofern, als sie auf aggregierter Ebene tatsächlich wirken und bei aggregierter Betrachtungsweise auch nicht vernachlässigt werden dürfen. Dennoch wird man im Rahmen von Kohortenanalysen diese Effekte ausschalten wollen, wenn es inhaltlich primär um altersbezogene Veränderungen auf der *Individual*ebene geht (vgl. Glenn 1977, S. 39). Aus dem durchschnittlichen Verhalten der Kohorte wird dann auf das Verhalten des einzelnen Mitglieds geschlossen. Oder es sind beide Aussageebenen — Individuum und Kohorte — von Interesse.[224]

Die zweite Art von Struktureffekten sind hier nun diejenigen, die auf Stichprobenverzerrungen zurückgehen, also „unecht" sind. Da von der Abweichung zwischen Stichprobe und Grundgesamtheit bezüglich des Merkmals Bildung nicht alle Erhebungen und Altersgruppen gleichmäßig betroffen sind, ergibt sich bei der Kohortenanalyse eine Verzerrung des Alters- und des Periodeneffektes (sowie unter Umständen auch des Kohorteneffektes) bei Untersuchungsvariablen, die mit Bildung assoziiert sind. Ein solcher stichprobenbedingter altersbezogener Bildungsstruktur-Effekt, der bei vielen abhängigen Variablen dieser Untersuchung wegen des deutlichen Zusammenhangs mit dem Merkmal Bildung auftreten dürfte, wäre also nicht mehr „legitim", er wäre auch auf aggregierter Ebene ein Artefakt.

Wirken nun beide Arten von Bildungsstruktur-Effekten — „legitime" und stichprobenbedingte — in den Daten, so werden auch beide eliminiert, wenn

223 Zumindest für die westlichen Industrienationen und den Zeitraum von der Nachkriegszeit bis heute gilt es als empirisch gesichert, daß Männer und Personen aus unteren sozialen Schichten bzw. mit niedriger Schulbildung ein deutlich kürzeres Leben haben (vgl. dazu Kitagawa und Hauser 1973; Klein 1993; Morgan, Calnan und Manning 1985; Oppolzer 1986; Palmore 1983; Wingard 1984).

224 Bildungsstruktur und Geschlechterstruktur bzw. deren Veränderungen sind Wesensmerkmale der Kohorten bzw. des Alterns dieser Kohorten; die Effekte von Bildung und Geschlecht können daher zur (teilweisen) *Erklärung* von Alters- und Kohorteneffekten herangezogen werden.

man Bildung in ein APK-Modell aufnimmt. Das heißt, es ist auf diese Weise nicht möglich, nur die stichprobenbedingte Verzerrung aus den Effekten zu entfernen. Dies läßt sich im vorliegenden Fall nur durch eine Gewichtung der Stichprobe unter Einbeziehung der Variablen Bildung erreichen.

Wäre die stichprobenbedingte Verzerrung der Bildungsstruktur nur periodenbezogen, nicht aber auch altersbezogen, so könnte man die Verzerrung noch durch sukzessive Neuschätzung von APK-Modellen korrigieren. Entsprechende eigene Versuche verliefen jedenfalls erfolgreich. Ist nämlich nur der Periodeneffekt von der Verzerrung der Bildungsstruktur betroffen, so kann man den unverzerrten Periodeneffekt bestimmen, indem man das APK-Modell in einem zweiten Schritt unter Kontrolle von Bildung berechnet. Da Bildung kohortenbezogen ist, nur durch die Verzerrung auch periodenbezogen ist sowie generell im untersten und möglicherweise auch im oberen Bereich (bildungsbezogener Mortalitätseffekt) altersbezogen ist, sind durch die Aufnahme von Bildung in das Modell Veränderungen aller drei Effekte (bis auf den mittleren Bereich des Alterseffektes) zu erwarten. Wenn nun die identifizierende Gleichheitsrestriktion nicht in diesem mittleren Bereich des Alterseffektes vorgenommen wurde (sondern an anderer Stelle oder an einem anderen Effekt), taucht folgendes Problem auf: Nach der durch die Aufnahme von Bildung in das Modell bewirkten Veränderung des betreffenden Effektes besteht beim „wahren" veränderten Effekt an der restringierten Stelle nicht mehr unbedingt Gleichheit der beiden Parameter. Wenn nun die Restriktion unverändert bleibt, wird die Gleichheit infolge der linearen Interdependenz der Effekte dadurch beibehalten, daß die Schätzwerte nicht nur des betreffenden Effektes, sondern auch der beiden anderen Effekte verzerrt werden.[225]

Will man diese Situation vermeiden, so kann man die Schätzwerte aller derjenigen Parameter vor der Aufnahme des Faktors Bildung in das Modell fixieren, bei denen man relativ sicher weiß, daß sie von dieser Variablen nicht beeinflußt werden. Im vorliegenden Fall gilt dies etwa für den unteren Bereich des Alterseffektes (ca. 20–34 Jahre). Das Fixieren mehrerer Koeffizienten des Alterseffektes sorgt dafür, daß dessen lineare Komponente nicht bzw. nicht stark verzerrt werden kann, wenn Bildung in das APK-Modell aufgenommen wird und die etwa am Periodeneffekt vorgenommene Gleichheitsrestriktion nun nicht mehr mit dem veränderten Periodeneffekt vereinbar ist. Werden nämlich in

---

225 Vgl. grundsätzlich zur Problematik der linearen Konfundierung von Alters-, Perioden- und Kohorteneffekten und der linearen Verzerrung der Effekte in APK-Modellen Kupper, Janis, Karmous und Greenberg (1985a) und Rodgers (1982a).

dieser Weise mehrere Koeffizienten fixiert, so kann bei der Neuschätzung unter Hinzufügung des Faktors Bildung die ursprüngliche Restriktion wegfallen, denn das Modell ist nun ohnehin identifiziert bzw. sogar überidentifiziert.

Wie ein empirischer Vergleich verschiedener Modellierungstechniken zeigte, ist generell auch im Falle unverzerrter Daten (also hier auch nach der Neugewichtung) bei einer Erweiterung des APK-Modells um die Faktoren Bildung und Geschlecht in dieser Weise zu verfahren: Effekte bzw. Teile von Effekten, von denen erwartet werden kann, daß sie durch die Aufnahme von Bildung und Geschlecht nicht beeinflußt werden, sind vor der Schätzung des erweiterten Modells zu fixieren, falls die identifizierende Restriktion nicht an einem von ihnen vorgenommen wurde.[226] Bei unverzerrten Daten braucht man hierbei allerdings nicht unbedingt den unteren Bereich des Alterseffektes heranzuziehen; auch der gesamte Periodeneffekt kann dann verwendet werden.

Da die stichprobenbedingte Verzerrung der Bildungsstruktur aber auch altersbezogen ist, liegen die Dinge schwieriger, wenn die Verzerrung nicht durch eine Gewichtung der Daten behoben werden kann. Auch hier beginnt man dann mit einem reinen APK-Modell. Zu isolieren sind die „legitimen“ Bildungsstruktur-Effekte sowie die durch Veränderungen der Geschlechterproportionen bedingten Teile des Alterseffektes. Es wird unterstellt, daß die Stichprobenverzerrung nicht kohortenbezogen ist. Im Anschluß an die Schätzung des APK-Modells wird der Kohorteneffekt fixiert, damit der Alterseffekt (durch Neuschätzung unter Einschluß von Bildung) korrigiert werden kann. Da aber bei einem Modell mit Periode und Alter implizit auch die Kohortendimension in linearer Form vertreten ist, muß hier zusätzlich zunächst auch der Periodeneffekt fixiert werden, da sonst der Einschluß von Bildung sowohl Periodeneffekt als auch Alterseffekt quasi stellvertretend für den Kohorteneffekt verändern würde (und zwar handelt es sich dabei um die „legitimen“ Struktureffekte, während hier ja gerade die Verzerrungen eliminiert werden sollen). Also wird nur der Alterseffekt zusammen mit Bildung neu geschätzt. Wahrscheinlich wird hier aber der Alterseffekt unerwünschterweise statt des Kohorteneffektes um den „legitimen“ Struktureffekt korrigiert, da Bildung in jedem Querschnitt ja auch stark mit Alter assoziiert ist.

---

226 Das Problem der Verzerrung aller drei Effekte des APK-Modells bei Aufnahme eines weiteren Faktors läßt sich also mit der hier vorgeschlagenen Methode der Fixierung von Effekten bzw. Teilen von Effekten nicht lösen, wenn der zusätzliche Faktor mit allen drei Dimensionen der APK-Analyse korreliert ist und durch seine Aufnahme in das Modell daher alle Effekte verändert werden.

Ganz unabhängig davon ist nicht zu verhindern, daß im Zuge dieser Neuschätzung beide, „legitime" und unerwünschte Bildungsstruktur-Effekte aus dem Alterseffekt eliminiert werden. Es resultiert daher bestenfalls nur der unverzerrte Alterseffekt bezogen auf die *Individualebene*. Nun könnte man fortfahren und auch noch die geschlechtsbezogene Korrektur vornehmen. Dazu können z. B. der zweite bis sechste Koeffizient des Alterseffektes fixiert werden; anschließend werden die restlichen Koeffizienten des Alterseffektes sowie die Koeffizienten von Perioden- und Kohorteneffekt, Bildung und jetzt auch Geschlecht neu geschätzt. Eine nunmehrige weitere Veränderung im oberen Bereich des Alterseffektes ist der geschlechtsbezogene Mortalitätseffekt. Die Veränderung des Periodeneffektes ist die zu korrigierende Stichprobenverzerrung. Die Veränderung des Kohorteneffektes wiederum ist „echt", sie geht zurück auf Unterschiede zwischen den Kohorten in der Bildungs- und Geschlechterstruktur. Dieses Korrekturverfahren ist jedoch anfällig gegenüber Verzerrungen (vor allem wegen der hohen Korrelationen zwischen den jeweiligen Prädiktoren), die Ergebnisse bleiben entsprechend unsicher.

Aufgrund dieser Überlegungen erschien eine Neugewichtung der Daten einschließlich Gewichtung nach dem Merkmal Bildung auch als praktisch einzige Möglichkeit, die negativen Konsequenzen der Verzerrung der Bildungsstruktur der Stichproben für die Kohortenanalysen zu vermeiden. Nur so kann es auch gelingen, den Anteil von Bildungsstruktur-Effekten an Kohorteneffekten (und an Alterseffekten) und den Anteil von geschlechtsbezogenen Mortalitätseffekten an Alterseffekten (und an Kohorteneffekten) valide zu bestimmen.

2.4 Die Auswahl der Gewichtungsmerkmale

Aus den genannten Gründen wurde daher eine Neugewichtung vorgenommen, und zwar nach den Merkmalen Alter, Geschlecht und Bildung. Für die Zwecke dieser Arbeit ist es wichtig, daß die Verteilung von Bildung und Geschlecht auch *in* den Altersgruppen (und damit in den Kohorten) der Verteilung in der Grundgesamtheit entspricht. Daher — und weil Bildung mit Geschlecht korreliert — war die *gemeinsame* Verteilung von Alter, Geschlecht und Bildung anzupassen.

Die Frage ist allerdings, ob durch eine solche Gewichtung überhaupt eine Verbesserung der Repräsentativität der Stichproben bezüglich der relevanten Variablen des Rezipientenverhaltens eintritt (vgl. dazu Andreß und Popken 1992; Schnell 1993). Grundsätzlich kann nicht angenommen werden, daß die

Ausfälle *innerhalb* der Zellen der mehrdimensionalen Tabelle, die aus den Gewichtungsvariablen gebildet wird, zufällig sind. Somit wäre das in den Stichproben ermittelte Rezipientenverhalten auch nach der Gewichtung noch verzerrt.[227] Es kann hier aber davon ausgegangen werden, daß das Ausmaß der Verzerrung gegenüber einer Analyse mit ungewichteten Daten reduziert ist.

Dafür spricht folgende Überlegung: Die Nichtteilnahmc (der Ausfall) hängt zwar wahrscheinlich mit dem Rezipientenverhalten zusammen. Mindestens zwei der drei verwendeten Gewichtungsmerkmale (Bildung und Alter) korrelieren mit den meisten Variablen des Rezipientenverhaltens. Dies ist eine Voraussetzung für das „Funktionieren" der Ausfallgewichtung (vgl. Schnell 1993). Die Kombination der drei verwendeten Gewichtungsvariablen dürfte nun aber stärker mit der Nichtteilnahme zusammenhängen als eine einzelne Rezipientenverhaltensvariable.[228] Und der Zusammenhang zwischen dieser kombinierten Gewichtungsvariablen und einer einzelnen Rezipientenverhaltensvariablen ist wohl in den meisten Fällen auch stärker als der Zusammenhang zwischen dieser Rezipientenverhaltensvariablen und der Nichtteilnahme.[229] Unter diesen Umständen ist eine Gewichtung insgesamt vorteilhafter als die Analyse der ungewichteten Daten (vgl. auch Andreß und Popken 1992, S. 236 f.).

Aus analysetechnischen Gründen erschien grundsätzlich — und daher auch bei der Neugewichtung — eine Einschränkung auf den Altersbereich 15 bis 79 Jahre sinnvoll: Bei der Kohortenanalyse mit APK-Modellen sind, wenn die

---

227 Ein weiteres Problem in diesem Zusammenhang besteht darin, daß die hier vorgenommene Stichprobengewichtung nur eine Kombination aus Transformation und Ausfallgewichtung darstellt. Dem Design der komplexen Stichproben konnte hier weder durch die Gewichtung noch in den Analysen vollständig Rechnung getragen werden (vgl. Anhang 3).

228 Da hier anhand der gemeinsamen Verteilung von Alter, Bildung und Geschlecht gewichtet wird, kann man zu diesem Zweck die durch diese gemeinsame Verteilung gebildete Variable als Kombination der Gewichtungsvariablen betrachten. Gegenüber einer Gewichtung anhand der Randverteilungen ergibt sich dabei der Vorteil, daß in die hier diskutierten Zusammenhänge der Gewichtungsvariablen mit der Nichtteilnahme bzw. mit den Rezipientenverhaltensvariablen auch mögliche Interaktionseffekte zwischen den Gewichtungsvariablen eingehen. Die Zusammenhänge werden dadurch stärker.

229 Absolut gesehen sind die Zusammenhänge zwischen den kombinierten Gewichtungsmerkmalen und jeweils einer Mediennutzungsvariablen hier oftmals auch nicht viel höher, als Schnell (1993) es für verschiedene sozialwissenschaftliche Faktenfragen und Einstellungen ermittelte. Aber bei Variablen der Fernseh- und Zeitungsnutzung erklären die drei Gewichtungsvariablen in Kombination doch zwischen 10 % und 20 % der Varianz, bei manchen Variablen sogar über 20 %. Andererseits wird die Notwendigkeit der Gewichtung hier nicht ausschließlich mit der Stärke dieser Zusammenhänge begründet.

Abstände zwischen den Querschnitterhebungen 5 Jahre betragen (so wie es hier der Fall ist), idealerweise auch 5-Jahres-Altersgruppen zu bilden. Üblich ist es dabei, ganze oder halbe Dekaden zu verwenden. Der Verzicht auf die 14jährigen war insofern nicht zwingend nötig, nur erleichtert die Verwendung der Altersgruppen 15–19, 20–24 Jahre usw. (statt 14–18, 19–23 Jahre usw.) den Vergleich mit den Ergebnissen anderer Untersuchungen.

Die oberste hier verwendete Altersgruppe (75–79 Jahre) ist die letzte, die (in allen Erhebungen) noch eine ausreichende Fallzahl aufweist. Dies ist vor allem bei den Analysen wichtig, in die auch die Variablen Geschlecht und Bildung einbezogen werden. Eine oben offene oberste Altersgruppe (die stärker besetzt wäre) würde dagegen zu Verzerrungen führen, da hierbei in einer Altersgruppe mehrere Kohorten vertreten wären. Ein weiterer Grund für die Altersbegrenzung nach oben liegt darin, daß in diesem hohen Alter der Anteil der in Heimen und Krankenhäusern lebenden Menschen stark zunimmt. Diese Personen sind aber in der Erhebungsgesamtheit der Langzeitstudie Massenkommunikation offenbar nicht enthalten (vgl. zur Grundgesamtheit auch die Ausführungen in Abschnitt 2.5 dieses Anhangs). Die in der Stichprobe repräsentierten Hochbetagten sind demzufolge im Durchschnitt rüstiger als die Gesamtbevölkerung in diesem Altersbereich. Auch dadurch wäre hier also eine Verzerrung gegeben, die in ähnlicher Weise wie die Veränderungen der Kohortenstruktur durch bildungs- und geschlechtsbezogene selektive Mortalität wirkt (vgl. auch die Ausführungen in Abschnitt 2.3 dieses Anhangs).

Die Konsequenzen dieser Altersbegrenzung sind folgende: Zunächst geht ein (relativ kleiner) Teil der Interviews für die Analyse verloren. Weiterhin wird der Effekt, den die zunehmende Lebensdauer (und damit das im Zeitverlauf steigende Durchschnittsalter in den oberen Altersgruppen) hat, teilweise aus den Daten eliminiert. Dies ist jedoch eher erwünscht, weil es sich bei diesem Effekt im Kontext der Kohortenanalyse um eine Interaktion handelt, die nicht im Basismodell spezifiziert ist.

Der Effekt des steigenden Durchschnittsalters bleibt jedoch in gewissem Umfang als „Störfaktor" erhalten: Die Besetzungsstärke der obersten hier analysierten Altersgruppen (und das Durchschnittsalter in diesen Gruppen) nimmt im Zeitverlauf zu. Der Störeffekt wäre aber wesentlich stärker, wenn die oberste Altersgruppe offen bliebe; das Durchschnittsalter würde vor allem in dieser Gruppe im Zeitverlauf stark zunehmen. Aus den Gesamttrends des Rezipientenverhaltens (aus den Periodeneffekten der Kohortenanalysen) dürften somit die Auswirkungen der im Beobachtungszeitraum gestiegenen Lebensdauer weitgehend eliminiert sein. Allerdings handelt es sich um sehr kleine Unterschiede.

Zusätzliche Gewichtungsmerkmale kamen aufgrund verschiedener Überlegungen nicht in Betracht. Zum einen kann bei einer Beschränkung auf nur drei Merkmale nicht-iterativ gewichtet werden (einfaches Soll/Ist, vgl. Rothe 1990); dies hat den Vorteil einer exakten Anpassung bezüglich dieser Merkmale.[230] Zum anderen könnten Gewichtungsmerkmale wie Ortsgrößenklasse oder Bundesland auch gar nicht einheitlich bei allen Querschnitten verwendet werden, da beide Variablen im Datensatz der Erhebung 1970 nicht vorliegen. Für diese beiden Merkmale gilt außerdem, daß sie als Schichtungskriterien bei der Anlage der jeweiligen Stichprobe verwendet wurden und daß allein von daher die Repräsentativität ausreichend sein dürfte. Dies ergab auch ein Vergleich mit amtlichen Daten. Hinzu kommt, daß — wie entsprechende Analysen zeigten — nur sehr schwache Zusammenhänge zwischen Ortsgrößenklasse bzw. Bundesland und den im Rahmen dieser Untersuchung relevanten abhängigen Variablen bestehen. Zusammen mit den relativ unbedeutenden Verzerrungen der Stichproben bezüglich dieser Merkmale folgt daraus, daß beide als Gewichtungsvariablen vernachlässigt werden können.

Ähnliche Überlegungen gelten für das mögliche Gewichtungsmerkmal Wochentag der Erhebung bzw. Wochentag des Stichtags (auf den sich die Tagesablaufdaten beziehen). Hier gibt es zwar kein Problem mit der Beschaffung von Bezugsdaten, da man an eine Gleichverteilung anpassen würde. Diese wird aber bei solchen Tagesablaufstudien von den Instituten im Rahmen der Feldarbeit von vornherein angestrebt. Daher ist auch hier das Ausmaß der Stichprobenverzerrung gering; die Abweichung von der Gleichverteilung bleibt klein (durchweg nur wenige Prozentpunkte). Aus diesem Grund ist es hier relativ unproblematisch, daß bei einigen der relevanten abhängigen Variablen durchaus Effekte des Stichtags zu verzeichnen sind (Unterschiede bestehen vor allem zwischen Samstag einerseits und Montag bis Freitag andererseits).

---

230 Der empirische Vergleich verschiedener Gewichtungsprozeduren bei Rothe (1990) ist für das vorliegende Gewichtungsproblem nicht sehr aussagekräftig. In dem von Rothe analysierten Fall ergibt sich bei einfachem Soll/Ist jeweils eine Tabelle mit 600 Zellen. Somit treten in der Ist-Tabelle vermutlich zahlreiche Nullzellen auf (es wurden offenbar keine Kategorien zusammengelegt), und die Anpassung der Randverteilungen wird allein von daher schlecht. Außerdem berücksichtigt Rothe in seinem Vergleich nur die Anpassungsgüte bezüglich der Randverteilungen, nicht jedoch bezüglich gemeinsamer Verteilungen mehrerer Merkmale. Gerade dort aber liegen die Stärken der einfachen Soll/Ist-Gewichtung. Insgesamt gesehen fallen die von Rothe geltend gemachten Schwächen dieses Ansatzes hier aufgrund der hinreichend geringen Anzahl von Zellen kaum ins Gewicht.

Zumindest bei den Daten von 1980 und 1985 treten hier jedoch weitere Komplikationen auf, da bei diesen beiden Erhebungen der Großteil der Interviews, die sich auf Samstag als Stichtag beziehen, am Montag statt am Sonntag durchgeführt wurde (siehe Anhang 1.7). Hier ist der Effekt des Stichtags mit einem möglichen Einfluß des zeitlichen Abstandes zwischen Stichtag und Zeitpunkt der Abfrage konfundiert, so daß die Gewichtung anhand des Stichtags möglicherweise gar keine Verbesserung mit sich bringt. All dies spricht eher gegen eine Gewichtung anhand des Stichtags. Und schließlich gilt auch hier, daß so wenig Variablen wie möglich in die Gewichtung einbezogen werden sollen, damit nicht-iterativ gewichtet werden kann und Verzerrungen vermieden werden, die bei iterativer Gewichtung auftreten können.

Insgesamt erschien es aufgrund dessen sinnvoll, bei der Neugewichtung den Variablen Alter, Bildung und Geschlecht Priorität zu geben. Dem Vorteil der Einheitlichkeit der Gewichtung (gleiche Datenquelle, gleiche Variablen, gleiche Gewichtungsprozedur) und damit Verbesserung der Vergleichbarkeit der einzelnen Querschnitterhebungen insgesamt sowie dem Vorteil der exakten Repräsentativität der Daten bezüglich dieser drei Merkmale stehen allenfalls leichte Nachteile in Form von Einbußen an Repräsentativität bezüglich anderer (hier weniger wichtiger) Merkmale gegenüber.

2.5 Mikrozensus-Daten und ihre Vergleichbarkeit mit der Langzeitstudie

Wie zu erwarten war, erwies sich die Beschaffung geeigneter amtlicher Daten als schwierig. Aus Gründen der Vergleichbarkeit kam angesichts des langen abzudeckenden Zeitraums nur der Mikrozensus (vgl. Hartmann 1989) in Frage. Bildung, d. h. Schulabschluß, wurde dort in der benötigten Form allerdings erstmals 1976 erfaßt und wird außerdem nicht jedes Jahr erhoben, so daß nicht für jedes Jahr amtliche Daten verfügbar waren. Die Bildungsdaten der Volkszählung 1970 konnten hier nicht verwendet werden, da dort die Bildungskategorien etwas anders definiert sind.

Die den Erhebungszeitpunkten der Langzeitstudie — 1970 (Frühjahr), 1974, 1980, 1985, 1990 (jeweils Herbst) — nächstgelegenen Mikrozensus-Erhebungen, bei denen Bildung im Erhebungsprogramm war, sind die Erhebungen von 1976 (Mai), 1980 (April), 1985 (Juni) und 1989 (April).[231] Aus diesen

231 Nach Angaben des Statistischen Bundesamtes wurde Bildung nur bis einschließlich 1989 im Pflichtprogramm erhoben, seitdem besteht keine Auskunftpflicht mehr. So sind die Bildungsdaten der folgenden Erhebung von 1991 bereits nicht mehr vollkommen mit

Mikrozensus-Erhebungen war jeweils die gemeinsame Verteilung nach Geschlecht, Alter (in den Gruppen 15–19 bis 75–79 Jahre) und Bildung (in drei Gruppen; siehe unten) verfügbar.[232] Für 1970 konnte immerhin die Verteilung nach Alter und Geschlecht den Daten der Volkszählung entnommen werden. Wie die amtlichen Daten im einzelnen im Hinblick auf möglichst weitgehende Annäherung an die eigentlich benötigten Zeitpunkte aufbereitet wurden, wird weiter unten erläutert (vgl. Abschnitt 2.7 dieses Anhangs).

Im Gegensatz zum Mikrozensus, dessen Grundgesamtheit durchgehend die Gesamtbevölkerung (einschließlich der ausländischen Bevölkerung und der Anstaltsbevölkerung) ist, hat bei der Langzeitstudie nach 1974 offenbar ein Wechsel der Definition der Grundgesamtheit stattgefunden. Wie aus den Methodenbeschreibungen in den Tabellenbänden hervorgeht (vgl. Infratest 1970; Infratest Kommunikationsforschung 1986, 1991; Infratest Medienforschung 1975, 1981), war die Grundgesamtheit der Langzeitstudie 1970 und 1974 die Gesamtbevölkerung, ab 1980 dagegen nur mehr die deutsche Bevölkerung (in allen Fällen vermutlich ohne Personen in Anstaltshaushalten).[233]

Während die Anstaltsbevölkerung aufgrund ihres kleinen Anteils quantitativ zu vernachlässigen ist und ihr Einschluß bzw. Ausschluß hier nur zu marginalen Verzerrungen führen kann (vgl. aber im einzelnen Schnell 1991), erscheint die Abweichung im Hinblick auf den Einschluß der ausländischen Bevölkerung problematisch (vgl. Hartmann 1990; Schnell 1991). Nach den Ergebnissen der Volkszählung lag der Ausländer-Anteil 1970 bei 4 % insgesamt, in einzelnen Altersgruppen (z. B. bei den jungen Erwachsenen) bei bis zu 10 %. Nun waren die Mikrozensus-Daten sowohl für die Gesamtbevölkerung als auch für die deutsche Bevölkerung verfügbar; andererseits konnten — da Staatsangehörigkeit nicht abgefragt wurde — aus den Daten der Langzeitstudie von 1970 und 1974 die ausländischen Befragten nicht entfernt werden. Da somit die Vergleich-

---

denjenigen der vorausgegangenen Erhebungen vergleichbar, da die Umstellung auf Freiwilligkeit ca. 10 % Antwortausfälle mit sich gebracht hat. Und es ist zu vermuten, daß der Mikrozensus dadurch die Repräsentativität für die Gesamtbevölkerung bezüglich des Merkmals Bildung verliert (vgl. dazu auch die Analysen von Arminger 1990).

232 Soweit nicht anders angegeben, wurden die hier verwendeten amtlichen Daten dankenswerterweise vom Statistischen Bundesamt zur Verfügung gestellt.

233 Da auch sonst die stärksten Veränderungen der Stichprobenanlage der Langzeitstudie zwischen 1974 und 1980 zu verzeichnen sind (soweit dies aus den Methodenbeschreibungen hervorgeht bzw. rekonstruierbar ist), liegt der Schluß nahe, daß zwischen diesen beiden Erhebungen bei Infratest auf das ADM-Stichprobendesign umgestellt wurde (vgl. auch Hartmann 1990, S. 27, Anmerkung 4).

barkeit der einzelnen Erhebungen der Langzeitstudie grundsätzlich etwas beeinträchtigt ist, stellt sich die Frage, inwieweit dieser „Bruch“ durch die Gewichtung ausgeglichen werden kann.

Prinzipiell gibt es zwei Möglichkeiten. Die erste besteht darin, für jede der Erhebungen der Langzeitstudie die richtigen amtlichen Daten zur Gewichtung zu verwenden, also für 1970 und 1974 mit der Gesamtbevölkerung, danach mit der deutschen Bevölkerung als Grundgesamtheit. Der „Bruch“ wird bei dieser Variante beibehalten. Daher wurde hier die zweite Möglichkeit bevorzugt: Es wird einheitlich so gewichtet, wie es der Definition der Grundgesamtheit bei den neueren Erhebungen der Langzeitstudie entspricht, nämlich anhand der deutschen Bevölkerung. Der hauptsächliche Vorteil dieser Vorgehensweise liegt darin, daß damit von den Verzerrungen, die durch den Wechsel der Definition der Grundgesamtheit entstanden sind, wenigstens diejenigen korrigiert werden, die mit der Alters-, Geschlechter- und Bildungsstruktur assoziiert sind.

Wie man leicht feststellt, ist die Verteilung der ausländischen Bevölkerung allein bei den hier zentralen Variablen Alter, Geschlecht und Bildung sehr ungleichmäßig: Die ausländische Bevölkerung in der BRD war 1970 und 1974 konzentriert auf jüngere Altersgruppen, das männliche Geschlecht und auf die unteren Bildungsgruppen. Diese starke Ungleichverteilung läßt eine teilweise Korrektur der Verzerrungen durch eine einheitliche Gewichtung nach Alter, Bildung und Geschlecht anhand von Daten der deutschen Bevölkerung erwarten.

Es hätte zwar auch einheitlich anhand der Strukturdaten der Gesamtbevölkerung gewichtet werden können, aber nachdem drei von fünf Erhebungen der Langzeitstudie — und zudem noch den neuesten — die deutsche Bevölkerung als Grundgesamtheit zugrundeliegt, wurde auch bei den anderen beiden Erhebungen die deutsche Bevölkerung als Basis für die Gewichtung verwendet. Trotz dieser teilweisen Korrektur durch die Gewichtung verbleiben leichte Verzerrungen, die auf die von Alter, Geschlecht und Bildung unabhängigen Unterschiede im Rezipientenverhalten zwischen deutscher und ausländischer Bevölkerung zurückgehen, in den Daten. Angesichts eines Ausländer-Anteils von insgesamt vielleicht 5 % in den beiden Erhebungen 1970 und 1974 dürften sie aber nicht sehr bedeutend sein.

Die Variable Bildung liegt in den Mikrozensus-Daten etwas anders vor als in der Langzeitstudie. Zum einen sind es dort nur drei Klassen: Volksschule[234],

234 Nach Auskunft des Statistischen Bundesamtes wurden die beiden Kategorien „Volksschule ohne Lehre“ und „Volksschule mit Lehre“ zwar jeweils getrennt erhoben, sind aber in allen Standardauswertungen zusammengefaßt. Wollte man die Daten beider Kategorien separat erhalten, so müßte man alle betreffenden Mikrozensus-Erhebungen

Mittelschule, Abitur bzw. Fachhochschulreife oder mehr — gegenüber vier Klassen, die sich für die Querschnitte der Langzeitstudie bilden lassen, wenn man die in den einzelnen Jahren teilweise etwas unterschiedlich erhobene Bildungsvariable so gut wie möglich vereinheitlicht (vgl. Anhang 1.15). Eine Angleichung von Soll- und Ist-Daten war hier unproblematisch: Für die Gewichtung wurden die beiden Kategorien „Volksschule ohne Lehre" und „Volksschule mit Lehre" der Variablen Bildung in der Langzeitstudie zusammengefaßt. In den Analysen wurde Bildung dennoch mit vier Stufen verwendet. Die Abweichung zwischen der Langzeitstudie und der Grundgesamtheit bezüglich der Verteilung der Volksschulabsolventen auf die beiden Subkategorien „Volksschule ohne Lehre" und „Volksschule mit Lehre" dürfte nicht allzu groß sein, und zwar auch in Anbetracht der Anpassung nach Alter und Geschlecht.

Außerdem wird Bildung im Mikrozensus mit einer separaten Kategorie „noch in Ausbildung" ausgewiesen. In der Langzeitstudie wird demgegenüber der höchste *bisher* erreichte Abschluß festgehalten (auch für diejenigen, die sich noch in der Ausbildung befinden, also z. B. Gymnasiasten der Oberstufe oder Studenten). Allerdings antwortet nach Auskunft des Statistischen Bundesamtes auch beim Mikrozensus ein Teil der Befragten in diesem Sinne, d. h. auch dort können Gymnasiasten der Oberstufe in der Kategorie „Mittelschulabschluß" enthalten sein.[235] Hinzu kommt eine leichte Verzerrung dadurch, daß auch Personen, die gar keine Schulbildung haben, und diejenigen, die keine Angabe machen können oder wollen, in diese Kategorie „noch in Ausbildung" eingeordnet werden (vgl. zu dieser Problematik auch Pötter und Rendtel 1993, S. 269 f.). Ihr Anteil ist allerdings (wie man an der Besetzung dieser Restkategorie in den höheren Altersgruppen ablesen kann) relativ gering.

Offensichtlich ist hier eine Angleichung von Mikrozensus und Langzeitstudie um einiges schwieriger. Man könnte zwar auch die Bildungsvariable der Langzeitstudie um eine Kategorie ergänzen, die alle Personen enthält, die sich noch in der Schulausbildung befinden. Der Status „in Schulausbildung" kann über eine entsprechende Kategorie des ebenfalls erhobenen Merkmals Berufstätigkeit

---

neu auszählen lassen. Und dies ist hier aus gleich zwei Gründen gar nicht für alle benötigten Jahre möglich: Zum einen werden Mikrozensus-Daten grundsätzlich nur zehn Jahre lang für Sekundärauswertungen bereitgehalten. Zum anderen könnte Bildung in den Daten von 1976 auch deshalb gar nicht neu ausgezählt werden, weil Daten bzw. Datenträger an der betreffenden Stelle defekt sind.

235 Auch in der Langzeitstudie ist die Abfrage der Schulbildung nicht ganz eindeutig (vgl. Anhang 1.15).

ermittelt werden. Die Frage stellt sich jedoch, wie dann weiter mit dieser Kategorie zu verfahren wäre. Zunächst müßte sie bei der Anpassung separat berücksichtigt werden. Schon dabei würde sich das Problem ergeben, daß bei den oberen Altersgruppen viele schwach besetzte oder ganz leere Zellen auftreten. Aber auch später müßte diese Kategorie bei Analysen, die das Merkmal Bildung involvieren, separat berücksichtigt werden. Dabei würden wiederum Probleme wegen zu geringer Fallzahlen in einzelnen Zellen auftreten. Effekte dieser Bildungskategorie wären zudem auch inhaltlich sehr schwer interpretierbar, denn welches Bildungsniveau bedeutet „in Schulausbildung"? Niedriges, da die Ausbildung ja noch nicht abgeschlossen ist? Oder im Gegenteil hier sogar relativ hohes, da die Mehrzahl der Personen, die in den hier betrachteten Altersgruppen (15 Jahre und älter) noch zur Schule gehen, das Gymnasium besucht? De facto wären die betroffenen Personen damit für bestimmte Analysen ausgefallen.

2.6 Zur Neukonzeption des Merkmals Schulbildung

Es wurde statt dessen eine Lösung entwickelt, die darüber hinaus den Status der Variablen Bildung als Indikator verbessert: Maßgeblich für die Einordnung in eine Bildungsklasse ist nicht der höchste bisher erreichte Abschluß, sondern derjenige Abschluß, den die betreffende Person *voraussichtlich erreichen wird.* Für die Daten des Mikrozensus bedeutet dies die Auflösung der Kategorie „noch in Ausbildung". Nicht nur die amtlichen Daten, sondern auch die Daten der Langzeitstudie lassen sich — hinreichend genau — dahingehend korrigieren. Bevor auf Einzelheiten der jeweiligen Vorgehensweise eingegangen wird (vgl. die Abschnitte 2.7 und 2.8), soll kurz dargelegt werden, inwieweit diese Lösung über die Angleichung von Langzeitstudie und Mikrozensus hinausgeht.

Der zusätzliche Vorteil betrifft die Bedeutung der Variablen Bildung. Formale Bildung (Schulabschluß) mißt ja nicht nur das Ausmaß des Wissens und der Fähigkeiten, die im Zuge dieser Schulausbildung erworben wurden. Sondern Bildung ist auch ein Indikator für die soziale Schicht, die soziale Herkunft (das Elternhaus). Noch immer sind Bildungschancen sehr ungleich verteilt, studiert z. B. ein viel höherer Anteil von Beamtenkindern als von Arbeiterkindern — wenngleich dies heute in viel weniger ausgeprägtem Maße gilt als noch vor 20 oder 30 Jahren.

Formale Bildung indiziert somit ein ganzes Bündel von Merkmalen, die zwar mit dem formalen Schul*abschluß* zusammenhängen, aber schon mit der eingeschlagenen Schul*laufbahn* korrelieren. Unter diesem Gesichtspunkt erscheint es problematisch, daß in der Langzeitstudie „Bildung" bei denjenigen Personen, die noch zur Schule gehen, definiert ist als *bisher erreichter* Schulabschluß. Das bedeutet dann z. B. bei einem Gymnasiasten der Jahrgangsstufe 12 formal einen Mittelschulabschluß. Inhaltlich jedoch unterscheidet sich dieser Schüler sehr stark von den Realschulabsolventen, mit denen er hier formal gleichgestellt ist: Es handelt sich um eine vollkommen andere Schullaufbahn, mit der häufig eine andere soziale Herkunft und damit eine andere Sozialisation verbunden ist.[236] Dieser Vergleich soll deutlich machen, daß der Unterschied zwischen dem Abitur und einem Realschulabschluß nicht an den hier noch fehlenden ein oder zwei Jahren Gymnasium festzumachen ist, oder grundsätzlich an den drei Jahren Schule, die das Abitur rein zeitlich vom Realschulabschluß trennen. Ähnliche Überlegungen gelten für das Verhältnis zwischen Realschul- und Hauptschulabschluß.

Nicht so sehr der Schul*abschluß* (so wie er hier erhoben ist) als vielmehr die Schul*form*, die eingeschlagene Schullaufbahn wäre bei den jüngeren Befragten demnach das richtige Kriterium zur Bestimmung des inhaltlich *gemeinten* Bildungsniveaus. Das (so definierte) Bildungsniveau der untersten Altersgruppen wird also durch das Merkmal Bildung in der Langzeitstudie unterschätzt. Dies ist auch auf der individuellen Ebene der Fall: Der „Realschulabschluß" unterschätzt das tatsächliche Bildungsniveau (d. h. die Gesamtheit dessen, was in der Gesamtbevölkerung durch das Merkmal Bildung indiziert wird) des oben exemplarisch genannten Gymnasiasten der Jahrgangsstufe 12 erheblich.

In der Kohortenanalyse kann diese Unterschätzung zu einer entsprechenden Verzerrung des Alterseffektes führen, wenn Bildung in das Modell aufgenommen wird: Bei Mediennutzungsvariablen, die deutlich und positiv mit dem Bildungsniveau korrelieren (wie z. B. Zeitungsnutzung), ergibt sich dann ein übermäßig starker Anstieg des Alterseffektes im unteren Altersbereich — so gesehen zum größten Teil ein Artefakt. Denn das, was auf diese Weise dem Alterungsprozeß zwischen den Altersstufen 15-19 und 20-24 Jahre (bzw. 20-24

---

236 In einer Untersuchung von Oswald und Kuhn (1994) kam dies sehr deutlich zum Ausdruck. Schulart (Gymnasium gegenüber anderen) und soziale Schicht (der Eltern) hatten beide zunächst einen jeweils eigenständigen negativen statistischen Effekt auf die Fernsehhäufigkeit von 12- bis 18jährigen. Die Hinzunahme vor allem der Fernsehhäufigkeit der Eltern jedoch reduzierte die Effekte, der Effekt des Schultyps wurde insignifikant. Im Gesamtmodell war die Fernsehhäufigkeit der Eltern der stärkste Effekt (mit positiver Richtung); dabei waren Schicht, Schulart, Alter und Geschlecht simultan kontrolliert. Es zeigt sich in diesem Fall, daß der Schultyp auch ein Indikator für das Fernsehverhalten der Eltern sein kann — und nicht nur allgemein für die soziale Schicht (der Eltern).

und 25–29 Jahre) zugerechnet wird, ist in Wirklichkeit zum größten Teil bedingt durch Unterschiede zwischen den gesamten Schullaufbahnen und zwischen den sozialen Schichten. Aus diesen Gründen sollte sich die Definition des Merkmals Bildung bei denjenigen, die noch zur Schule gehen, am Schultyp bzw. (damit) am *voraussichtlich erreichten* Schulabschluß orientieren.

Führt man bei Daten ohne eine stichprobenbedingte Bildungsstruktur-Verzerrung eine Kohortenanalyse der formalen Bildung in der ursprünglich erhobenen Form durch (z. B. Anteil der Personen mit Abitur oder mehr), so ermittelt man den erwarteten starken Kohorteneffekt, aber auch einen Alterseffekt, der von der ersten zur zweiten Altersgruppe sehr stark ansteigt, dann nur noch leicht steigt und ab der dritten Altersgruppe zunächst flach wird. In diesem Verlauf kommt zum Ausdruck, daß in diesem Alter die durchschnittliche formale Bildung jeder Kohorte — ausgedrückt durch den Schulabschluß — noch zunimmt. Fienberg und Mason (1978, S. 53) sprechen von einem „‚completion' effect". Durch die Konzeption der Bildungsvariablen als voraussichtlich erreichter Schulabschluß wird dieser „completion effect" eliminiert. Abgesehen von einem besonders bei den Männern deutlichen bildungsbezogenen Mortalitätseffekt, der sich vom mittleren Altersbereich an im Alterseffekt zeigt, ist Bildung dann ausschließlich kohortenbezogen.

2.7 Die Korrektur der Bildungsdaten aus dem Mikrozensus

Wie wurde nun Bildung in den Mikrozensus-Daten und in den Daten der Langzeitstudie korrigiert? Zuerst zu den Mikrozensus-Daten: Es bestehen zunächst noch teilweise deutliche Abweichungen zwischen den Erhebungszeitpunkten der Langzeitstudie und denjenigen der zeitlich am nächsten liegenden Mikrozensus-Erhebungen, in denen auch das Merkmal Bildung erfaßt wurde. Geeignete Mikrozensus-Daten sind für die Jahre 1976, 1980, 1985 und 1989 verfügbar. Da der Mikrozensus jeweils im Frühjahr bzw. Frühsommer erhoben wurde (1976 im Mai, 1980 im April, 1985 im Juni und 1989 im April), die Langzeitstudie dagegen ab 1974 jeweils im Herbst, besteht auch in den günstigsten Fällen (1980 und 1985) ein nicht korrigierbarer Abstand von rund einem halben Jahr. Bei den beiden anderen Erhebungen beträgt der Abstand etwa eineinhalb Jahre.

Korrekturen sind nur durch Übertragung der Bildungsverteilungen aus diesen Mikrozensus-Erhebungen auf die Mikrozensus-Daten anderer Jahre möglich. Bei Abständen von einem halben Jahr wäre damit also nichts gewonnen. In den beiden anderen Fällen dagegen kann der Abstand um ein Jahr reduziert werden. Dazu wurde durch eine „Verschiebung“ um jeweils ein Jahr die Bildungsverteilung der Jahre 1976 und 1989 (für diese Jahre lag Bildung im Mikrozensus vor) auf die Mikrozensus-Daten der Jahre 1975 und 1990 umgerechnet.[237] Damit sind die Daten den Erhebungszeitpunkten der Langzeitstudie (hier: 1974 und 1990) weitgehend angepaßt. Die verbleibenden Abstände von etwa einem halben Jahr können nicht weiter reduziert werden.

Man hätte hier zwar die Bildungsverteilung von 1976 auf das Jahr 1974, also um zwei Jahre verschieben können. Dabei wäre jedoch immer noch ein Abstand von sechs Monaten geblieben (Herbst 1974 gegenüber Frühsommer 1974). Wichtiger aber ist hier folgender Gesichtspunkt: Durch die Verschiebung auf das Jahr 1975 wird in den Gewichtungsdaten (und damit in der Stichprobe bezüglich der Variablen Alter, Bildung und Geschlecht sowie aller damit korrelierten Merkmale) die für Kohortenanalysen benötigte Gleichabständigkeit der Querschnitte besser angenähert. Nach dieser Verschiebung (so auch in den folgenden Ausführungen) beziehen sich die verwendeten Mikrozensus-Daten also auf die Jahre 1975, 1980, 1985 und 1990.

Die Kategorie „noch in Ausbildung“ ist nur bei den beiden untersten Altersgruppen (15-19 und 20-24 Jahre) quantitativ bedeutsam; sonst liegt ihr Anteil durchweg unter 2 %. Ihre Auflösung wird für diese beiden Altersgruppen mit der im folgenden näher beschriebenen Korrektur der Bildungsverteilung praktisch automatisch vollzogen. Der (in diesen Altersgruppen vermutlich sehr kleine) Anteil der Personen ohne Angabe an dieser Restkategorie wird im Zuge dieses Verfahrens auf die drei Bildungsgruppen aufgeteilt, und zwar entsprechend ihren relativen Häufigkeiten. Anderenfalls wäre eine Korrektur anhand

237 Grundlage dieser Operation waren folgende Mikrozensus-Daten: die gemeinsamen Verteilungen nach Geschlecht und Alter (*einzelne* Altersjahre) für die Jahre 1976 und 1975 sowie für die Jahre 1989 und 1990, ferner die gemeinsamen Verteilungen nach Geschlecht, Alter (5-Jahres-Gruppen) und Bildung für die Jahre 1976 und 1989. Es wurden dann die gemeinsamen Verteilungen nach Geschlecht und Alter der „Zieljahre“ 1975 und 1990 zugrundegelegt, und die Bildungsverteilungen der Jahre 1976 und 1989 wurden kohortenweise (hier: Ein-Jahres-Kohorten) übertragen. Dabei mußte die Annahme einer Gleichverteilung der Bildungsgruppenanteile *innerhalb* der einzelnen 5-Jahres-Altersgruppen getroffen werden. Diese Annahme ist zwar falsch, da sich im querschnittbezogenen Altersvergleich die Bildungsgruppenanteile mehr oder weniger stetig mit dem Alter verändern, nicht in festen Sprüngen. Bedingt durch die in allen Altersgruppen gleich gerichtete und insgesamt monotone Beziehung zwischen Alter und Bildung ist die dadurch induzierte Verzerrung aber insgesamt graduell und leicht.

der Schulbesuch-Statistik naheliegend gewesen, wobei jedoch wiederum Vergleichbarkeitsprobleme auftreten würden.

Zur Korrektur der Bildungsverteilung in den beiden untersten Altersgruppen wurde für jede Kohorte die Verteilung aus der Altersgruppe 3 (25–29 Jahre) kohortenbezogen rückübertragen, und zwar (mit Ausnahmen, auf die weiter unten eingegangen wird) getrennt für Männer und Frauen. So wurde z. B. für die Altersgruppe 2 (20–24 Jahre) des Jahres 1975 die Bildungsverteilung der Altersgruppe 3 (25–29 Jahre) des Jahres 1980 übernommen, für die Altersgruppe 1 (15–19 Jahre) des Jahres 1975 entsprechend die Bildungsverteilung der Altersgruppe 3 des Jahres 1985 (im folgenden kurz 3/1985 usw. genannt). Auf diese Weise kann den beiden untersten Altersgruppen das von der jeweiligen Kohorte später erreichte Bildungsniveau (d. h. die Verteilung auf die Bildungsklassen) zugeordnet werden. Mangels vergleichbarer neuerer Daten ist diese Übertragung von Altersgruppe 3 bei den jüngsten Kohorten nicht mehr möglich. Es handelt sich um die Altersgruppen 1/1985, 1/1990 und 2/1990.

Um wenigstens zu einer annähernd richtigen (im oben diskutierten Sinne) Bildungsverteilung zu gelangen, wurde bei diesen drei Altersgruppen (bzw. zwei Kohorten) wie folgt verfahren: Zunächst könnte man daran denken, bei den jüngsten Kohorten die Bildungsverteilung nicht mehr von Altersgruppe 3, sondern von Altersgruppe 2 rückzuübertragen. Damit wäre das Problem — unter Inkaufnahme gewisser Verzerrungen — für zwei der drei betroffenen Altersgruppen gelöst: Für Altersgruppe 1/1985 würde man die Bildungsverteilung von Altersgruppe 2/1990 übernehmen, und Altersgruppe 2/1990 würde dann ohne Korrektur bleiben. Nur für die jüngste Kohorte (1/1990) liegen keine neueren Daten vor; hier könnte man allenfalls die Bildungsverteilung von der nächstälteren Kohorte (Altersgruppe 2/1990) übernehmen. Problematisch bei dieser Übertragung von Altersgruppe 2 (20–24 Jahre) ist, daß hier der Anteil der Realschulabsolventen etwas höher liegt, als tatsächlich richtig wäre, und zwar deshalb, weil es in dieser Altersgruppe noch einen gewissen Anteil Gymnasiasten gibt, die den (bereits erreichten) Realschulabschluß angegeben haben. Durch die Gleichsetzung der Bildungsverteilungen der Altersgruppen 1/1990 und 2/1990 ergibt sich außerdem eine leichte Unterschätzung des Bildungsniveaus der jüngsten Kohorte.[238]

238 Auch andere Vorgehensweisen wären hierbei denkbar. So könnte man etwa die Bildungsverteilungen der jüngsten Kohorten durch Extrapolation des mit einer Kohortenanalyse der gesamten Mikrozensus-Daten zu ermittelnden Kohorteneffektes schätzen. Dabei würde sich jedoch die gleiche Frage stellen: Nimmt man Konstanz an oder extrapoliert man z. B. linear? Offenbar steigt das Bildungsniveau bei den jüngsten Kohorten jedoch

Eine Alternative bestünde darin, die „unverzerrte" Bildungsverteilung von Altersgruppe 3/1990 (statt 2/1990) zu übertragen. Die Folge dieser Übertragung der Bildungsverteilung der drittjüngsten Kohorte auf die beiden jüngsten Kohorten wäre eine Unterschätzung des Bildungsniveaus nicht nur der jüngsten (hier noch stärker), sondern nunmehr auch der zweitjüngsten Kohorte. Im Ergebnis ist diese Variante daher noch ungünstiger zu beurteilen.

Es wurde schließlich eine Kombination aus beiden Ansätzen gewählt. Die Übertragung von Altersgruppe 2 ist ja vor allem für die Anteile der beiden oberen Bildungsgruppen problematisch, da der Anteil der Volksschulabsolventen sich in jeder Kohorte nach der ersten Altersstufe (15–19 Jahre) praktisch nicht mehr verändert. Daher kann die Verteilung auf die beiden Bildungsgruppen „Volksschulbildung" und „mehr als Volksschulbildung" von Altersgruppe 2/1990 auf Altersgruppe 1/1985 und — unter der Annahme der Gleichheit bei der jüngsten und der zweitjüngsten Kohorte[239] — auf Altersgruppe 1/1990 übertragen werden. Nun geht es nur noch um die Verteilung *innerhalb* der Gruppe „mehr als Volksschulbildung". Diese Verteilung (also nicht die Verteilung auf alle drei Bildungsklassen) wird von Altersgruppe 3/1990 auf die Altersgruppen 1/1985, 1/1990 und 2/1990 übertragen.

Die oben angesprochene Überschätzung des Anteils der Realschulabsolventen wird auf diese Weise vermieden. Allerdings wird hier die Annahme getroffen, daß in den beiden jüngsten Kohorten der Abiturientenanteil in Relation zum Anteil der Realschulabsolventen gegenüber der drittjüngsten Kohorte unverändert bleibt. Diese Annahme ist in der Teilgruppe der Männer offenbar weniger problematisch als in der Teilgruppe der Frauen, bei denen sich ja gerade zwischen den von der Übertragung betroffenen Kohorten noch deutliche Unterschiede im Bildungsniveau zeigen. Erst in den beiden jüngsten hier vertretenen Kohorten entspricht der Abiturientenanteil etwa demjenigen in der Gruppe der Männer.[240]

---

nur mehr degressiv. Daher wurden hier die beiden untersten Kohorten gleichgesetzt — eine eher konservative Extrapolation.

239 Es wurde darauf verzichtet, etwa den Trend des Anteils der Volksschulabsolventen in der untersten Altersgruppe zu extrapolieren. Auch die Schulbesuch-Statistik (vgl. Statistisches Bundesamt 1988) hilft hier nicht weiter, da es dort nur um den derzeitigen *Besuch* einer Schule geht und daher diejenigen Personen eines Geburtsjahrgangs nicht erfaßt werden, die den betreffenden Abschluß bereits haben.

240 Das geht aus der Schulbesuch-Statistik hervor (vgl. Statistisches Bundesamt 1988). Dennoch können diese Daten hier nicht für Korrekturzwecke verwendet werden, da keine hinreichende altersbezogene Vergleichbarkeit besteht.

Das bedeutet hier eine ziemlich starke Unterschätzung des Bildungsniveaus der Frauen in den beiden jüngsten Kohorten. Aus diesem Grund wurde bei den Frauen nicht die Bildungsverteilung innerhalb der Gruppe „mehr als Volksschulbildung" von Altersgruppe 3/1990 auf die Altersgruppen 1/1985, 1/1990 und 2/1990 übertragen. Vielmehr wurde der Abiturientenanteil *der Männer* der Altersgruppe 3/1990 (und zwar bei der Aufteilung in drei Bildungsklassen) übertragen; die Übertragung des Anteils der Volksschulabsolventinnen war unproblematisch (siehe oben), und der Anteil der Realschulabsolventinnen ergab sich dann als Rest.

Wie man in Tabelle A10 sieht, entspricht im Ergebnis die Bildungsverteilung der jüngsten Kohorte in den Gewichtungsdaten derjenigen der zweitjüngsten. Die Unterschiede zwischen Männern und Frauen in den einzelnen Kohorten bezüglich der Verteilung auf die drei Bildungsgruppen finden sich in ähnlicher Weise auch in den Daten der Schulbesuch-Statistik (vgl. Statistisches Bundesamt 1988), die aber — wie erwähnt — nicht allzu gut vergleichbar sind. Insgesamt bleibt nach dieser Korrektur wohl nur ein relativ kleiner Fehler: Die Bildung der beiden jüngsten Kohorten (vor allem der jüngsten Kohorte) wird in den Gewichtungsdaten etwas unterschätzt.

Tabelle A10: Bildungsverteilung in den Gewichtungsdaten innerhalb der unteren Altersgruppen der Jahre 1985 und 1990 (geordnet nach Kohorten) nach den Korrekturen (Angaben in Prozent)

Altersgruppe/Jahr und Kohorte	Volksschule		Realschule		Abitur/mehr	
	Männer	Frauen	Männer	Frauen	Männer	Frauen
3/1985 (Kohorte 14)	51,7	48,0	19,5	30,6	28,8	21,4
2/1985 (Kohorte 15)	45,9	37,6	24,1	35,4	30,0	27,0
3/1990 (Kohorte 15)	45,9	37,6	24,1	35,4	30,0	27,0
1/1985 (Kohorte 16)	42,9	31,4	25,4	36,9	31,7	31,7
2/1990 (Kohorte 16)	42,9	31,4	25,4	36,9	31,7	31,7
1/1990 (Kohorte 17)	42,9	31,4	25,4	36,9	31,7	31,7

Bei den Altersgruppen 3 und höher wurden die in der Kategorie „noch in Ausbildung" enthaltenen Personen bewußt nicht einfach anteilig auf alle Bildungsgruppen verteilt, sondern einheitlich der untersten Bildungskategorie (Volksschulbildung) zugeschlagen. Zum einen ist dabei der maximal mögliche relative Fehler am kleinsten, da bei den betroffenen Altersgruppen fast durchweg die unterste Bildungskategorie am stärksten besetzt ist. Zum anderen kann man vermuten, daß in diesen Altersgruppen der Anteil der Personen, die ganz ohne Schulbildung sind, keine Angabe machen können oder keine Angabe machen wollen, deutlich höher liegt als der Anteil der Personen, die sich tatsächlich noch in einer Schulausbildung befinden. Dieser Unterschied dürfte darüber hinaus bei den oberen Altersgruppen größer sein.

Daß diejenigen ohne Schulabschluß eher in die unterste Bildungskategorie als in eine der anderen einzuordnen sind, leuchtet ein. Wie steht es aber mit denjenigen Personen in der Restkategorie, die keine Angabe machen *konnten*? Hierbei dürfte es sich mehrheitlich um ältere Befragte handeln, bei denen der betreffende Lebensabschnitt bei der Erhebung bereits lange zurücklag, bei denen die Erinnerungsfähigkeit möglicherweise auch aus Altersgründen nachgelassen hat oder die ihren Schulabschluß nicht in die heutigen Kategorien einordnen konnten. Auch bei dieser Gruppe von Personen (denjenigen, die keine Angaben machen konnten) ist es wahrscheinlich, daß die unterste Bildungsklasse überrepräsentiert ist. Gleiches gilt schließlich auch für diejenigen Personen, die keine Angabe machen *wollten*, da eine positive Beziehung zwischen dem Bildungsniveau und der Bereitschaft, dieses bei einer Befragung zu offenbaren, anzunehmen ist.

Da für das Jahr 1970 keine geeigneten amtlichen Bildungsdaten zur Verfügung standen, sondern nur die Verteilung nach Alter und Geschlecht aus der Volkszählung, mußte die Verteilung auf die Bildungsgruppen aus neueren Mikrozensus-Daten übernommen werden. Es bot sich dabei ein einfaches kohortenbezogenes „Zurückschreiben" der bei den Kohorten zu einem späteren Zeitpunkt festgestellten Bildungsverteilung auf den früheren Zeitpunkt an, ganz ähnlich wie schon bei der Korrektur der ursprünglichen Mikrozensus-Daten von 1976 und 1989 und bei der Korrektur der Bildungsverteilungen der beiden untersten Altersgruppen.

Besser jedoch erschien es, die Anteile der Bildungsgruppen für 1970 aus den Mikrozensus-Daten *aller* anderen Jahre (1975, 1980, 1985 und 1990 — nach der oben beschriebenen Verschiebung) zu schätzen. Zu diesem Zweck wurden Logit-Modelle (mit Alters- und Kohorteneffekt, aber ohne Periodeneffekt) der Anteile der drei Bildungsgruppen geschätzt, und zwar getrennt für Männer und Frauen.[241] Die Anpassung war jeweils sehr gut (Anteil erklärter Devianz

241 Die Ergebnisse dieser Modellschätzungen bleiben übrigens fast exakt gleich, wenn man die drei Altersgruppen 1/1985, 1/1990 und 2/1990 aus der Datenbasis entfernt. Die Bildungsverteilung in diesen Altersgruppen wurde ja im wesentlichen aus derjenigen von

durchweg bei 0,99 oder höher). Dabei zeigte sich auch, daß der „completion effect“ im unteren Bereich des Alterseffektes dadurch, daß die Bildungsverteilung einer Kohorte in jüngeren Jahren hier neu konzipiert wurde als die später (voraussichtlich) erreichte Bildungsverteilung, erwartungsgemäß verschwunden war.

Zur Schätzung der Bildungsverteilung für 1970 wurden nur zwei dieser drei Modelle benötigt, da sich die Anteile der drei Bildungsgruppen zu 1 addieren (sollten). Nicht verwendet wurde bei Männern und Frauen das Modell für den Anteil der Personen mit Realschulabschluß als das jeweils am schlechtesten angepaßte Modell. Die Schätzung der Anteile der beiden Bildungsgruppen „Volksschule“ und „Abitur oder mehr“ für 1970 erfolgte dann anhand der jeweiligen geschätzten Modellparameter unter folgenden Annahmen:[242] Konstanz des Periodeneffektes (der hier ja gar nicht mit im Modell enthalten, also gleich Null gesetzt ist) und Konstanz des Kohorteneffektes (die 13. Altersgruppe 1970, die als Kohorte in den hier analysierten Daten von 1975 bis 1990 nicht mehr enthalten ist, hat also den gleichen Kohorteneffekt wie die nächstjüngere Kohorte). Der Anteil der Personen mit mittlerem Schulabschluß ergab sich dann als Rest zu 1.

2.8 Die Korrektur der Bildungsvariablen der Langzeitstudie

Zur Korrektur der Bildungsvariablen der Langzeitstudie wurden außer der Information über den bereits erreichten Schulabschluß noch das Alter und die Berufstätigkeit herangezogen. Bei dem Merkmal Berufstätigkeit interessiert hier nur die Kategorie „noch in Schulausbildung (Schüler)“, da Studenten wohl das Abitur als Schulabschluß angeben und da hier im Rahmen der Gewichtung beim Merkmal Bildung nicht mehr differenziert wird zwischen Personen, die ein Studium absolviert haben, und solchen, die nur das Abitur haben. Weil sich die Kategorie „noch in Schulausbildung“ auf viele verschiedene Schultypen[243]

Altersgruppe 3/1990 abgeleitet, und es wäre ein unerwünschter Nebeneffekt gewesen, wenn diese Korrektur nun auch die Schätzung der Bildungsverteilungen der einzelnen Altersgruppen 1970 beeinflußt hätte.

242 Diese Schätzung funktioniert im Prinzip wie Prognosen auf der Basis von Kohortenmodellen (vgl. dazu Peiser 1991, S. 166 ff.).

243 Hier sind vor allem relevant: Realschule und Gymnasium, aber auch beispielsweise Handelsschule. Berufsschüler hingegen werden in der Kategorie „in Berufsausbildung, Lehrling“ erfaßt.

beziehen kann, müssen für eine Bestimmung des voraussichtlich erreichten Schulabschlusses alle genannten Informationen miteinander verknüpft werden.

Es geht hier vorwiegend um die älteren Gymnasiasten, bei denen dann in den Daten ein Mittelschulabschluß (mittlere Reife) verzeichnet ist. Nun wird die Realschule (bzw. die 10. Klasse auf dem Gymnasium) in der Regel im Alter von 16 Jahren abgeschlossen. Man kann daher (vereinfacht) sagen: Wer zwischen 16 und 24 Jahre alt ist, noch Schüler ist und bereits die mittlere Reife besitzt, der wird voraussichtlich die Fachhochschul- oder Hochschulreife erreichen und kann daher dieser obersten Bildungskategorie zugeordnet werden. Durch die Bedingung „Mittelschulabschluß vorhanden" ist ausgeschlossen, daß etwa 18jährige Realschüler von dieser Verschiebung erfaßt werden.

Analog zu verfahren ist bei der Bestimmung derjenigen Befragten, die voraussichtlich den Realschulabschluß erreichen werden: Wer zwischen 15 und 19 Jahre alt ist, noch Schüler ist und bereits den Volksschulabschluß besitzt, der wird voraussichtlich den Realschulabschluß erreichen. Es sei nochmals erwähnt, daß hierbei der Besuch anderer als allgemeinbildender Schulen nicht zu Problemen der richtigen Zuordnung führen kann: Da „Lehre/Berufsausbildung" (und damit Berufsschule) eine andere Kategorie des Merkmals Berufstätigkeit ist, werden mit der Kategorie „Schüler" hier korrekterweise nur die älteren Realschüler erfaßt. Und auch weiterführende Schulen, wie die Fachoberschule oder die Höhere Handelsschule, stellen hier kein Problem dar: Realschulabsolventen, welche etwa die Höhere Handelsschule besuchen (also in die Kategorie „Schüler" fallen), werden formal richtig in die oberste Bildungsgruppe „Abitur/FH-Reife" eingeordnet, denn diese Schule führt ja zur Fachhochschulreife.

Die so vorgenommene Korrektur der Daten der Langzeitstudie kann zwar nicht vollkommen exakt sein. Aber die Bestimmung des Schultyps, dem die Befragten jeweils zuzurechnen sind, dürfte durch dieses Verfahren zumindest in den meisten Fällen richtig erfolgen. Mögliche von der Verschiebung nicht erfaßte Fälle erscheinen zudem inhaltlich nicht allzu bedeutsam. Dies wären einerseits etwa die Realschulabsolventen, die erst nach der Erhebung (z. B. nach mehrjähriger Berufstätigkeit) die Schullaufbahn fortsetzen. Andererseits wären z. B. solche Gymnasiasten falsch klassifiziert, die zum Zeitpunkt der Erhebung Klasse 11 besuchen, danach allerdings vorzeitig abgehen. In beiden Fällen wäre der Typ der Schullaufbahn immerhin richtig erfaßt — und dieser ist (vgl. die Argumentation oben in Abschnitt 2.6) wahrscheinlich fast ebenso aussagekräftig wie der tatsächliche Schulabschluß. Auf der Ebene der Kohorte betrachtet, erscheint die spätere Verteilung auf die drei Schulabschluß-Arten damit eher konservativ bestimmt; das Bildungsniveau der jeweiligen Kohorte dürfte sich also gegenüber den geschätzten Werten eher noch verbessern.

2.9 Durchführung der Gewichtung

Die konkrete Berechnung des Gewichts wurde dann wie folgt vorgenommen: Zunächst wurden die Daten mit der reduzierten Haushaltsgröße (hier: der Zahl der Personen im Haushalt im Alter von 14 und mehr Jahren)[244] gewichtet. Anschließend wurde die Ist-Tabelle Alter × Bildung × Geschlecht für jede Erhebung separat erstellt. Dabei wurden nur die 15- bis 79jährigen Personen berücksichtigt, alle anderen wurden aus der weiteren Analyse ausgeschlossen. Ebenfalls grundsätzlich eliminiert wurden diejenigen Befragten aus der Stichprobe von 1990, bei denen der Stichtag ein Sonntag war. Insgesamt ergaben sich dabei vier leere Zellen. Weil die damit verbundene Verzerrung aller Soll/Ist-Gewichte hier relativ gering sein dürfte (vgl. zu diesem Problem Rothe 1990), wurde auf eine Zusammenfassung von Kategorien verzichtet. Als Soll-Besetzungszahlen wurden den Zellen die (wie oben beschrieben) teilweise umgeformten Daten der amtlichen Statistik zugeordnet. Der Quotient aus Soll-Besetzungszahl und Ist-Besetzungszahl wurde gebildet und mit der reduzierten Haushaltsgröße multipliziert. Anschließend wurde diese kombinierte Gewichtungsvariable noch mit Hilfe des mittleren Gewichts pro Jahr normiert, so daß die Fallzahl der gewichteten Daten pro Jahr mit der Fallzahl der ungewichteten Daten (nach dem oben erwähnten Ausschluß bestimmter Teile der Stichproben) übereinstimmt.

Die Daten von 1990 wurden allerdings abweichend behandelt: Die Stichprobe in den alten Bundesländern war 1990 etwa doppelt so groß wie in den Erhebungen davor angelegt, vor allem wegen der inzwischen stattgefundenen starken Ausdifferenzierung des Mediensystems und der damit verbundenen Notwendigkeit, Aussagen über immer kleinere Teilgruppen des Publikums zu machen. Diese Stichprobe war auch nach der Elimination der montags durchgeführten Interviews (mit Stichtag Sonntag) noch um rund 70 % größer als die anderen. Die Größe dieser Stichprobe hätte für die Auswertungen dieser Untersuchung, bei denen ja nur solche Aufgliederungen vorgenommen werden konnten, die für alle fünf Querschnitte möglich waren, nicht nur keine wesentlichen Vorteile

244 Maßgeblich ist hierfür die ursprüngliche Grundgesamtheit der Langzeitstudie Massenkommunikation. Anders als im Rahmen dieser Auswertungen bestand dort keine Altersbegrenzung nach oben.

gebracht. Im Gegenteil hätte die Stichprobe von 1990 dadurch bei den Kohortenanalysen einen unerwünscht starken Einfluß auf die Modellschätzwerte erhalten (vgl. zu diesem Phänomen Peiser 1991, S. 198 ff. und S. 218). Aus diesem Grund wurde das Gewicht für 1990 mit einem zusätzlichen Normierungsfaktor multipliziert, so daß die Fallzahl nach Gewichtung 1990 die gleiche Größenordnung wie 1970 bis 1985 erreicht. Normiert wurde dazu auf die Fallzahl 1980 als die größte unter den Stichproben 1970 bis 1985.

2.10 Prüfung der Gewichtung

Zunächst sollen einige Eigenschaften des Gewichtungsfaktors betrachtet werden, und zwar für alle fünf Stichproben getrennt und im Vergleich zu dem jeweiligen Infratest-Gewicht. Für den Vergleich mit dem Infratest-Gewicht wurde hier für 1990 der zusätzliche Normierungsfaktor entfernt, der die Fallzahl dieses Jahres den Fallzahlen der anderen Stichproben (jeweils nach Gewichtung) angleicht. Die Vergleichbarkeit sowohl mit den anderen Stichproben als auch mit dem Infratest-Gewicht wäre sonst nur bedingt gegeben. Da der zusätzliche Normierungsfaktor für alle Personen gleich ist, verfälscht das nunmehrige Weglassen dieses Faktors den Vergleich aber auch nicht, denn die Gestalt der Verteilung des Gewichts für die Erhebung 1990 wird nicht verändert.

Weiterhin war im Hinblick auf den Vergleich zu beachten, daß hier die für die Zwecke dieser Untersuchung verkleinerten Stichproben zugrundeliegen, bei denen 14 Jahre alte Personen und Personen über 79 Jahre ausgeschlossen sind. Bei der Stichprobe 1990 fehlen zusätzlich alle montags durchgeführten Interviews (mit Stichtag Sonntag). Die eigene Gewichtung bezieht sich auf diese leicht eingeschränkten Stichproben, das Infratest-Gewicht hingegen auf die ursprünglichen, etwas größeren Stichproben. Für die Stichproben, wie sie in dieser Untersuchung verwendet wurden, ergeben sich daher Mittelwerte des Infratest-Gewichtes, die von dem Wert 1 abweichen. Pro Jahr wurde daher das Infratest-Gewicht mit einem für alle Personen gleichen Normierungsfaktor multipliziert, so daß die Fallzahl nach Gewichtung mit dem Infratest-Gewicht ebenfalls der Fallzahl der ungewichteten Stichprobe entspricht, das Infratest-Gewicht je Stichprobe also auch den Mittelwert 1 hat. Auf diese Weise sind beide Gewichtungsfaktoren formal vergleichbar.

Durch die Stichprobengewichtung kommt es im allgemeinen zu einer Erhöhung der Varianz (vgl. Kish 1987). Die sogenannte Effektivität (vgl. Heyde 1994; Rösch 1994), eine Maßzahl zur Beurteilung einer Stichprobengewichtung, ist der Quotient aus der Stichprobengröße und der Summe der quadrierten Gewichte. Sie gibt die Größe einer ungewichteten Stichprobe, welche die gleiche Varianz wie die gewichtete Stichprobe hätte, in Relation zur tatsächlichen Stichprobengröße an. Die Effektivität entspricht dem Kehrwert des Designeffektes (Klumpeneffektes), der durch die Gewichtung induziert wird; es handelt sich hier nicht um den Designeffekt, der durch die Anlage der Stichprobe bedingt ist (vgl. Kish 1987). Multipliziert man die Effektivität mit der Stichprobengröße, so erhält man die sogenannte effektive Stichprobengröße (vgl. Kish 1987, S. 205). Je größer die Effektivität, um so weniger korrigiert die Gewichtung im positiven Sinne, um so weniger kann sie jedoch auch zu unerwünschten neuen Verzerrungen führen.

Wenn nicht Verfahren angewendet werden, die mit Dämpfungen bzw. Kupierungen arbeiten (vgl. dazu etwa Rösch 1994), streut die Verteilung des Gewichtungsfaktors an den beiden Rändern vergleichsweise stark. Anders ausgedrückt, es haben nur relativ wenige Personen ein sehr hohes bzw. ein sehr niedriges Gewicht. Neben dem kleinsten und dem größten Gewicht werden daher auch die Gewichte der zehnten Person von oben bzw. von unten in der nach der Größe des Gewichtungsfaktors sortierten Stichprobe angegeben. Außerdem ist unter solchen Umständen ein robustes Streuungsmaß, wie beispielsweise der Interquartilabstand, aufschlußreich. Diese deskriptiven Daten sind für beide Gewichtungsfaktoren in Tabelle A11 zusammengefaßt.

Tabelle A11: Beschreibung des neuen Gewichungsfaktors und Vergleich mit dem Infratest-Gewicht anhand ausgewählter Eigenschaften

	neues Gewicht					Infratest-Gewicht				
	1970	1974	1980	1985	1990	1970	1974	1980	1985	1990
Größtes Gewicht	4,35	4,23	5,29	5,05	6,67	5,87	4,95	6,12	7,44	5,04
10. Fall von oben	3,47	3,35	3,44	3,50	4,55	3,41	3,52	4,44	5,05	4,07
10. Fall von unten	0,32	0,23	0,24	0,22	0,23	0,24	0,22	0,21	0,16	0,21
Kleinstes Gewicht	0,16	0,16	0,16	0,20	0,20	0,21	0,16	0,00	0,11	0,09
Spannweite	4,19	4,07	5,14	4,84	6,46	5,66	4,79	6,12	7,33	4,95
Varianz	0,25	0,28	0,29	0,32	0,29	0,31	0,32	0,46	0,66	0,31
Interquartilabstand	0,57	0,58	0,57	0,50	0,57	0,59	0,59	0,60	0,75	0,59
Effektivität in %	79,9	78,0	77,2	75,9	77,6	76,1	75,9	68,4	60,1	76,4

Aus diesen Zahlen läßt sich erkennen, daß das neue Gewicht im Hinblick auf die hier relevanten Eigenschaften jedenfalls nicht ungünstiger als das Infratest-Gewicht zu beurteilen ist. Die Varianz ist bei dem neuen Gewicht durchweg niedriger, der Interquartilabstand ebenfalls. Die Effektivität liegt bei dem neuen Gewicht in allen Stichproben höher und verändert sich kaum über die Jahre. Diese wünschenswerte annähernde Konstanz dürfte vor allem auch daran liegen, daß die einzelnen Stichproben hier auf die gleiche Weise gewichtet wurden.

Zur Überprüfung der Gewichtung wurden abschließend Logit-Modelle mit Alters- und Kohorteneffekt — aber ohne Periodeneffekt — für die Anteile von Frauen, von Personen mit Realschulabschluß oder mehr sowie von Personen mit Abitur oder mehr geschätzt. Mit diesen Modellen konnte unter anderem getestet werden, ob die Schulbildung der Altersgruppen zu jedem Zeitpunkt außer auf Unterschiede zwischen den Kohorten nur noch auf selektive Mortalität (die ja altersbezogen ist) zurückgeht. Abweichungen von diesem „Normalfall" waren ja Anlaß für die Neugewichtung. Wie sich zeigte, sind alle diese — theoretisch richtigen — Modelle perfekt angepaßt.[245] Auch verlaufen im Vergleich zu den Ergebnissen entsprechender Analysen unter Verwendung der Infratest-Gewichtung und vor den oben referierten Korrekturen die Alters- und Kohorteneffekte nunmehr wesentlich gleichmäßiger. Hier macht sich offenbar vor allem die Vereinheitlichung der Abstände auf jeweils fünf Jahre bemerkbar.

Ein Defekt konnte durch die Neugewichtung nicht behoben werden. Es handelt sich darum, daß in den Stichproben der Langzeitstudie Personen aus Ein-Personen-Haushalten deutlich unterrepräsentiert sind; ihr Anteil liegt im Durchschnitt etwa vier Prozentpunkte zu niedrig im Vergleich zu den jeweiligen Daten des Mikrozensus[246] (und zwar hier weitgehend unabhängig von der Altersgruppe). Diese Verzerrung ist in der Umfrageforschung generell anzutreffen. So sind auch z. B. im ALLBUS Ein-Personen-Haushalte stark unterrepräsentiert

---

245 Es wurde die Annahme getroffen, daß der Periodeneffekt gleich Null ist. Dies erscheint auch gerechtfertigt: Die nichtlineare Komponente des Periodeneffektes ist — das ergaben weitere Analysen — jeweils nicht signifikant von Null verschieden, es müßte dann also schon ein linearer Periodeneffekt vorliegen. Ein solcher aber wäre wiederum unwahrscheinlich: Derart systematische Verzerrungen in den (ja vergleichbar erhobenen) Mikrozensus-Daten sind nicht zu erwarten. Und ein realer linearer Anstieg des Bildungsniveaus in *allen* Altersgruppen bzw. Kohorten (z. B. durch Erwachsenenbildung) als Periodeneffekt wäre auch unplausibel. Und der Alterseffekt ist hier auch zu stark, als daß er dadurch erklärt werden könnte (zu den Substitutionsbeziehungen zwischen den linearen Komponenten von Alters-, Perioden- und Kohorteneffekt vgl. Rodgers 1982a).

246 Allerdings gibt es Hinweise darauf, daß die Mikrozensus-Stichproben ihrerseits *zu viele* Alleinstehende enthalten (vgl. Pötter und Rendtel 1993, S. 268 f.).

sentiert (vgl. Hartmann 1990; Hartmann und Schimpl-Neimanns 1992). In diesem Personenkreis ist offenbar die Erreichbarkeit geringer bzw. die Verweigerungsrate höher. Die reduzierte Haushaltsgröße stellt dann nur noch das *theoretisch* richtige Transformationsgewicht dar, tatsächlich kann die Transformation zu einer Vergrößerung statt einer Verkleinerung von Strukturunterschieden zwischen Stichprobe und Grundgesamtheit führen, und zwar auch bei anderen Merkmalen (vgl. Rothe 1990).

Betrachtet man nun die Stichproben der Langzeitstudie ohne jegliche Transformation oder Gewichtung, so sind dann die Alleinstehenden im Gegenteil überrepräsentiert. Dies gilt auch, wenn man eine Anpassung der nicht transformierten Stichprobe bezüglich der Merkmale Alter, Geschlecht und Bildung vornimmt. Man könnte daraufhin versuchen, das hier augenscheinlich zu stark wirkende Transformationsgewicht ad hoc entsprechend zu reduzieren. Die Gefahr unkontrollierbarer Verzerrungen in anderen Variablen wäre dabei jedoch kaum auszuschließen (vgl. zu dieser grundsätzlichen Problematik der Gewichtung Rothe 1990). Eine weitere Möglichkeit bestünde darin, die Haushaltsgröße in die Anpassung einzubeziehen. Da hierfür Neuauszählungen der Mikrozensus-Daten erforderlich wären (es sei denn, man wollte nur die Randverteilung anpassen), kommt dieser Ansatz aus den oben in Abschnitt 2.5 genannten Gründen hier nicht in Betracht. Weil nun im Rahmen der Gewichtung eine Transformation vorgenommen wurde, unterliegen die Stichproben sämtlich dem Problem einer Unterrepräsentierung der Alleinstehenden.

Wenn diese Verzerrung also nicht korrigierbar ist, so fragt sich, welche Bedeutung sie für die Analysen dieser Untersuchung haben kann. Zunächst ist die Abweichung mit etwa vier Prozentpunkten nicht allzu stark. Sie ist außerdem weitgehend unabhängig von Alter, Geschlecht und Bildung. Die Anpassung nach diesen drei Merkmalen verkleinert die Verzerrung also nicht, aber sie verstärkt sie auch nicht. Auf der Seite der unabhängigen Variablen und der wichtigsten Kontrollvariablen dürften Kohortenanalysen demnach kaum beeinträchtigt werden.

Was nun den Einfluß auf das Rezipientenverhalten betrifft, so zeigten entsprechende Auswertungen, daß das Merkmal Haushaltsgröße[247] nur sehr schwach mit den hier relevanten Variablen der Mediennutzung und Medienbe-

247 Hier brauchte nur die in zwei Kategorien zusammengefaßte Haushaltsgröße (alleinstehend bzw. nicht alleinstehend) betrachtet zu werden, da Personen in Zwei-, Drei-, Vier- und Fünf-Personen-Haushalten jeweils etwa gleich stark überrepräsentiert sind. Der Unterschied besteht demnach vorwiegend zwischen Alleinstehenden und Personen aus Mehr-Personen-Haushalten.

wertung zusammenhängt. Untersucht wurden dabei 15 abhängige Variablen: Nutzungsdauer und Stichtagnutzung jeweils für Fernsehen, Radio und Tageszeitung; Nutzungshäufigkeit jeweils für Fernsehen und Radio; generelle Einstellung (Index) und Bindung (Grad, zu dem das Medium vermißt würde) jeweils für Fernsehen, Radio und Tageszeitung; zusätzlich die generelle Einstellung gegenüber allen drei tagesaktuellen Medien. Es wurden multiple Regressionsanalysen mit Dummy-Variablen auf der Basis der zusammengelegten Daten aller (bzw. nur der vier letzten)[248] Stichproben durchgeführt, wobei das Erhebungsjahr jeweils kontrolliert wurde.

Wenn zusätzlich Alter (gruppiert), Bildung und Geschlecht kontrolliert wurden[249], ergab sich in sieben der 15 Fälle ein — bei konventionellem Vorgehen — signifikanter ($p < 0{,}05$) Effekt des Single-Status.[250] In acht Fällen trat auch bei Analysen ohne Kontrolle von Alter, Bildung und Geschlecht ein signifikanter Effekt auf. Aber selbst die signifikanten Effekte (deren Zahl hier eher überschätzt wird) waren immer noch relativ schwach.[251]

Einige Beispielrechnungen zeigen, wie wenig die Verzerrung des Alleinstehenden-Anteils die Mediennutzung im Mittel beeinflußt. Die folgenden Angaben setzen jeweils voraus, daß neben dem Erhebungsjahr Alter, Bildung und Geschlecht kontrolliert sind, beziehen sich also auf Teilgruppen mit identischen Ausprägungen dieser Merkmale. Die größten unter den signifikanten Effekten des Single-Status treten bei der Fernsehnutzungsdauer (Alleinstehende

248 Die Stichprobe 1970 wurde bei den Analysen der Nutzungsdauer von Fernsehen und Radio nicht berücksichtigt, weil die zur Verfügung stehenden Daten dieses Jahres bei den betreffenden Variablen offenbar fehlerhaft sind (vgl. Anhang 1.16).

249 Insbesondere die Kontrolle von Alter ist dabei wichtig, da Alter hier Gewichtungsvariable ist und auch in Kohortenanalysen praktisch immer kontrolliert ist. Findet man unter Kontrolle von Alter keinen signifikanten Effekt des Single-Status, so sind auch bei den Kohortenanalysen keine Verzerrungen zu erwarten. Die Kontrolle von Alter hat vor allem deshalb Einfluß auf den Effekt des Single-Status, weil der Alleinstehenden-Anteil bei den Älteren besonders hoch liegt. Bei abhängigen Variablen, bei denen die älteren Personen deutlich höhere Werte aufweisen (wie z. B. der Fernsehnutzung), wird der Effekt des Single-Status durch die Kontrolle von Alter stark verändert, und zwar in negativer Richtung. Mit Alter und dem Erhebungsjahr ist hier im übrigen zugleich auch die Kohortendimension (linear) kontrolliert.

250 Nur bei den Medien Fernsehen (Nutzungshäufigkeit, Stichtagnutzung, Nutzungsdauer) und Tageszeitung (alle untersuchten Variablen) traten signifikante Effekte des Single-Status auf, und zwar durchweg negativ gerichtete (d. h. der mittlere Wert der Alleinstehenden liegt ceteris paribus jeweils signifikant niedriger).

251 Hierbei ist zu berücksichtigen, daß die Gesamtstichprobe bei diesen Analysen eine Größe von etwa 9.500 hat.

nutzen im Mittel 10 Minuten weniger) und bei der Stichtagnutzung von Fernsehen und Tageszeitung (Tagesreichweite bei den Alleinstehenden jeweils rund 10 Prozentpunkte niedriger) auf. Nun sind die Alleinstehenden um etwa 4 Prozentpunkte unterrepräsentiert. Daraus folgt dann eine Verzerrung von nur 0,4 Minuten beim Mittelwert der Fernsehnutzungsdauer bzw. von nur 0,4 Prozentpunkten bei der Reichweite des Fernsehens und der Tageszeitung.

Alles in allem erscheint diese Stichprobenverzerrung angesichts ihrer relativ geringen Stärke im Rahmen der vorliegenden Untersuchung vernachlässigbar. Hinzu kommt, daß es sich um eine Verzerrung handelt, die bei allen Querschnitten in der gleichen Richtung und in zumindest ungefähr gleicher Größe auftritt und die auch weitgehend unabhängig vom Alter ist. Aussagen über Entwicklungen der Nutzung und auch Kohortenanalysen werden demnach nicht grundsätzlich beeinträchtigt.

2.11 Abschließende Bemerkungen zur Neugewichtung

Man könnte nun vermuten, durch die Neugewichtung und die damit zusammenhängenden Korrekturen müßte es in den Ergebnissen zu deutlichen Unterschieden gegenüber den Primärauswertungen der Langzeitstudie Massenkommunikation kommen. Dies ist jedoch nicht der Fall. Zumindest bei Vergleichen aggregierter Werte (z. B. Tagesreichweiten der Medien in einzelnen Altersgruppen) sind die Unterschiede meistens eher gering. Der Grund dafür ist vor allem der, daß die beiden hauptsächlichen Korrekturen — die Neugewichtung nach Bildung und die Neukonzeption von Bildung — einander in ihrer Wirkung auf diese aggregierten Altersgruppenwerte tendenziell aufheben. Denn während durch die Neugewichtung die oberen Bildungskategorien nunmehr schwächer in der Stichprobe vertreten sind (diese Korrektur ist besonders stark für die unteren Altersgruppen), bewirkt die Umstellung auf den voraussichtlich erreichten Schulabschluß in den beiden untersten Altersgruppen einen Zuwachs bei den beiden oberen Bildungskategorien.

Anhang 3: Zur Problematik der komplexen Stichproben

Bei den Stichproben der Langzeitstudie Massenkommunikation handelt es sich um mehrstufige Klumpenstichproben mit mehrfacher Schichtung auf der ersten Auswahlstufe. Von der Anlage der Auswahl her sind die Stichproben Haushaltsstichproben; erst nach einer Gewichtung der Daten kann auf der Personenebene ausgewertet werden (vgl. auch Anhang 2). Bei solchen komplexen Stichproben sind die Schätzer für Statistiken wie Mittelwerte, Prozentsatzdifferenzen, Regressionskoeffizienten usw. zwar unverzerrt, jedoch ist der Designeffekt (deff bzw. $deft^2$) für die meisten Statistiken > 1, der jeweilige Standardfehler wird also tendenziell unterschätzt (vgl. Kish 1987).

Werden die auf der Annahme uneingeschränkter Zufallsauswahl basierenden Testverfahren eingesetzt, so gelangt man hier bei gleichem Wert der Statistik (z. B. des Regressionskoeffizienten) eher zu statistisch signifikanten Ergebnissen als bei einfachen Zufallsstichproben. Anders ausgedrückt: Die tatsächliche Irrtumswahrscheinlichkeit bei statistischen Tests ist in solchen Fällen höher als angenommen. So ist z. B. ein unter der Annahme von deff $= 1$ auf dem 5-%-Niveau gerade noch signifikanter Wert bei deff $= 2$ tatsächlich nur noch auf dem 17-%-Niveau signifikant (vgl. Skinner 1989, S. 28 ff.; siehe auch Kish 1987, S. 200).

Mittlerweile existieren sogar für viele multivariate Analyseverfahren Methoden, die es erlauben, die korrekten Standardfehler der Parameterschätzwerte im Falle komplexer Stichproben zu ermitteln (vgl. Holt, Smith und Winter 1980; Kish 1987; Lee, Forthofer und Lorimor 1986, 1989; Nathan und Holt 1980; Skinner, Holt und Smith 1989). Aus verschiedenen Gründen sind diese Methoden aber hier nicht anwendbar. Grundsätzliche Voraussetzung ist nämlich die genaue Kenntnis der Anlage der Stichprobe. Die Stichprobenanlage ist allerdings bei den frühen Erhebungen der Langzeitstudie nicht mehr in allen Einzelheiten rekonstruierbar. Des weiteren setzen diese Methoden voraus, daß die Schichtzugehörigkeit (und die Klumpenzugehörigkeit) jeder Untersuchungseinheit in den Daten identifizierbar ist (vgl. Lee, Forthofer und Lorimor 1989, S. 45). Für das Jahr 1970 fehlen jedoch in dem entsprechenden Datensatz der Langzeitstudie die Schichtungsvariablen Ortsgrößenklasse und Bundesland (vgl. auch Anhang 2.4).

In der Praxis behilft man sich oftmals mit relativ groben Korrekturmaßnahmen. Dabei wird im einfachsten Fall für alle Variablen einer Erhebung pauschal ein bestimmter Wert für den Designfaktor deft (vgl. Skinner 1989), den man gar nicht oder jedenfalls nicht für jede einzelne Variable exakt bestimmen kann oder will, angenommen.[252] Dieser Wert, meistens ein in vergleichbaren Fällen errechneter Wert oder ein aus der Literatur übernommener Erfahrungswert, dient dann zur (multiplikativen) Korrektur der Standardfehler von Schätzern. Häufig wird dazu der Faktor $\sqrt{2}$ verwendet (vgl. etwa Böltken 1976, S. 369 ff.); diese Korrektur unterstellt einen Designeffekt der Größe 2.

Bei komplizierten Statistiken bietet sich statt dessen eine Korrektur über die sogenannte effektive Stichprobengröße an (vgl. dazu Kish 1987, S. 204 f.; Skinner 1989, S. 31). Zu diesem Zweck würde man die Stichprobe (zusätzlich zu dem ohnehin verwendeten Stichprobengewicht) hier mit dem Faktor 0,5 gewichten; auch dies entspricht einem Designfaktor von $\sqrt{2}$. Eine weitere Möglichkeit besteht darin, vorsichtshalber bei Signifikanztests ein höheres Signifikanzniveau (etwa 0,01 statt 0,05 bzw. 0,10) zugrundezulegen. Bei diesen groben, pauschalen Korrekturen kann es jedoch vorkommen, daß im Einzelfall der tatsächliche Designeffekt überschätzt wird; dies entspricht einem erhöhten β-Fehler beim statistischen Test.

Im Rahmen der vorliegenden Untersuchung spielen Signifikanztests aufgrund der Identifikationsproblematik der APK-Analyse keine allzu große Rolle (vgl. Kupper, Janis, Karmous und Greenberg 1985a; Peiser 1991).[253] Außerdem ist der Designeffekt bei komplexeren Statistiken (wie Regressions- oder Logit-Koeffizienten) anscheinend durchweg schwächer als beispielsweise bei Mittel-

---

252 Hierbei ist zu beachten, daß der Designeffekt bei verschiedenen Variablen höchst unterschiedlich ausfallen kann. Er wird beispielsweise für die Variablen Alter und Geschlecht, bei denen Klumpeneffekte typischerweise schwach sind, sehr viel kleiner sein als etwa bei Variablen, die mit sozialer Schicht assoziiert sind.

253 Signifikanztests in APK-Modellen sind für einzelne Effekte strenggenommen immer nur unter bestimmten (restriktiven) Annahmen möglich, den gleichen Annahmen, die auch für die valide Ermittlung der Effekte nötig sind. So erlaubt z. B. das Modell, das allein den Faktor Alter enthält, nur unter der Annahme, daß Perioden- und Kohorteneffekt Null sind, einen Test des Alterseffektes. Und das Modell mit den Faktoren Alter und Periode läßt nur dann Tests dieser beiden Faktoren zu, wenn die Annahme getroffen werden kann, daß die lineare Komponente des Kohorteneffektes Null ist. Im Modell mit drei Faktoren schließlich kommt es ebenfalls auf eine korrekte Identifikation an (die wiederum richtige Annahmen voraussetzt). Ohne Annahmen testbar sind (außer bestimmten *Kombinationen* von Effekten) nur die nichtlinearen Komponenten der drei Effekte (vgl. Rodgers 1982a). Und auch dabei treten im Detail Probleme auf: So wird durch den Vergleich des vollständigen APK-Modells mit dem Modell, das nur Alters- und Periodeneffekt enthält, die Stärke der nichtlinearen Komponente des Kohorteneffektes eher *über*schätzt, da die Koeffizienten der beiden Randkohorten den Daten perfekt angepaßt werden.

werten (vgl. Kish 1987). Daher soll hier zwar auf eine pauschale Korrektur verzichtet werden. Ergebnisse von Signifikanztests sind dann allerdings entsprechend vorsichtig zu interpretieren.

Ein weiterer Grund dafür, bei der Interpretation von Signifikanztests vorsichtig zu sein, liegt darin, daß der Designeffekt in den Stichproben der einzelnen Erhebungen der Langzeitstudie nicht immer gleich groß ist. Daß mit Designeffekten > 1 zu rechnen ist, hat damit zu tun, daß erfahrungsgemäß Klumpeneffekte stärker als etwaige Schichtungseffekte zu Buche schlagen (vgl. Kish 1987). Und die Größe des Klumpeneffektes nimmt mit wachsender Klumpengröße zu. Die Klumpengröße — und damit auch die Größe des jeweiligen Designeffektes — ist aber nicht in allen Erhebungen der Langzeitstudie gleich (vgl. Infratest 1970; Infratest Kommunikationsforschung 1986, 1991; Infratest Medienforschung 1975, 1981): Legt man die durchschnittliche Zahl der pro Sampling-Point *durchgeführten* (und ausgewerteten) Interviews zugrunde, so ergeben sich mittlere Klumpengrößen von 7,3 (1970), 4,9 (1980), 4,9 (1985) und 4,8 (1990). Für die Erhebung 1974 lagen die für diese Berechnung notwendigen Informationen nicht vollständig vor. Es kann aber davon ausgegangen werden, daß die Klumpengröße hier in der gleichen Größenordnung wie 1970 liegt, da die Stichprobenanlagen dieser beiden Erhebungen auch sonst weitgehend gleich sind. Von daher dürfte der Designeffekt 1970 (und wahrscheinlich auch 1974) stärker ausfallen als in den Erhebungen danach.

Zum Teil aus diesen Gründen, teilweise auch aufgrund der Verteilungseigenschaften der verwendeten Teststatistiken sind alle in den Analysen dieser Untersuchung durchgeführten Signifikanztests approximativ.

Literaturverzeichnis

Abels, H. (1993): Jugend vor der Moderne: Soziologische und psychologische Theorien des 20. Jahrhunderts. Opladen: Leske + Budrich

Allerbeck, K.; Hoag, W. J. (1985): Jugend ohne Zukunft? Einstellungen, Umwelt, Lebensperspektiven. München: Piper

Andreß, H.-J.; Popken, H. (1992): Bessere Ergebnisse durch Gewichtung? In: H.-J. Andreß; J. Huinink; H. Meinken; D. Rumianek; W. Sodeur; G. Sturm (Hrsg.): Theorie, Daten, Methoden: Neue Modelle und Verfahrensweisen in den Sozialwissenschaften. München: Oldenbourg (S. 221-242)

ARD (Hrsg.) (1965): Rundfunkanstalten und Tageszeitungen: Eine Materialsammlung. Dokumentation 1: Tatsachen und Meinungen. Frankfurt am Main

Arminger, G. (1990): Pflicht- versus Freiwilligenerhebung im Mikrozensus. In: Allgemeines Statistisches Archiv 74, Nr. 2, S. 161-187

Association des âges (1983): Télématique: Le choc des générations? Paris: Economica

Atkin, C. K. (1976): Mass Media and the Aging. In: H. J. Oyer; E. J. Oyer (Hrsg.): Aging and Communication. Baltimore: University Park Press (S. 99-118)

Attias-Donfut, C. (1978): Freizeit, Lebensablauf und Generationenbildung. In: L. Rosenmayr (Hrsg.): Die menschlichen Lebensalter. München: Piper (S. 354-375)

Avery, R. K. (1979): Adolescents' Use of the Mass Media. In: American Behavioral Scientist 23, Nr. 1, S. 53-70

Baacke, D.; Sander, U.; Vollbrecht, R. (1988): Sozialökologische Jugendforschung und Medien: Rahmenkonzept, Perspektiven, erste Ergebnisse. In: Publizistik 33, Nr. 2-3, S. 223-242

Barnett, G. A.; Chang, H.-J.; Fink, E. L.; Richards, W. D., Jr. (1991): Seasonality in Television Viewing: A Mathematical Model of Cultural Processes. In: Communication Research 18, Nr. 6, S. 755-772

Barton, R. L.; Schreiber, E. (1978): Media and Aging: A Critical Review of an Expanding Field of Communication Research. In: Central States Speech Journal 29, S. 173-186

Barwise, P.; Ehrenberg, A. (1988): Television and its Audience. London: Sage

Basil, M. D. (1990): Primary News Source Changes: Question Wording, Availability, and Cohort Effects. In: Journalism Quarterly 67, Nr. 4, S. 708-722

Bass, F. M.; Tigert, D. J.; Lonsdale, R. T. (1968): Market Segmentation: Group Versus Individual Behavior. In: Journal of Marketing Research 5, S. 264-270

Beck, U. (1986): Risikogesellschaft: Auf dem Weg in eine andere Moderne. Frankfurt am Main: Suhrkamp

Becker, H. A. (1989): Generationen, Handlungsspielräume und Generationspolitik. In: A. Weymann (Hrsg.): Handlungsspielräume: Untersuchungen zur Individualisierung und Institutionalisierung von Lebensläufen in der Moderne. Stuttgart: Enke (S. 76-89)

Becker, L. B. (1989): Secondary Analysis. In: G. H. Stempel III; B. H. Westley (Hrsg.): Research Methods in Mass Communication, 2. Auflage. Englewood Cliffs, NJ: Prentice Hall (S. 247-261)

Becker, L. B.; Schoenbach, K. (Hrsg.) (1989): Audience Responses to Media Diversification: Coping with Plenty. Hillsdale, NJ: Erlbaum

Beentjes, J. W. J.; van der Voort, T. H. A. (1989): Television and Young People's Reading Behaviour: A Review of Research. In: European Journal of Communication 4, Nr. 1, S. 51-77

Bennett, M. J. (1985): Constraints on Leisure in Middle Age. In: M. G. Wade (Hrsg.): Constraints on Leisure. Springfield, IL: Thomas (S. 319-333)

Bentele, G. (1988): Der Faktor Glaubwürdigkeit: Forschungsergebnisse und Fragen für die Sozialisationsperspektive. In: Publizistik 33, Nr. 2-3, S. 406-426

Berger, B. M. (1960): How Long Is a Generation? In: British Journal of Sociology 11, S. 10-23

Berger, B. M. (1984): The Resonance of the Generation Concept. In: V. Garms-Homolová; E. M. Hoerning; D. Schaeffer (Hrsg.): Intergenerational Relationships. Lewiston, NY: Hogrefe (S. 219-227)

Bessler, H. (1980): Hörer- und Zuschauerforschung. München: Deutscher Taschenbuch-Verlag

Bessler, H. (1986): Wanted: Neue Ansätze für Trendanalysen. In: W. A. Mahle (Hrsg.): Langfristige Medienwirkungen. Berlin: Spiess (S. 89-94)

Binstock, R. H.; Shanas, E. (Hrsg.) (1985): Handbook of Aging and the Social Sciences, 2. Auflage. New York: Van Nostrand Reinhold

Birren, J. E.; Schaie, K. W. (Hrsg.) (1990): Handbook of the Psychology of Aging, 3. Auflage. San Diego: Academic Press

Block, J. (1981): Some Enduring and Consequential Structures of Personality. In: A. I. Rabin; J. Aronoff; A. M. Barclay; R. A. Zucker (Hrsg.): Further Explorations in Personality. New York: Wiley (S. 27–43)

Blücher, V. Graf (1966): Die Generation der Unbefangenen: Zur Soziologie der jungen Menschen heute. Düsseldorf: Diederichs

Böltken, F. (1976): Auswahlverfahren: Eine Einführung für Sozialwissenschaftler. Stuttgart: Teubner

Bogart, L. (1989): Press and Public: Who Reads What, When, Where, and Why in American Newspapers, 2. Auflage. Hillsdale, NJ: Erlbaum

Bonfadelli, H. (1981): Die Sozialisationsperspektive in der Massenkommunikationsforschung: Neue Ansätze, Methoden und Resultate zur Stellung der Massenmedien im Leben der Kinder und Jugendlichen. Berlin: Spiess

Bonfadelli, H. (1983): Kinder/Jugendliche und Massenkommunikation: Entwicklung, Stand und Perspektiven der Forschung zu Beginn der 80er Jahre. In: Media Perspektiven, Nr. 5, S. 313–324

Bonfadelli, H. (1989): Growing Up in a Changing Media Environment. In: EBU Review 40, Nr. 1, S. 28–37

Bonfadelli, H. (1990): Stand und Ergebnisse der Lese(r)forschung in der Schweiz. In: Stiftung Lesen: Lesen im internationalen Vergleich: Ein Forschungsgutachten der Stiftung Lesen für das Bundesministerium für Bildung und Wissenschaft, Teil 1. Mainz (S. 80–101)

Bonfadelli, H. (1992): Für Junge zu alt? Ergebnisse der Tageszeitungsforschung in der Schweiz. In: Media Spectrum 30, Nr. 1, S. 38–42

Bonfadelli, H.; Darkow, M.; Eckhardt, J.; Franzmann, B.; Kabel, R.; Meier, W.; Weger, H.-D.; Wiedemann, J. (1986): Jugend und Medien: Eine Studie der ARD/ZDF-Medienkommission und der Bertelsmann Stiftung. Frankfurt am Main: Metzner

Bonfadelli, H.; Fritz, A. (1993): Lesen im Alltag von Jugendlichen. In: H. Bonfadelli; A. Fritz; R. Köcher: Lesesozialisation, Band 2: Leseerfahrungen und Lesekarrieren. Studien der Bertelsmann Stiftung. Gütersloh: Verlag Bertelsmann Stiftung (S. 7–213)

Bower, R. T. (1973): Television and the Public. New York: Holt, Rinehart and Winston

Bower, R. T. (1985): The Changing Television Audience in America. New York: Columbia University Press

Brandt, W. (1989): Strategien für Rundfunkanstalten: Strategische Entwicklungsmöglichkeiten der öffentlich-rechtlichen Rundfunkanstalten. Frankfurt am Main: Lang (zugl. Diss., Univ. Tübingen, 1989)

Brandtstädter, J. (1990): Entwicklung im Lebensablauf. Ansätze und Probleme der Lebensspannen-Entwicklungspsychologie. In: K. U. Mayer (Hrsg.): Lebensverläufe und sozialer Wandel. Opladen: Westdeutscher Verlag (Kölner Zeitschrift für Soziologie und Sozialpsychologie, Sonderheft 31) (S. 322-350)

Brepohl, K. (1983): Telematik: Die Grundlage der Zukunft. Bergisch Gladbach: Bastei-Lübbe

Brody, E. W. (1990): Communication Tomorrow: New Audiences, New Technologies, New Media. Westport, CT: Praeger

Brown, J. R.; Cramond, J. K.; Wilde, R. J. (1974): Displacement Effects of Television and the Child's Functional Orientation to Media. In: J. G. Blumler; E. Katz (Hrsg.): The Uses of Mass Communications: Current Perspectives on Gratifications Research. Beverly Hills, CA: Sage (S. 93-112)

Bunk, B. (1991): Positionierung: Freiräume virtuos nutzen. In: Absatzwirtschaft, Nr. 7, S. 30-40

Buß, M. (1982): Die Massenmedien — Begleiter bei Arbeit und Freizeit an den Werktagen Montag bis Freitag: Ergebnisse einer teleskopie-Untersuchung im Winter 1981/82. In: Media Perspektiven, Nr. 9, S. 584-596

Carlsson, G.; Karlsson, K. (1970): Age, Cohorts and the Generation of Generations. In: American Sociological Review 35, Nr. 4, S. 710-718

Carter, R. F.; Greenberg, B. S. (1965): Newspapers or Television: Which Do You Believe? In: Journalism Quarterly 42, S. 29-34

Chaffee, S. H. (1991): Communication Concepts 1: Explication. Newbury Park, CA: Sage

Chaffee, S. H.; McLeod, J. M.; Atkin, C. K. (1971): Parental Influences On Adolescent Media Use. In: American Behavioral Scientist 14, Nr. 3, S. 323-340

Charlton, M.; Neumann-Braun, K. (1992): Medienkindheit — Medienjugend: Eine Einführung in die aktuelle kommunikationswissenschaftliche Forschung. München: Quintessenz

Cobb, C. J. (1986): Patterns of Newspaper Readership among Teenagers. In: Communication Research 13, Nr. 2, S. 299-326

Cobb-Walgren, C. J. (1990): Why Teenagers Do Not „Read All About It". In: Journalism Quarterly 67, Nr. 2, S. 340-347

Cohn, R. (1972): On Interpretation of Cohort and Period Analyses: A Mathematical Note. In: M. W. Riley; M. Johnson; A. Foner: Aging and Society, Band 3: A Sociology of Age Stratification. New York: Russell Sage Foundation (S. 85-90)

Comstock, G.; Chaffee, S.; Katzman, N.; McCombs, M.; Roberts, D. (1978): Television and Human Behavior. New York: Columbia University Press

Costa, P. T., Jr.; McCrae, R. R. (1980): Still Stable after All These Years: Personality as a Key to Some Issues in Adulthood and Old Age. In: P. B. Baltes; O. G. Brim, Jr. (Hrsg.): Life-Span Development and Behavior, Band 3. New York: Academic Press (S. 65-102)

Crittenden, J. (1962): Aging and Party Affiliation. In: Public Opinion Quarterly 26, Nr. 4, S. 648-657

Cutler, N. E. (1969-1970): Generation, Maturation, and Party Affiliation: A Cohort Analysis. In: Public Opinion Quarterly 33, Nr. 4, S. 583-588

Cutler, S. J.; Hendricks, J. (1990): Leisure and Time Use across the Life Course. In: R. H. Binstock; L. K. George (Hrsg.): Handbook of Aging and the Social Sciences, 3. Auflage. San Diego: Academic Press (S. 169-185)

Danigelis, N. L.; Cutler, S. J. (1991): Cohort Trends in Attitudes about Law and Order: Who's Leading the Conservative Wave? In: Public Opinion Quarterly 55, S. 24-49

Danowski, J. A. (1975): An Information Theory of Communication Functions: A Focus on Informational Aging. Diss., Michigan State University

Danowski, J. A. (1981): Adult Life-Course Socialization to Communication Technologies: Aging, Cohort and Period Effects. Paper presented to the Mass Communication Division of the International Communication Association Annual Meetings, Minneapolis (als Manuskript vervielfältigt)

Danowski, J. A.; Ruchinskas, J. E. (1980): Media Channel Entropy: Age, Media Cohort, and Period Effects. Unveröffentlichtes Manuskript

Danowski, J. A.; Ruchinskas, J. E. (1983): Period, Cohort, and Aging Effects: A Study of Television Exposure in Presidential Election Campaigns, 1952-1980. In: Communication Research 10, Nr. 1, S. 77-96

Darschin, W.; Frank, B. (1991): Tendenzen im Zuschauerverhalten: Fernsehgewohnheiten und Fernsehreichweiten im Jahr 1990. In: Media Perspektiven, Nr. 3, S. 178-193

Davis, R. H. (1980): Television and the Aging Audience. Los Angeles: University of Southern California Press

Davis, R. H.; Davis, J. A. (1985): TV's Image of the Elderly: A Practical Guide for Change. Lexington, MA: Heath

Denk, F. (1989): 25 Thesen zur Zukunft des Lesens. In: Die Höhere Schule, 1989, Nr. 7, S. 200-204

De Volder, U. (1963): Die zukünftigen Funktionen des Hörfunks. In: Publizistik 8, Nr. 5, S. 422-430

Dimmick, J. W.; McCain, T. A.; Bolton, W. T. (1979): Media Use and the Life Span: Notes on Theory and Method. In: American Behavioral Scientist 23, Nr. 1, S. 7-31

DIVO-Institut/Infratest (1966): Massenkommunikation: Ergänzung oder Konkurrenz der Massenmedien? Untersuchungen und Meinungsumfragen. In: ARD (Hrsg.): Rundfunkanstalten und Tageszeitungen: Eine Materialsammlung. Dokumentation 4: Meinungsumfragen und Analysen. Frankfurt am Main (S. 1-117)

Dorsch, P. E. (1983): Was liest, sieht, hört die junge Generation? In: Bertelsmann Briefe Nr. 111/112, April 1983, S. 54-61

Dorsch, P. E. (1984): Die Zeitung, Medium des Alltags. Monographie zum Zeitungsstreik. München: Ölschläger

DuMouchel, W. H.; Duncan, G. J. (1983): Using Sample Survey Weights in Multiple Regression Analyses of Stratified Samples. In: Journal of the American Statistical Association 78, S. 535-543

Eckert, G.; Niehus, F. (Hrsg.) (1963): Zehn Jahre Fernsehen in Deutschland: Dokumentation — Analyse — Kritik. Frankfurt am Main: Verlag für Funk- und Fernsehpublizistik Fritz Niehus

Eckhardt, J.; Horn, I. (1988): Ältere Menschen und Medien: Eine Studie der ARD/ZDF-Medienkommission. Frankfurt am Main: Metzner

Edelstein, A. S. (1989): The Cultural and Comparative Context for Broadcasting: Heralding the Arrival of the „Keyboard Generation“. In: U. Saxer (Hrsg.): Unternehmenskultur und Marketing von Rundfunk-Unternehmen. Stuttgart: Kohlhammer (S. 89-106)

Engel, B.; Frank, B. (1987): Die Fernsehzuschauer 1985. In: K. Berg; M.-L. Kiefer (Hrsg.): Massenkommunikation III: Eine Langzeitstudie zur Mediennutzung und Medienbewertung 1964-1985. Frankfurt am Main: Metzner (S. 263-301)

Ernst, O. (1988): Zeitung von gestern für den Leser von morgen? Vermutungen über die Zukunft der Tageszeitungen. In: Die Zeitung im Jahr 2008. Eine Dokumentation über die Bedeutung der Zeitung in der Zukunft. Zusammenfassung der Referate des ofa-Seminars für Verleger- und Kommunikationsfachleute vom 27. Oktober 1988. Zürich: ofa Orell Füssli Werbe AG (S. 39-66)

Eurich, C. (1985): Computerkinder: Wie die Computerwelt das Kindsein zerstört. Reinbek bei Hamburg: Rowohlt

Eurich, C. (1988): Computer, neue Medien und Kultur: Informationstechnologien in den publizistischen und künstlerischen Berufen. Hamburg: VSA-Verlag

Eurich, C.; Würzberg, G. (1983): 30 Jahre Fernsehalltag: Wie das Fernsehen unser Leben verändert hat. Reinbek bei Hamburg: Rowohlt

Faber, R. J.; Brown, J. D.; McLeod, J. M. (1979): Coming of Age in the Global Village: Television and Adolescence. In: E. Wartella (Hrsg.): Children Communicating: Media and Development of Thought, Speech, Understanding. Beverly Hills, CA: Sage (S. 215-249)

Fajen, S. J. (1984): Get Ready for the Video Generation. In: Marketing & Media Decisions 19, Nr. 4, S. 59-61 und S. 116-120

Feilitzen, C. von (1976): The Functions Served by the Media: Report on a Swedish Study. In: R. Brown (Hrsg.): Children and Television. Beverly Hills, CA: Sage (S. 90-115)

Feilitzen, C. von (1991): Children's and Adolescents' Media Use: Some Methodological Reflections. In: J. A. Anderson (Hrsg.): Communication Yearbook 14. Newbury Park, CA: Sage (S. 91-101)

Feldmeier, S. (1991): Privat-Funk: Die Sender suchen ihre Zielgruppe. In: W & V, Nr. 42 (18. Oktober), S. 142-144

Fend, H. (1988): Sozialgeschichte des Aufwachsens: Bedingungen des Aufwachsens und Jugendgestalten im zwanzigsten Jahrhundert. Frankfurt am Main: Suhrkamp

Fienberg, S. E. (1989): Modeling Considerations: Discussion from a Modeling Perspective. In: D. Kasprzyk; G. Duncan; G. Kalton; M. P. Singh (Hrsg.): Panel Surveys. New York: Wiley (S. 566-574)

Fienberg, S. E.; Mason, W. M. (1978): Identification and Estimation of Age-Period-Cohort Models in the Analysis of Discrete Archival Data. In: K. F. Schuessler (Hrsg.): Sociological Methodology 1979. San Francisco: Jossey-Bass (S. 1-67)

Fienberg, S. E.; Mason, W. M. (1985): Specification and Implementation of Age, Period and Cohort Models. In: W. M. Mason; S. E. Fienberg (Hrsg.): Cohort Analysis in Social Research: Beyond the Identification Problem. New York: Springer (S. 45-88)

Forthofer, R. N.; Lehnen, R. G. (1981): Public Program Analysis: A New Categorical Data Approach. Belmont, CA: Lifetime Learning

Fouts, G. T. (1989): Television Use by the Elderly. In: Canadian Psychology 30, Nr. 3, S. 568-577

Frank, B. (1973): Tagesablauf und Mediennutzung der jugendlichen und erwachsenen Fernsehzuschauer. In: D. Stolte (Hrsg.): Das Fernsehen und sein Publikum: Studien zum Tagesablauf 1970/71. Mainz: v. Hase & Koehler (S. 67-199)

Frank, B. (1984): Einschalt- und Sehverhalten. In: ZDF (Hrsg.): ZDF Jahrbuch 1983. Mainz (S. 171-176)

Frank, B. (1985): Kinobesuch und Fernsehen: Daten, Fakten und einige Überlegungen zur Nutzung beider Medien. In: Media Perspektiven, Nr. 11, S. 784-790

Franke, H.-W. (1991): Wieviel Lesen braucht der Mensch? Vom Umgang mit Texten in der computerisierten Gesellschaft. In: Der Bundesminister für Bildung und Wissenschaft (Hrsg.): In Sachen Lesekultur. Bonn (S. 32-41)

Franz, G.; Klingler, W. (1991): Hörfunk zu Beginn der 90er Jahre: Trends und Analysen. In: Media Perspektiven, Nr. 8, S. 537-552

Franz, G.; Klingler, W.; Jäger, N. (1991): Die Entwicklung der Radionutzung 1968 bis 1990. In: Media Perspektiven, Nr. 6, S. 400-409

Fritz, A. (1988): Lesekompetenz. In: Publizistik 33, Nr. 2-3, S. 456-467

Fritz, A. (1991): Lesen im Medienumfeld. In: A. Fritz: Lesen im Medienumfeld: Eine Studie zur Entwicklung und zum Verhalten von Lesern in der Mediengesellschaft auf der Basis von Sekundäranalysen zur Studie „Kommunikationsverhalten und Medien" im Auftrag der Bertelsmann Stiftung. Gütersloh: Verlag Bertelsmann Stiftung (S. 9-97)

Fritz, A.; Suess, A. (1986): Lesen: Die Bedeutung der Kulturtechnik Lesen für den gesellschaftlichen Kommunikationsprozeß. Konstanz: Universitätsverlag Konstanz

Gabler, S.; Hoffmeyer-Zlotnik, J. H. P.; Krebs, D. (Hrsg.) (1994): Gewichtung in der Umfragepraxis. Opladen: Westdeutscher Verlag

Gehlen, A. (1986): Urmensch und Spätkultur: Philosophische Ergebnisse und Aussagen, 5. Auflage. Wiesbaden: AULA

Gehmacher, E. (1980): Trends der TV-Nutzung in Österreich. Wien: ORF

Gierl, H. (1989): Individualisierung und Konsum. In: Markenartikel 51, Nr. 8, S. 422-428

Glatzer, W.; Hartmann, D. M. (1993): Haushaltstechnisierung und Generationenbeziehungen. In: K. Lüscher; F. Schultheis (Hrsg.): Generationenbeziehungen in „postmodernen" Gesellschaften: Analysen zum Verhältnis von Individuum, Familie, Staat und Gesellschaft. Konstanz: Universitätsverlag Konstanz (S. 371–381)

Glenn, N. D. (1970): Problems of Comparability in Trend Studies with Opinion Poll Data. In: Public Opinion Quarterly 34, Nr. 1, S. 82–91

Glenn, N. D. (1974): Aging and Conservatism. In: Annals of the American Academy of Political and Social Science 415, S. 176–186

Glenn, N. D. (1976): Cohort Analysts' Futile Quest: Statistical Attempts to Separate Age, Period and Cohort Effects. In: American Sociological Review 41, S. 900–904

Glenn, N. D. (1977): Cohort Analysis. Beverly Hills, CA: Sage

Glenn, N. D. (1980): Values, Attitudes, and Beliefs. In: O. G. Brim, Jr.; J. Kagan (Hrsg.): Constancy and Change in Human Development. Cambridge, MA: Harvard University Press (S. 596–640)

Glenn, N. D. (1994): Television Watching, Newspaper Reading, and Cohort Differences in Verbal Ability. In: Sociology of Education 67, Nr. 3, S. 216–230

Glenn, N. D.; Hefner, T. (1972): Further Evidence on Aging and Party Identification. In: Public Opinion Quarterly 36, Nr. 1, S. 31–47

Goldstein, H. (1979): The Design and Analysis of Longitudinal Studies: Their Role in the Measurement of Change. London: Academic Press

Gordon, C.; Gaitz, C. M.; Scott, J. (1976): Leisure and Lives: Personal Expressivity across the Life Span. In: R. H. Binstock; E. Shanas (Hrsg.): Handbook of Aging and the Social Sciences. New York: Van Nostrand Reinhold (S. 310–341)

Greenfield, P.; Beagles-Roos, J. (1988): Radio vs. Television: Their Cognitive Impact on Children of Different Socioeconomic and Ethnic Groups. In: Journal of Communication 38, Nr. 2, S. 71–92

Greven, J. (1973): Grundzüge einer Soziologie des heutigen Lesers. In: A. C. Baumgärtner (Hrsg.): Lesen — Ein Handbuch. Hamburg: Verlag für Buchmarkt-Forschung (S. 149–171)

Groves, R. M. (1989): Survey Errors and Survey Costs. New York: Wiley

Hagenaars, J. A. (1990): Categorical Longitudinal Data: Log-Linear Panel, Trend, and Cohort Analysis. Newbury Park, CA: Sage

Hagenaars, J. A.; Cobben, N. P. (1978): Age, Cohort and Period: A General Model for the Analysis of Social Change. In: Netherlands' Journal of Sociology 14, S. 59-91

Haitovsky, Y. (1973): Regression Estimation from Grouped Observations. London: Griffin

Halefeldt, E. (1982): Freizeitbudgets ausgewählter privater Haushalte und Ausstattung mit langlebigen Gebrauchsgütern. In: Media Perspektiven, Nr. 9, S. 567-576

Haller, M. (1985): Der „Möchtegern-Leser": Über Widersprüche in der Reichweitenbestimmung von Tageszeitungen und den Versuch ihrer Auflösung. In: Media Perspektiven, Nr. 2, S. 148-155

Harrison, A. A. (1977): Mere Exposure. In: L. Berkowitz (Hrsg.): Advances in Experimental Social Psychology, Band 10. New York: Academic Press (S. 39-83)

Hartmann, P. H. (1989): Der Mikrozensus als Datenquelle für die Sozialwissenschaften. In: ZUMA-Nachrichten Nr. 24, Mai 1989, S. 6-25

Hartmann, P. H. (1990): Wie repräsentativ sind Bevölkerungsumfragen? Ein Vergleich des ALLBUS und des Mikrozensus. In: ZUMA-Nachrichten Nr. 26, Mai 1990, S. 7-30

Hartmann, P. H.; Schimpl-Neimanns, B. (1992): Sind Sozialstrukturanalysen mit Umfragedaten möglich? Analysen zur Repräsentativität einer Sozialforschungsumfrage. In: Kölner Zeitschrift für Soziologie und Sozialpsychologie 44, Nr. 2, S. 315-340

Hess, E.-M. (1974): Die Problematik von Stichtaguntersuchungen. In: K. C. Behrens (Hrsg.): Handbuch der Marktforschung. Wiesbaden: Gabler (S. 271-284)

Hess, E.-M. (1981): Leserschaftsforschung in Deutschland — Ziele, Methoden, Techniken. Offenburg: Burda

Heyde, C. von der (1994): Gewichtung am Beispiel: Einwohnermeldeamt versus Random Route. In: S. Gabler; J. H. P. Hoffmeyer-Zlotnik; D. Krebs (Hrsg.): Gewichtung in der Umfragepraxis. Opladen: Westdeutscher Verlag (S. 141-151)

Hickethier, K. (1980): Probleme der Fernsehgeschichte — Überlegungen zu ihrer Konstruktion und Rekonstruktion. In: H. Kreuzer (Hrsg.): Fernsehforschung — Fernsehkritik. Göttingen: Vandenhoeck & Ruprecht (Zeitschrift für Literaturwissenschaft und Linguistik, Beiheft 11) (S. 13-35)

Hickethier, K. (1982): Medienbiographien — Bausteine für eine Rezeptionsgeschichte. In: Medien + Erziehung 26, Nr. 4, S. 206-215

Himmelweit, H. T.; Oppenheim, A. N.; Vince, P. (1958): Television and the Child. London: Oxford University Press

Hobcraft, J.; Menken, J.; Preston, S. (1982): Age, Period, and Cohort Effects in Demography: A Review. In: Population Index 48, Nr. 1, S. 4-43

Hoem, J. M. (1989): The Issue of Weights in Panel Surveys of Individual Behavior. In: D. Kasprzyk; G. Duncan; G. Kalton; M. P. Singh (Hrsg.): Panel Surveys. New York: Wiley (S. 539-565)

Hoffmann, H. (1991): Lesen? Lesen! Ein Plädoyer für die Basis-Kulturtechnik des Fernsehzeitalters. In: Media Spectrum 29, Nr. 11, S. 44-50

Holt, D.; Smith, T. M. F. (1979): Post Stratification. In: Journal of the Royal Statistical Society A 142, Nr. 1, S. 33-46

Holt, D.; Smith, T. M. F.; Winter, P. D. (1980): Regression Analysis of Data from Complex Surveys. In: Journal of the Royal Statistical Society A 143, Nr. 4, S. 474-487

Hsia, H. J. (1988): Mass Communication Research Methods: A Step-by-Step Approach. Hillsdale, NJ: Erlbaum

Hsia, H. J. (1989): Introduction. In: J. L. Salvaggio; J. Bryant (Hrsg.): Media Use in the Information Age: Emerging Patterns of Adoption and Consumer Use. Hillsdale, NJ: Erlbaum (S. xv-xxviii)

Huinink, J. (1988): Methoden der explorativen Kohortenanalyse. In: Zeitschrift für Bevölkerungswissenschaft 14, Nr. 1, S. 69-87

Hurrelmann, B. (1987): Das Verschwinden der Erwachsenen aus der Leseerfahrung der Kinder. In: Börsenblatt für den Deutschen Buchhandel 43, Nr. 76 (22. September), S. 2506-2513

Hurrelmann, B.; Hammer, M.; Nieß, F. (1993): Lesesozialisation, Band 1: Leseklima in der Familie. Eine Studie der Bertelsmann Stiftung. Gütersloh: Verlag Bertelsmann Stiftung

Hyman, H. H. (1972): Secondary Analysis of Sample Surveys: Principles, Procedures, and Potentialities. New York: Wiley

Infratest (1970): Massenkommunikation 1970: Die Nutzung des Informationsangebotes und die Einstellung zu den Medien Fernsehen Tageszeitung Hörfunk. (Tabellenband.) München

Infratest Kommunikationsforschung (1986): Massenkommunikation 1985: Nutzung des Informationsangebotes und Einstellungen zu den Medien Fernsehen, Hörfunk und Tageszeitung. (Tabellenband.) München

Infratest Kommunikationsforschung (1991): Massenkommunikation 1990: Deutschland West. Tabellenband. München

Infratest Medienforschung (1975): Massenkommunikation 1974: Die Nutzung des Informationsangebotes und die Einstellung zu den Medien Fernsehen Hörfunk Tageszeitung. Tabellenband. München

Infratest Medienforschung (1978): Kommunikationsverhalten und Buch — Endbericht —. Eine Untersuchung im Auftrag der Bertelsmann Stiftung

Infratest Medienforschung (1980): Zeitungsnutzung und Leseverhalten: Daten zur gegenwärtigen Situation der Tageszeitungen in der Bundesrepublik Deutschland. München

Infratest Medienforschung (1981): Massenkommunikation 1980: Die Nutzung des Informationsangebotes und die Einstellung zu den Medien Fernsehen / Hörfunk / Tageszeitung. Tabellenband. München

Inglehart, R. (1971): The Silent Revolution in Europe: Intergenerational Change in Post-Industrial Societies. In: American Political Science Review 65, Nr. 4, S. 991-1017

Inglehart, R. (1977): The Silent Revolution: Changing Values and Political Styles Among Western Publics. Princeton, NJ: Princeton University Press

Inglehart, R. (1990): Culture Shift in Advanced Industrial Society. Princeton, NJ: Princeton University Press

Iso-Ahola, S. E. (1980): Toward a Dialectical Social Psychology of Leisure and Recreation. In: S. E. Iso-Ahola (Hrsg.): Social Psychological Perspectives on Leisure and Recreation. Springfield, IL: Thomas (S. 19-37)

Iso-Ahola, S. E.; Mannell, R. C. (1985): Social and Psychological Constraints on Leisure. In: M. G. Wade (Hrsg.): Constraints on Leisure. Springfield, IL: Thomas (S. 111-151)

Jarren, O.; Vowe, G. (1992): Die Krise der Tageszeitungen. In: Gegenwartskunde 41, Nr. 2, S. 165-178

Jeffres, L. W. (1980): Socialization for Mass Media Consumption. In: D. H. Smith; J. Macaulay; and Associates: Participation in Social and Political Activities: A Comprehensive Analysis of Political Involvement, Expressive Leisure Time, and Helping Behavior. San Francisco: Jossey-Bass (S. 244-256)

Jeffres, L. W. (1986): Mass Media: Processes and Effects. Prospect Heights, IL: Waveland Press

Jeffres, L. W.; Robinson, J. P. (1980): Participation in Mass Media Consumption. In: D. H. Smith; J. Macaulay; and Associates: Participation in Social and Political Activities: A Comprehensive Analysis of Political Involvement, Expressive Leisure Time, and Helping Behavior. San Francisco: Jossey-Bass (S. 257-277)

Jenke, M. (1975): Die Zukunft des Hörfunks: Ein Beispiel struktureller Modellplanung. In: U. Magnus (Hrsg.): Massenmedien in der Prognose: Konzepte und Modelle für die Zukunft, 2. Auflage. Berlin: Spiess (S. 26-39)

Jennings, M. K.; Niemi, R. G. (1975): Continuity and Change in Political Orientations: A Longitudinal Study of Two Generations. In: American Political Science Review 69, Nr. 4, S. 1316-1335

Jennings, M. K.; Niemi, R. G. (1981): Generations and Politics: A Panel Study of Young Adults and Their Parents. Princeton, NJ: Princeton University Press

Kalton, G. (1983): Models in the Practice of Survey Sampling. In: International Statistical Review 51, S. 175-188

Kalton, G. (1989): Modeling Considerations: Discussion from a Survey Sampling Perspective. In: D. Kasprzyk; G. Duncan; G. Kalton; M. P. Singh (Hrsg.): Panel Surveys. New York: Wiley (S. 575-585)

Kertzer, D. I. (1983): Generation as a Sociological Problem. In: Annual Review of Sociology 9, S. 125-149

ki. (1975a): Massenkommunikation 1964-1974: Trendanalyse zur Nutzung und Rolle der tagesaktuellen Medien (I). In: Media Perspektiven, Nr. 5, S. 185-198

ki. (1975b): Massenkommunikation 1964-1974: Trendanalyse zur Nutzung der tagesaktuellen Medien als Träger politischer Information (II). In: Media Perspektiven, Nr. 6, S. 259-273

ki. (1975c): Massenkommunikation 1964-1974 (III): Der Informationsprozeß — Bindung an die Medien und ihre Angebote. In: Media Perspektiven, Nr. 7, S. 313-328

ki. (1975d): Massenkommunikation 1964-1974 (IV): Das Image der Medien. In: Media Perspektiven, Nr. 9, S. 413-424

ki. (1975e): Massenkommunikation 1964-1974 (Schluß): Zusammenfassung der wichtigsten Ergebnisse. In: Media Perspektiven, Nr. 10, S. 457-466

Kiefer, M.-L. (1978): Massenkommunikation 1964—1970—1974: Daten zur Nutzung und zur Beurteilung der Medien Fernsehen, Hörfunk und Tageszeitung. In: K. Berg; M.-L. Kiefer (Hrsg.): Massenkommunikation: Eine Langzeitstudie zur Mediennutzung und Medienbewertung. Mainz: v. Hase & Koehler (S. 41-321)

Kiefer, M.-L. (1982): Massenkommunikation 1964-1980. In: K. Berg; M.-L. Kiefer (Hrsg.): Massenkommunikation II: Eine Langzeitstudie zur Mediennutzung und Medienbewertung 1964-1980. Frankfurt am Main: Metzner (S. 7-198)

Kiefer, M.-L. (1985): Homogenisierung und Differenzierung kommunikativer Verhaltensmuster. In: U. Saxer (Hrsg.): Gleichheit oder Ungleichheit durch Massenmedien? Homogenisierung — Differenzierung der Gesellschaft durch Massenkommunikation. München: Ölschläger (S. 171-181)

Kiefer, M.-L. (1987): Massenkommunikation III. In: K. Berg; M.-L. Kiefer (Hrsg.): Massenkommunikation III: Eine Langzeitstudie zur Mediennutzung und Medienbewertung 1964-1985. Frankfurt am Main: Metzner (S. 9-261)

Kiefer, M.-L. (1988): Freizeitsozialisation und Fernsehen. In: Publizistik 33, Nr. 2-3, S. 264-276

Kiefer, M.-L. (1989): Medienkomplementarität und Medienkonkurrenz: Notizen zum weitgehend ungeklärten „Wettbewerbsverhältnis" der Medien. In: M. Kaase; W. Schulz (Hrsg.): Massenkommunikation: Theorien, Methoden, Befunde. Opladen: Westdeutscher Verlag (Kölner Zeitschrift für Soziologie und Sozialpsychologie, Sonderheft 30) (S. 337-350)

Kiefer, M.-L. (1991): Massenkommunikation 1990. In: Media Perspektiven, Nr. 4, S. 244-261

Kiefer, M.-L. (1992): Massenkommunikation IV. In: K. Berg; M.-L. Kiefer (Hrsg.): Massenkommunikation IV: Eine Langzeitstudie zur Mediennutzung und Medienbewertung 1964-1990. Baden-Baden: Nomos

Kirschner, H.-P. (1984): ALLBUS 1980: Stichprobenplan und Gewichtung. In: K. U. Mayer; P. Schmidt (Hrsg.): Allgemeine Bevölkerungsumfrage der Sozialwissenschaften: Beiträge zu methodischen Problemen des ALLBUS 1980. Frankfurt: Campus (S. 114-182)

Kish, L. (1987): Statistical Design For Research. New York: Wiley

Kitagawa, E. M.; Hauser, P. M. (1973): Differential Mortality in the United States: A Study in Socioeconomic Epidemiology. Cambridge, MA: Harvard University Press

Klecka, W. R. (1971): Applying Political Generations to the Study of Political Behavior: A Cohort Analysis. In: Public Opinion Quarterly 35, Nr. 3, S. 358-373

Kleiber, D. A.; Kelly, J. R. (1980): Leisure, Socialization, and the Life Cycle. In: S. E. Iso-Ahola (Hrsg.): Social Psychological Perspectives on Leisure and Recreation. Springfield, IL: Thomas (S. 91-137)

Kleiber, D. A.; Rickards, W. H. (1985): Leisure and Recreation in Adolescence: Limitation and Potential. In: M. G. Wade (Hrsg.): Constraints on Leisure. Springfield, IL: Thomas (S. 289-317)

Klein, T. (1993): Soziale Determinanten der Lebenserwartung. In: Kölner Zeitschrift für Soziologie und Sozialpsychologie 45, Nr. 4, S. 712-730

Klingler, W.; Groebel, J. (1994): Kinder und Medien 1990: Eine Studie der ARD/ZDF-Medienkommission. Baden-Baden: Nomos

Köcher, R. (1988): Familie und Lesen: Eine Untersuchung über den Einfluß des Elternhauses auf das Leseverhalten. In: Archiv für Soziologie und Wirtschaftsfragen des Buchhandels 63 (Redaktionelle Beilage zum Börsenblatt für den Deutschen Buchhandel, Frankfurter Ausgabe, Nr. 82 vom 14. Oktober 1988), S. W 2275 - W 2364

Köhler, A. (1989): Nutzung der Massenmedien im Wandel. In: Bayerische Landeszentrale für neue Medien (Hrsg.): BLM Rundfunkkongreß 1988. Dokumentation. München: BLM (S. 21-28)

Kohli, M. (1982): Lebenslauftheoretische Ansätze in der Sozialisationsforschung. In: K. Hurrelmann; D. Ulich (Hrsg.): Handbuch der Sozialisationsforschung, 2. Auflage. Weinheim: Beltz (S. 299-317)

Kojima, K. (1986): Generational Change and Journalism — Methodology and Tentative Analysis —. In: Studies of Broadcasting 22, S. 79-105

Koschnick, W. J. (1988): Standard-Lexikon für Mediaplanung und Mediaforschung. München: Saur

Koszyk, K. (1986): Medien und die Zukunft des Journalismus. In: B.-J. Martini (Hrsg.): Journalisten-Jahrbuch '87. München: Ölschläger (S. 75-80)

Kroeber-Riel, W. (1987): Informationsüberlastung durch Massenmedien und Werbung in Deutschland: Messung — Interpretation — Folgen. In: Die Betriebswirtschaft 47, Nr. 3, S. 257-264

Krosnick, J. A.; Alwin, D. F. (1989): Aging and Susceptibility to Attitude Change. In: Journal of Personality and Social Psychology 57, Nr. 3, S. 416-425

Krotz, F. (Rezensent) (1993): „Klaus Berg / Marie-Luise Kiefer (Hrsg.): Massenkommunikation IV. Eine Langzeitstudie zur Mediennutzung und Medienbewertung 1964-1990. Baden-Baden: Nomos, 1992". In: Rundfunk und Fernsehen 41, Nr. 2, S. 245-246

Kubey, R. W. (1980): Television and Aging: Past, Present, and Future. In: The Gerontologist 20, Nr. 1, S. 16-35

Kubey, R.; Csikszentmihalyi, M. (1990): Television and the Quality of Life: How Viewing Shapes Everyday Experience. Hillsdale, NJ: Erlbaum

Kübler, H.-D. (1982): Medienbiographien — ein neuer Ansatz der Rezeptionsforschung? In: Medien + Erziehung 26, Nr. 4, S. 194-205

Kübler, H.-D.; Burkhardt, W.; Graf, A. (1991): Ältere Menschen und neue Medien: Eine Rezeptionsstudie zum Medienverhalten und zur Medienkompetenz älterer Menschen in Hamburg und Umgebung. Berlin: VISTAS

Kupper, L. L.; Janis, J. M.; Karmous, A.; Greenberg, B. G. (1985a): Statistical Age-Period-Cohort Analysis: A Review and Critique. In: Journal of Chronic Diseases 38, Nr. 10, S. 811-830

Kupper, L. L.; Janis, J. M.; Karmous, A.; Greenberg, B. G. (1985b): Authors' Reply. In: Journal of Chronic Diseases 38, Nr. 10, S. 837-840

Kupper, L. L.; Janis, J. M.; Salama, I. A.; Yoshizawa, C. N.; Greenberg, B. G. (1983): Age-Period-Cohort Analysis: An Illustration of the Problems in Assessing Interaction in One Observation Per Cell Data. In: Communications in Statistics — Theory and Methods 12, Nr. 23, S. 2779-2807

Labouvie, E. W.; Nesselroade, J. R. (1985): Age, Period, and Cohort Analysis and the Study of Individual Development and Social Change. In: J. R. Nesselroade; A. von Eye (Hrsg.): Individual Development and Social Change: Explanatory Analysis. Orlando: Academic Press (S. 189-212)

Lambert, T. A. (1972): Generations and Change: Toward a Theory of Generations as a Force in Historical Process. In: Youth & Society 4, Nr. 4, S. 21-45

Langenbucher, W. R. (1986a): Fernsehen als epochales Phänomen. Oder: Vom Nutzen der Kulturkritik für die Erforschung langfristiger Medienwirkungen. In: W. A. Mahle (Hrsg.): Langfristige Medienwirkungen. Berlin: Spiess (S. 69-81)

Langenbucher, W. R. (1986b): Mediennutzung und sozialer Wandel. In: Filmkunst Nr. 111/112, November 1986, S. 44-58

Langenbucher, W. R.; Räder, G.; Weiß, H.-J. (1978): Zur Notwendigkeit einer Neukonzeption der Massenkommunikationsforschung in der Bundesrepublik. In: K. Berg; M.-L. Kiefer (Hrsg.): Massenkommunikation: Eine Langzeitstudie zur Mediennutzung und Medienbewertung. Mainz: v. Hase & Koehler (S. 9-39)

Lavine, J. M.; Wackman, D. B. (1988): Managing Media Organizations: Effective Leadership of the Media. New York: Longman

Lazarsfeld, P. F. (1963): Afterword: Some Reflections on Past and Future Research on Broadcasting. In: G. A. Steiner: The People Look at Television: A Study of Audience Attitudes. New York: Knopf (S. 409-422)

Lee, E. S.; Forthofer, R. N.; Lorimor, R. J. (1986): Analysis of Complex Sample Survey Data: Problems and Strategies. In: Sociological Methods & Research 15, Nr. 1-2, S. 69-100

Lee, E. S.; Forthofer, R. N.; Lorimor, R. J. (1989): Analyzing Complex Survey Data. Newbury Park, CA: Sage

Lehtonen, J. (1988): The Information Society and the New Competence. In: American Behavioral Scientist 32, Nr. 2, S. 104-111

Lemish, D. (1987): Viewers in Diapers: The Early Development of Television Viewing. In: T. R. Lindlof (Hrsg.): Natural Audiences: Qualitative Research of Media Uses and Effects. Norwood, NJ: Ablex (S. 33-57)

Linder, S. B. (1970): The Harried Leisure Class. New York: Columbia University Press

Lipman, A. (1987): Leisure. In: G. L. Maddox (Hrsg.): The Encyclopedia of Aging. New York: Springer (S. 382-385)

Lott, S. (1985): Die Frauenzeitschriften von Hans Huffzky und John Jahr: Zur Geschichte der deutschen Frauenzeitschrift zwischen 1933 und 1970. Berlin: Spiess

Luger, K. (1985): Medien im Jugendalltag: Wie gehen die Jugendlichen mit Medien um — Was machen die Medien mit den Jugendlichen? Wien: Böhlau

Maddox, G. L.; Campbell, R. T. (1985): Scope, Concepts, and Methods in the Study of Aging. In: R. H. Binstock; E. Shanas (Hrsg.): Handbook of Aging and the Social Sciences, 2. Auflage. New York: Van Nostrand Reinhold (S. 3-31)

Magnus, U. (1981): Hörfunk — Alternative zum Fernsehen? In: J. Aufermann; W. Scharf; O. Schlie (Hrsg.): Fernsehen und Hörfunk für die Demokratie: Ein Handbuch über den Rundfunk in der Bundesrepublik Deutschland, 2. Auflage. Opladen: Westdeutscher Verlag (S. 265-274)

Maletzke, G. (1987): Aspekte der Medienzukunft: Wertewandel, Nutzungstrends, Veränderungen im Angebot. In: M. Grewe-Partsch; J. Groebel (Hrsg.): Mensch und Medien: Zum Stand von Wissenschaft und Praxis in nationaler und internationaler Perspektive. Zu Ehren von Hertha Sturm. München: Saur (S. 239-251)

Maletzke, G. (1988): Kulturverfall durch Fernsehen? Berlin: Spiess

Mannheim, K. (1928): Das Problem der Generationen. In: Kölner Vierteljahreshefte für Soziologie 7, Nr. 2, S. 157-185, und Nr. 3, S. 309-330

Marshall, V. W. (1983): Generations, Age Groups and Cohorts: Conceptual Distinctions. In: Canadian Journal on Aging 2, Nr. 2, S. 51-61

Mason, K. O.; Mason, W. M.; Winsborough, H. H.; Poole, W. K. (1973): Some Methodological Issues in Cohort Analysis of Archival Data. In: American Sociological Review 38, S. 242-258

Mason, W. M.; Fienberg, S. E. (1985): Introduction: Beyond the Identification Problem. In: W. M. Mason; S. E. Fienberg (Hrsg.): Cohort Analysis in Social Research: Beyond the Identification Problem. New York: Springer (S. 1-8)

Mason, W. M.; Mason, K. O.; Winsborough, H. H. (1976): Reply to Glenn. In: American Sociological Review 41, S. 904-905

Mast, C. (1985): Medien und Alltag im Wandel: Eine Literaturstudie zu Akzeptanz und Nutzung alter und neuer Medien. Konstanz: Universitätsverlag Konstanz

McCullagh, P.; Nelder, J. A. (1989): Generalized Linear Models, 2. Auflage. London: Chapman & Hall

McEvoy, G. F.; Vincent, C. S. (1980): Who Reads and Why? In: Journal of Communication 30, Nr. 1, S. 134-140

McGuire, F. A. (1985): Constraints in Later Life. In: M. G. Wade (Hrsg.): Constraints on Leisure. Springfield, IL: Thomas (S. 335-353)

McLeod, J. M.; O'Keefe, G. J., Jr. (1972): The Socialization Perspective and Communication Behavior. In: F. G. Kline; P. J. Tichenor (Hrsg.): Current Perspectives in Mass Communication Research. Beverly Hills, CA: Sage (S. 121-168)

McLuhan, M. (1964): Understanding Media: The Extensions of Man. New York: McGraw-Hill

McLuhan, M.; Fiore, Q. (1967): The Medium Is the Massage. New York: Bantam

Meyer, P. (1985): The Newspaper Survival Book: An Editor's Guide to Marketing Research. Bloomington: Indiana University Press

Meyersohn, R. (1961): A Critical Examination of Commercial Entertainment. In: R. W. Kleemeier (Hrsg.): Aging and Leisure. New York: Oxford University Press (S. 243-272)

Meyrowitz, J. (1985): No Sense of Place: The Impact of Electronic Media on Social Behavior. New York: Oxford University Press

Miller, R. G. (1981): Simultaneous Statistical Inference, 2. Auflage. New York: Springer

Mohn, E. (1987): Fragen an die Medienbiographie- und Medienalltagsforschung. In: Medien + Erziehung 31, Nr. 5, S. 261-267

Morgan, M.; Calnan, M.; Manning, N. (1985): Sociological Approaches to Health and Medicine. London: Croom Helm

Morrison, A. J. (1979): Mass Media Use by Adults. In: American Behavioral Scientist 23, Nr. 1, S. 71-93

Müller-Wichmann, C. (1985): Freizeitgesellschaft? — Zur Demontage einer Legende. In: Rundfunk und Fernsehen 33, Nr. 3, S. 469-479

Naeher, G. (1982): Stirbt das gedruckte Wort? Neue Medien: Die große Herausforderung. Ulm: Neue Mediengesellschaft Ulm

Nathan, G.; Holt, D. (1980): The Effect of Survey Design on Regression Analysis. In: Journal of the Royal Statistical Society B 42, Nr. 3, S. 377-386

Neuman, W. R.; de Sola Pool, I. (1986): The Flow of Communications into the Home. In: S. J. Ball-Rokeach; M. G. Cantor (Hrsg.): Media, Audience, and Social Structure. Newbury Park, CA: Sage (S. 71-86)

Neumann, K. (1986): Jugend '85 — die erste Fernsehgeneration. In: ZDF (Hrsg.): ZDF Jahrbuch 1985. Mainz (S. 237-245)

Neumann-Bechstein, W. (1982): Freizeittrends und Fernsehnutzung: Strukturveränderungen im Freizeitverhalten und ihre Bedeutung für die Medienentwicklung. In: Rundfunk und Fernsehen 30, Nr. 2, S. 164-177

Neverla, I. (1992): Fernseh-Zeit: Zuschauer zwischen Zeitkalkül und Zeitvertreib. Eine Untersuchung zur Fernsehnutzung. München: Ölschläger (zugl. Habil.-Schrift, Univ. München)

Newspaper Advertising Bureau (1977): The Influence of Childhood Exposure to Newspapers on Adult Newspaper Habits. New York

Newspaper Advertising Bureau (1978): Young Adults and the Newspaper. New York

Noelle-Neumann, E. (1988): Der Leser von morgen und die Verantwortung der Zeitung. In: Bundesverband Deutscher Zeitungsverleger e. V. (Hrsg.): Zeitungen '88. Bonn (S. 76-91)

Noelle-Neumann, E.; Schulz, R. (1993): Junge Leser für die Zeitung: Bericht über eine vierstufige Untersuchung zum Entwurf langfristiger Strategien. Dokumentation der wichtigsten Befunde. Bonn: ZV Zeitungs-Verlag Service GmbH

Nojiri, H.; Tamura, S.; Hatanaka, K. (1994): Lesen in Japan. In: Stiftung Lesen: Lesen im internationalen Vergleich: Ein Forschungsgutachten der Stiftung Lesen für das Bundesministerium für Bildung und Wissenschaft, Teil 2. Mainz (S. 211-257)

Opaschowski, H. W. (1983): Freizeit — wann, wieviel, wozu? In: Bertelsmann Briefe Nr. 111/112, April 1983, S. 36-45

Opaschowski, H. (1992): Freizeit 2001: Ein Blick in die Zukunft unserer Freizeitwelt. Eine Projektstudie zur Freizeitforschung vom BAT Freizeit-Forschungsinstitut. Hamburg

Oppolzer, A. (1986): Wenn Du arm bist, mußt Du früher sterben: Soziale Unterschiede in Gesundheit und Sterblichkeit. Hamburg: VSA-Verlag

Osgood, N. J.; Howe, C. Z. (1984): Psychological Aspects of Leisure: A Life Cycle Developmental Perspective. In: Loisir et Société / Society and Leisure 7, Nr. 1, S. 175-195

Oswald, H.; Kuhn, H.-P. (1994): Fernsehhäufigkeit von Jugendlichen. In: Media Perspektiven, Nr. 1, S. 35-41

Palmore, E. (1978): When Can Age, Period, and Cohort be Separated? In: Social Forces 57, S. 282-295

Palmore, E. B. (1983): Social Class, Sex Differences, and Longevity. In: J. E. Birren; J. M. A. Munnichs; H. Thomae; M. Marois (Hrsg.): Aging: A Challenge to Science and Society, Band 3. Oxford: Oxford University Press (S. 41-48)

Parker, S. (1976): The Sociology of Leisure. London: George Allen & Unwin

Payne, C. D. (Hrsg.) (1987): The GLIM System Release 3.77 Manual, 2. Auflage. Oxford: Numerical Algorithms Group Limited

Peiser, W. (1991): Kohortenanalyse in der Konsumentenforschung. Wiesbaden: Deutscher Universitäts-Verlag (zugl. Diplom-Arbeit, Univ. Wuppertal, FB Wirtschaftswissenschaft, 1989)

Pfeffermann, D. (1993): The Role of Sampling Weights when Modeling Survey Data. In: International Statistical Review 61, Nr. 2, S. 317-337

Pfifferling, J. (1974): Trends der Funkmediennutzung in der Bundesrepublik. In: Media Perspektiven, Nr. 11, S. 547-554

Pötter, U.; Rendtel, U. (1993): Über Sinn und Unsinn von Repräsentativitätsstudien. In: Allgemeines Statistisches Archiv 77, Nr. 3, S. 260-280

Prahl, H.-W. (1988): Freizeit im Lebensverlauf — Ein nationaler Forschungsüberblick. In: J. Fromme; M. Stoffers (Hrsg.): Freizeit im Lebensverlauf: Schwerpunkte und Perspektiven der Freizeitkulturforschung — Perspektiven für Politik und Pädagogik. Bielefeld: DGFF (S. 51-60)

Preuss-Lausitz, U.; Büchner, P.; Fischer-Kowalski, M.; Geulen, D.; Karsten, M. E.; Kulke, C.; Rabe-Kleberg, U.; Rolff, H.-G.; Thunemeyer, B.; Schütze, Y.; Seidl, P.; Zeiher, H.; Zimmermann, P. (1989): Kriegskinder, Konsumkinder, Krisenkinder: Zur Sozialisationsgeschichte seit dem Zweiten Weltkrieg, 2. Auflage. Weinheim: Beltz

Pringle, P. K.; Starr, M. F.; McCavitt, W. E. (1991): Electronic Media Management, 2. Auflage. Boston: Focal Press

Pürer, H.; Raabe, J. (1994): Medien in Deutschland, Band 1: Presse. München: Ölschläger

Rager, G.; Müller-Gerbes, S.; Haage, A. (1994): Leserwünsche als Herausforderung: Neue Impulse für die Tageszeitung. Bonn: ZV Zeitungs-Verlag Service GmbH

Rapoport, R.; Rapoport, R. N. (1975): Leisure and the Family Life Cycle. London: Routledge & Kegan Paul

re. (1971): Massenkommunikation 1970: Vergleichende Analyse der Nutzung des massenmedialen Kommunikationsangebots und der Einstellungen zu den Medien 1964 und 1970. In: Media Perspektiven, Nr. 9, S. 245-257

re. (1972a): Massenkommunikation 1970 (II): Die Reichweite der Massenmedien als Träger politischer Information 1964 und 1970. In: Media Perspektiven, Nr. 2, S. 57-66

re. (1972b): Massenkommunikation 1970 III: Bindung an die Massenmedien und ihr publizistisches Angebot 1964 und 1970. In: Media Perspektiven, Nr. 4, S. 147-156

re. (1972c): Massenkommunikation 1970 (IV): Einstellung zu den Massenmedien und ihrem publizistischen Angebot 1964 und 1970. Der Informationsprozeß. In: Media Perspektiven, Nr. 5, S. 221-233

re. (1972d): Massenkommunikation 1970 (Schluß): Zusammenfassung der wichtigsten Ergebnisse. In: Media Perspektiven, Nr. 6, S. 259-266

Renckstorf, K. (1975): Materialien zur Kommunikationspolitik: Tagesablauf, Kommunikationsverhalten und Mediennutzung. In: Rundfunk und Fernsehen 23, Nr. 3-4, S. 240-268

Renckstorf, K. (1978): Tagesablaufstudien und die Gewinnung neuer Datenqualitäten in der Massenkommunikationsforschung. In: K. Berg; M.-L. Kiefer (Hrsg.): Massenkommunikation: Eine Langzeitstudie zur Mediennutzung und Medienbewertung. Mainz: v. Hase & Koehler (S. 323-343)

Renckstorf, K. (1989): Mediennutzung als soziales Handeln: Zur Entwicklung einer handlungstheoretischen Perspektive der empirischen (Massen-)Kommunikationsforschung. In: M. Kaase; W. Schulz (Hrsg.): Massenkommunikation: Theorien, Methoden, Befunde. Opladen: Westdeutscher Verlag (Kölner Zeitschrift für Soziologie und Sozialpsychologie, Sonderheft 30) (S. 314-336)

Rheingold, H. L. (1985): Development as the Acquisition of Familiarity. In: Annual Review of Psychology 36, S. 1-17

Riley, M. W. (1973): Aging and Cohort Succession: Interpretations and Misinterpretations. In: Public Opinion Quarterly 37, Nr. 1, S. 35-49

Riley, M. W.; Johnson, M.; Foner, A. (1972): Aging and Society, Band 3: A Sociology of Age Stratification. New York: Russell Sage Foundation

Rintala, M. (1979): Generations: Key to Politics? In: M. Rintala: The Constitution of Silence: Essays on Generational Themes. Westport, CT: Greenwood Press (S. 3-30)

Roberts, D. F.; Bachen, C. M. (1981): Mass Communication Effects. In: Annual Review of Psychology 32, S. 307-356

Robinson, J. P. (1980): The Changing Reading Habits of the American Public. In: Journal of Communication 30, Nr. 1, S. 141-152

Robinson, J. P. (1981): Television and Leisure Time: A New Scenario. In: Journal of Communication 31, Nr. 1, S. 120-130

Robinson, J. P.; Jeffres, L. W. (1981): The Great Age Readership Mystery. In: Journalism Quarterly 58, Nr. 2, S. 219-224 und S. 231

Rodgers, W. L. (1982a): Estimable Functions of Age, Period, and Cohort Effects. In: American Sociological Review 47, S. 774-787

Rodgers, W. L. (1982b): Reply to Comment by Smith, Mason, and Fienberg. In: American Sociological Review 47, S. 793-796

Roegele, O. B. (1970): Die Zukunft der Massenmedien. Osnabrück: Fromm

Rösch, G. (1994): Kriterien der Gewichtung einer nationalen Bevölkerungsstichprobe. In: S. Gabler; J. H. P. Hoffmeyer-Zlotnik; D. Krebs (Hrsg.): Gewichtung in der Umfragepraxis. Opladen: Westdeutscher Verlag (S. 7-26)

Rogers, E. M. (1983): Diffusion of Innovations, 3. Auflage. New York: The Free Press

Rogge, J.-U. (1982): Die biographische Methode in der Medienforschung. In: Medien + Erziehung 26, Nr. 5, S. 273-287

Rolff, H.-G.; Zimmermann, P. (1990): Kindheit im Wandel: Eine Einführung in die Sozialisation im Kindesalter, überarbeitete Neuausgabe. Weinheim: Beltz

Ronneberger, F. (1982): Neue Medien: Vorteile und Risiken für die Struktur der demokratischen Gesellschaft und den Zusammenhalt der sozialen Gruppen. Eine Literaturstudie. Konstanz: Universitätsverlag Konstanz

Rosengren, K. E. (1991): Media Use in Childhood and Adolescence: Invariant Change? Some Results from a Swedish Research Program. In: J. A. Anderson (Hrsg.): Communication Yearbook 14. Newbury Park, CA: Sage (S. 48-90)

Rosengren, K. E.; Windahl, S. (1989): Media Matter: TV Use in Childhood and Adolescence. Norwood, NJ: Ablex

Rosow, I. (1978): What Is a Cohort and Why? In: Human Development 21, S. 65-75

Rothe, G. (1990): Wie (un)wichtig sind Gewichtungen? Eine Untersuchung am ALLBUS 1986. In: ZUMA-Nachrichten Nr. 26, Mai 1990, S. 31-55

Rothe, G.; Wiedenbeck, M. (1987): Stichprobengewichtung: Ist Repräsentativität machbar? In: ZUMA-Nachrichten Nr. 21, November 1987, S. 43-58

Rubin, A. M. (1982): Directions in Television and Aging Research. In: Journal of Broadcasting 26, Nr. 2, S. 537-551

Rubin, A. M. (1985): Media Gratifications Through the Life Cycle. In: K. E. Rosengren; L. A. Wenner; P. Palmgreen (Hrsg.): Media Gratifications Research: Current Perspectives. Beverly Hills, CA: Sage (S. 195-208)

Rubin, A. M.; Rubin, R. B. (1981): Age, Context and Television Use. In: Journal of Broadcasting 25, Nr. 1, S. 1-13

Rubin, R. B.; Rubin, A. M. (1982): Contextual Age and Television Use: Reexamining a Life-Position Indicator. In: M. Burgoon (Hrsg.): Communication Yearbook 6. Beverly Hills, CA: Sage (S. 583-604)

Rust, H. (1992): Im Lauf der Zeit: Medienbiographien als Forschungskonzept. In: Media Spectrum 30, Nr. 11, S. 70-75

Ryder, N. B. (1965): The Cohort as a Concept in the Study of Social Change. In: American Sociological Review 30, Nr. 6, S. 843-861

Salthouse, T. A. (1985): A Theory of Cognitive Aging. Amsterdam: North-Holland

Sander, U.; Vollbrecht, R. (1987): Aufwachsen und Leben in medialen Umwelten: Ein sozialökologischer Ansatz der Medienforschung. In: Communications 13, Nr. 2, S. 121-134

Sander, U.; Vollbrecht, R. (1989): Biographische Medienforschung. In: BIOS Zeitschrift für Biographieforschung und Oral History, Nr. 1, S. 15-29

Sang, F.; Schmitz, B.; Bretz, H. J.; Stanat, P.; Tasche, K. (1994): Time-Series Analysis of Longitudinal People-Meter Data. In: European Journal of Communication 9, S. 91-106

Sang, F.; Schmitz, B.; Tasche, K. (1992): Individuation and Television Coviewing in the Family: Developmental Trends in the Viewing Behavior of

Adolescents. In: Journal of Broadcasting & Electronic Media 36, Nr. 4, S. 427-441

Saxer, U. (1988): Zur Sozialisationsperspektive in der Publizistik-/Kommunikationswissenschaft. In: Publizistik 33, Nr. 2-3, S. 197-222

Saxer, U.; Langenbucher, W.; Fritz, A. (1989): Kommunikationsverhalten und Medien: Lesen in der modernen Gesellschaft. Eine Studie der Bertelsmann Stiftung. Gütersloh: Verlag Bertelsmann Stiftung

Scherer, H.; Hagen, L. M. (1992): Moderne Zeiten? Macht und Ohnmacht der Werbeforschung. In: Media Spectrum 30, Nr. 8, S. 38-42

Scheuch, E. (1977): Soziologie der Freizeit. In: R. König (Hrsg.): Handbuch der empirischen Sozialforschung, Band 11: Freizeit / Konsum, 2. Auflage. Stuttgart: Enke (S. 1-192)

Schmidt, C. (1989): Die biographische Prägung ist der bestimmende Faktor: Fallstudien zur Bedeutung des Fernsehens bei Kabelzuschauern. In: Media Perspektiven, Nr. 8, S. 506-511

Schmitz-Scherzer, R. (1974): Sozialpsychologie der Freizeit: Bericht über den Stand der Freizeitforschung in Soziologie und Psychologie. Stuttgart: Kohlhammer

Schmitz-Scherzer, R. (1979): Ageing and Leisure. In: Loisir et Société 2, S. 377-396

Schnell, R. (1991): Wer ist das Volk? Zur faktischen Grundgesamtheit bei „allgemeinen Bevölkerungsumfragen“: Undercoverage, Schwererreichbare und Nichtbefragbare. In: Kölner Zeitschrift für Soziologie und Sozialpsychologie 43, Nr. 1, S. 106-137

Schnell, R. (1993): Die Homogenität sozialer Kategorien als Voraussetzung für „Repräsentativität“ und Gewichtungsverfahren. In: Zeitschrift für Soziologie 22, Nr. 1, S. 16-32

Schnibben, C. (1994): Die Tortenschlacht: Wie man mit 650 Millionen Mark den Journalismus revolutioniert. In: C. Schnibben: Reklamerepublik: Seltsame Berichte zur Lage der vierten Gewalt. Hamburg: Rasch und Röhring (S. 23-36)

Schoeck, H. (1949): Zur Typologie der Rundfunkgegnerschaft. In: Rundfunk und Fernsehen, Nr. 5/6, S. 65-71

Schoenbach, K.; Becker, L. B. (1989): The Audience Copes with Plenty: Patterns of Reactions to Media Changes. In: L. B. Becker; K. Schoenbach (Hrsg.): Audience Responses to Media Diversification: Coping with Plenty. Hillsdale, NJ: Erlbaum (S. 353-366)

Schramm, W. (1969): Aging and Mass Communication. In: M. W. Riley; J. W. Riley, Jr.; M. E. Johnson (Hrsg.): Aging and Society, Band 2: Aging and the Professions. New York: Russell Sage Foundation (S. 352-375)

Schramm, W.; Lyle, J.; Parker, E. B. (1960): Patterns in Children's Reading of Newspapers. In: Journalism Quarterly 37, Nr. 1, S. 35-40

Schramm, W.; White, D. M. (1949): Age, Education, Economic Status: Factors in Newspaper Reading. In: Journalism Quarterly 26, Nr. 2, S. 149-159

Schulz, R. (1990): Zur Entwicklung der Zeitungsreichweiten in den 80er Jahren. In: Bundesverband Deutscher Zeitungsverleger e. V. (Hrsg.): Zeitungen '90. Bonn (S. 156-179)

Schulz, R. (1991): Neue Erkenntnisse der Leserforschung: Das Abbröckeln an den Altersrändern geht weiter. Kein Anlaß zur Entwarnung. Vortrag im Rahmen des Arbeitskreises I (Zeitungsnutzung und Leseverhalten) beim Zeitungskongreß '91. Bonn (als Manuskript vervielfältigt)

Schulz, W. (1971): Medienwirkung und Medienselektion. Methoden und Ergebnisse der Forschung zum Inter-Media-Vergleich von Fernsehen, Radio, Zeitung, Zeitschrift. Kindler & Schiermeyer / Gruner + Jahr GmbH & Co Marketing Services

Schulz, W. (1987): Determinanten und Folgen der Fernsehnutzung: Daten zur Vielseher-Problematik. In: M. Grewe-Partsch; J. Groebel (Hrsg.): Mensch und Medien: Zum Stand von Wissenschaft und Praxis in nationaler und internationaler Perspektive. Zu Ehren von Hertha Sturm. München: Saur (S. 9-32)

Schulz, W. (Rezensent) (1988): „Klaus Berg / Marie-Luise Kiefer (Hrsg.): Massenkommunikation III. Eine Langzeitstudie zur Mediennutzung und Medienbewertung 1964-1985. Alfred Metzner Verlag, Frankfurt am Mai [!] 1987". In: Rundfunk und Fernsehen 36, Nr. 2, S. 260-263

Schulze, V. (1986): Zukunft: weniger Menschen; weniger Leser. In: B.-J. Martini (Hrsg.): Journalisten-Jahrbuch '87. München: Ölschläger (S. 81-87)

Schuster, T. (1995): Staat und Medien: Über die elektronische Konditionierung der Wirklichkeit. Frankfurt am Main: Fischer

Sears, D. O. (1981): Life-Stage Effects on Attitude Change, Especially among the Elderly. In: S. B. Kiesler; J. N. Morgan; V. K. Oppenheimer (Hrsg.): Aging: Social Change. New York: Academic Press (S. 183-204)

Sears, D. O. (1983): The Persistence of Early Political Predispositions: The Roles of Attitude Object and Life Stage. In: L. Wheeler; P. Shaver (Hrsg.): Review of Personality and Social Psychology, Band 4. Beverly Hills: Sage (S. 79-116)

Shaw, D. (1989): Luring the Young: For Papers, Generation Is Missing. In: Los Angeles Times, 15.3.1989, S. 1 und S. 14–15

Sheth, J. N. (1981): Psychology of Innovation Resistance: The Less Developed Concept (LDC) in Diffusion Research. In: J. N. Sheth (Hrsg.): Research in Marketing, Band 4. Greenwich, CT: JAI Press (S. 273–282)

Skinner, C. J. (1989): Introduction to Part A. In: C. J. Skinner; D. Holt; T. M. F. Smith (Hrsg.): Analysis of Complex Surveys. Chichester: Wiley (S. 23–58)

Skinner, C. J.; Holt, D.; Smith, T. M. F. (Hrsg.) (1989): Analysis of Complex Surveys. Chichester: Wiley

Smith, H. L.; Mason, W. M.; Fienberg, S. E. (1982): More Chimeras of the Age-Period-Cohort Accounting Framework: Comment on Rodgers. In: American Sociological Review 47, S. 787–793

Smith, T. M. F. (1983): On the Validity of Inferences from Non-random Samples. In: Journal of the Royal Statistical Society A 146, Nr. 4, S. 394–403

Spranger, E. (1955): Psychologie des Jugendalters, 24. Auflage. Heidelberg: Quelle & Meyer

SRG Forschungsdienst (1993): Jahresbericht des Forschungsdienstes 1992, Band 1: Allgemeine Daten. Bern

Stamm, K. R. (1985): Newspaper Use and Community Ties: Toward a Dynamic Theory. Norwood, NJ: Ablex

Statistisches Bundesamt (Hrsg.) (1988): Bildung im Zahlenspiegel 1988. Stuttgart: Kohlhammer

Steiner, G. A. (1963): The People Look at Television: A Study of Audience Attitudes. New York: Knopf

Stevenson, R. L. (1994): The Disappearing Reader. In: Newspaper Research Journal 15, Nr. 3, S. 22–31

Stiftung Lesen (1990): Lesen im internationalen Vergleich: Ein Forschungsgutachten der Stiftung Lesen für das Bundesministerium für Bildung und Wissenschaft, Teil 1. Mainz

Stiftung Lesen (1994a): Lesen im internationalen Vergleich: Ein Forschungsgutachten der Stiftung Lesen für das Bundesministerium für Bildung und Wissenschaft, Teil 2. Mainz

Stiftung Lesen (1994b): Gutachten. In: Stiftung Lesen: Lesen im internationalen Vergleich: Ein Forschungsgutachten der Stiftung Lesen für das Bundesministerium für Bildung und Wissenschaft, Teil 2. Mainz (S. 7–42)

Stone, G. (1987): Examining Newspapers: What Research Reveals About America's Newspapers. Newbury Park, CA: Sage

Stone, G. C.; Wetherington, R. V., Jr. (1979): Confirming the Newspaper Reading Habit. In: Journalism Quarterly 56, S. 554-561 und S. 566

Straka, G. A.; Fabian, T.; Will, J. (1989): Medien im Alltag älterer Menschen. Begleitforschung des Landes Nordrhein-Westfalen zum Kabelpilotprojekt Dortmund, Band 18. Düsseldorf

Sturm, H. (1968): Masse — Bildung — Kommunikation. Stuttgart: Klett

Sturm, H. (1991): Fernsehdiktate: Die Veränderung von Gedanken und Gefühlen. Ergebnisse und Folgerungen für eine rezipientenorientierte Mediendramaturgie. Gütersloh: Verlag Bertelsmann Stiftung

Sturm, H.; Altstötter-Gleich, C.; Groebel, J.; Grewe-Partsch, M. (1991): Darbietungstempo und Persönlichkeitsmerkmale — eine Untersuchung zum Konzept von Extraversion und Introversion. In: H. Sturm: Fernsehdiktate: Die Veränderung von Gedanken und Gefühlen. Ergebnisse und Folgerungen für eine rezipientenorientierte Mediendramaturgie. Gütersloh: Verlag Bertelsmann Stiftung (S. 149-237)

Thorn, W. J.; Pfeil, M. P. (1987): Newspaper Circulation: Marketing the News. New York: Longman

Tokarski, W. (1989): Freizeit- und Lebensstile älterer Menschen. Kassel: Gesamthochschulbibliothek

Tokarski, W.; Schmitz-Scherzer, R. (1985): Freizeit. Stuttgart: Teubner

Tonnemacher, J. (1975a): Prognosen für Massenmedien als Grundlage der Kommunikationspolitik in der BRD. Diss., Freie Univ. Berlin

Tonnemacher, J. (1975b): Die Tageszeitung in der Zukunft. In: U. Magnus (Hrsg.): Massenmedien in der Prognose: Konzepte und Modelle für die Zukunft, 2. Auflage. Berlin: Spiess (S. 49-59)

Trometer, R. (1992): Bereitschaft zu regionaler Mobilität. In: Statistisches Bundesamt (Hrsg.): Datenreport 1992: Zahlen und Fakten über die Bundesrepublik Deutschland. Bonn: Bundeszentrale für politische Bildung (S. 624-628)

Unholzer, G. (1973): Zur Methode der Tagesablaufuntersuchungen. In: D. Stolte (Hrsg.): Das Fernsehen und sein Publikum: Studien zum Tagesablauf 1970/71. Mainz: v. Hase & Koehler (S. 47-65)

Uttitz, P. (1984): Gesellschaftliche Rahmenbedingungen für die Entwicklung des Freizeitverhaltens von 1953 bis 1980 in der Bundesrepublik Deutschland. In: ZA-Information Nr. 15, November 1984, S. 17-37

Uttitz, P. (1985): Determinanten des Freizeitverhaltens in den letzten 30 Jahren. In: ZA-Information Nr. 16, Mai 1985, S. 22-39

Vester, H.-G. (1988): Zeitalter der Freizeit: Eine soziologische Bestandsaufnahme. Darmstadt: Wissenschaftliche Buchgesellschaft

Wartella, E. (1979): The Developmental Perspective. In: E. Wartella (Hrsg.): Children Communicating: Media and Development of Thought, Speech, Understanding. Beverly Hills, CA: Sage (S. 7-19)

Wartella, E.; Alexander, A.; Lemish, D. (1979): The Mass Media Environment of Children. In: American Behavioral Scientist 23, Nr. 1, S. 33-52

Watson, G. (1971): Resistance to Change. In: American Behavioral Scientist 14, Nr. 5, S. 745-766

Webster, J. G.; Lichty, L. W. (1991): Ratings Analysis: Theory and Practice. Hillsdale, NJ: Erlbaum

Weibull, L. (1992): The Status of the Daily Newspaper: What Readership Research Tells Us about the Role of Newspapers in the Mass Media System. Unveröffentlichtes Manuskript

Weigner, F. (1989): Ausgelesen? Das Buch im Umfeld von Kultur und Kulturindustrie. Münsingen-Bern: Fischer

Weiß, H.-J. (1978): Kommunikationsbedürfnisse und Medienfunktionen: Ein Forschungsbericht über die Ermittlung subjektiver Bedingungsfaktoren der Mediennutzung. In: K. Berg; M.-L. Kiefer (Hrsg.): Massenkommunikation: Eine Langzeitstudie zur Mediennutzung und Medienbewertung. Mainz: v. Hase & Koehler (S. 345-390)

Wheatley, J. J.; Chiu, J. S. Y.; Stevens, A. C. (1980): Demographics to Predict Consumption. In: Journal of Advertising Research 20, Nr. 6, S. 31-38

Wicht, H. (1969): Der Hörfunk im Zeitalter des Fernsehens: Die Programme der ARD-Anstalten. In: ARD (Hrsg.): ARD-Jahrbuch 69. Hamburg: Verlag Hans-Bredow-Institut (S. 63-90)

Wild, C. (1989): Radio — Das mobile Medium: Daten zur Hörfunknutzung außer Haus. In: Media Perspektiven, Nr. 5, S. 288-294

Wimmer, R. D.; Dominick, J. R. (1991): Mass Media Research: An Introduction, 3. Auflage. Belmont, CA: Wadsworth

Wingard, D. L. (1984): The Sex Differential in Morbidity, Mortality, and Lifestyle. In: Annual Review of Public Health 5, S. 433-458

Winn, M. (1979): Die Droge im Wohnzimmer. Reinbek bei Hamburg: Rowohlt (Original: The Plug-In Drug. New York: The Viking Press, 1977)

Young, T. J. (1979): Use of the Media by Older Adults. In: American Behavioral Scientist 23, Nr. 1, S. 119-136

Zajonc, R. B. (1968): Attitudinal Effects of Mere Exposure. In: Journal of Personality and Social Psychology / Monograph Supplement 9, Nr. 2, Teil 2, S. 1-27

Zapf, W. (1989): Über soziale Innovationen. In: Soziale Welt 40, Nr. 1/2, S. 170-183

ZDF (Hrsg.) (1971): Zweites Deutsches Fernsehen Jahrbuch 1970. Mainz

Zimmer, D. E. (1994): Viel zu früh fürs Schlußkapitel. In: Die Zeit, Nr. 40 (30. September), S. 60

Zinnecker, J. (1985): Beziehungen zwischen jüngerer und älterer Generation im Urteil von Jugendlichen und Erwachsenen. In: Jugendwerk der Deutschen Shell (Hrsg.): Jugendliche + Erwachsene '85: Generationen im Vergleich, Band 1: Biografien — Orientierungsmuster — Perspektiven. Opladen: Leske + Budrich (S. 67-104)

Fernsehen: Unterhaltungsfacetten und Programmaufsicht

Irmela Schneider (Hrsg.)

Serien-Welten Strukturen

US-amerikanischer Serien aus vier Jahrzehnten

1995. 240 S. Kart.
ISBN 3-531-12703-9

US-amerikanische Serien gehören seit rund vier Jahrzehnten zum Programmalltag des deutschen Fernsehens. Mit Titeln wie „Auf der Flucht", „Bonanza", „Lassie", „Flipper", „Dallas", „Columbo" oder „Die Golden Girls" verbindet heute fast jeder Fernsehzuschauer Erinnerungen an Geschichten, Schauspieler, an bestimmte Typen von Akteuren, ihre Verhaltensweisen und Wertvorstellungen. Serien sind ein Teil des kollektiven Gedächtnisses unserer Gesellschaft. In diesem Sammelband werden die Ergebnisse einer umfangreichen Inhaltsanalyse US-amerikanischer Serien vorgestellt.

Doris Rosenstein (Hrsg.)
unter Mitarbeit von Anja Kreutz

Unterhaltende Fernsehmagazine

Zur Geschichte, Theorie und Kritik eines Genres im deutschen Fernsehen 1953–1993

1995. 350 S. (Studien zur Kommunikationswissenschaft, Bd. 11) Kart.
ISBN 3-531-12753-5

Seit Beginn des Fernsehens sind Magazinsendungen ein fester Bestandteil des Programms. Gegenstand dieses Sammelbandes ist ein bestimmter Typ dieser Fernsehgattung, der vorrangig durch die Unterhaltungsfunktion gekennzeichnet ist. Seine Varianten entstehen durch die Verbindung unterschiedlicher Unterhaltungs-Facetten mit Informations-, Ratgeber- und Bildungselementen. Die Beiträge untersuchen bekannte und repräsentative Beispiele aus der Sicht von Wissenschaftlern, Kritikern und „Machern". Analysiert werden Magazinreihen des öffentlich-rechtlichen Fernsehens (u. a. „Drehscheibe", „Bitte umblättern", „V.I.P.-Schaukel", „Leo's"), aber auch Sendungen, die im Rahmen des dualen Systems von Privatsendern ausgestrahlt wurden (u.a. „Avanti", „Traugott", „Liebe Sünde" bzw. „Elf99").

Silke Holgersson

Fernsehen ohne Kontrolle?

Zur Aufsichtspraxis der Landesmedienanstalten in den Bereichen Jugendschutz und Werbung (1985–1992)

1995. 232 S. (Studien zur Kommunikationswissenschaft, Bd. 10) Kart.
ISBN 3-531-12731-4

Mit der Einführung des privaten Rundfunks wurden in der Bundesrepublik Deutschland in jedem Bundesland Landesmedienanstalten eingerichtet. Ihre Aufgaben sollten darin bestehen, die Zulassung der Rundfunkveranstalter zu kontrollieren und das Rundfunkprogramm auf die Einhaltung der gesetzlichen Vorschriften hin zu beaufsichtigen. Über zehn Jahre nach dem sogenannten „Urknall" ist es nun an der Zeit, eine Bilanz zu ziehen: Wie wurde die Aufsichtspraxis organisiert? Wie wurden Programmverstöße geahndet? Die Autorin hat sich dieser Fragen im Bereich der Fernsehprogrammaufsicht angenommen und liefert eine detaillierte Analyse der Probleme der Aufsichtspraxis der ersten sieben Jahre.

WESTDEUTSCHER VERLAG
OPLADEN · WIESBADEN